聚酯装置阀门

高秉申　王　渭　张俊中　吴怀昆　明　友　编著
张瑞平　主审

机 械 工 业 出 版 社

本书介绍了聚酯装置阀门的整体结构、工作原理、性能参数、主要零部件及其结构，各种类型阀门的特点，熔体阀门结焦及其对策，主体材料和密封材料的选择，阀门驱动，阀门在聚酯生产装置中的安装和应用、维护与保养、运行过程中的注意事项、常见故障原因及其排除方法，设备的检修、检验等内容。

本书的主要读者对象是聚酯生产企业的设备管理人员、检修人员、运行与维护人员等，也可供相关设计院阀门选型人员、大专院校相关专业的学生、聚酯装置阀门制造厂的技术人员等参考。

图书在版编目（CIP）数据

聚酯装置阀门/高秉申等编著. —北京：机械工业出版社，2021.10
ISBN 978-7-111-69118-1

Ⅰ.①聚… Ⅱ.①高… Ⅲ.①聚酯-化工设备-阀门 Ⅳ.①TQ316

中国版本图书馆 CIP 数据核字（2021）第 184656 号

机械工业出版社（北京市百万庄大街 22 号 邮政编码 100037）
策划编辑：孔 劲 责任编辑：孔 劲 王海霞
责任校对：潘 蕊 封面设计：马精明
责任印制：李 昂
唐山三艺印务有限公司印刷
2022 年 1 月第 1 版第 1 次印刷
184mm×260mm · 18.75 印张 · 465 千字
0001—1500 册
标准书号：ISBN 978-7-111-69118-1
定价：89.00 元

电话服务 网络服务
客服电话：010-88361066 机 工 官 网：www.cmpbook.com
010-88379833 机 工 官 博：weibo.com/cmp1952
010-68326294 金 书 网：www.golden-book.com
封底无防伪标均为盗版 机工教育服务网：www.cmpedu.com

序

聚酯装置阀门是指在聚酯生产主工艺流程中使用的特殊专用阀门，通常起截断、分流、改变介质流动方向、进料、出料、介质取样、排尽、冲洗等作用，主要包括聚酯熔体介质阀门、浆料介质阀门和热媒介质阀门，如反应器、熔体过滤器、熔体泵的进口和出口阀门等。

从 20 世纪 80 年代随着主要设备一起从国外引进聚酯装置阀门，一直到 20 世纪 90 年代，我国使用的这类阀门一直依赖进口，没有自主研发生产的产品。从 2000 年开始，随着社会发展对聚酯产品的需求量越来越大，聚酯生产装置建设步伐加快，国内很多企业进入聚酯生产行业中，直接促进了我国聚酯装置阀门的自主研发生产，这些产品应用在多套聚酯生产装置中并获得成功。

随着国内大型聚酯生产装置的快速发展，特别是大型 PBT 工程塑料、PET 聚酯切片装置的陆续建设，聚酯装置阀门得到了越来越广泛应用，其设计和制造也取得了长足的进步。合肥通用机械研究院有限公司等多家企业目前可以生产各种类型的、适用于各种介质和工况的聚酯熔体三通阀、熔体多通阀、浆料阀、热媒阀等专用阀门，其技术参数和使用稳定性已接近或达到国外同类产品的水平。

《聚酯装置阀门》这本书内容翔实丰富，详细论述了聚酯装置阀门的工作原理、性能参数、结构特点、驱动方式与材料等，介绍了与性能有关的主要零部件结构、熔体阀的结焦、结焦条件下的阀座内密封、柱塞外密封等，还包括试验与检验、运行维护以及常见故障排除等方面的内容，体现了当今我国聚酯装置专用阀门的技术水平，是一本很实用的专著，对聚酯生产企业的设备管理人员、检修人员、运行与维护人员等会有所帮助，相关设计院阀门选型人员、大专院校相关专业的学生、聚酯专用阀门制造厂的技术人员等也可以参考。

合肥通用机械研究院有限公司致力于科研与新产品开发，同时非常重视用户服务，这本书的出版发行是其为社会服务的另一种方式。深信，聚酯装置阀门的生产与应用技术必将获得快速发展。

中国工程院院士

中国机械工业集团有限公司

前　言

聚酯装置阀门是指在聚酯生产主工艺流程中使用的特殊专用阀门，大多情况下仅在聚酯行业使用，具有截断、分流、改变介质流动方向、进料、出料、介质取样、排放（或称排尽）、冲洗等功能，包括主工艺流程各主要设备之间的阀门，如反应器、熔体过滤器和熔体泵的进、出口阀门等。

聚酯生产工艺不同，所使用的设备不同，选用的各类阀门也不尽相同。本书介绍的聚酯装置阀门，主要包括聚酯熔体、基础 PET 聚酯切片、瓶级聚酯切片、PBT 工程塑料粒子，以及长丝和短纤的熔体生产装置阀门，如浆料阀、熔体阀、热媒阀等。阀门的类型主要包括单阀杆柱塞式熔体三通阀、双阀杆柱塞式熔体三通阀、柱塞式熔体多通阀和阀瓣式熔体多通阀、反应器底部排料阀、冲洗阀、排尽阀、取样阀、浆料旋塞阀、浆料球阀、波纹管热媒截止阀等。以上阀门也可以用于工况条件类似的聚乙烯、聚丙烯、聚氯乙烯、聚氨酯、尼龙等的生产装置中。

自 20 世纪 80 年代以来，随着我国聚酯生产技术的快速发展，聚酯生产装置中应用的专用阀门也得到了相应发展。2000 年以前主要依赖进口国外相关生产工艺和主要设备及阀门，从 21 世纪初开始，国内自主研制生产了聚酯装置阀门，并在设计和制造水平上不断提高，结构越来越合理，使用性能越来越稳定，国产阀门使用范围越来越广。

然而，由于我国聚酯工业技术及相关设备和阀门制造起步比较晚，发展时间比较短，目前还没有论述聚酯装置阀门的专著。笔者试图在总结前人经验的基础上，并结合自己多年的科研工作经验编著本书，旨在为读者提供相应的帮助和参考。

本书尽可能采用简洁的叙述方法，凡采用相应国家标准或行业标准的内容，最大限度地查找标准原文，尽可能多地扩大信息量，避免重复缀述。本书采用文字与图样相结合的方式，介绍了我国聚酯生产装置中使用比较多的特殊阀门。

本书共分为 10 章，由高秉申主持编著并提出编著大纲。具体编著人员与分工如下：高秉申编著第 1~7 章和第 10 章的 10.7~10.11 节；王渭编著第 8 章和第 9 章的 9.4~9.8 节；张俊中编著第 10 章的 10.3~10.6 节；吴怀昆编著第 10 章的 10.1~10.2 节；明友编著第 9 章的 9.1~9.3 节。全书由高秉申统稿，由张瑞平主审。

在本书编著过程中，编著者深入相关设计院、各种聚酯产品生产装置现场做了大量调查研究工作，广泛征求了设备管理人员、运行维护人员、设备检修人员、选型设计人员的意见，得到了中国石化仪征化纤有限责任公司杨元斌主任、孙维靖主任、董志坚厂长和夏紫阳主任的大力支持与帮助，在此表示感谢！

由于聚酯装置阀门在我国的发展时间比较短，限于编著者的技术水平和经验不足，书中难免存在不足之处，敬请读者指正。

高秉申

于合肥

目　录

第1章 概 述

聚酯是由多元醇和多元酸缩聚而成的聚合物的总称，是一类性能优异、用途广泛的工程塑料，也可制成聚酯纤维和聚酯薄膜。聚酯包括聚酯树脂和聚酯弹性体。其中聚酯树脂包括聚对苯二甲酸乙二酯（PET）、聚对苯二甲酸丁二酯（PBT）和聚芳酯（PAR）等。本书中的聚酯装置主要涵盖聚酯熔体、基础聚酯（PET）切片、瓶级聚酯切片、工程塑料（PBT）粒子，以及长丝和短丝的熔体生产装置等。

聚酯装置阀门是指在聚酯生产工艺主流程中使用的特殊专用阀门，大多情况下仅在聚酯行业使用，起到截断、分流、改变介质流动方向、进料、出料、介质取样、排放（或称排尽）、冲洗等作用。在以下各章节中，只重点介绍在聚酯生产工艺主流程各主要设备上的专用阀门，如反应器、熔体过滤器和熔体泵的进出口阀门等；而不包括聚酯生产工艺流程中使用的通用阀门，如闸阀、截止阀、隔膜阀、普通旋塞阀、普通球阀、蝶阀、止回阀、减温减压阀、疏水阀和安全阀等。

虽然聚酯生产工艺有很多种，不同的生产工艺所选用的阀门也不尽相同，但其基本结构大同小异。本书主要分为浆料阀、熔体介质阀和辅助介质阀（如热媒阀）三部分。阀门的主要类型包括单阀杆柱塞式熔体三通换向阀、双阀杆柱塞式熔体三通换向阀、柱塞式熔体多通阀和阀瓣式熔体多通阀（如四通阀、五通阀、六通阀和七通阀）、反应器底部排料阀、冲洗阀、排尽阀、取样阀、浆料旋塞阀、浆料球阀、波纹管热媒阀等。当然，其中有些阀门也可以用于工况条件类似的聚乙烯、聚丙烯、聚氯乙烯、聚氨酯、尼龙等生产装置中。第3~第7章介绍的专用阀门都是现今聚酯生产装置中正在使用的阀门，有些是随主要设备一起从国外采购的，有些是国内生产的。

由于我国化学纤维工业起步较晚，最初的生产工艺都是由国外进口，包括阀门在内的主要设备也都是从国外进口的。以致到20世纪末，我国新建聚酯装置中的核心部位关键阀门的制造技术，都还由国外设备供应商所掌控。

直到21世纪初，我国聚酯装置专用阀门制造技术才有所突破，经过多年的摸索，目前已经能够基本满足我国新建聚酯装置的需要，包括核心部位的关键阀门，如聚酯熔体过滤器进出口阀、熔体泵进出口阀、多通分路阀等，都可以完全实现国产化。

1.1 聚酯装置的工艺特点

聚酯生产工艺从总体分类上来说，属于石油化工生产领域。聚酯装置的工艺特点主要有：

（1）高温　其主流程从酯化到最终缩聚，物料温度为 260～285℃，热媒温度为 310～330℃。

（2）高真空　最终缩聚反应器的绝对真空压力最低可达绝对压力 50Pa（0.5mbar）。

（3）高压　在生产流程的末端，聚酯熔体的工作压力可达 20MPa。

（4）高黏　最终缩聚后的熔体黏度正常为 3000P（泊，1P = 100cP，1cP = 1mPa·s）（特性黏度约为 0.65），最高时可达 5000～6000P（特性黏度为 1.0～1.2）。

（5）易燃易爆　生产过程中的一些原料、辅料和衍生物质易燃易爆，如精对苯二甲酸（PTA）粉末、乙二醇（EG）蒸气、热媒、甲醛等。

（6）管道系统复杂　一对多、多对一的分流、切换较多，因此，对阀门的技术要求较高。

1.2　聚酯装置专用阀门在工艺流程中的作用

在聚酯装置中，专用阀门的数量很庞大，一套聚酯生产装置往往需要安装数百台甚至更多的各类特殊专用阀门（不包括普通阀门）。聚酯生产过程就是原材料在不同的容器（或反应器）中、在不同的工艺参数条件下，发生不同的物理或化学变化的过程，不同的容器通过管道相互连接，容器之间有改变介质参数（如压力、温度等）的装置（如熔体泵、熔体过滤器等），容器的进口和出口安装有不同功能的阀门（如换向阀或截断阀），图 1-1 所示

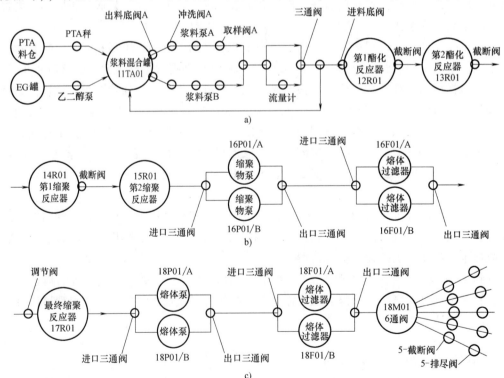

图 1-1　聚酯生产工艺主流程中部分关键工艺阀门所处的位置

为聚酯生产工艺主流程中部分关键工艺阀门所处的位置。

聚酯生产是通过各种复杂的物理或化学变化把原料加工成产品。目前，国内主流工艺路线是 PTA 和 EG 直接酯化法，它是将精对苯二甲酸（PTA）和乙二醇（EG），在经过酯化、缩聚反应后，生成高温高压的聚对苯二甲酸乙二酯（PET 或聚酯熔体）。之后，聚酯熔体可以直接纺长丝或短丝，或者加工成切片，或者在加入色母粒后生产聚酯薄膜，或者在经过增黏后加工成瓶级切片等。为了保证聚酯生产过程正常进行，工艺人员要制定出相应的介质压力、温度、流量以及黏度等工艺参数，而要实现这些条件，就离不开各种专用阀门；一旦阀门出现故障，整个生产过程就会受到影响，甚至会造成严重的事故，或造成人身伤害和国家财产的重大损失。因此，弄清这些专用阀门的结构和特性，对聚酯生产具有重要意义。

总之，输送流体介质离不开管道，而控制介质流动则离不开阀门，凡是需要对流体介质进行控制的地方，都必须安装阀门，所以阀门被称为"管道的咽喉"。

1.3 聚酯装置专用阀门的性能参数

阀门的性能参数，是指与阀门的结构设计、材料选择、设计选型、加工制造、安装、生产运行、维护、保养工作等都有关系的一些参数。阀门有很多种类型，不同类型阀门的基本性能参数是不同的，不是每台阀门都具有下面所述的全部基本参数，对于某一台特定阀门，可能具有下述参数中的一部分，也可能具有下述全部参数。其中公称尺寸、公称压力和适用介质是所有阀门设计和选用中不可缺少的。一般情况下，各种类型阀门的基本参数主要包括以下方面：

（1）公称尺寸 根据 GB/T 12224—2015《钢制阀门 一般要求》，PN 系列阀门的公称尺寸按 GB/T 1047—2019《管道元件 公称尺寸的定义和选用》的规定，Class 系列阀门的公称尺寸按美国标准 ASME B 16.34—2017《法兰、螺纹和焊接端连接的阀门》的规定。

PN 系列阀门的公称尺寸是指阀门与管道连接处通道的名义尺寸，管道系统元件常用字母和数字组合标识，由字母"DN"后接无量纲整数数字组成，这个数字与端部连接件的孔径或外径（单位为 mm）等特征尺寸直接相关，如 DN100、DN150、DN200 等。

Class 系列阀门的标识由字母"NPS"后接无量纲数字组成，这个数字与端部连接件的孔径或外径（单位为 in，1in = 25.4mm）等特征尺寸直接相关，如 NPS½、NPS¾、NPS2 等。对于大于 NPS4 的尺寸，相应的 DN 是：DN = 25 × NPS 数值。例如：NPS6 相当于 DN150，NPS8 相当于 DN200，NPS10 相当于 DN250，NPS12 相当于 DN300 等。

PN 系列阀门的公称尺寸 DN 和后接数字、Class 系列阀门的公称尺寸 NPS 和后接数字，是识别管道或阀门端部的连接标志，不一定与阀门内径相同，也不能用于计算。

公称尺寸表示阀门的规格大小，是阀门最主要的尺寸参数，为了便于设计、制造、选用和安装，我国已用国家标准的形式把公称尺寸系列确定下来。公称尺寸数值应符合国家标准 GB/T 1047—2019《管道元件 公称尺寸的定义和选用》的规定。

PN 系列阀门的公称尺寸系列：DN6、DN8、DN10、DN15、DN20、DN25、DN32、DN40、DN50、DN65、DN80、DN100、DN125、DN150、DN200、DN250、DN300、DN350、DN400、DN450、DN500、DN550、DN600、DN650、DN700、DN750、DN800、DN850、DN900、DN950、DN1000、DN1050、DN1100、DN1150、DN1200、DN1250、DN1300、

N1400、DN1500、DN1600、DN1700、DN1800、DN1900、DN2000、DN2100、DN2200、DN2300、DN2400、DN2500、DN2600、DN2700、DN2800、DN2900、DN3000、DN3200、DN3400、DN3600、DN3800、DN4000。

Class 系列阀门的公称尺寸系列：NPS¼、NPS⅜、NPS½、NPS¾、NPS1、NPS¼、NPS½、NPS2、NPS2½、NPS3、NPS4、NP5、NPS6、NPS8、NPS10、NPS12、NPS14、NPS16、NPS18、NPS20、NPS22、NPS24、NPS26、NPS28、NPS30、NPS32、NPS34、NPS36、NPS38、NPS40、NPS42、NPS44、NPS46、NPS48、NPS50、NPS52、NPS54、NPS56、NPS58、NPS60、NPS64、NPS68、NPS72、NP76、NPS80。

（2）公称压力　根据 GB/T 12224—2015《钢制阀门　一般要求》，PN 系列阀门的公称压力按 GB/T 1048—2019《管道元件　公称压力的定义和选用》的规定，Class 系列阀门的公称压力按美国标准 ASME B 16.34—2017《法兰、螺纹和焊接端连接的阀门》的规定。

公称压力是指阀门的名义压力，它是阀门在基准温度下允许的最大工作压力（包括瞬时最大压力）。公称压力由字母"PN"后接无量纲数字组成，字母"PN"后面的数字不代表测量值，也不能用于计算。阀门或管道元件的许用压力取决于 PN 数值、材料、结构设计及允许工作温度。特定温度下的许用压力由相应标准的压力-温度额定值表给出。

PN 系列阀门的公称压力有 PN2.5、PN6、PN10、PN16、PN25、PN40、PN63、PN100、PN160、PN250、PN320、PN400，并应符合 GB/T 1048—2019 的规定。

Class 系列阀门的公称压力有 Class25、Class75、Class125、Class150、Class250、Class300、Class600、Class800、Class900、Class1500、Class2000、Class2500、Class3000、Class4500、Class6000、Class9000，并应符合 ASME B16.34—2017 的规定。

需要特别指出，并不是在任何情况下阀门都可以在其公称压力下使用。因为同一型号的阀门可能应用于各种不同的工况，所以阀门的实际工作温度可能与基准温度不同。由于阀门材料的力学性能（主要是强度）通常随着温度的升高而降低，因此当阀门的实际工作温度高于其公称压力的基准温度时，其最大允许工作压力将降低。GB/T 12224—2015《钢制阀门　一般要求》给出了阀门的各种承压件材料在特定工作温度下的最大允许工作压力。即承压件材料的压力-温度额定值，它是阀门设计和选用的基准。

还应指出，对应额定压力所示的温度是额定温度，是阀门承压壳体的最高适用温度，即允许的工作介质最高温度。

法兰连接阀门在高温或低温下，或在介质温度快速变化的工况下使用时，有可能会引起法兰密封面泄漏。当 PN 系列公称压力不大于 PN25 和 Class150 的法兰连接阀门，工作温度超过 200℃时；其他压力级的法兰连接阀门，工作温度超过 400℃时，应尽量避免介质温度的急剧变化和外加载荷。法兰螺栓连接的相关技术要求按 GB/T 9124.1—2019《钢制管法兰　第 1 部分：PN 系列》和 GB/T 9124.2—2019《钢制管法兰　第 2 部分：Class 系列》的规定。

（3）适用介质　聚酯装置专用阀门的工作介质可以是各种各样的，有些介质有腐蚀性，有些介质在一定的温度下才有很好的流动性，而在常温下则流动性很差或不能流动，因此对阀门的结构和材料提出了不同的要求。不同材料和结构形式的阀门具有一定的适用范围，在设计和选用阀门时要给予充分考虑。聚酯装置阀门常见的工作介质主要包括：

1）熔体介质：酯化物、预缩聚合物、终缩聚合物。在高温条件下，这些介质具有很好的流动性；但在常温下，其流动性很差或呈固体状态。

2）固-液混合物：PTA 浆料，即 PTA 粉末和乙二醇的混合物。

3）固-气混合物：如反应器中的气相管道阀门，气相中含有低聚物。

4）热媒（液态或气态）：氢化三联苯（Hydrogenated terphenyls）。

5）回收液：乙二醇、废乙二醇等。

（4）安装位置 聚酯装置阀门很多是三通阀或多通阀，对于不同位置的阀门，有适用于一个通道进、两个通道出安装的，也有适用于两个通道进、一个通道出安装的；大部分多通阀门适用于一个通道进、多个通道出，适用于多个通道进、一个通道出的很少。

（5）驱动方式 一般情况下，有的阀门采用手轮驱动、蜗轮驱动或齿轮驱动，有的采用电动机驱动，还有采用气缸驱动的。

（6）电动机驱动基本参数 包括电动机功率、电源电压、电源频率、电动机的变频范围及其他要求、电动机的同步转速、防护等级、防爆等级、过热保护等级等。

（7）驱动气缸的进气管道控制附件参数 如电磁换向阀参数：二位五通、双电磁铁、220V、防护级别 IP54 等。

（8）设计压力 设计压力是指阀门在设计过程中确定的体腔内工作压力的理论最大表压力，是实际工艺设计给定参数圆整后的数据，是在工况运行过程中阀门体腔内的工作压力所允许达到的理论最大极限值（通常用表压力），包括压力波动时的瞬时状态值在内，单位为 MPa。例如，工艺设计给定的工况压力参数是 9.1~9.8MPa，圆整后的设计压力就确定为 10.0MPa。当然，圆整后的设计压力应非常接近实际工作压力，不能相差太多。

确定阀门的工作压力时要与工作温度综合考虑，工作温度越高，最大允许工作压力就越低。按 GB/T 12224—2015《钢制阀门 一般要求》规定的各种承压件材料在特定工作温度下的最大允许工作压力选取，设计压力不能高于设计温度下允许的工作压力。

（9）设计温度 设计温度是指在工况运行过程中，阀门体腔内所适用介质的最高可能温度（包括瞬时状态值），单位为℃。阀门的工作温度不一定是一个定值，可能在一定范围内变化，但其最高变化温度不应超过设计温度。换句话说，阀门的设计温度应略高于阀门的最高工作温度。

（10）最大允许工作压力 最大允许工作压力是指阀门在工况运行时，体腔内工作介质表压力的最大允许值（含压力波动时的瞬时状态值），单位为 MPa。一般情况下，最大允许工作压力小于设计压力，从理论上讲，最大允许工作压力的极限值就是设计压力。但是，在生产装置运行过程中，考虑到很难准确预测最大工作压力的波动值，所以在实际工况中两者还是有一定差别的。

（11）介质特性 介质特性是指阀门工作介质的物理特性和化学特性，常用的主要包括介质的腐蚀性、密度或黏度等与阀门结构设计、材料选择及选型设计有关的特性。

（12）主体材料 主体材料是指阀门的壳体、阀瓣、阀盖等主要零部件的材料，一般采用奥氏体不锈钢或其他满足工况性能要求的材料。

（13）操作速度 操作速度是指阀瓣从关闭状态到全开启状态所需要的时间，一般根据工况点的操作要求确定。要求操作速度快的可以采用气缸驱动；要求操作速度慢一些的可以采用电动装置驱动或手轮驱动。

（14）伴温夹套工作压力 对于聚酯熔体工作介质来说，要求将壳体的温度控制在一定的范围内，所以壳体要有伴温夹套，夹套内的伴温介质可以是热媒，也可以是其他合适的介质。伴温夹套工作压力的单位为 MPa。

（15）伴温夹套设计压力　对于要求壳体有伴温夹套的情况，伴温夹套的设计压力要大于夹套内伴温介质的最大允许工作压力，含压力波动时的瞬时状态值，单位为 MPa。

（16）伴温夹套设计温度　当壳体需要有伴温夹套时，伴温夹套的设计温度是指允许的夹套内工作介质的温度，该温度允许在一定范围内波动。

（17）伴温夹套工作温度　当壳体需要有伴温夹套时，壳体夹套内热媒的温度或其他合适介质的温度就是要求的伴温夹套工作温度。伴温夹套工作温度要和阀门的工作温度相适应，要符合阀门工作温度的要求。

（18）连接方式　聚酯装置专用阀门的连接主要有焊接连接和法兰连接两种方式。包括阀门端部与管道连接和伴温夹套进出管连接。

焊接连接的参数主要有公称尺寸，公称压力，焊接端口形式，焊接端口尺寸符合标准名称、标准号及标准发布年号，接管材料等。其中焊接端口形式主要有对焊连接和承插焊连接，公称尺寸 DN80 以上的要采用对焊连接，公称尺寸 DN65 以下的可以选用对焊连接或承插焊连接。

法兰连接的参数主要有公称尺寸，公称压力，密封面形式及法兰标准名称、标准号和标准发布年号，接管材料等。

1.4　聚酯装置专用阀门的分类

聚酯装置专用阀门是工业管道系统阀门的一个分支，它仅是阀门大家族中的一小部分，是在特定应用条件下使用的阀门。聚酯生产装置主回路中所使用的熔体阀门是聚酯装置阀门的主要部分，其工作介质有预聚物、酯化物、聚酯熔体等。熔体阀门主要用于工艺主流程中的反应器、熔体泵、熔体过滤器等设备的进料和出料，大部分阀瓣只有两种工作状态，即阀瓣处于开启或关闭位置，只有很少的调节型阀门。在聚酯装置中应用的熔体阀门有很多种结构类型，品种规格更是极其繁多，而且新产品、新结构仍在不断涌现，以下仅介绍目前聚酯装置中已在使用的阀门。

（1）按照工作介质分

1）浆料阀门：主要介质有 PTA 与乙二醇的混合物、PTA 粉末、乙二醇。

2）熔体阀门：主要介质有预聚物、酯化物、聚酯熔体。

3）热媒阀门：主要介质有热媒，如氢化三联苯等。

（2）按照阀门主体结构分

1）柱塞式阀门：阀瓣的结构是柱塞形的。

2）阀瓣式阀门：阀瓣的结构是圆盘形的，主要有直通截止阀、Y 型截止阀。

3）旋塞式阀门：阀瓣的结构是圆锥形的。

4）球形阀门：阀瓣的结构是球形的。

（3）按照阀门安装位置分

1）进口阀门：如反应器进口、熔体泵进口、熔体过滤器进口等处的阀门。

2）出口阀门：如反应器出口、熔体泵出口、熔体过滤器出口等处的阀门。

3）取样阀门：在各主要设备（如反应器、熔体泵、熔体过滤器）的进口和出口都要进行取样，用于检验中间过程介质的质量，用于取样的阀门即为取样阀门。

4）排尽阀门：在各主要设备（如反应器、熔体泵、熔体过滤器）的进口和出口都要有排尽阀门，用于排出内腔的气体或物料，满足生产工艺的要求。

5）冲洗阀门：在各主要设备的进口和出口都要有冲洗阀门，用于在设备维护保养过程中冲洗设备内腔表面的黏附物或残留介质物料，满足生产工艺的基本要求。

（4）**按照阀门通道数量分** 使用比较多的主要有二通阀、三通阀、四通阀、五通阀、六通阀和七通阀。多通道阀门一般是一个通道进、多个通道出，很少有多个通道进、一个通道出的。

（5）**按照阀瓣动作方式分** 有阀瓣仅旋转不做轴向运动的，有阀瓣仅做轴向运动不旋转的，有阀瓣做轴向运动的同时绕自身轴线做旋转运动的。

第2章　聚酯装置专用阀门基础知识

聚酯装置专用阀门基本都是应用于主流程的关键性工艺阀门，主要包括熔体阀门、浆料阀门和热媒阀门。熔体阀门的工作介质主要有酯化物和聚酯熔体等。浆料阀门也是主流程中的关键性工艺阀门，负责向工艺流程提供主要原材料。热媒阀门的工作介质是热媒，具体有氢化三联苯、联苯-联苯醚等，它们在高温下的渗透性非常强。

熔体阀门在聚酯生产装置中用于改变工艺介质的流向、控制多路介质分流、开启或关闭介质通道、介质取样、排尽（或称排空）等。熔体阀门有阀瓣式和柱塞式两种结构，阀体端部与管道采用焊接连接的比较多。

本书叙述的是聚酯装置阀门的主体结构及其适用工况条件，这里不介绍进行结构设计的详细过程，而是定性地介绍怎样的结构可以满足工况参数要求。而且只介绍对整机性能具有很大影响的主要问题，对小问题和次要问题不做介绍。另外，聚酯装置阀门在使用过程中的注意事项、容易出现的故障及其排除方法、维护保养、主要零部件和易损件的材料选择等也是本书要叙述的内容。聚酯装置阀门的性能是由主要零部件的结构决定的，但加工工艺和加工质量同样对阀门性能有重要影响。

聚酯生产过程中所使用的柱塞式熔体换向阀、阀瓣式熔体出料阀、排尽阀、取样阀和多通阀（如五通阀、六通阀和七通阀）、热媒阀、浆料旋塞式三通换向阀、浆料球形三通换向阀等，都是适用于聚酯装置的特殊阀门，所以也称作聚酯装置专用阀门。其技术要求与适用于一般介质的各种阀类不同，应满足聚酯介质的各种物理特性、流动特性、密封特性和其他特性要求。聚酯装置阀门的检验与验收内容也体现了这一特点。

为了更好地了解聚酯装置阀门的工作原理、主体结构、功能和作用、结构特点、适用范围、驱动方式、主要零部件材料等，以便能够在安装、操作使用、维护保养、检修等过程中更合理地进行相关操作，下面对这类阀门的阀座密封、阀杆密封、中法兰密封、高温熔体介质结焦、阀门的检验与验收、标识和标志等内容做一简要介绍。

聚酯装置阀门有很多种不同的结构类型，要适用于各种工作介质和工况参数，主要零部件材料是按照工作介质的要求选取的。主要零部件包括阀体、阀盖、阀瓣（如球阀的球体、旋塞阀的旋塞、柱塞阀的柱塞等）和阀杆等，其材料将在文中分别加以说明。

虽然聚酯装置阀门的类型、结构各有不同，但都是由承压件（阀体、阀盖）、关闭件（阀瓣，如柱塞、旋塞、球体）、传动件（阀杆、阀杆螺母、支架）和驱动部分（手轮、手柄、驱动装置）组成的。不同结构的阀门，其关闭件结构不同，柱塞阀和取样阀的柱塞、浆料三通旋塞阀的旋塞、浆料球阀的球体、热媒截止阀的阀瓣等都是关闭件，在本书中关闭件统称为阀瓣。

聚酯装置阀门的生产企业有很多，每家企业都有自己具有独特结构的产品，所以各个用户生产装置中使用的阀门也有很多种结构类型，这里不能详细介绍每一种结构，只能针对用户生产装置中使用比较多的结构进行介绍。

2.1 聚酯装置专用阀门的工作条件

聚酯装置专用阀门的工作条件主要是指工作温度、压力、介质特性、操作要求等。

2.1.1 聚酯装置专用阀门的工况

主流程是聚酯生产装置的核心部分，主要设备包括浆料罐、第 1 酯化反应器、第 2 酯化反应器、第 1 缩聚反应器、第 2 缩聚反应器、最终缩聚反应器、缩聚物泵、浆料泵、熔体泵、熔体过滤器等（图1-1）。在这些主要设备之间安装有各种功能的阀门。主要设备的工作介质温度约为 330℃，有些阀门的工作温度会更高。介质压力各不相等，从真空到高压，大部分工作压力不大于 1.6MPa，最大工作压力不大于 20.0MPa。阀门的操作频率不高，有每天启闭数次的，有几天启闭一次的，有一星期启闭一次的，也有一个月启闭一次的。工作介质有液体、固-液混合物、黏稠性熔体、渗透性很强的热媒介质等。

2.1.2 工况对聚酯装置阀门的要求

酯化物和聚酯熔体在常温条件下呈固态，在高温下呈流动性很好的液态。所以聚酯装置阀门在工况条件下运行时要有伴热和保温措施，以保证管道和阀门内的介质始终处于一定的温度范围内，而且要求各部位温度均匀。酯化物和聚酯熔体是聚酯产品的中间过程物料，要求纯度很高，为了防止物料受到污染，与物料接触部分零件使用的材料不能污染物料，例如，用于阀杆密封的填料密封圈不能掉色，也不能有材料碎屑掉下来混入介质内，与物料接触部分的不锈钢材料不能含有钼元素等。

阀门流道内腔应尽可能减小滞流区，阀门通道过流截面形状不应有急剧变化，过流截面积应尽可能保持基本不变。如果过流截面积变化比较大的话，会导致介质流动过程中速度变化比较大，就会形成滞流区。当介质温度发生较大波动时，就会在一定程度上对介质流动产生影响。所以聚酯熔体介质应用最多的是各种结构的夹套伴热式柱塞阀，包括取样阀、换向阀、多通分流阀、排尽阀等都采用柱塞结构。

要保证生产装置的正常运行，就要保证阀门有很好的操作性能和密封性能。聚酯装置阀门的阀瓣密封一般采用纯铝材料的软密封面，也可以采用不锈钢密封材料。如果熔体阀门的阀座泄漏，高温熔体介质可能会泄漏到备用过滤器内或滞留在备用熔体泵内腔中，虽然没有流体泄漏到大气中，但其危害仍然十分严重，轻则随着时间的推移熔体发生变化，在熔体阀门切换以后影响部分产品的质量；重则会使产品质量受到严重影响，甚至影响正常生产。

聚酯熔体阀门的工况条件复杂、工作介质渗漏性强、密封性要求高。阀门与管道可以采用法兰连接或焊接连接。首先，管道介质温度波动、装置启停时的冷热变换，以及其他工作应力变化等因素都会导致法兰连接密封面松弛而造成泄漏甚至是严重后果，因此法兰连接密封面的可靠性不如焊接连接。其次，法兰连接的金属用量很大，包括法兰、螺栓、螺母和垫片等,使得阀门很笨重,特别是采用金属垫环密封时更是如此。最后,安装法兰连接阀门时,阀门法兰和管道法兰之间要满足很严格的位置度要求、螺栓的松紧程度要求等。所以在可以使用焊接连接的情况下,聚酯装置阀门与管道之间一般采用焊接连接。焊接连接的缺点是当需要更换或大修阀门时,必须将其从管道上切割下来。有一少部分熔体阀门与管道之间采用法兰连接。

对于焊接连接的熔体阀门,阀体端部与管道为焊接连接,阀体与阀盖之间由焊唇密封环连接。主要部件(包括阀体、阀盖)最好采用锻件或型材焊接结构,一般情况下最好不要选用铸件。这是因为焊接连接的熔体阀门每大修一次就要从管道上切割下来一次,检修完以后再将阀门与管道焊接在一起。如果阀体和阀盖采用铸件的话,由于铸件可能存在比较多的缺陷,如金属内部的气孔、砂眼、夹砂、裂纹等,经过多次焊接和切割热操作以后,这些缺陷就会逐渐暴露出来,可能造成壳体泄漏。一旦出现这种情况是不能够补焊堵漏的,因为不知道引起泄漏的内部缺陷类型、位置、形状和尺寸大小,补焊堵漏的结果是漏点随着焊点跳动,费工费时却不能解决问题,最后只能报废并重新下料加工新零件。

聚酯熔体阀门工作的可靠性,在很大程度上取决于阀门结构和材料选用得是否合适,并取决于运行工况条件的稳定性以及操作是否合理。例如,熔体阀门只能在全开或全关两种状态下工作,特别是阀瓣式熔体阀门。当阀瓣在阀体内处于其行程的中间位置时,由于体腔内的过流截面积减小,使得阀瓣前后工作介质的压降加大,介质流速增加,则可能形成汽蚀而损坏阀瓣与阀座的密封面。一段时间后,启闭件的密封性将变差,从阀座的微小渗漏逐渐加大泄漏量,直至变成大漏甚至失去密封性能。

随着聚酯生产技术的不断进步,聚酯装置的生产能力在不断提高,但主要工艺参数没有太大变化,只是提高了单条生产线在单位时间内的产量。一些设备的容量、各设备之间的主管道直径以及阀门的公称尺寸均增大了。

2.2 聚酯装置专用阀门的阀座密封

上述聚酯装置阀门中,柱塞式三通换向阀、阀瓣式三通换向阀、柱塞式多通阀、排料阀(或称排尽阀)、取样阀、进料阀、出料阀等都是截断类阀门,是通过改变其内部通道的截面积来控制管道内介质流动的。双阀瓣换向阀的单个阀瓣也是通过改变轴向位置而关闭一个阀瓣,同时开启另一个阀瓣来改变工作介质流动方向的。其共同特点之一,是要保证阀座有足够好的密封性能;之二,是要保证阀门的壳体有足够的承受内压的能力,并有足够的强度和刚度来承受各种外力;之三,是阀门的运动部件要有足够的灵活性,以保证阀门的开启与关闭灵活可靠、动作及时到位。由此可见,阀座密封性能是非常重要的性能参数之一。

2.2.1 阀座的密封原理

阀座密封的功能是阻止渗漏,阀座与阀瓣相互接触并达到密封,两个密封面就形成了密封副,当阀瓣处于关闭位置时,密封副应达到规定的密封性能(或者称为低于要求的泄漏量)。造成渗漏的因素很多,最主要的有两个:一是密封副间存在间隙;二是密封副两侧存在压力差。前者是影响密封性能的最主要因素,密封的基本原理是通过不同途径阻止流体渗漏。

上述因素对密封性能及泄漏量的影响可以用毛细孔原理进行解释。研究结果表明：密封副单位长度内的泄漏量与毛细孔直径的 4 次方成正比，与密封副两侧的压力差成正比，与密封面的宽度成反比。此外，泄漏量的大小与流体的性质有关。但是在实际应用过程中，还受到制造质量、材料缺陷等多种因素的影响。

聚酯装置阀门的阀座密封原理如图 2-1 所示，阀体 1 承受内腔工作介质的压力，柱塞 2 在阀体内做直线运动，阀座密封面 4 与柱塞 2 形成密封副 3，柱塞处于关闭状态。阀体内腔的工作压力是 p_1，处于关闭状态阀体的出口工作压力是 p_2，阀座承受的压力差就是 $\Delta p = p_1 - p_2$，即在阀座与柱塞形成的密封副之间要具有一定的密封比压（单位面积上的正压力称为比压），此比压将使阀座产生弹塑性变形，填塞密封面上的微观不平度以阻止流体从密封副间通过。当阀座采用非金属材料制造时，必需的密封比压比较小；当阀座

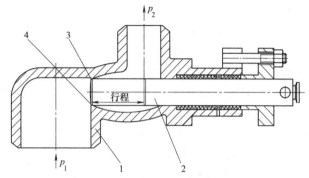

图 2-1　聚酯装置阀门的阀座密封原理
1—阀体　2—柱塞　3—密封副　4—阀座密封面
p_1—进口压力　p_2—出口压力

采用金属材料制造时，相同的密封比压将不能实现完全密封，此时必须加大密封的正压力，即加大密封副之间的密封比压。密封比压所引起的密封副变形应在材料的弹性范围内，并有不大的残余塑性变形。如果密封副表面粗糙或阀体密封面的圆柱度误差较大，则保证密封所需的比压就大，残余塑性变形也大。

聚酯装置专用阀门的阀座有些是采用金属材料制造的，有些是采用弹性和韧性都比较好的非金属材料制造的。无论是金属材料阀座还是非金属材料阀座，都是在一定的外力作用下使阀座密封副相互靠紧、接触甚至嵌入，以减小或消除密封面之间的间隙，从而达到接触型密封。

非金属材料制造的阀座密封圈比金属阀座密封圈更容易满足密封要求，尽管如此，保证绝对密封仍然是很困难的，即使试验时不渗漏，经过一定的使用周期也可能产生一定程度的渗漏或泄漏。因此，应根据不同的阀门结构、阀座密封副配对材料、使用工况参数、使用场合提出不同的密封性能要求。例如，用于聚酯装置内的高温高压工况点时，要求阀门有严密的可靠密封；而对于有些场合，如输送管道尾端的阀门，则可以适当降低密封要求。因为提高阀门的密封性能要求不仅会提高阀门的制造成本，还会使阀门密封副的摩擦磨损加快，从而降低阀门的使用寿命。

2.2.2　影响阀座密封的因素

阀瓣和阀座之间的密封性能良好是对阀门的基本要求，影响阀座密封性能的因素很多也很复杂，其中最主要的有以下几个方面。

（1）密封面上的比压　比压是作用于密封面单位面积上的正压力。产生比压的力有两部分，第一部分是阀瓣前后介质压力差作用在密封面上的力，第二部分是外部施加的作用在密封面上的力。有些结构的阀门（如浆料球阀）是以阀瓣前后压力差作用在密封面上的力

为主要密封力，外部施加的作用在密封面上的力仅用于补充其不足部分。另一些结构的阀门（如取样阀、三通换向阀、排尽阀等）是以外部施加在密封面上的力为主要密封力，阀瓣前后的压力差不能产生足够的密封比压。比压的大小直接影响阀门的密封性、可靠性及使用寿命。

阀座密封比压的大小必须在一个合适的范围内，如果密封比压太小，则不能达到密封效果；密封比压太大，则有可能破坏密封副的结构。所以阀座密封的实际密封比压应在要求的最小值和允许的最大值之间。密封面单位面积上允许承载的最大正压力称为该材料的许用密封比压，阀座密封副常用材料的许用比压数值见第9章的表9-5。此数值没有反映出在该数值下阀门的启闭次数，可以看作某一额定启闭次数下的密封比压值，而此额定启闭次数可以认为是最低限度的使用周期。由此可见，在阀门关闭操作过程中用力大小要合适，关闭力过大会破坏阀座或阀瓣密封面。

试验证明，在其他条件相同的情况下，泄漏量与阀瓣前后压力差的2次方成正比。因此，泄漏量的增大速率超过了压力差的增大速率。

（2）密封副的质量　阀座与阀瓣紧密接触形成密封副，密封副的质量主要包括密封副材料的质量、密封副零部件（主要指阀体、阀瓣和阀座）加工制造的表面粗糙度、形状和位置公差，即阀瓣和阀座之间的吻合度等。如果吻合度高，则增加了流体沿密封面运动的阻力，从而提高了密封性。一般要求三通换向阀柱塞的圆柱度公差为 GB/T 1184—1996《形状和位置公差　未注公差值》规定的9级，大直径平面密封阀座和阀瓣的平面度公差为 GB/T 1184—1996《形状和位置公差　未注公差值》规定的9级或配对研磨。

表面粗糙度对密封性的影响也是很大的，当表面粗糙度值较大且比压小时，泄漏量比较大。而当比压逐渐增大时，表面粗糙度对泄漏量的影响显著减少，这是因为密封面上的微观锯齿状尖峰被压平了。非金属材料的阀座密封面比较软，表面粗糙度对密封性的影响比较小；金属材料的阀座是金属对金属的"刚性"密封面，表面粗糙度对密封性的影响就要大得多。

有一种理论分析认为，只有当密封副之间的间隙小于流体分子直径时，才能保证流体不渗漏，由此可以认为，防止流体渗漏的间隙值必须小于 0.003μm。但是，即使是经过精细研磨的金属表面，凸峰高度仍然超过 0.1μm，即比水分子直径要大30倍。由此可见，只依靠降低密封副表面粗糙度值的方法来提高密封性是难以成功的。密封副表面粗糙度和表面形状偏差对密封性的影响程度迄今尚无数据可查。

密封副质量除了影响密封性以外，还直接影响阀门的使用寿命，因此，加工制造时必须提高密封副的质量。

（3）流体的物理性质　与渗漏有关的流体物理性质主要包括黏度、温度、表面亲水性等，现在就这三个方面分别叙述如下：

1）黏度的影响。被密封流体的渗透能力与它的黏度紧密相关。在其他条件相同的情况下，流体的黏度越大，其渗透能力越差，几何分析常用气体与液体的黏度可以得出以下结论：

① 液体的黏度比气体的黏度大几十倍，故气体的渗透能力比液体强，但饱和蒸汽除外，饱和蒸汽容易保证密封性。

② 压缩气体比液体更容易泄漏。

2）温度的影响。流体的渗透能力与黏度有关，而黏度又会随着流体温度的变化而变化。气体的黏度随温度的升高而增大，它与$\sqrt{T}$成正比，T是气体的热力学温度，单位为 K。液体的黏度则相反，它随温度的升高而急剧减小，且与T^3成反比。

此外，因温度变化而引起零件尺寸的改变将造成密封副内接触应力的变化，并可能引起密封的破坏，对于低温或高温流体的密封其影响尤为显著。因为与流体接触的密封副通常比受力零件（如法兰、螺栓）的温度更低些（或更高些），这就更容易引起密封副部件的松弛。

在低温条件下工作时，形成密封比压的条件是复杂的，多种密封材料，如橡胶、塑料（聚四氟乙烯除外）在 20~77K 的低温下，会因丧失塑性而变脆。而在高温条件下，这些材料的稳定性又会受到高温的限制。因此，在选择密封材料时要考虑温度的影响。

3）表面亲水性的影响。表面亲水性对渗漏的影响是由毛细孔特性引起的，当表面有一层很薄的油膜时，破坏了接触面间的亲水性，并且堵塞了流体通道，这样就需要较大的压力差才能使流体通过毛细孔。因此，在工况条件允许的情况下，可以在阀门密封副处添加适当的密封油脂以提高密封性和使用寿命。在采用油脂密封时，应注意工作过程中若油膜减少，须及时补充油脂。所采用的油脂不能溶于工作介质，也不应该蒸发、硬化或有其他化学变化。

（4）密封副的结构和尺寸

1）密封副结构的影响。软密封阀门的密封副由阀体、阀座和阀瓣（或旋塞）三者形成；硬密封阀门的阀体和阀座是一体的，所以其密封副是由阀瓣（或柱塞）和阀体两者形成的。阀体和阀瓣除承受密封所需的力作用以外，还要承受流体压力的作用。在温度变化或其他因素的影响下，结构尺寸必然产生变化，这便会改变密封副之间的相互作用力，使密封性降低。为了补偿这种变化带来的密封比压下降，应使密封副组成的零件产生一定的弹性变形。采用非金属阀座就是利用非金属具有弹性补偿的特性，有些金属密封阀门采用弹性支承结构形式，这些都是改善密封性的积极措施。

2）密封面宽度的影响。从理论上来讲，密封面的宽度决定了毛细孔的长度，当宽度加大时，流体沿毛细孔的运动路程成正比例增加，而泄漏量则成反比例减小。但实际上并非如此，因为密封副的接触面不能完全吻合，当产生变形以后，密封面的宽度不能全部有效地起到密封作用。另一方面，密封面宽度越大，所需要的密封力也越大，因此，合理的密封面宽度是保证阀门密封性理想的重要因素。

2.2.3 阀座密封副的一般要求

阀瓣与阀座接触形成密封副，聚酯装置专用阀门的阀座密封副可以是金属对金属的硬密封，也可以是金属对非金属的软密封，只要能够满足使用工况的密封性要求，并满足生产装置工况参数和介质的所有要求，就是符合使用要求的。阀座密封面和阀瓣密封面可以由基体直接加工而成，也可以在基体表面堆焊某种耐摩擦磨损性能比较好的材料加工而成，此种情况下堆焊层厚度应不小于 2.0mm。需要注意的是，阀瓣表面堆焊的耐磨材料硬度应比阀座的硬度低些，两者之间要有一定的硬度差，一般选取 50HBW 或 3~5HRC 为宜。当阀座和阀瓣都采用基体直接加工而成时，阀体材料就是阀座密封面材料，铸造材料阀座表面的硬度可能会稍大于型材阀座表面的硬度，对于工作压力比较低和操作频率不是很高的阀门，阀座密封副硬度差比较小也可以。对于非金属材料密封的阀门，非金属材料的硬度比较低，容易保证密封性。

2.2.4 阀座密封面损伤

影响阀座密封面性能的缺陷主要有划痕、裂纹、压痕、磨损、腐蚀等。产生损伤的原因是阀座密封面承受了各种外力，如介质腐蚀、密封挤压力和剪切力等。从摩擦学角度来看，磨损形式主要有以下几种：

（1）磨粒磨损　磨粒磨损是指粗糙的硬表面在软表面上滑动时产生的磨损。硬材料压入较软材料表面，划出一条微小的沟槽，材料以碎屑或疏松粒子的形式脱离物体表面。

（2）腐蚀磨损　金属表面产生一层氧化物覆盖在被腐蚀的表面上，可以减慢金属的进一步腐蚀。但是，如果两个表面相互摩擦，可能会使氧化物脱落，而使金属表面进一步腐蚀。

（3）表面疲劳磨损　反复循环加载和卸载会使表面及其下层产生疲劳裂纹，形成碎片和凹坑而导致表面破坏。

（4）冲蚀　锐利的粒子冲撞物体表面使材料损坏，与磨粒磨损相似，冲蚀磨损的表面很粗糙。

（5）擦伤　擦伤是指两个密封面在相对运动过程中，材料因摩擦而引起的破坏。

对于阀座与阀体是一体件的结构，可以按第 10 章所述的方法进行修复。对于阀座与阀体相连接的结构，如果阀座有损伤，则应慎重决定是更换新阀座还是修复旧阀座，要首先明确阀体焊接连接在装置管道中能否切割下来、阀座与阀体是用焊接还是螺纹连接，如果是螺纹连接，还要明确是用米制螺纹还是英制螺纹等。如果这些问题有不清楚的，则优先考虑修复旧阀座，这样既节省时间把握也比较大，维持聚酯装置正常生产是最重要的。

2.3　聚酯装置专用阀门的阀杆（或柱塞）密封

本节介绍的阀门常用阀杆（或柱塞）密封，是聚酯装置中的柱塞式三通换向阀和阀瓣式三通换向阀，反应器进出料阀、排尽阀、取样阀、冲洗阀、多通阀（如四通阀、五通阀、六通阀和七通阀）、浆料旋塞式三通阀、浆料球阀和热媒阀等使用的阀杆密封结构。内容包括编织填料密封、成形填料密封、O 形圈密封及填料密封件的选用等。

2.3.1　阀杆（或柱塞）编织填料密封

聚酯装置专用阀门的阀杆编织填料密封结构与普通阀门基本类似，所不同的是聚酯装置阀门的工作介质不同，填料密封结构有所不同；其次是聚酯装置阀门密封柱塞的情况比较多，也有一些是密封阀杆的，而普通阀门则基本都是密封阀杆。柱塞的直径比阀杆大很多，所以聚酯装置阀门的密封轴径比较大，应用的编织填料密封件规格也比较大；而阀门的阀杆直径一般比较小，应用的编织填料密封件规格也比较小。聚酯装置阀门的熔体介质在工作温度下是液态，随着温度的降低，其流动性逐渐下降，而在常温下则呈固态。而且在常温下，工作介质与阀门内腔或填料密封件之间的黏结性很强。所以一旦工作介质在工作温度下进入填料密封副内，当温度降低以后，转动或轴向移动阀杆所需要的力就会显著增加，填料密封件的摩擦磨损也会随之越来越严重。当进入填料密封副内的工作介质达到一定量以后，一旦工作温度有所降低，阀杆（或柱塞）将很难转动或轴向移动。

（1）阀杆（或柱塞）编织填料密封的结构　聚酯装置专用阀门的阀杆密封结构比较复杂，密封性要求较高，阀杆编织填料密封结构要求有润滑剂注入孔，而且要求填料中间部位有用于注入并储存润滑剂的隔环，如图2-2所示。

填料密封组件3和6被安装在阀盖2的填料函内，其内径与阀杆1紧密接触，填料压盖7施加一定量的轴向压紧力，依次作用在填料密封组件6和3上，在轴向压紧力的作用下，填料密封组件发生变形并产生一定量的径向压紧力作用在阀杆密封面和填料函内壁上。此时的径向密封力和轴向压紧力的比值称为径向比压系数，就是一定量的轴向压紧力作用在填料密封件上能够产生多大的径向密封压紧力。一般情况下，在一定范围内，填料的材料越软，径向比压系数越大；填料的材料越硬，径向比压系数越小。对于绝大部分常用填料的材料来说，

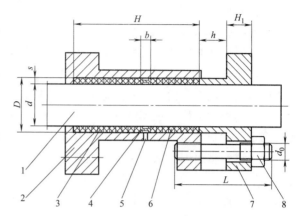

图2-2　聚酯装置阀门的填料密封结构示意图
1—阀杆　2—阀盖　3—下填料密封组件　4—隔环
5—润滑剂注入孔　6—上填料密封组件
7—填料压盖　8—压紧螺栓

径向比压系数为0.4~0.8，也就是说，能够产生的径向密封力比作用在填料密封件上的轴向压紧力要小很多。

（2）阀杆（或柱塞）的旋转转矩　将编织填料安装在填料函内，用填料压盖沿轴向压紧，使编织密封填料变形而在径向产生压紧力，编织填料密封件紧紧地贴合在阀杆表面上，保持编织填料与阀杆之间的密封。填料压盖的轴向压紧力越大，填料对阀杆的径向比压越大，阀杆的旋转或轴向移动阻力也就越大。图2-3所示为对于某种特定材料的编织填料密封件，阀杆的旋转转矩与填料压盖的轴向压紧力之间的关系。

从图2-3中可以看出，阀杆旋转转矩随压盖压紧力的增大而迅速增大。一般情况下，聚酯装置阀门的工作压力有低压、中压和高压之分，但阀杆或柱塞的旋转速度很低，旋转总圈数或轴向移动总量都不大，所以填料密封件的摩擦磨损也不是很大。

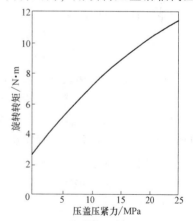

图2-3　填料密封结构中阀杆的旋转转矩与填料压盖的轴向压紧力之间的关系

（3）编织填料密封件组合　聚酯装置阀门在工况运行条件下，不同工况点的阀门工作温度和压力各不相同，有些甚至相差较大。但是，聚酯装置阀门有一个共同的特点：一旦有介质进入填料密封件内，其密封性会迅速下降，浸入填料密封件内的熔体介质越多，其密封性下降得越厉害。所以，具有良好的抗浸入性能是选择填料密封件的首要条件，而具有较高的回弹率是第二个必要条件。现在使用的填料密封件在满足以上两个条件方面都

没有达到很理想的效果。所以聚酯装置阀门实际应用中大多采用组合密封件配合使用，以达到较好的效果。例如，图 2-2 所示的结构中下填料密封组件 3 是两种材料组合安装的，中间部分的填料是具有很好回弹性能的填料，最底部的两圈填料和靠近隔环的两圈填料致密性好，抗浸入性能好，比较坚硬，用来保护和保持中间部分的填料。隔环外面靠近压盖的上填料密封组件 6 也是采用相同的材料组合而成，这样组合使用密封效果很好。

（4）聚酯熔体介质对填料密封的影响　对于高温熔体介质填料密封，在长期工况运行过程中，高温熔体介质会浸入填料密封圈内部，随着运行时间加长，浸入填料密封圈内部的熔体介质会逐渐增多，从下至上浸入的深度越来越大，冷却后熔体会将填料与阀杆黏结在一起，致使填料逐渐变硬而失去密封效果，造成阀杆既不能旋转也不能轴向移动。如果黏结程度比较轻，则松一下填料压紧螺栓，敲击振动一下相关部位有可能使阀杆转动；如果黏结程度比较严重，就很难转动阀杆了。阀门在工况运行的初始阶段，当温度上升到正常工作温度以后，浸入填料密封圈内部的熔体介质基本能够软化，阀杆填料密封有可能不会泄漏，也有可能会泄漏。

随着工况运行时间越来越长，浸入填料密封圈内部的熔体介质越来越深，熔体介质遇到空气中的氧气会发生质的变化，形成一种很坚硬的黑色结焦固态物，具有很强的黏结性和附着性，会使填料密封圈失去密封性能。在这种情况下，应取下填料压紧螺栓，解体阀门、抽出阀杆、掏出全部填料密封圈，并将填料函内壁和阀杆表面黏结的结焦物彻底清除干净，然后更换新的填料密封圈。由于熔体阀门的填料函比较深，如果不解体阀门抽出阀杆，已经失去密封性能的填料密封圈将很难全部取出并清除结焦物，只能更换最上面的很少几圈，下面已经严重变质的则不能更换，所以现场更换填料密封圈的效果可能不好。最好的方法是现场解体阀门，将阀瓣、阀杆、阀盖、支架等组合部分带回检修车间并更换全部填料密封圈。

（5）现场熔体阀门使用填料密封圈情况　聚酯生产装置中使用的阀门来自不同的国家，阀门生产日期可能跨越几十年。不同供应商生产的熔体阀门、不同年代生产的熔体阀门，其结构差别很大，各有各的优点，也各有不足之处。同时，阀门产品在不断优化，今天的熔体阀门与 20 年前的熔体阀门就有很大不同。

现场使用的聚酯装置阀门有很多是国外生产的，国外阀门的阀杆直径系列与国内阀门不完全相同。例如，熔体出料阀的阀杆直径是 $\phi45$mm，填料函内径是 $\phi60$mm，即填料密封圈的宽度是 7.5mm，更换填料密封圈时应用木槌将 8mm×8mm 的填料绳稍微敲扁一点，直到将填料函安装满为止，这样可以避免重新开模具加工特殊尺寸的填料密封圈。下面是某企业不同安装位号的熔体阀填料密封件的使用情况。

16F01 熔体三通换向阀对位聚苯填料尺寸是 $\phi120$mm×$\phi145$mm×40mm，每个柱塞一组填料，共 2 组。

18F01 熔体三通换向阀对位聚苯填料尺寸是 $\phi132$mm×$\phi160$mm×60mm，每个柱塞一组填料，共 2 组。

18M01 熔体六通阀对位聚苯填料尺寸是 $\phi87$mm×$\phi100$mm×50mm，每个柱塞一组填料，共 5 组。

16F01 熔体取样阀对位聚苯填料尺寸是 $\phi28$mm×$\phi38$mm×45mm，每台阀门一组。

R05 进料阀成形石墨环填料 12 圈+编织填料绳 4 圈，尺寸是 $\phi30$mm×$\phi46$mm×8mm，每台阀门一组。

R05 熔体出料阀成形石墨环填料 16 圈＋编织填料绳 6 圈，尺寸是 $\phi50\text{mm}\times\phi70\text{mm}\times220\text{mm}$，每个阀杆一组，共 2 组。

28M01 熔体五通阀编织填料绳尺寸是 $6\text{mm}\times6\text{mm}\times60\text{mm}$，每个柱塞一组填料，共 4 组。

12R01、13R01、18F01、16P01 熔体取样阀成形柔性石墨环尺寸是 $\phi23\text{mm}\times\phi35\text{mm}\times36\text{mm}+2$ 圈编织填料绳，每台阀门一组。

28F01 熔体取样阀编织填料绳填料尺寸是 $\phi43\text{mm}\times\phi60\text{mm}\times50\text{mm}$，每台阀门一组。

05F01 熔体三通换向阀填料函尺寸是 $\phi85\text{mm}\times\phi97\text{mm}\times50\text{mm}$，每个柱塞一组填料，用 $6\text{mm}\times6\text{mm}$ 编织填料绳 4 圈＋1 个金属垫，也可以用对位聚苯成形填料。

F04 熔体三通换向阀填料尺寸是 $\phi50\text{mm}\times\phi70\text{mm}\times40\text{mm}$ 成形柔性石墨环＋2 圈编织填料绳，每个柱塞一组填料，共 2 组。

5 单元 Q06 熔体出料三通阀填料函尺寸是 $\phi106\text{mm}\times\phi130\text{mm}$ 有隔环＋成形柔性石墨环＋2 圈编织填料绳，每个柱塞一组填料，共 2 组。

6 单元 Q06 熔体出料三通阀对位聚苯填料尺寸是 $\phi75\text{mm}\times\phi95\text{mm}\times112\text{mm}$，每个柱塞一组，共 2 组。

上述各位号熔体阀的工作温度、介质特性、工作压力等参数基本相同，所使用的填料密封件有对位聚苯环、成形柔性石墨环＋编织填料绳组合、编织填料绳等。相同的工况条件可以使用不同的填料材料，对位聚苯填料环可以用成形柔性石墨环＋编织填料绳或编织填料绳替代，无论是哪种填料材料，第一要满足使用工况条件（如温度、压力、介质特性等），第二不能有带颜色的物质脱落下来。这是由于熔体介质是白颜色的，因此不能受到任何污染。使用成形柔性石墨环时最下部 2~3 圈用编织填料绳，可以有效避免污染物料。加工好填料密封圈以后，用手捋一下，手上沾有深色物的为不合格，不能使用；手上没有深色物的为合格，可以使用。

2.3.2　阀杆成形填料密封

由于成形填料密封件的密封唇边一般比较薄，在受力的工作状态下很容易实现密封，根据聚酯装置阀门的使用特点，大部分工况的工作压力都在 1.60MPa 以下。而且有些阀门的柱塞运动很少，如有些三通换向阀和取样阀，选用成形填料密封件可以减小填料组件的轴向尺寸。每组密封件分为上填料、中填料和下填料（或称填料垫），其中上填料和中填料可以采用填充聚四氟乙烯材料或对位聚苯材料，也可以采用其他合适的材料，下填料的材料可以与上填料相同，也可以是不锈钢材料。成形填料密封件的结构如图 2-4 所示。

聚酯装置专用阀门的成形填料密封

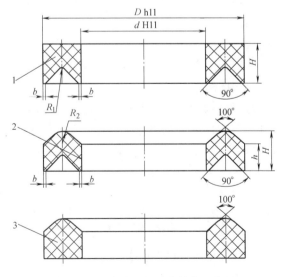

图 2-4　成形填料密封件结构示意图

1—上填料　2—中填料　3—下填料

件安装组合分为阀杆密封和柱塞密封两种情况。一般情况下，阀杆密封采用上填料1圈、中填料2~7圈（根据工作压力和介质特性确定）、下填料1圈的组合结构，很少采用1圈中填料的组合。柱塞密封采用上填料1圈、中填料5~12圈（根据工作压力和介质特性确定）、下填料1圈的组合结构。成形填料密封件的安装组合如图2-5所示。

成形填料密封件的上填料下部开90°角，中填料上部开100°角、下部开90°角，下填料上部开100°角。安装到阀门填料函内以后，上填料的下部与中填料的上部接触，中填料的下部与下填料的上部接触，在填料压盖轴向力的作用下，上填料的下部被中填料的上部挤压向两侧扩张，中填料的下部被下填料的上部挤压向两侧扩张，此扩张的唇口与阀杆表面和填料函内壁紧密接触并达到一定的密封比压，从而达到密封的效果。

成形填料密封件的结构尺寸和性能要求按 JB/T 1712—2008《阀门零部件　填料和填料垫》的规定，其材料可以是填充聚四氟乙烯或对位聚苯，有些资料介绍填充聚四氟乙烯的长期工作温度可以达到250℃，对位聚苯的长期工作温度可以达到350℃。实际工况应用

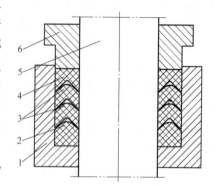

图2-5　成形填料密封件的安装组合
1—填料函　2—下填料　3—中填料　4—上填料　5—阀杆　6—填料压套

中，填充聚四氟乙烯的长期工作温度可以达到150℃，填充对位聚苯的长期工作温度可以达到300℃。

2.3.3　阀杆O形圈密封

根据聚酯装置专用阀门大部分工况的工作压力都在1.60MPa以下的特点，为了使有些阀门的密封结构更简单，在能够满足密封性能要求的条件下，可以选用比较简单的O形圈密封的基本结构，不需要带挡圈的密封沟槽形式。常用阀杆O形圈密封沟槽的结构形式如图2-6所示。

阀杆用O形密封圈安装沟槽的主要尺寸列于表2-1中。

橡胶材料的O形密封圈安装后的预压缩率按 GB/T 3452.3—2005《液压气动用O形橡胶密封圈　沟槽尺寸》的规定，数据列于表2-2中。

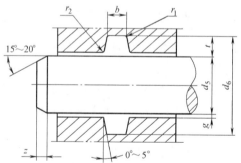

图2-6　阀杆O形圈密封的沟槽结构形式

关于阀杆O形圈密封结构的详细内容参见 GB/T 3452.3—2005《液压气动用O形橡胶密封圈　沟槽尺寸》，包括液压气动用O形橡胶密封圈（下称O形圈）的内径、截面直径、公差和尺寸标识代号，适用于一般用途（G系列）和航空及类似的应用（A系列）。如果有适当的加工方法，本部分规定的尺寸和公差适用于任何一种合成橡胶材料。

GB/T 3452.2—2007《液压气动用O形橡胶密封圈　第2部分：外观质量检验规范》规定了液压气动用O形橡胶密封圈的外观质量检验和质量判定依据。当工作压力超过10MPa

时，需要采用带挡圈的结构形式。

表 2-1 阀杆（或轴）用 O 形密封圈安装沟槽的主要尺寸 （单位：mm）

O 形圈截面直径			1.80	2.65	3.55	5.30	7.00
沟槽深度 t	阀杆密封，计算 d_6 用	液压动密封	1.35	2.10	2.85	4.35	5.85
		气动动密封	1.4	2.15	2.95	4.5	6.1
		静密封	1.32	2.0	2.9	4.31	5.85
沟槽宽度 b	气动动密封		2.2	3.4	4.6	6.9	9.3
	液压动密封或静密封		2.4	3.6	4.8	7.1	9.5
最小导角长度 z_{min}			1.1	1.5	1.8	2.7	3.6
沟槽底圆角半径 r_1			0.2~0.4		0.2~0.4		0.8~1.2
沟槽棱圆角半径 r_2			0.1~0.3				

注：1. t 值考虑了 O 形橡胶密封圈的压缩率，允许沟槽尺寸按实际需要选定。
2. 阀杆与壳体之间的单边间隙 g 要适当，以确保 O 形密封圈的密封性能以及阀杆与壳体不会产生摩擦。
3. 表中数据来源于 GB/T 3452.3—2005《液压气动用 O 形橡胶密封圈 沟槽尺寸》。

表 2-2 阀杆用 O 形密封圈预压缩率

O 形圈内圈直径 d_1/mm	3.75~10.0	10.6~25	25.8~60	61.5~125	128~250
预压缩率	8%	6%	5%	4%	3%

注：表中数据来源于 GB/T 3452.3—2005《液压气动用 O 形橡胶密封圈 沟槽尺寸》。

2.3.4 填料密封件的选用

常用填料密封件主要有编织填料、成形填料和 O 形圈三种结构类型，每种结构类型都可以采用多种材料制造。每种结构类型特定材料的密封件都有其独特的使用性能。编织填料绳的截面一般都是正方形的，其边长的规格有 3.0、4.0、5.0、6.0、8.0、10.0、12.0、14.0、16.0、18.0、20.0、22.0、24.0、25.0（单位为 mm）等。模压柔性石墨填料环有闭合式、开口式、双开口式三种形式，其中开口式填料环是经 45°（需要时也可为 60°）切口而成，切口应平整，不应出现散圈。复合石墨填料环的最高工作温度根据添加材料的种类、比例不同按实际要求确定。选用填料密封件时需要考虑的主要因素如下：

（1）工作介质温度 即阀门内腔介质的温度，其温度一定要低于填料密封件材料允许长期使用的温度。常用编织填料主要有聚四氟乙烯编织填料、柔性石墨编织填料、芳纶纤维编织填料、酚醛纤维编织填料、碳纤维编织填料、碳化纤维浸渍聚四氟乙烯编织填料等。常用成形填料主要有聚四氟乙烯成形填料、对位聚苯成形填料。这些填料都属于高分子材料，长期允许使用温度比较低，其中应用最广泛的聚四氟乙烯的最高允许使用温度为 200℃，长期允许使用温度为 150℃；对位聚苯的最高允许使用温度为 350℃，长期允许使用温度为 300℃；柔性石墨编织填料、柔性石墨模压成形填料环的最高允许使用温度为 650℃，长期允许使用温度为 450℃。

（2）工作介质压力 一般情况下，PN25 以下的低压阀门宜选用比较柔软的填料；PN40 以上的中高压阀门宜选用组合填料，材料比较柔软的填料和材料硬度比较高的填料组合安装，材料硬度比较高的填料安装在填料函的最上部和最底部，比较柔软的填料安装在中间位置。在其他条件相同的情况下，材料硬度越高，则压紧填料所需要的轴向压紧力就越大，操作阀杆的摩擦阻力也就越大。

（3）填料密封件的致密性　填料密封件的致密性要好，以防止有碎屑混入物料内，这是聚酯装置专用阀门的基本要求。一般情况下，填料密封件的致密性越好，熔体物料就越不容易浸入密封件内，因此，具有良好的抗浸入性能是选择填料密封件的重要条件。

（4）填料密封件不能褪色　填料密封件褪色会污染物料，是不能接受的。用手捋一下填料密封件，如果手上有填料密封件的颜色，就不能使用。

（5）阀杆或柱塞的动作要求　阀杆或柱塞的动作情况对填料密封件的选择也有重要影响，如果阀杆或柱塞做多圈旋转运动，适合选用编织填料或柔性石墨模压成形填料；如果开启或关闭阀门的阀杆或柱塞仅四分之一圈旋转运动，则适合选用聚四氟乙烯模压成形填料或对位聚苯模压成形填料。模压成形填料的致密性好、摩擦阻力小，但是抗摩擦磨损能力差。

（6）对填料密封件的摩擦阻力要求　各种材料的编织填料和模压成形填料的摩擦阻力相差比较大，在所选用材料满足其他条件的情况下，应尽可能选择摩擦阻力比较小的密封件。

（7）综合考虑　实际应用中大多将组合材料配合在一起，这样使用效果会比较好。

2.4　聚酯装置专用阀门的垫片密封

聚酯装置专用阀门的常用密封垫片大部分是非金属密封材料的平垫片，也可以是金属包覆非金属的复合材料垫片、缠绕式垫片或金属垫。

2.4.1　垫片的密封原理

阀门零部件连接的静密封处的泄漏有两种途径：界面泄漏和渗透泄漏，如图 2-7a 所示。所谓界面泄漏，就是介质从垫片表面与连接件接触的密封面之间渗漏出来的一种泄漏形式。界面泄漏与静密封面的形式、密封面的表面粗糙度、垫片的材料性能及垫片安装质量（位置与比压）等因素有关。

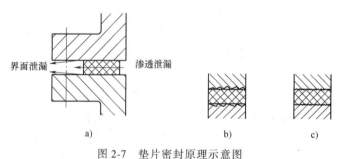

图 2-7　垫片密封原理示意图

a）垫片的泄漏途径　b）压紧前的密封副　c）压紧后的密封副

图 2-7b 所示为压紧前的密封副，图中的密封面和垫片是放大了的微观几何图形。当垫片在密封面之间，在未压紧之前，垫片没有塑性变形和弹性变形，介质很容易从界面泄漏出来。

图 2-7c 所示为压紧后的密封副。垫片被压紧后开始变形，随着压紧力的增加，垫片承受的比压增大，其表面层开始逐渐变形，被挤压进连接件密封面的波谷中去，并逐渐填满整

个波谷，阻止介质从界面渗透出来。垫片中间部分在压紧力的作用下，除有一定的塑性变形外，还有一定的弹性变形，当两密封面受某些因素的影响产生松弛而间距变大时，垫片具有回弹力，随之反弹变厚而填补密封面间距变大的空间，阻止介质从界面泄漏出去，这个过程表明了垫片的密封机理。

所谓渗透泄漏，就是介质从垫片的毛细孔中渗透出来的一种泄漏形式。产生渗透泄漏的垫片是用植物纤维、动物纤维或矿物纤维材料制作的。它们的组织疏松，介质容易渗透出去，一般用上述纤维材料制作的密封垫片，事先都做过浸渍处理以防止渗透泄漏。浸渍的原料有油脂、橡胶和合成树脂等。即使经过这种浸渍处理，也不能保证垫片绝对不渗透，人们平时所讲的"阻止渗透""无泄漏"，只不过是渗透量非常微小，肉眼看不到罢了。

垫片的渗透泄漏与介质的压力、介质的渗透能力、垫片材料的毛细孔大小和长短、对垫片施加压力的大小等因素有关。介质的压力大而黏度小，垫片的毛细孔大而短，则垫片的渗漏量大；反之，则垫片的渗漏量小。压紧被连接件时，垫片中的毛细孔也将逐渐缩小，介质从垫片渗透出去的能力将大大减小，甚至可以认为阻止了介质的渗透泄漏。适当地对垫片施加预紧力是保证垫片不产生或减缓产生界面泄漏和渗透泄漏的重要手段。当然，给垫片施加的预紧力不能过大，否则将使垫片被压坏和失去密封效能，其结果是适得其反。

2.4.2　聚酯装置专用阀门用垫片选型

聚酯装置专用阀门常用密封垫片包括阀门零件之间的垫片和阀门与管道连接之间的垫片，管法兰的尺寸符合相关标准，不能随意改变，垫片也是标准尺寸的。而阀门零件之间的垫片则不同，最主要的是阀体与阀盖之间的中法兰垫片，其尺寸是根据实际需要确定的，所以中法兰垫片要根据工况参数要求、工作介质、阀门结构等条件，考虑综合因素来确定垫片类型、结构尺寸（如直径、厚度等）和材料等。

根据各种材料垫片的特点和使用范围（见第9章相关内容），以及最主要的参数——介质温度、工作压力和工作介质合理选用垫片。非金属平垫片、聚四氟乙烯包覆垫片适用的温度和压力都比较低；缠绕式垫片、金属包覆垫片适用的工作压力比较高；金属环垫、高压透镜垫、金属齿形垫适用的介质温度、工作压力都很高。全平面、凸面、凹凸面和榫槽面的法兰密封都是垫片与两个零部件之间的静密封，考虑的最主要的两个参数是垫片材料的适用温度和适用压力，垫片的适用温度实质上就是垫片材料的适用温度。

2.4.3　选用垫片时的注意事项

（1）尺寸要求　阀门中法兰垫片的直径尺寸是没有相关标准的，垫片的厚度可以参照管道法兰垫片的有关标准，因为制造垫片用的板材和带材都有一定的规格，不能任意选择厚度。

（2）材料要求　垫片用聚四氟乙烯材料制作时在结构上要考虑防止冷流，可以将部分或全部聚四氟乙烯材料包覆在金属材料内。

（3）结构要求　缠绕式垫片在结构上要防止垫片压散，解决的办法要根据法兰的结构形式而定。对于平面法兰和凸面法兰，垫片应带内、外环；对于凹凸面法兰，垫片应带内环，外圆由止口定位；对于榫槽面法兰，垫片可不带内、外环。

（4）介质适用性　垫片的选用不只要考虑温度和压力，还应考虑垫片材料对介质的适

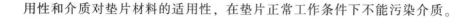

用性和介质对垫片材料的适用性，在垫片正常工作条件下不能污染介质。

2.5 高温熔体结焦

高温熔体结焦就是熔体介质结焦以后附着在包括阀门在内的所有设备的内表面上，如反应器、阀门、管道、过滤器、熔体泵等。

2.5.1 高温熔体结焦的形成

聚酯生产的一些工艺过程中，反应器内可能是负压工况，整个负压腔如果有任何部位（如填料密封圈）的密封性不好，都可能会有空气泄漏进去，其中的氧气与熔体介质反应使熔体焦化，这些焦化物很坚硬，而且在很高温度下才能软化。焦化物可以黏附在整个负压腔内的任何部位，如内壁表面、搅拌器叶片表面、进出口管道内腔表面、进出料阀门内腔表面及各零部件（包括阀杆、阀瓣、阀体、阀盖、密封圈等）内表面。

2.5.2 结焦的危害

黏附在熔体阀门内腔表面及各零件表面的结焦物非常坚硬、牢固，会使阀门各零件黏结在一起而不能完成开关动作。与结焦物混为一体的填料密封圈会失去密封作用，造成阀杆密封处介质外漏。在高温条件下，可能会有部分结焦物混入熔体介质中，使熔体介质含有不应该有的异物杂质，从而导致其成分和颜色都不合格。解决这一问题的最好办法就是解体阀门，彻底清除阀门内腔及零件表面的结焦物，取出混有焦化物的填料密封圈，更换新填料密封件。

2.5.3 高温熔体阀门的热拆

由于黏附在金属表面的结焦物能够使零件牢固地粘连在一起，当阀门的温度降低到常温以后，阀内腔滞留的熔体介质也会将阀体、阀盖、阀瓣、阀杆等零部件很牢固地黏结在一起。如果用机械方法强行拆解的话，很容易造成零件损坏或变形，甚至会使阀体报废。所以，整个熔体介质管道部分的熔体阀解体时最好采用热拆的方法，即在熔体介质和结焦物软化状态下拆解阀门，包括预聚反应器出料阀、终缩聚反应器进料阀和出料三通阀、熔体泵进出口阀门、熔体过滤器进出口阀门、多通分路阀、管道截断阀、取样阀、排尽阀等。热拆的详细内容见 3.5 节。

2.6 聚酯装置阀门的焊唇密封环

阀门的法兰包括阀体与管道连接的端法兰和阀体与阀盖连接的中法兰。阀体与管道之间可以采用法兰连接，也可以采用对焊连接，采用对焊连接的情况较多。阀体与阀盖之间的连接则有所不同，只能采用法兰连接而不能采用对焊连接。为了保证密封的可靠性，无论是阀体与管道之间的法兰连接，还是阀体与阀盖之间的法兰连接，法兰与法兰之间都要有焊唇密封环。焊唇密封环的结构和尺寸按 HG 20530—1992《钢制管法兰用焊唇密封环》的规定。图 2-8 所示为公称尺寸 DN100、公称压力 PN25 的法兰用焊唇密封环。由于阀体与阀盖之间的法兰不是成系列的标准尺寸，因此中法兰用焊唇密封环的截面结构尺寸只能借用标准系列焊唇密封环的结构尺寸。中法兰用焊唇密封环结构尺寸的确定原则：选用相同公称压力、中法兰内径接近的标准系列公称尺寸焊唇密封环的截面结构尺寸，其内径按阀门结构尺寸的要求。

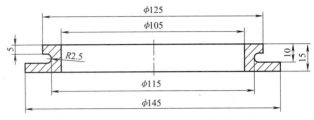

图 2-8　DN100-PN25 法兰用焊唇密封环

法兰与法兰之间采用焊唇密封环的密封性能类似于对焊连接，一般情况下，阀体与阀盖之间采用焊唇密封环是不存在泄漏的，但是在焊接焊唇密封环之前，要把焊唇密封环表面、阀体法兰表面、阀盖法兰表面的积炭清除干净，这样才能保证焊接后的壳体密封性能。同时还要保证焊唇密封环与阀体或阀盖之间的焊缝质量合格，否则虽然当时焊缝不会泄漏，随着使用时间的延长也可能产生泄漏。

2.7　聚酯装置专用阀门的检验与验收

做好阀门的产品质量检验工作对保障生产设备安全稳定运行具有重要意义。在阀门的加工制造和检修过程中，从设计（或检修）方案的提出到选材、从零部件加工（或修理）控制到组装及调试，甚至直到现场安装投用后的运行维护，始终贯穿着质量检验过程，这些过程是保证阀门质量和性能所必不可少的措施。

阀门产品性能检验包括主机部分各个阶段的单独检验和整机部分的总体检验。聚酯装置阀门的种类比较多，柱塞熔体阀、柱塞多通阀、取样阀、排尽阀的检验内容、检验方法和技术要求可以参照 JB/T 12954—2016《多通柱塞阀》的规定。热媒截止阀和阀瓣式熔体阀的检验内容、检验方法和技术要求可以参照 JB/T 11150—2011《波纹管密封钢制截止阀》的规定。

聚酯装置专用阀门的检验与验收内容主要包括密封性能、动作性能、材料的化学成分与力学性能、安装尺寸与连接尺寸、关键零部件的几何尺寸、外观、标志标识、各种文件资料审验等。

（1）各种文件资料的审验　如果用户在订货合同中没有规定其他附加检验要求，则买方资料的审验主要包括如下内容：

1）审查主要零部件的"原材料记录"、外购件的合格证、质量保证书、标准件的合格证等。

2）审查"机械加工记录""热处理记录"、零部件的加工检验记录等。

3）检查阀门的操作、使用、维护说明书，以及供需双方协商确定的其他资料是否齐全。

4）检查阀门的详细易损件清单、备品备件清单（包括规格型号、生产厂家等）。

5）检查卖方提供的产品质量合格证，每台阀门一份。

6）检查必要的阀座密封性能试验报告、壳体密封性能试验报告和动作性能试验报告，以及其他要求的试验报告。

（2）密封性能和动作性能检验要求

1）聚酯装置专用阀门的设计、制造和验收按 GB/T 12224—2015《钢制阀门　一般要求》的规定进行检验。

2）壳体试验和密封试验合格之前应进行动作性能试验，使用阀门所配置的驱动装置（包含手动、气缸驱动、电动机驱动）操作阀瓣，额定行程启闭（或换向）动作不少于三次，要求每次启闭（或换向）操作过程中动作灵活、无卡阻、运动件起止位置符合要求、控制部分无异常（如气体泄漏等）现象、控制信号无异常等。

3）按制造厂和用户共同协商确定的壳体压力试验标准进行壳体检验，如 GB/T 26480—2011《阀门的检验和试验》、GB/T 13927—2008《工业阀门　压力试验》等，包括阀门的试验方法、试验压力、试验最短持续时间、是否合格的判定依据等。

4）进行密封试验时，应使用阀门所配置的驱动装置（包含手动）启闭操作阀门进行检查。对于气缸驱动的装置，在气缸内通入 0.40MPa（阀门行业规定的工作压力是 0.40～0.60MPa，检验阀门要用最小压力值）的压缩空气，由气缸驱动阀瓣进行开启和关闭操作，在阀瓣关闭的终点位置分别在壳体进口侧通入与设计压力相同的压缩空气或氮气，分别检验两个方向出口阀瓣与阀座之间的密封性能，在密封试验最短持续时间内，通过阀座密封面泄漏的最大允许泄漏量应符合制造厂和用户协商确定的验收标准要求（如 GB/T 26480—2011《阀门的检验和试验》的规定，也可以按产品标准的要求），达到合同规定的设计要求即为合格。

5）阀门主要零部件的刚度要求。在进行阀门的壳体强度试验以后，各个部位不得有结构变形，不允许有结构损伤。

6）对于有伴温夹套的壳体，应在壳体压力试验前进行粗加工，在壳体压力试验后进行精加工，壳体的夹套在设计压力下（一般夹套工作压力为 0.40～0.60MPa，设计压力为 1.0MPa）应无可见泄漏。

7）对于阀杆有波纹管密封的阀门，要详细检查波纹管机体和焊缝各部位是否有泄漏。

8）对于中法兰有焊唇密封环的阀门，要详细检查焊唇密封环机体和焊缝各部位是否有泄漏。

9）聚酯装置阀门应逐台进行出厂试验和检验，合格后方可出厂。

10）热媒截止阀的阀座密封性能试验不能用 0.6MPa 气体密封试验代替 1.1 倍公称压力 PN 水压密封试验，因为截止阀的介质是下进上出流动的，介质压力作用在阀瓣底面上，阀杆的作用力要大于介质作用在阀瓣上的力与阀座密封所需作用力的总和，所以只有在公称压力 PN 作用下才能检验阀座的密封性。

对于公称尺寸在 DN200 以上的热媒截止阀，当介质流向为上进下出时，阀体上有介质流动方向标识，可以用 0.6MPa 的气体进行密封试验，也可以用 1.1 倍公称压力 PN 的水进行水压密封试验。

（3）熔体介质适用性检查　在阀门装配过程中，要确认填料是否褪色、掉渣，致密性是否良好，流道内有无滞留物料的死腔。

（4）安装尺寸与连接尺寸检验的主要内容

1）介质进出口通道焊接坡口要符合用户与制造厂协商确定的加工形状和尺寸，如 GB/T 12224—2015《钢制阀门　一般要求》的规定。

2）介质进出口连接法兰要符合用户与制造厂协商确定的法兰标准所规定的加工形状和尺寸，如 GB/T 9124.1—2019《钢制管法兰　第 1 部分：PN 系列》的规定。

3）熔体阀门介质进出口通道之间的夹角应与供货合同的要求一致，如 60°、90°、120° 等，或用户与制造厂协商确定的其他角度。

（5）外观检查　外观质量也是阀门整体质量的一部分，应检查的内容如下：

1）外观要求。阀门壳体表面应光洁平整，不得有可见缺陷，如果是焊接结构的壳体，焊缝应饱满（含带伴温夹套的壳体焊缝）无缺陷。当铸件、锻件表面有缺陷需要清除时，补焊修复技术要求按 GB/T 12224—2015《钢制阀门　一般要求》的规定。焊后应进行打磨，必要时要进行表面无损检测。

2）目测检查阀体表面铸造或打印标记的公称尺寸、公称压力等内容清晰、美观、完整。

3）铸件外观质量检验与验收按 JB/T 7927—2014《阀门铸钢件外观质量要求》的规定。

4）外观和涂漆按合同规定的要求进行检验。

5）要能够防止污物进入阀内腔，具有防雨、防水、防振等防护措施。

（6）检修后安装现场检验

1）检查各部位安装是否到位。

2）检查各部位润滑剂的量是否足够。

3）检查各部位清洗是否充分。

4）检查各部位动作是否灵活。

5）检查各部位动作是否到位。

6）检查阀瓣或柱塞行程是否足够。

7）检查阀内腔及相邻管道内是否有异物，防止损伤阀门密封面。

2.8　阀门标识和标志

阀门的标识和标志在不同国家是不同的，我国与其他国家的阀门标识和标志也是不同的，现分别介绍国内阀门的标识和标志及国外阀门的标识和标志。

2.8.1　国内阀门的标识和标志

对于按照我国标准生产的阀门，或在国内生产的按我国标准验收的阀门，我国阀门行业有比较完整的检验和验收标准作为依据。公称尺寸不小于 DN32 的阀门应按下列要求标志。

（1）标志标识　铸字钢印等应清晰完整，标识要有足够的信息量，标识内容按 GB/T 12220—2015《工业阀门　标志》的规定，阀座结构和密封面材料往往是限制阀门工作参数的主要因素，所以要特别注明阀门的最大允许工作压力和最高使用温度。

（2）阀门铭牌要标识的内容　有阀门的型号、公称尺寸 DN 或 NPS、公称压力 PN 或压力级 Class、制造商的厂名或商标、阀体材料牌号、依据的产品标准号、制造年月、最高使用温度（℃）和对应的最大允许工作压力（MPa）、产品编号、主要内件材料牌号、适用介质、流动特性等。对于不同种类的阀门，上述内容不一定全部标志在铭牌内。

（3）标刻在阀体上的内容　介质的流动方向（用红色箭头标在阀体上）、公称尺寸、公称压力、铸造炉号或锻造批号、产品的生产系列编号、特种设备压力管道元件制造许可标识等。

（4）标记方法　公称压力级阀门，阀体上的公称尺寸标记为"DN+数值"，公称压力直接标记数值，省略代号"PN"；Class 压力级阀门，阀体上的公称尺寸、压力级直接标记数值，省略代号"NPS"和"Class"，有特殊要求的阀门根据合同要求进行标记。

端法兰为环连接的，应在相应法兰外圆上标记环号。螺纹端阀门，应在端部外缘上标记螺纹类型代号，如 Rp、Rc 等。手轮或手柄上应设有指示阀门启闭方向的箭头并加"关"或"开"字样，也可以用"CLOSE"或"OPEN"字样。

2.8.2　国外阀门的标识和标志

对于外国各大公司生产的阀门，或在国内生产的按国外标准验收的阀门，其他国家没有统一的阀门型号编制方法，各大公司的阀门型号编制方法都只适用于本公司的产品，阀门的标识和标志也是各大公司自行规定的。对于这种情况，一般要根据某个特定阀门生产公司的产品样本或其他技术资料进行对比与识别。

我国聚酯生产装置中使用的专用阀门种类非常繁杂，有很多是国外公司的产品，如要介绍需用的篇幅太多，这里就不详细叙述了。

第3章 柱塞式熔体三通阀

为了适应聚酯生产装置中不同工况点的使用要求，柱塞式熔体三通阀分为单阀杆柱塞式熔体三通阀和双阀杆柱塞式熔体三通阀。双阀杆柱塞式熔体三通阀又分为 H 型和 Y 型两种类型。阀体的介质进出口通道有与柱塞轴线垂直布置的，称为"直式"；也有与柱塞轴线成锐角布置的，称为"斜式"。双阀杆柱塞式熔体三通阀的柱塞结构类型比较多，有平头型结构的，也有顶部斜边结构的；有柱塞带旋转导向槽的，也有不带旋转导向槽的；有排尽阀在阀体上的，也有排尽阀在管道上的。不同结构的柱塞与不同结构的阀体相匹配，柱塞可以仅做轴向移动，不做旋转运动；也可以做轴向移动的同时绕自身轴线做旋转运动。公称尺寸比较小的采用实心柱塞，公称尺寸比较大的采用空心柱塞。

柱塞式熔体三通阀的适用范围：公称压力 PN16～PN400 或 Class150～Class2500、公称尺寸 DN25～DN500 或 NPS1～NPS20、介质温度－29～538℃，阀体端部与管道连接一般采用焊接连接，小部分采用法兰连接。

适用于反应器进口和出口的熔体阀公称压力比较低，一般为负压～PN40 或 Class150～Class300；适用于熔体泵出口和过滤器进、出口的熔体阀公称压力比较高，一般为 PN250～PN400 或 Class1500～Class2500。

3.1 单阀杆柱塞式熔体三通阀

单阀杆柱塞式熔体三通阀是聚酯生产装置中必不可少的关建设备，其功能是在主要设备（如熔体过滤器等）的进口和出口处切换介质通道。介质通道是二进一出或一进二出，介质可以从两个通道中的一个进入阀内腔，经过阀座后从同一个出口流出；或者从同一通道进入阀内腔，经过阀座后从两个通道中的一个出口流出。从而实现将介质流向从一个设备改变到另一个设备，所以也称为柱塞式熔体三通换向阀。

3.1.1 单阀杆柱塞式熔体三通阀的工作原理

图 3-1a 所示位置是左侧阀座开启、右侧阀座关闭，即左侧通道接通、右侧通道关闭。在驱动机构（手轮或其他驱动方式）的作用下，阀杆 7 带动由左侧柱塞 1、左侧阀座密封件 3、阀芯 4、右侧阀座密封件 5、右侧柱塞 6 组成的阀芯组件轴向移动一定距离，改变柱塞与阀座之间的相对位置，从而改变熔体介质的出料通道或进料通道。图 3-1b 所示位置为左侧阀座关闭、右侧阀座开启，即左侧通道关闭、右侧通道接通。对于大部分常用单阀杆柱塞式

熔体三通阀来说，阀体有一个进口通道和两个出口通道，或两个进口通道和一个出口通道。一般情况下，阀体介质通道一个关闭另一个开启，两个阀座不会同时处于半开半关状态。

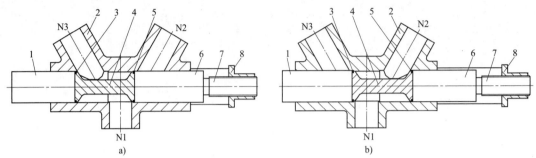

图 3-1　单阀杆柱塞式熔体三通阀工作原理示意图

a）左侧通道接通，右侧通道关闭　b）右侧通道接通，左侧通道关闭

1—左侧柱塞　2—阀体　3—左侧阀座密封件　4—阀芯　5—右侧阀座密封件　6—右侧柱塞

7—阀杆　8—阀杆螺母

N1—下部阀体通道　N2—左侧阀体通道　N3—右侧阀体通道

3.1.2　单阀杆柱塞式熔体三通阀的结构

由于聚酯生产装置中使用的单阀杆柱塞式熔体三通阀是由不同企业生产的，其制造年代也不尽相同，因此阀门的结构也不完全相同。为了适应不同的工况条件或不同的操作目的，阀芯结构类型比较多，有缩径型阀芯、调节型阀芯和凹型阀芯等，不同的阀芯结构与不同结构的阀体相匹配，柱塞仅做轴向移动，不做旋转运动。两个介质通道之间的夹角一般在60°~90°之间，应用比较多的是60°，也可以是其他可行的角度。下面介绍几种常用单阀杆柱塞式熔体三通阀。

1. 缩径型阀芯单阀杆柱塞式熔体三通阀

图 3-2 所示为缩径型阀芯单阀杆柱塞式熔体三通阀，所谓缩径型阀芯就是阀芯的中段直径缩小，所形成的阀芯与阀体之间的环形空间就是介质流道。排尽孔 21 是安装排尽阀的连接管孔，如果熔体三通阀安装在过滤器的下部进口，当停止生产时，排尽孔 21 的作用是排出过滤器内部的熔体介质。如果熔体三通阀安装在过滤器的上部出口，在生产初始阶段，排尽孔 21 的作用是排出过滤器内部的气体，使熔体介质充满整个过滤器内腔。当熔体三通阀安装在两台并联的过滤器入口切换介质流动方向时，介质从下介质通道 N1 进入阀内腔，从左介质通道 N3 或右介质通道 N2 排出，即一进两出。缩径型阀芯单阀杆柱塞式熔体三通阀的性能参数见表 3-1。

表 3-1　预聚物过滤器进口 DN150-PN40 缩径型阀芯单阀杆柱塞式熔体三通阀性能参数（16F01）

序号	项目	要求或参数
1	公称尺寸(外管)	2×DN150(200)-DN150(200)
2	内管公称压力(使用压力)	PN40(≤2.0MPa)
3	外管公称压力(使用压力)	PN16(≤1.0MPa)
4	内管设计温度(使用温度)/℃	330(295)
5	外管设计温度(使用温度)/℃	360(330)
6	内管介质	预聚物

（续）

序号	项目	要求或参数
7	外管介质	液相或气相热媒
8	阀门所在位置	预聚物过滤器进口管道
9	阀门内腔表面粗糙度值 $Ra/\mu m$	3.2
10	介质流向	一进两出

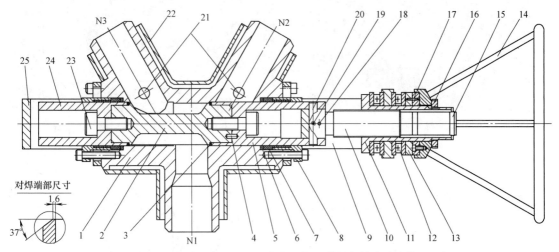

图 3-2　公称尺寸 DN150-PN40 缩径型阀芯单阀杆柱塞式熔体三通阀

1—阀体　2—阀芯　3—柱塞密封圈　4—防转销　5—驱动侧柱塞　6—填料垫　7—填料密封圈　8—填料压盖
9—支架　10—阀杆　11—阀杆螺母　12—轴承　13—轴承压盖　14—驱动手轮　15—防护盖　16—锁紧螺母
17—定位销　18—导向柱与柱塞开启位置指示孔　19—定位螺钉　20—承力销轴　21—排尽孔　22—伴
温夹套　23—内六角圆柱头螺栓　24—非驱动侧柱塞　25—保护架
N1—下介质通道　N2—右介质通道　N3—左介质通道

预聚物过滤器进口柱塞式熔体三通阀的主体材料，阀体为 CF3，阀芯、柱塞、夹套等为304L；柱塞密封圈为纯铝；填料密封圈为填充对位聚苯；其他附属零件阀杆、锁紧螺母、导向柱等为 20Cr13。

当应用在预聚物过滤器出口切换介质流动方向时，介质的进出口方向相反，介质从左介质通道 N3 或右介质通道 N2 进入阀内腔，从下介质通道 N1 排出，即两进一出。

工况运行过程中，驱动手轮 14 通过阀杆 10 带动阀芯组件（阀芯、柱塞、密封圈）轴向移动一定距离，驱动侧柱塞与阀座处于关闭状态。当熔体介质从下介质通道 N1 进入阀体内腔时，熔体介质经过阀芯与阀体之间的环形容腔从左介质通道 N3 排出。反方向旋转手轮使非驱动侧阀座关闭，熔体介质经过阀芯与阀体之间的容腔从右介质通道 N2 排出。伴温夹套 22 内的介质是具有一定温度的热媒，使熔体介质在工艺要求的温度范围内。

图 3-3 所示为手轮驱动的缩径型阀芯单阀杆柱塞式熔体三通阀的阀芯、驱动侧柱塞、阀杆、阀杆螺母、手轮驱动部分的组合件照片，放在旁边的是非驱动侧柱塞、铝制阀瓣密封圈和填料密封圈。图 3-4 所示为齿轮驱动的缩径型阀芯单阀杆柱塞式熔体三通阀的阀芯、驱动侧柱塞、非驱动侧柱塞、齿轮驱动部分等的组合件照片。图 3-5 所示为缩径型阀芯平面图，阀芯的缩径部分直径一般稍小于柱塞直径的二分之一，阀芯的两端分别与驱动侧柱塞和非驱动侧柱塞相连接，两端的阀瓣密封圈分别夹在阀芯与柱塞之间。阀芯与驱动侧柱塞之间有防

转销，使两者之间的相对位置保持固定，只能一起轴向移动，而不能相互旋转导致错位。导向柱的一端与驱动侧柱塞固定，另一端在支架的导向槽内滑动，使阀芯和柱塞只能一起轴向移动而不能旋转，两端的 M30 螺纹孔用于连接柱塞。图 3-6 所示为缩径型阀芯照片。此阀芯是检修阀门过程中拆下来的，表面有黏结的结焦物待清除。

图 3-3　手轮驱动的缩径型阀芯单阀杆柱塞式熔体三通阀阀芯组合件

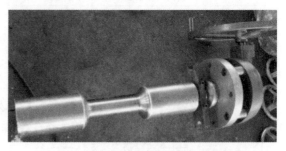

图 3-4　齿轮驱动的缩径型阀芯单阀杆柱塞式熔体三通阀阀芯组合件

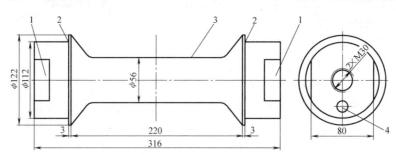

图 3-5　缩径型阀芯平面图

1—扁平扳平面　2—阀座密封圈安装位置　3—缩径部分　4—防转销孔

图 3-7 所示为驱动侧柱塞平面图，柱塞端部有与阀杆连接的承力销轴安装孔 5、导向柱与柱塞开启位置指示安装孔 6 和防转销孔 7，内六角圆柱头螺栓 M30 从 φ50mm 孔内放入与阀芯连接。图 3-8 所示为非驱动侧柱塞平面图，柱塞直径大于阀体的介质进出口通道直径，以保证阀内腔有足够大的介质过流截面积。图 3-9 所示为纯铝柱塞密封圈平面图，其质地软容易密封，但也容易损伤。图 3-10 所示为使用过的柱塞填料密封圈照片，表面有黏结的熔体结焦物。

图 3-6　缩径型阀芯照片

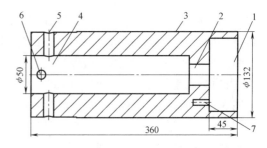

图 3-7　驱动侧柱塞平面图

1—阀芯安装孔　2—内六角圆柱头螺栓孔　3—填料密封面
4—阀杆安装孔　5—承力销轴安装孔　6—导向柱与柱塞开启位置指示安装孔　7—防转销孔

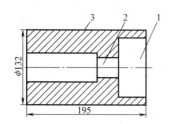

图 3-8　非驱动侧柱塞平面图

1—阀芯安装孔　2—内六角圆柱头螺栓孔
3—填料密封面

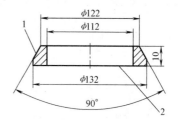

图 3-9　铝制密封圈平面图

1—与阀座之间的密封面　2—与柱塞之间的密封面

2. 调节型阀芯单阀杆柱塞式熔体三通阀

第二种单阀杆柱塞式熔体三通阀的阀芯是调节型的，阀芯的流线状起伏部分可以减缓介质流动速度，调节介质流量，使介质流动比较平稳，避免产生气蚀、振动、噪声等不利影响，与之相匹配的阀体结构也随着变化。

图 3-11 所示为公称尺寸 DN150-PN250 调节型阀芯单阀杆柱塞式熔体三通阀，它可以应用在高压熔体过滤器的入口，介质从中间介质通道 N1 进入阀体内腔，通过左介质通道 N3 或右介质通道 N2 进入过滤器，即一进两出。除阀芯结构和阀体对应部位结构不同以外，其余部位的结构与缩径型阀芯三通阀相同，零部件的结构和材料也完全相同。其性能参数见表 3-2。

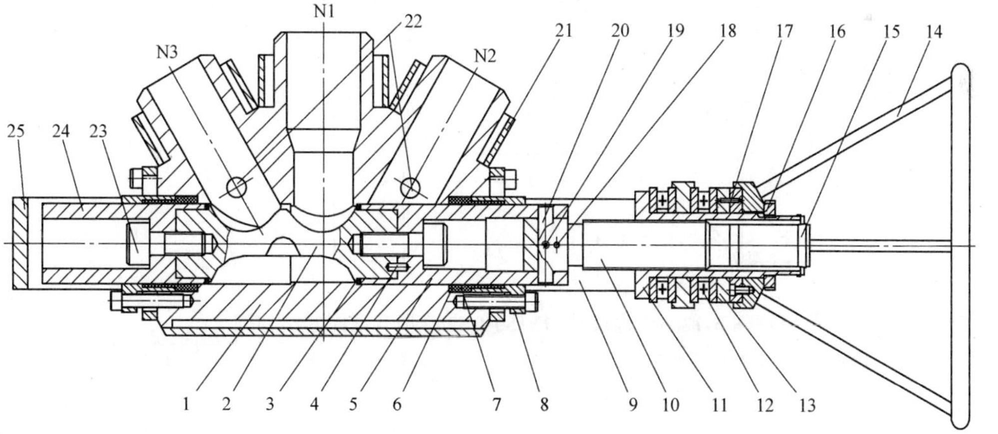

图 3-10　使用过的柱塞
填料密封圈照片

图 3-11　公称尺寸 DN150-PN250 调节型阀芯单阀杆柱塞式熔体三通阀

1—阀体　2—阀芯　3—柱塞密封圈　4—防转销　5—驱动侧柱塞　6—填料垫　7—填料密封圈
8—填料压盖　9—支架　10—阀杆　11—阀杆螺母　12—轴承　13—轴承压盖
14—驱动手轮　15—防护盖　16—锁紧螺母　17—定位销　18—导向柱与
柱塞开启位置指示　19—定位螺钉　20—承力销轴　21—伴温夹套
22—排尽孔　23—内六角圆柱头螺栓　24—非驱动侧柱塞　25—保护架
N1—中间介质通道　N2—右介质通道　N3—左介质通道

表 3-2　熔体过滤器进口 DN150-PN250 调节型阀芯单阀杆柱塞式熔体三通阀性能参数　（18F01）

序号	项目	要求或参数
1	公称尺寸（外管）	2×DN150(200)-DN150(200)
2	内管公称压力（使用压力）	PN250(≤20.0MPa)
3	外管公称压力（使用压力）	PN16(≤1.0MPa)
4	内管设计温度（使用温度）/℃	330(295)
5	外管设计温度（使用温度）/℃	360(330)
6	内管介质	聚酯熔体
7	外管介质	液相或气相热媒
8	阀门所在位置	熔体过滤器进口管道
9	阀门内腔表面粗糙度值 $Ra/\mu m$	3.2
10	介质流向	一进两出

　　图 3-12 所示为公称尺寸 DN150-PN250 调节型阀芯结构图，从图中可以看出，调节型阀芯有三个面是轴向对称分布的曲线形，阀芯轴向移动可以改变介质通道过流截面积；有一侧是平直过渡面，位于介质进出通道口对面，是熔体介质在阀体内腔的过流区。图 3-13 所示为调节型阀芯实物照片，两端分别与柱塞连接。图 3-14 所示为手轮驱动的调节型阀芯单阀杆柱塞式熔体三通阀阀芯、驱动侧柱塞、支架、手轮、阀杆、阀杆螺母、传动部件等组合件照片。

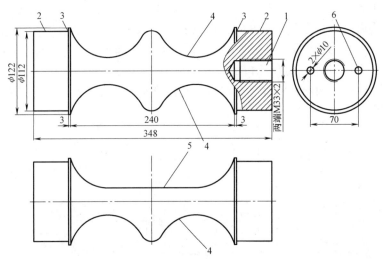

图 3-12　公称尺寸 DN150-PN250 调节型阀芯结构图

1—内六角圆柱头螺栓孔　2—柱塞安装段　3—阀座密封圈安装位置　4—对称分布的弧形面
5—平直过渡面　6—防转销安装孔

图 3-13　公称尺寸 DN150-PN250 调节型
阀芯实物照片

图 3-14　手轮驱动的调节型阀芯单阀杆柱塞
式熔体三通阀阀芯组合件照片

3. 凹型阀芯单阀杆柱塞式熔体三通阀

第三种单阀杆柱塞式熔体三通阀的阀芯是下凹型的，阀芯的下凹部分就是介质流动通道的一部分，熔体介质在阀体内腔中的流动通道是流线型的，有利于介质平稳流动，与之相匹配的阀体结构也随着变化。

图3-15所示为公称尺寸DN150-PN250下凹型阀芯单阀杆柱塞式熔体三通阀，它可以应用在熔体过滤器的进口。除阀芯结构和阀体对应结构以外，下凹型阀芯单阀杆柱塞式熔体三通阀与缩径型阀芯三通阀相同，零部件结构和工作换向过程也相同。下凹型阀芯是流线型介质通道，工作平稳。其性能参数与表3-2中所列相同。

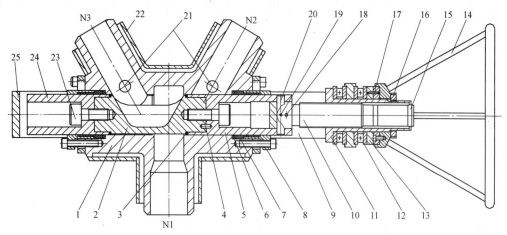

图3-15 公称尺寸DN150-PN250下凹型阀芯单阀杆柱塞式熔体三通阀

1—阀体 2—阀芯 3—柱塞密封圈 4—防转销 5—驱动侧柱塞 6—填料垫 7—填料密封圈 8—填料压盖
9—支架 10—阀杆 11—阀杆螺母 12—轴承 13—轴承压盖 14—驱动手轮 15—防护盖 16—锁紧螺母
17—定位销 18—导向柱与柱塞开启位置指示孔 19—定位螺钉 20—承力销轴 21—排尽孔
22—伴温夹套 23—内六角圆柱头螺栓 24—非驱动侧柱塞 25—保护架
N1—下介质通道 N2—右介质通道 N3—左介质通道

图3-16所示为公称尺寸DN150下凹型阀芯结构图，下凹深度大于阀芯直径的四分之三，

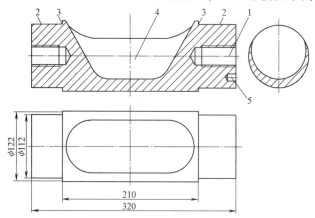

图3-16 公称尺寸DN150下凹型阀芯结构图

1—内六角圆柱头螺栓孔 2—柱塞安装段 3—阀座密封圈安装位置
4—下凹部位 5—防转销安装孔

下凹长度与深度要保证有足够的介质过流截面积。图 3-17 所示为公称尺寸 DN150 下凹型阀芯实物照片，表面的黑色结焦物已经清除干净。图 3-18 所示为手轮驱动的下凹型阀芯单阀杆柱塞式熔体三通阀阀芯、柱塞、支架、阀杆、阀杆螺母、手轮等组合件实物照片。

图 3-17　公称尺寸 DN150 下凹型阀芯实物照片　　图 3-18　手轮驱动的下凹型阀芯单阀杆柱塞式熔体三通阀阀芯组合件实物照片

4. 柱塞阀芯和密封圈

缩径型、调节型和凹型单阀杆柱塞式熔体三通阀，除阀芯和阀体局部结构以外，其余零部件结构基本相同。柱塞密封圈分为硬密封和软密封两大类，所谓软密封就是固定在柱塞与阀芯之间的密封圈材料硬度比较低，一般用纯铝材料；所谓硬密封就是在柱塞接近阀芯的部位堆焊适宜的金属材料，然后加工出柱塞密封面。也可以在柱塞上直接加工出密封面。直接加工的密封面材料就是柱塞本体材料，一般是奥氏体不锈钢，其硬度比铝的硬度高。

图 3-19 所示为软密封结构的阀芯、柱塞组合件。左柱塞密封圈 3 和右柱塞密封圈 5 的作用是既要保证柱塞与阀座之间的内密封，又要保证柱塞与阀芯之间的外密封。纯铝材料硬度比较低，比较容易密封，但同时也容易变形甚至损坏。如果左柱塞 1 和阀芯 4 之间的密封性不够好，介质会从两者的间隙中泄漏到左柱塞 1 的内腔中，进而泄漏到阀体外。图 3-19 所示的阀芯、柱塞组合件密封结构就是应用在图 3-2、图 3-11 和图 3-15 所示三通阀上的密封结构。

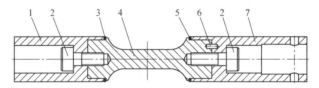

图 3-19　软密封柱塞密封圈的阀芯、柱塞组合件平面图

1—左柱塞　2—内六角圆柱头螺栓　3—左柱塞密封圈　4—阀芯

5—右柱塞密封圈　6—防转销　7—驱动侧柱塞

图 3-20 所示为硬（金属）密封面左柱塞、阀芯右柱塞组合件。在硬密封结构中，左柱塞 1 和阀芯右柱塞一体件 5 之间的阀芯密封垫片 3 保证了左柱塞与阀芯之间的外密封，纯铝密封垫片 3 在有限密闭空间内用作端面轴向密封，不易损伤，比较容易保证密封性，密封效果更可靠，有效工作周期更长。阀芯密封垫片 3 的直径小于左柱塞密封面 4 的直径，以保证密封需要的预紧力比较小。右柱塞与阀芯是一体件，减少了密封点，也就降低了泄漏概率。左柱塞密封面 4 和右柱塞密封面 6 保证柱塞与阀座之间的内密封。不锈钢密封面的硬度比较高，能够承受的密封比压比较大，不容易变形或损伤。

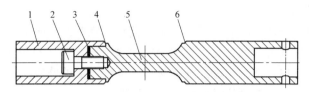

图 3-20　金属密封面左柱塞、阀芯右柱塞组合件

1—左柱塞　2—内六角圆柱头螺栓　3—阀芯密封垫片　4—左柱塞密封面

5—阀芯右柱塞一体件　6—右柱塞密封面

图 3-21 所示为齿轮驱动的单阀杆柱塞式熔体
三通阀阀芯柱塞和驱动部分组合件。图 3-22 所示
为 DN150 单阀杆柱塞式熔体三通阀金属密封面柱
塞、阀芯、阀杆组合件。三个零件组合为一个整
体后轴向尺寸很大，要注意避免出现弯曲现象。
柱塞与阀座之间的密封面是在柱塞上加工而成的。
图 3-23 所示为 DN150 单阀杆柱塞式熔体三通阀金
属密封面非驱动侧柱塞。

图 3-21　齿轮驱动的单阀杆柱塞式熔体
三通阀阀芯柱塞和驱动部分组合件

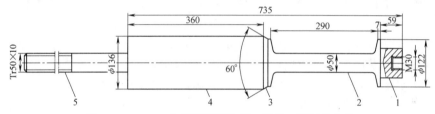

图 3-22　DN150 金属密封面柱塞、阀芯、阀杆组合件

1—非驱动侧柱塞安装段　2—缩径部分　3—柱塞密封面　4—填料密封面　5—阀杆

3.1.3　单阀杆柱塞式熔体三通阀的特点

单阀杆柱塞式熔体三通阀是聚酯生产装置中
应用非常广泛的一种换向设备，与其他结构的换
向阀相比较，它有许多突出的优点。

1. 阀体的两个阀座始终是一个开启一个关闭

工作条件下始终是一个阀座处于开启状态，
另一个阀座处于关闭状态，不可能存在两个阀座
同时关闭，或两个阀座同时开启的情况。只有在
换向操作过程中非常短的时间内，两个柱塞才会
同时离开阀座。

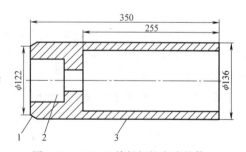

图 3-23　DN150 单阀杆柱塞式熔体三
通阀金属密封面非驱动侧柱塞

1—柱塞密封面　2—阀芯安装段　3—填料密封面

2. 结构紧凑，零部件少

阀芯与两个柱塞及两个柱塞密封圈组合成一个整体，由一个驱动机构驱动，即由一根阀
杆、一个阀杆螺母和一个手轮驱动，省去了一组驱动机构。与其他结构相比较减少了许多零
部件，单台阀门整机结构紧凑、尺寸小、重量轻。

3. 阀座密封性能好

阀座密封是指阀座与柱塞之间的密封，阀座密封性能如何，取决于阀座密封面和柱塞密封圈的性能。大多数柱塞密封圈都是不锈钢或纯铝材料的，阀座材料可以与阀体材料相同，或以阀体材料为基体堆焊合适的耐摩擦磨损材料，也可以采用单独的阀座镶嵌在阀体上。两种硬度不同的金属组成的密封副容易保证密封。一般来说，纯铝密封副保证密封所需要的密封比压比较低，而且对密封副表面的加工尺寸精度与表面粗糙度要求也比较低。

4. 柱塞的堆焊合金密封面使用寿命长

柱塞密封面是易损部位，其工作寿命长决定着阀门的无故障工作周期长。堆焊合金材料的柱塞密封面承受外力的能力比铝制密封圈大大提高，抗挤压、抗摩擦磨损能力很强。据相关资料介绍，安装堆焊合金密封面的单阀杆柱塞式熔体三通阀在试验室进行寿命试验时换向次数可以超过2万次。但是，一旦柱塞的堆焊合金密封面损伤，修复将比较困难。

5. 柱塞填料密封性能好

填料密封是对位聚苯或其他新材料添加辅助材料经模压成形后机械加工而成，根据不同的要求可以添加不同的材料，以此提高密封圈的密封性能和使用受命。

6. 从外部柱塞位置可以知道阀芯位置

无论阀芯处于什么位置，柱塞始终有一端露在阀体外部，现场操作者可以根据柱塞在阀体外的长度确定哪个通道处于开启状态，哪个通道处于关闭状态，柱塞行程与柱塞直径大致相当。

例如，在DN150单阀杆熔体阀驱动端阀座开启状态下，非驱动端阀座处于关闭状态，此时柱塞露在阀体外的长度是275mm。当非驱动端阀座处于开启状态、驱动端阀座处于关闭状态时，柱塞在阀体外的长度为140mm。柱塞阀芯行程就是275mm-140mm=135mm。

7. 纯铝材料的密封圈容易损伤

柱塞密封圈是易损件，其使用寿命决定着阀门整机的无故障工作周期。纯铝材料的柱塞密封圈安装在阀芯与柱塞之间，只有环型密封部分凸出来，柱塞密封圈承受外力的能力会大大提高。但是纯铝的质地比较软，如果流体介质中有异物，如掉落的螺钉、螺母、焊渣等夹在介质中流经柱塞密封圈时，有被滞留的可能性，如果此时关闭柱塞，就会损坏铝制密封圈，并可能导致阀门密封性能下降或失去密封性。柱塞密封圈在与阀座反复磨合的过程中，也容易产生凹陷或裂纹，同样会导致密封性能下降。但是，更换纯铝材料密封圈比较方便。

8. 适用于公称尺寸比较小的阀门

柱塞的金属实体部分很大，使阀门的整机比较重，柱塞的直径越大，密封填料磨损越严重，所以一般公称尺寸不大于DN150，公称尺寸达到DN200的很少。

9. 不影响生产换向操作

由于换向操作过程中通道始终是通的，只是从一个介质通道切换到另一个介质通道，而且介质进出口通道相距很近，换向过程只需要柱塞轴向移动很短的距离，换向迅速、方便，很容易实现快速换向工艺要求，可以在不影响正常生产的情况下切换主要设备（如熔体泵、熔体过滤器等）。

10. 内部通道结构适用于熔体介质

阀体和阀芯的通道内平整光滑，阀体与阀芯通道对接性好，没有死腔，对有一定黏度的聚酯熔体介质流动阻力小，不会产生滞留。

11. 柱塞阀芯不旋转

在换向操作过程中，柱塞、柱塞密封圈和阀芯组合体在阀体内腔中不旋转，只做轴向移动，所以柱塞密封圈的摩擦磨损比较少。

12. 有些结构的阀芯有方位要求

调节型阀芯、下凹型阀芯都不是圆周均布的，在安装阀芯时要注意阀芯的方位要求，阀芯的哪个面对准阀体的哪个面要准确，不能有误。例如，下凹形介质通道阀芯，下凹部位要对准阀体的介质进出口通道口，否则介质通道就会部分或全部被封住而使介质流量减少或不能流出。

3.2　双阀杆 H 型柱塞式熔体三通阀

双阀杆 H 型柱塞式熔体三通阀安装在主要设备（如熔体过滤器等）进、出口，用于开启或关闭通道，将介质流向从一个设备改变到另一个设备。或介质从不同通道进入阀体内，经过阀座后从同一通道流出。所以也称之为双阀杆柱塞式熔体三通换向阀，两个阀座可以同时开启或关闭。

3.2.1　双阀杆 H 型柱塞式熔体三通阀的工作原理

双阀杆 H 型柱塞式熔体三通阀，阀体介质通道类似于大写英文字母"H"型分布，有介质通道中心线与柱塞轴线垂直分布的，也有介质通道中心线与柱塞轴线成锐角分布的。

双阀杆 H 型柱塞式熔体三通阀的工作原理是，在右驱动机构（手轮或其他驱动方式）的作用下，右阀杆 1 带动右柱塞 3 轴向移动一定距离，使右柱塞密封面 5 和右阀座密封面 6 分离，右介质通道 N2 开启。同时，在左驱动机构的作用下，左阀杆 10 带动左柱塞 9 轴向移动一定距离，左介质通道 N3 关闭，如图 3-24a 所示。

当需要换向时，操作右驱动机构带动右柱塞轴向移动一定距离，使右介质通道关闭。同时，在左驱动机构作用下左介质通道开启，如图 3-24b 所示。也可以实现两个阀座通道同时开启，如图 3-24c 所示；或两个阀座通道同时关闭，如图 3-24d 所示。大部分双阀杆 H 型柱塞式熔体三通阀有一个进口通道和两个出口通道或两个进口通道和一个出口通道。

3.2.2　双阀杆 H 型柱塞式熔体三通阀的结构

聚酯生产装置中使用的双阀杆 H 型柱塞式熔体三通阀是不同年份由不同供应商提供的，其主体结构不同，主要零部件材料也不同，这里介绍几种使用比较多的结构。

双阀杆 H 型柱塞式熔体三通阀介质进出口通道有斜置式和垂直式两种，有阀杆螺母与柱塞固定连接在一起的，也有将阀杆螺母安装在驱动装置内的。有在柱塞体上导向槽的作用下绕其自身轴线旋转 90°或 180°的，也有在导向筒的导向槽作用下柱塞绕其自身轴线旋转 90°或 180°的，还有柱塞在轴向移动过程中不旋转的。

1. 柱塞带导向槽的双阀杆 H 型熔体三通阀结构

柱塞带导向槽的双阀杆 H 型熔体三通阀又分为阀体上带排尽阀和不带排尽阀两种类型，下面分别介绍并进行解剖分析。

（1）阀体上带排尽阀柱塞带导向槽的双阀杆 H 型熔体三通阀　图 3-25 所示为公称尺寸

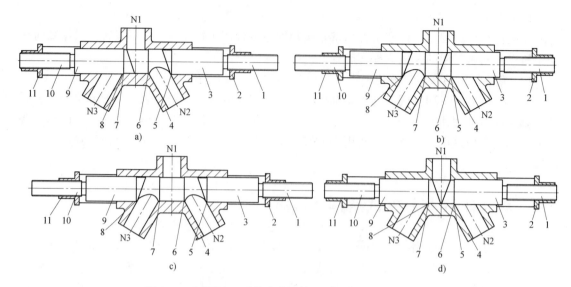

图 3-24 双阀杆 H 型柱塞式熔体三通阀工作原理示意图

a) 左通道关闭，右通道开启 b) 左通道开启，右通道关闭
c) 左右双侧通道开启 d) 左右双侧通道关闭

1—右阀杆 2—右阀杆螺母 3—右柱塞 4—阀体 5—右柱塞密封面 6—右阀座密封面 7—左阀座密封面

8—左柱塞密封面 9—左柱塞 10—左阀杆 11—左阀杆螺母

N1—上介质通道 N2—右介质通道 N3—左介质通道

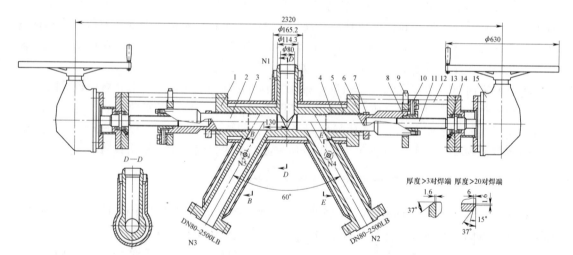

图 3-25 公称尺寸 3-NPS4-2500LB 阀体上带排尽阀柱塞带导向槽的双阀杆 H 型熔体三通阀

1—阀体 2—柱塞 3—伴温夹套 4—填料垫 5—填料密封圈 6—填料压套

7—填料压板 8—阀杆螺母 9—导向柱与柱塞开启位置指示 10—圆柱销 11—阀杆

12—立柱 13—连接板 14—轴承 15—驱动装置

N1—上介质通道 N2—右介质通道 N3—左介质通道 N4—右排尽口 N5—左排尽口

3-NPS4-2500LB 阀体上带排尽阀柱塞带导向槽的双阀杆 H 型熔体三通阀。主体结构左右对称分布，阀体的斜置式进出口通道上有排尽阀，内腔进出口相距较近，柱塞行程比较短。同时

两个出口管比较长，端法兰相距较远，与管道法兰的连接操作也很方便。柱塞外表面带有对称分布的两条旋转导向槽，导向柱的一端伸入柱塞的导向槽内并可以沿槽滑动，另一端固定在支架上，柱塞轴向移动过程中，在导向槽与导向柱的作用下，可以同时绕其自身轴线旋转180°。柱塞顶部斜边由向上转为向下可以适当减小介质流动阻力，有利于熔体介质的流动而不会产生滞留。阀杆螺母和柱塞固定连接为一个整体，阀杆仅做旋转运动而没有轴向移动。左排尽口 N5 和右排尽口 N4 是安装排尽阀的连接孔，排尽阀在阀体上的好处是熔体三通阀与排尽阀形成一个整体，同时排尽阀的安装位置接近主阀座，排尽效果更好、更及时，而且熔体三通阀出厂前就可以同时安装调试好排尽阀，在生产装置使用现场可以减少很多工作量；其缺点是安装排尽阀需要一定的位置空间，熔体三通阀的出料通道比较长，现场需要预留的空间比较大。该三通阀的性能参数见表 3-3。柱塞材料为 05Cr17Ni4Cu4Nb，其余材料与图 3-2 所示三通阀基本相同。

表 3-3 公称尺寸 3-NPS4-2500LB 阀体上带排尽阀柱塞带导向槽的双阀杆 H 型熔体三通阀性能参数

序号	项目	要求或参数
1	公称尺寸（外管）	NPS4（NPS6）-NPS4-NPS4
2	内管公称压力（使用压力）	Class2500LB（≤20.0MPa）
3	外管公称压力（使用压力）	Class300LB（≤1.0MPa）
4	内管试验压力（阀座试验压力）/MPa	60.0（44.0）
5	外管试验压力/MPa	5.0
6	进口内管、外管尺寸/mm	φ114.3×13.5-φ165.2×3.4
7	出口法兰	NPS4-2500LB
8	内管设计温度（使用温度）/℃	320（295）
9	外管设计温度（使用温度）/℃	360（330）
10	内管介质	终缩聚合物
11	外管介质	液相或气相热媒
12	排尽阀公称压力	Class300LB
13	排尽阀公称尺寸	NPS 1.5″
14	阀门所在位置	熔体过滤器进出口管道
15	阀门内腔表面粗糙度值 Ra/μm	3.2
16	介质流向	一进两出或两进一出

工况运行过程中，旋转右侧驱动装置的手轮可以关闭右介质通道，旋转左侧驱动装置的手轮可以开启左介质通道。当介质从上介质通道 N1 进入阀体内时，从左介质通道 N3 排出。反方向旋转手轮可以使左侧阀座关闭，右侧阀座开启，介质从右介质通道 N2 排出。柱塞在做轴向移动的同时绕其自身轴线旋转180°，顶部斜面由下部旋转到上部可以减小介质通道滞留死腔，降低流动阻力的同时保证了介质的新鲜性。观察导向柱与柱塞开启位置指示 9 的位置，可以很准确地确认柱塞的位置是开启还是关闭。公称尺寸 3-NPS4-2500LB 三通阀适用于生产能力比较小的生产装置。

图 3-26 所示为双阀杆 H 型柱塞式熔体三通阀（图 3-25）附属在阀体进出管上的排尽阀。工况运行过程中，排尽阀处于关闭状态，只在生产初始阶段或停止阶段开启排尽阀。操

作驱动装置 8 使柱塞 2 离开阀座，介质从排出口 N6 排出。排尽后要关闭排尽阀，关闭后柱塞顶部端面 10 与阀座底平面要基本平齐，不能相差太多，要保证主阀排出管内没有滞留介质的死腔。通过导向柱与柱塞开启位置指示 5 的位置能够很准确地确认柱塞是开启还是关闭。

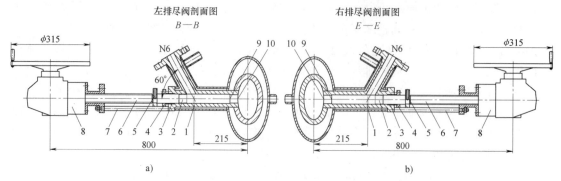

图 3-26　双阀杆 H 型柱塞式熔体三通阀附属在阀体进出管上的排尽阀

a) 左排尽阀剖面图　b) 右排尽阀剖面图

1—阀体　2—柱塞　3—填料密封圈　4—填料压盖　5—导向柱与柱塞开启位置指示

6—阀杆　7—立柱　8—驱动装置　9—阀座密封面　10—关闭后柱塞顶部端面

N6—介质排出口

图 3-27 所示为公称尺寸 3-NPS4-2500LB 双阀杆 H 型柱塞式熔体三通阀柱塞结构图，两条承力导向槽 6 对称分布并绕柱塞表面旋转 180°，导向槽的轴向长度符合柱塞行程的要求。柱塞在开关轴向移动过程中，在导向槽的作用下，绕其自身轴线旋转 180°，此时柱塞从开启位置到达关闭位置或从关闭位置到达开启位置。

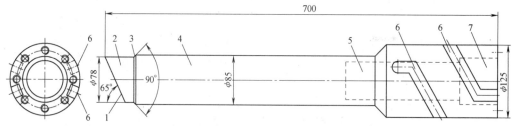

图 3-27　公称尺寸 3-NPS4-2500LB 双阀杆 H 型柱塞式熔体三通阀柱塞结构图

1—顶部斜面　2—头部伸进阀座段　3—柱塞与阀座之间的密封面　4—柱塞填料密封段

5—阀杆伸进孔　6—两条对称分布的旋转 180°导向槽　7—阀杆螺母安装孔

图 3-28a 所示为两根清除结焦并抛光的柱塞实物照片，柱塞的上半部分直径比较大，对两条导向槽的分布和受力比较有利。图 3-28b 所示为两根带结焦物的柱塞和手轮驱动装置实物照片，阀杆螺母安装在柱塞上部内腔口部并用螺栓固定，阀杆与阀杆螺母配合并伸入柱塞的内腔深部。图 3-29 所示为阀杆螺母，其材料硬度一般比较低，常选用黄铜或铝青铜。

（2）阀体上不带排尽阀柱塞带导向槽的双阀杆 H 型熔体三通阀　公称尺寸 DN200-PN400 的双阀杆 H 型柱塞式熔体三通阀，两个介质进出口通道在阀体同一侧面，另一个介质进出口通道与前两个成 90°夹角分布，而不是 180°夹角，所以柱塞在开关轴向移动过程中伴有绕其自身轴线旋转 90°的运动。公称尺寸 3-DN200-PN400 柱塞带旋转双阀杆柱塞式熔体三通阀的公称尺寸比较大，适用于生产能力比较大的装置。结构类似、用途相同的熔体阀也

a)   b)

图 3-28　公称尺寸 3-NPS4-2500LB 双阀杆 H 型柱塞式熔体三通阀柱塞实物照片

a）两根柱塞　b）柱塞和手轮驱动装置

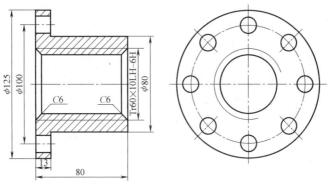

图 3-29　公称尺寸 3-NPS4-2500LB 双阀杆 H 型柱塞式熔体三通阀的阀杆螺母

可以采用其他公称尺寸，如 DN250 或 DN150 等，根据聚酯装置的生产能力和工艺要求选择不同公称尺寸的熔体阀。

图 3-30 所示为公称尺寸 3-DN200-PN400 阀体不带排尽阀柱塞带导向槽的双阀杆 H 型熔体三通阀。介质进出口通道垂直于柱塞轴线，柱塞与阀座之间的密封部位呈 90°锥面，柱塞顶部是圆弧凹面结构，柱塞外表面带有旋转导向槽。介质进出口通道与管道采用焊接连接，省去了法兰及安装所需要的操作空间，所以进出口通道可以垂直于柱塞轴线，而不是斜置式的。该三通阀的性能参数见表 3-4，柱塞材料为 05Cr17Ni4Cu4Nb，其余材料与图 3-2 所示三通阀基本相同。

表 3-4　公称尺寸 3-DN200-PN400 阀体不带排尽阀柱塞带导向槽的双阀杆 H 型熔体三通阀性能参数表

序号	项目	要求或参数
1	公称尺寸(外管)	3×DN200(300)
2	内管公称压力(使用压力)	PN400(≤20MPa)
3	外管公称压力(使用压力)	PN16(≤1.0MPa)
4	内管试验压力(阀座试验压力)/MPa	60(44)
5	外管试验压力/MPa	1.6
6	进出口内管尺寸/mm	3×ϕ245×26
7	进出口外管尺寸/mm	3×ϕ323.9×6.3
8	内管设计温度(使用温度)/℃	330(290)
9	外管设计温度(使用温度)/℃	360(330)
10	内管介质	聚酯熔体
11	外管介质	液相或气相热媒
12	阀门所在位置	熔体泵出口管道
13	阀门内腔表面粗糙度值 Ra/μm	3.2
14	介质流向	熔体泵出口:两进一出

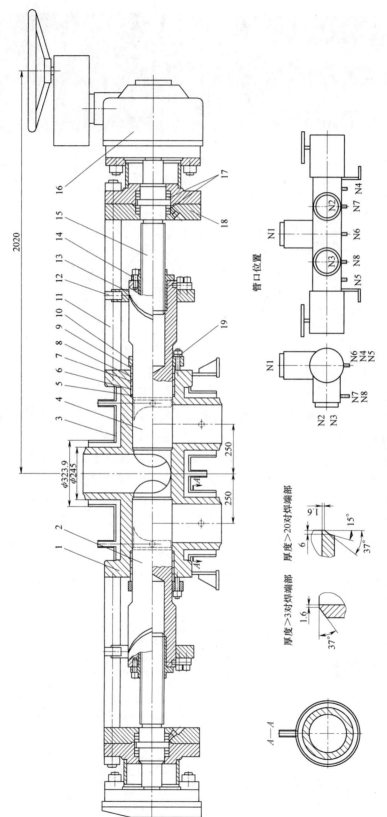

图 3-30 公称尺寸 3-DN200-PN400 阀体不带排尽阀柱塞带导向槽的双阀杆 H 型熔体三通阀

1—阀体 2—左柱塞 3—伴温夹套 4—右柱塞 5—填料垫 6—下填料圈 7—填料隔环
8—上填料圈 9—填料圈 10—填料压板 11—立柱 12—导向柱与柱塞开启位置指示孔
13—导向滑块 14—阀杆螺母 15—阀杆 16—驱动装置 17—轴承 18—连接板 19—碟形弹簧
N1—上介质通道 N2—右介质通道 N3—左介质通道 N4、N5、N6、N7、N8—热媒进出口工况运行过程中，熔体阀的操作原理、操作过程、阀座开启与关闭、熔体介质的流动方向等都与图 3-25 所示三通阀类似。三个介质进出口通道之间的距离比较小，所以柱塞的行程比较小，开关所需要的时间也比较短。介质通道 N2 和 N3 可以同时关闭或开启。

2. 带导向筒的双阀杆 H 型柱塞式熔体三通阀结构

带导向筒的双阀杆 H 型熔体三通阀又分为阀体上有排尽阀和没有排尽阀两种类型，下面分别详细介绍并进行解剖分析。

（1）阀体上有排尽阀的带导向筒双阀杆 H 型柱塞式熔体三通阀　在导向筒上导向槽的作用下，柱塞在轴向移动过程中同时绕其自身轴线旋转 180°。不同的安装使用现场要求排尽阀在阀体上的方位不同，图 3-31 所示为公称尺寸 NPS6-NPS5-NPS5-2500LB 阀体上有排尽阀的带导向筒双阀杆 H 型柱塞式熔体三通阀，两者的区别就是排尽阀在阀体上的方位不同。

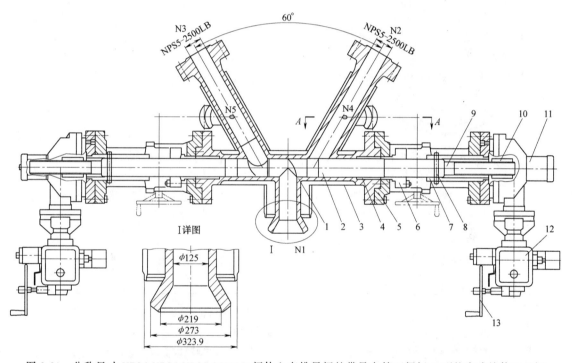

图 3-31　公称尺寸 NPS6-NPS5-NPS5-2500LB 阀体上有排尽阀的带导向筒双阀杆 H 型柱塞式熔体三通阀
1—阀体　2—柱塞　3—伴温夹套　4—填料密封圈　5—支架　6—填料压盖　7—导向筒　8—导向柱与柱塞
开启位置指示孔　9—阀杆　10—阀杆螺母　11—阀杆护罩　12—驱动装置　13—手轮
N1—下介质通道　N2—右介质通道　N3—左介质通道　N4—右排尽口　N5—左排尽口

图 3-32 所示的熔体三通阀，其排尽阀在阀体介质通道上，手轮安装位置要求操作方便并要错开其他设备。柱塞上部有导向柱与柱塞开启位置指示，柱塞的外部是导向筒，导向筒带有对称分布的两条旋转导向槽，导向柱可以在导向槽内滑动，在导向槽与导向柱的相互作用下，柱塞在轴向移动过程中同时绕自身轴线旋转 180°。阀杆螺母固定在驱动装置内，只有旋转运动没有轴向移动。进出口公称尺寸比较大，适用于生产能力比较大的聚酯生产装置。该三通阀的性能参数见表 3-5。

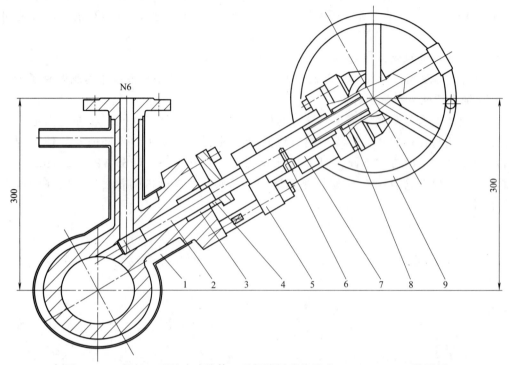

图 3-32　双阀杆 H 型柱塞式熔体三通阀附属公称尺寸 NPS1.5-300LB 排尽阀

（图 3-33 中的 A—A 剖面图）

1—阀体　2—柱塞　3—填料密封圈　4—填料压盖　5—支架　6—导向柱与柱塞

开启位置指示　7—导向筒　8—阀杆　9—手轮

N6—介质排出口

表 3-5　公称尺寸 NPS6-NPS5-NPS5-2500LB 阀体上有排尽阀带导向

筒双阀杆 H 型柱塞式熔体三通阀性能参数

序号	项目	要求或参数
1	公称尺寸（外管）	NPS6（NPS8）-NPS5-NPS5
2	内管公称压力（使用压力）	Class2500LB（≤20.0MPa）
3	外管公称压力（使用压力）	Class300LB（≤1.0MPa）
4	内管试验压力（阀座试验压力）/MPa	60.0（44.0）
5	外管试验压力/MPa	5.0
6	进口内管、外管尺寸/mm	ϕ273.0×27.0-ϕ323.9×6.3
7	出口法兰	NPS5-2500LB
8	内管设计温度（使用温度）/℃	320（295）
9	外管设计温度（使用温度）/℃	360（330）
10	内管介质	终缩聚合物
11	外管介质	液相或气相热媒
12	排尽阀公称压力	Class300LB
13	排尽阀公称尺寸	NPS1.5″
14	阀门所在位置	熔体过滤器进出口管道
15	阀门内腔表面粗糙度值 Ra/μm	3.2
16	介质流向	一进两出或两进一出

工况运行过程中的操作原理、操作过程、阀座开启与关闭、熔体介质的流动通道及流动方向等都与图 3-25 类似。使用过程中主要有两个区别：其一是导向槽的位置不同，图 3-25 中的导向槽在柱塞上部，图 3-31 中的导向槽在导向筒上，但都是在导向槽与导向柱相互作用下，柱塞在轴向移动过程中绕自身轴线旋转 180°；其二是排尽阀的安装方位不同，图 3-32 所示公称尺寸 NPS1.5-300LB 排尽阀手轮靠近主阀操作更方便，同时可以节省安装空间，图中圆孔是阀体介质通道，主要零部件材料与主阀相同。

图 3-33 所示为图 3-31 中三通阀的柱塞，柱塞与阀座之间的密封面 3 和柱塞填料密封面 4 的表面粗糙度要求很高，柱塞与阀座之间的密封面 3 要堆焊适宜的合金材料来提高耐摩擦磨损性能和硬度。导向柱安装孔 5 与导向柱装配好后要牢固可靠，不能松动或脱落，以保证熔体阀正常可靠地运行。

图 3-34 所示熔体三通阀与图 3-31 所示三通阀的结构类似，同样是导向槽在导向筒上，在导向槽与导向柱的相互作用下，柱塞在轴向移动过程中绕自身轴线旋转 180°。该三通阀的性能参数见表 3-5，所不同的是两者在装置中的安装使用位置不同，所以排尽阀的结构和方位也不同，图 3-34 所示熔体阀的排尽阀操作手轮与主阀的操作手轮不在同一侧，原因是主

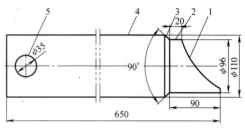

图 3-33　公称尺寸 NPS6-NPS5-NPS5-2500LB
双阀杆 H 型柱塞式熔体三通阀柱塞
1—顶部弧面　2—头部伸进阀座段　3—柱塞与阀座之间的密封面　4—柱塞填料密封面　5—导向柱安装孔

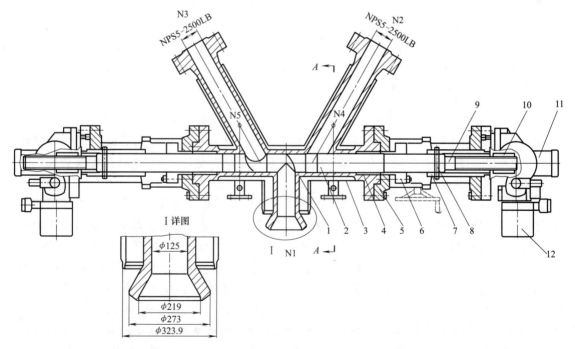

图 3-34　公称尺寸 NPS6-NPS5-NPS5-2500LB 导向槽在导向筒上的双阀杆 H 型柱塞式熔体三通阀
1—阀体　2—柱塞　3—伴温夹套　4—填料密封圈　5—支架　6—填料压盖　7—导向筒
8—导向柱与柱塞开启位置指示　9—阀杆　10—阀杆螺母　11—阀杆护罩　12—驱动装置
N1—下介质通道　N2—右介质通道　N3—左介质通道　N4—右排尽口　N5—左排尽口

熔体阀的安装方位不同，排尽阀的安装方位也要相应改变，另一个目的是错开临近相关设备的位置以方便操作。图 3-35 所示为图 3-34 所示熔体三通阀的附属公称尺寸 NPS1.5-300LB 排尽阀。排尽阀的柱塞轴线与介质通道中心线垂直相交，柱塞顶部圆弧面接近平面，图中的圆孔是柱塞孔，椭圆形孔是阀体介质通道孔。

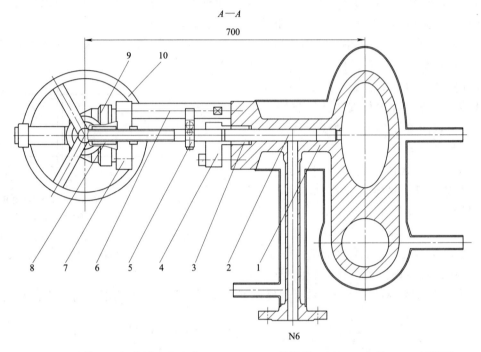

图 3-35　熔体三通阀附属公称尺寸 NPS1.5-300LB 排尽阀（图 3-34 中的 *A—A* 剖视图）

1—阀体　2—柱塞　3—填料密封圈　4—填料压盖　5—导向柱与柱塞开启位置指示
6—支架　7—连接板　8—阀杆螺母　9—驱动装置　10—手轮　N6—介质排尽口

从上述内容可以看出，为了避免阀门与其他设备相互干涉，要在聚酯装置的工艺设计和施工设计（确定主要设备的位置和方位）结束以后，才能确定聚酯装置阀门的详细结构（如手轮方位、排尽阀位置及方位、电动机接线盒位置及方位等）。在检修聚酯装置阀门的过程中一定要注意这一点。

（2）阀体上没有排尽阀的带导向筒双阀杆 H 型低压熔体三通阀　阀体上没有排尽阀的带导向筒双阀杆 H 型熔体三通阀结构适用于低压或高压工况，柱塞在轴向移动过程中同时绕自身轴线旋转 180°，如适用于预聚物泵出口公称压力 PN25 和公称尺寸 DN150 的熔体阀。

图 3-36 所示为公称尺寸 3-DN150-PN25 阀体上没有排尽阀的带导向筒双阀杆 H 型低压熔体三通阀。主体结构左右对称分布，介质进出口通道中心线垂直于柱塞轴线，柱塞和阀座之间的密封是金属对金属的硬密封，柱塞头部凸出一段距离、顶部是圆弧凹形结构，柱塞圆柱面安装有导向柱，柱塞外侧有导向筒，在柱塞轴向移动过程中，导向柱在导向筒的环型槽内移动，使柱塞伴有 180° 旋转运动。在关闭位置柱塞的顶部弧面向下，在开启位置柱塞的顶部弧面向上。该三通阀的性能参数见表 3-6，主要零件材料与图 3-2 所示三通阀基本相同。

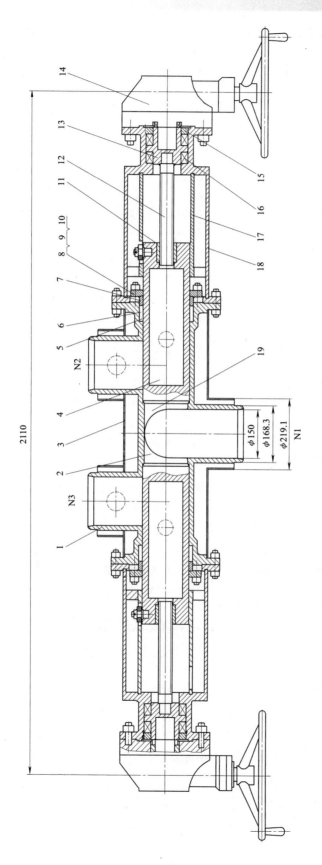

图 3-36　公称尺寸 3-DN150-PN25 阀体上没有排尽阀的带导向筒双阀杆 H 型低压熔体三通阀

1—阀体　2—左柱塞　3—伴温夹套　4—右柱塞　5—填料垫　6—填料密封圈　7—填料压套
8—填料压板　9—导向柱塞开启位置指示　10—导向滑块　11—阀杆螺母　12—阀杆
13—承力环　14—驱动装置　15—轴承压盖　16—推力轴承　17—导向筒　18—支架
19—柱塞头部

N1—下介质通道　N2—右介质通道　N3—左介质通道

表 3-6　公称尺寸 3-DN150-PN25 阀体上没有排尽阀的带导向筒双阀杆 H 型低压熔体三通阀性能参数

序号	项目	要求或参数
1	公称尺寸(外管)	2×DN150(200)-DN150(200)
2	内管公称压力(使用压力)	PN25(≤1.6MPa)
3	外管公称压力(使用压力)	PN16(≤1.0MPa)
4	进口内外管尺寸/mm	2×φ168.3×5.16-φ219.1×3.76
5	出口内外管尺寸/mm	φ168.3×5.16-φ219.1×3.76
6	内管设计温度(使用温度)/℃	330(295)
7	外管设计温度(使用温度)/℃	360(330)
8	内管介质	预聚物
9	外管介质	液相热媒或气相热媒
10	阀门所在位置	预聚物泵出口管道
11	阀门内腔表面粗糙度值 Ra/μm	3.2
12	介质流向	两进一出或一进两出

工况运行过程中,柱塞顶部凸出一段距离且顶部弧面使介质通道近似于管道,介质通道内没有滞留物料的死腔。介质通道 N1、N2、N3 的中心线距离非常小,所以柱塞的行程距离也很小,柱塞开关所需要的时间就短。根据导向柱与柱塞开启位置指示的位置,可以知道柱塞处于关闭或开启状态,介质通道 N2 和 N3 可以同时关闭或开启。

(3)阀体上没有排尽阀的带导向筒双阀杆 H 型高压熔体三通阀　例如,适用于熔体泵出口的带导向筒双阀杆 H 型柱塞式熔体三通阀的公称尺寸为 DN200,公称压力为 PN250。

图 3-37 所示为公称尺寸 DN200-DN150-DN150-PN250 阀体没有排尽阀的带导向筒双阀杆 H 型高压熔体三通阀。主体结构与图 3-36 类似,所不同的是图 3-36 中三个介质进出口通道的公称尺寸都是 DN150,而图 3-37 中两个介质进口通道的公称尺寸是 DN150,一个介质出口通道的公称尺寸是 DN200,介质进口通道直径比较小,阀座和柱塞直径可以小些,阀门整体尺寸就比较小,适当增大介质出口通道直径可以降低介质流速,对于高压阀门来说,有利于生产的稳定运行,适用于高压熔体泵出口管道。该三通阀的性能参数见表 3-7。柱塞材料为 05Cr17Ni4Cu4Nb,其余材料与图 3-2 所示三通阀基本相同。

表 3-7　公称尺寸 DN200-DN150-DN150-PN250 阀体没有排尽阀的带导向筒双阀杆
H 型高压熔体三通阀性能参数

序号	项目	要求或参数
1	公称尺寸(外管)	2×DN150(250)-DN200(300)
2	内管公称压力(使用压力)	PN250(≤20.0MPa)
3	外管公称压力(使用压力)	PN16(≤1.0MPa)
4	进口内外管尺寸/mm	2×φ193.7×18.0-φ273.0×4.0
5	出口内外管尺寸/mm	φ244.5×22.0-φ323.9×4.5
6	内管设计温度(使用温度)/℃	330(295)
7	外管设计温度(使用温度)/℃	360(330)
8	内管介质	聚酯熔体
9	外管介质	液相热媒或气相热媒
10	阀门所在位置	熔体出料泵出口管道
11	阀门内腔表面粗糙度值 Ra/μm	3.2
12	介质流向	两进一出或一进两出

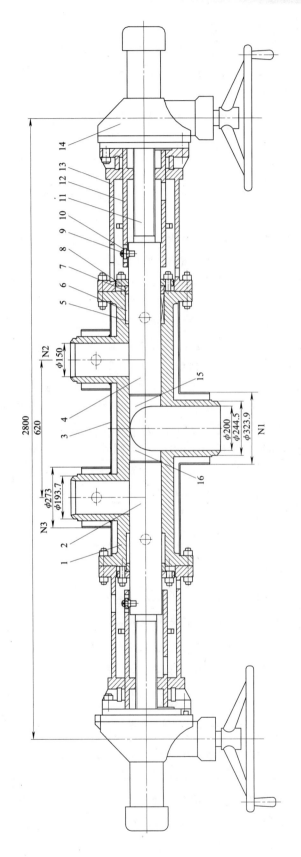

图 3-37　公称尺寸 DN200-DN150-DN150-PN250 阀体没有排尽阀的带导向筒双阀杆导向 H 型高压熔体三通阀

1—阀体　2—左柱塞　3—伴温夹套　4—右柱塞　5—填料垫　6—填料密封圈
7—填料压套　8—填料压板　9—导向柱塞与柱塞开启位置指示　10—导向滑块
11—阀杆　12—导向筒　13—支架　14—驱动装置　15—右柱塞头部
16—左柱塞头部
N1—下介质通道　N2—右介质通道　N3—左介质通道

工况运行过程中，图 3-37 所示熔体阀的换向操作过程与图 3-36 所示熔体阀完全相同，柱塞和阀座之间是金属对金属的密封。导向槽在导向筒上和在柱塞侧面相比较，从结构合理性、加工方便性、工作稳定性等各方面因素考虑，利用导向筒使柱塞旋转180°更好些。导向筒的直径远大于柱塞直径，导向柱承受的外力会更小，导向筒加工导向槽比柱塞侧面加工导向槽要容易些。柱塞顶部凸出一段距离且是弧面，使介质通道内没有滞留介质的死腔。

3. 柱塞不旋转的双阀杆 H 型熔体三通阀结构

柱塞不旋转的双阀杆 H 型熔体三通阀有很多种结构，有适用于低压的，也有适用于高压的；有带柱塞套的，也有不带柱塞套的；有斜置式进出口通道的，也有进出口通道与柱塞轴线垂直的；有阀体上带排尽阀的，也有阀体上不带排尽阀的。下面分别介绍并进行解剖分析。

（1）带柱塞套柱塞不旋转双阀杆 H 型低压熔体三通阀　下面介绍一种柱塞只轴向移动不绕自身轴线旋转、公称尺寸比较小、公称压力比较低的双阀杆柱塞式熔体三通阀。

图 3-38 所示为公称尺寸 DN65-DN50-DN50-PN25 带柱塞套柱塞不旋转双阀杆 H 型低压熔体三通阀。主体结构左右对称，适用于预聚物泵出口等低压工况。介质进出口通道垂直于柱塞轴线，柱塞顶部是平面结构，柱塞圆柱面不带旋转导向槽。柱塞与阀杆采用螺纹固定连接，阀杆下段固定导向板与柱塞开度指示板 19，导向柱 17 与导向板 19 配合，保证柱塞只做轴向移动，没有旋转运动。柱塞与阀杆的连接不易松脱，定位销 21 使柱塞套 4 在阀体内定位（见图 3-38 的 B—B 剖视图），保证柱塞套的通道口与阀体介质通道相对应而不能错位。与前述柱塞式熔体三通阀相比较，该三通阀的零部件比较多，结构比较复杂。其性能参数见表 3-8，柱塞材料为 05Cr17Ni4Cu4Nb，其余材料与图 3-2 所示三通阀基本相同。

表 3-8　公称尺寸 DN65-DN50-DN50-PN25 带柱塞套柱塞不旋转双阀杆 H 型低压熔体三通阀性能参数

序号	项目	要求或参数
1	公称尺寸(外管)	2×DN50(80)-1×DN65(100)
2	内管公称压力(使用压力)	PN25(≤1.5MPa)
3	外管公称压力(使用压力)	PN16(≤1.0MPa)
4	内管试验压力(阀座试验压力)/MPa	4.0(2.5)
5	外管试验压力/MPa	1.6
6	双口内外管尺寸/mm	2×φ60.3×2.6-φ89.0×3.2
7	单口内外管尺寸/mm	1×φ76.1×2.6-φ101.6×3.6
8	内管设计温度(使用温度)/℃	330(290)
9	外管设计温度(使用温度)/℃	360(330)
10	内管介质	聚酯预聚物
11	外管介质	液相或气相热媒
12	阀门所在位置	预聚物过滤器进出口管道
13	阀门内腔表面粗糙度值 $Ra/\mu m$	3.2
14	介质流向	一进两出或两进一出

工况运行过程中，旋转右手轮使右阀座关闭，旋转左手轮使左阀座开启。介质从上介质通道 N1 进入阀体内腔，经过左阀座从左介质通道 N3 排出。反方向旋转手轮使左阀座关闭、

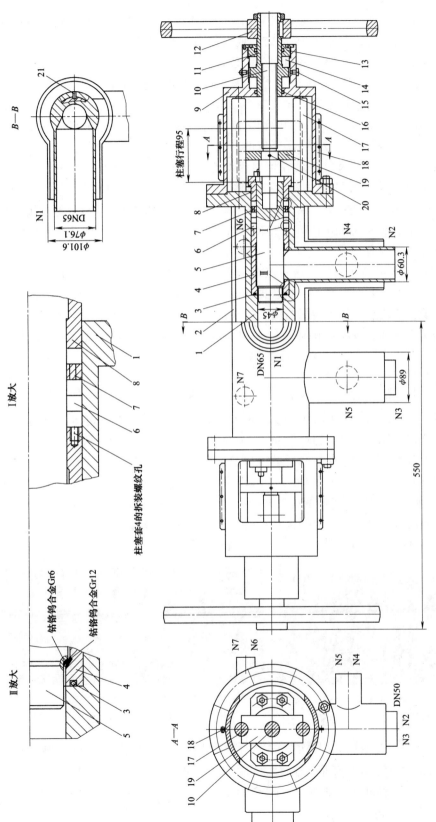

图 3-38　公称尺寸 DN65-DN50-DN50-PN25 带柱塞套柱塞不转旋转双阀杆 H 型低压熔体三通阀

1—阀体　2—伴温夹套　3—密封套　4—柱塞套　5—柱塞　6—填料密封圈 A　7—填料密封圈 B
8—填料压盖　9—支架　10—阀杆　11—阀料螺母　12—手轮　13—轴承压盖　14—轴承　15—注油器
16—密封圈　17—导向柱　18—防尘罩　19—导向板与柱塞开度指示板　20—圆柱指示板　21—定位销
N1—上右介质通道　N2—右介质通道　N3—左介质通道　N4、N5、N6、N7—保温介质通道右阀座开启，介质经过右阀座从右介质通道 N2 排出。根据生产工艺要求，两个阀座可以同时关闭或开启。导向与柱塞开度指示板 19 固定在阀杆下段并与柱塞一同轴向移动，在支架的对应位置有刻度线，分别对应柱塞的开启和关闭位置。

图 3-38 所示结构的阀座密封面不在阀体上，而是在柱塞套 4 内表面的变径段堆焊硬质合金后加工出锥形阀座密封面，柱塞套 4 安装在阀体与柱塞之间，相对应的柱塞密封面堆焊不同牌号的硬质合金。阀体 1 与柱塞套 4 的端面之间有密封件 3，在柱塞套的另一端面有用于拆装的螺纹孔（见图 3-38 的放大图 I）。柱塞的外表面密封采用两种材料组合的填料密封圈，其中填料密封圈 A 硬度稍大些，安装在填料函的底部和顶部，可以起到保护和支承作用。安装在填料函中部的填料密封圈 B 硬度稍小些，在填料压套的相同轴向压力作用下，其在柱塞外表面产生的接触密封力比较大，即容易保证密封。两种材料的填料密封圈相互配合密封效果更好。支架 9 的两侧面开孔部分安装有防尘罩 18，可以减少外界对密封件的侵扰，以延长密封件的使用寿命。

图 3-38 所示结构的零部件比较多，这一点有利有弊，最大的优点就是在长期使用过程中，阀座锥形密封面一定会有摩擦磨损，当磨损达到一定程度时，阀座的密封性能将下降，甚至会失去密封性能，也就是所说的阀门内漏。如果阀座密封面是在阀体上堆焊金属后加工而成的，要修复阀座密封面，就要把阀体从管道中切割下来，阀门修复好以后再重新焊接好。对于阀座密封面在柱塞套上的结构，只要把柱塞套从阀体内拆卸下来即可进行修复操作，修复好以后安装到阀体内原位就可以了，不需要把阀体从管道中切割下来，在使用现场修复可以省去很多不必要的麻烦，更重要的是可以节省大量时间。

图 3-39 所示为公称尺寸 DN65-DN50-DN50-PN25 柱塞不旋转 H 型低压熔体三通阀整机正面照片，可以看到三个介质进出口通道呈 90°夹角分布。图 3-40 所示为此低压熔体三通阀整机侧面照片，图中可以看到四个保热介质进出口通道。两张照片是同一个阀的不同侧面，此阀门是从装置中拆卸下来需要修复的旧阀门。图 3-41 所示为公称尺寸 DN65-DN50-DN50-PN25 柱塞不旋转 H 型低压熔体三通阀的柱塞与阀杆连接件平面图，柱塞直径 $\phi50$mm 的 90°锥面就是与阀座之间的接触密封面，定位销孔 5 用于固定导向板，阀杆 6 与柱塞螺纹固定连接。图 3-42 所示为此柱塞与阀杆连接件的照片，已清除掉黏附的结焦物。

图 3-39　公称尺寸 DN65-DN50-DN50-PN25 柱塞
不旋转 H 型低压熔体三通阀整机正面照片

图 3-40　公称尺寸 DN65-DN50-DN50-PN25 柱塞
不旋转 H 型低压熔体三通阀整机侧面照片

图 3-43 所示为公称尺寸 DN65-DN50-DN50-PN25 柱塞不旋转 H 型低压熔体三通阀阀座，阀座内径 $\phi53$mm 与 $\phi45$mm 之间的 90°锥面是与柱塞之间的密封面；$\phi52$mm 介质通道孔与阀体相对应，不能错位；2×M6 是安装和拆卸阀座的螺纹孔；内径 $\phi45$mm 端面与阀体之间有密封圈实现接触密封。图 3-44 所示为此熔体三通阀的阀座照片，图中的孔就是 $\phi52$mm 介质通道。

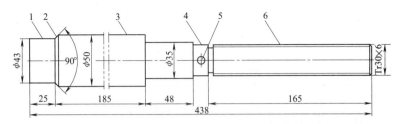

图 3-41　公称尺寸 DN65-DN50-DN50-PN25 柱塞不旋转 H 型低压熔体三通阀的柱塞与阀杆连接件平面图
1—导向段　2—柱塞密封面　3—填料密封段　4—固定导向板段　5—定位销孔　6—阀杆

图 3-42　公称尺寸 DN65-DN50-DN50-PN25 柱塞不旋转 H 型低压熔体三通阀柱塞与阀杆连接件照片

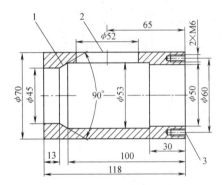

图 3-43　公称尺寸 DN65-DN50-DN50-PN25
柱塞不旋转 H 型低压熔体三通阀阀座

1—阀座密封面　2—介质通道孔　3—安装与拆卸螺纹孔

图 3-44　公称尺寸 DN65-DN50-DN50-PN25 柱塞
不旋转 H 型低压熔体三通阀阀座照片

（2）带柱塞套柱塞不旋转双阀杆 H 型高压熔体三通阀　与上述结构类似的公称尺寸 DN125-DN100-DN100-PN250 双阀杆 H 型柱塞式熔体三通阀适用于熔体泵出口等高压工况条件。

图 3-45 所示为公称尺寸 DN125-DN100-DN100-PN250 带柱塞套柱塞不旋转双阀杆 H 型高压熔体三通阀。即一个介质出口通道的公称尺寸为 DN125，两个介质进口通道的公称尺寸为 DN100。其主体结构与图 3-38 类似，只是驱动部分不同，由齿轮减速可以降低手轮操作力。柱塞套 4 在阀体内由固定销 18 定位，以保证柱塞套的通道口与阀体介质通道相对应而不能错位。该三通阀的性能参数见表 3-9，柱塞材料为 05Cr17Ni4Cu4Nb，其余材料与图 3-2 所示三通阀基本相同。

表 3-9　公称尺寸 DN125-DN100-DN100-PN250 带柱塞套柱塞不旋转双阀杆
H 型高压熔体三通阀性能参数

序号	项目	要求或参数
1	公称尺寸（外管）	2×DN100（150）-DN125（175）

（续）

序号	项目	要求或参数
2	内管公称压力（使用压力）	PN250（≤15.0MPa）
3	外管公称压力（使用压力）	PN16（≤1.0MPa）
4	内管试验压力（阀座试验压力）/MPa	37.5（27.5）
5	外管试验压力/MPa	1.6
6	双口内外管尺寸/mm	$2\times\phi133\times11-\phi159\times5$
7	单口内外管尺寸/mm	$1\times\phi159\times14-\phi193.7\times8$
8	内管设计温度（使用温度）/℃	330（290）
9	外管设计温度（使用温度）/℃	360（330）
10	内管介质	聚酯熔体
11	外管介质	液相或气相热媒
12	阀门所在位置	聚酯熔体泵出口管道
13	阀门内腔表面粗糙度值 $Ra/\mu m$	3.2
14	介质流向	两进一出或一进两出

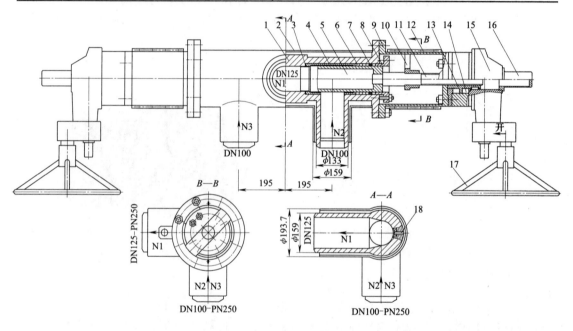

图 3-45　公称尺寸 DN125-DN100-DN100-PN250 带柱塞套柱塞不旋转双阀杆 H 型高压熔体三通阀
1—阀体　2—伴温夹套　3—密封件　4—柱塞套　5—柱塞　6—填料密封圈 A　7—填料密封圈 B
8—填料压盖　9—支架　10—导向板与柱塞开度指示　11—阀杆　12—防尘罩　13—阀杆螺母
14—轴承　15—驱动装置　16—阀杆护罩　17—手轮　18—固定销
N1—介质出口　N2—右介质进口　N3—左介质进口

　　工况运行过程中，开关操作过程与图 3-38 所示三通阀类似。这种结构的熔体阀有截断型柱塞，也有调节型柱塞。图 3-46 所示为公称尺寸 DN125-DN100-DN100-PN250 柱塞不旋转 H 型高压熔体三通阀截断型柱塞与阀杆连接件，空心柱塞与阀杆通过螺纹连接，检修很方便。图 3-47 所示为该熔体三通阀的截断型柱塞、阀杆与导向板组合件照片，旁边的小件是柱塞套。图 3-48 所示为填料压套平面图，外径的四个轴向槽方便安装，在外径的上部有两条环形沟槽，用于从填料函中取出压套。图 3-49 所示为填料压套照片，可以直观地看到其外形、轴向槽和环形沟槽。图 3-50 所示为公称尺寸 DN125-DN100-DN100-PN250 柱塞不旋转 H 型高压熔体三通阀调节型柱塞平面图，调节流量段 4 与柱塞套相应结构形成流量调节环形 过流截面，以满足工艺要求的熔体流量。图 3-51 所示为熔体三通阀调节型柱塞照片，柱塞 表面有熔体结焦物。这种结构的熔体阀有不同的公称尺寸，公称尺寸比较接近的，其结构也 类似。图 3-52 所示为公称尺寸 DN100-DN80-DN80-PN250 柱塞不旋转 H 型熔体三通阀调节 型柱塞，与公称尺寸 DN125 的柱塞结构很类似。图 3-53 所示为该熔体三通阀的填料压套。 图 3-54 所示为公称尺寸 DN80-DN65-DN65-PN250 柱塞不旋转 H 型熔体三通阀截断型柱塞， 对称分布的两个螺纹孔与导向柱连接。

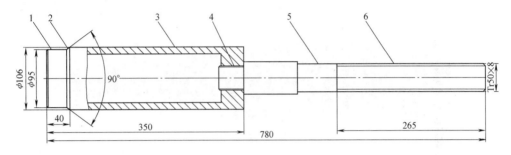

图 3-46　公称尺寸 DN125-DN100-DN100-PN250 柱塞不旋转
H 型高压熔体三通阀截断型柱塞与阀杆连接件
1—导向段　2—柱塞密封面　3—填料密封段　4—连接螺纹　5—导向板固定位置　6—阀杆

图 3-47　熔体三通阀截断型柱塞、阀杆
与导向板组合件照片

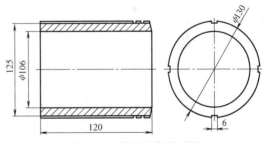

图 3-48　填料压套平面图

图 3-49　填料压套照片

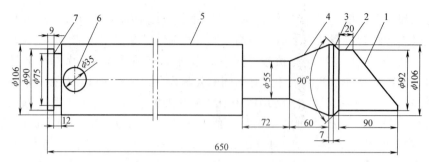

图 3-50　公称尺寸 DN125-DN100-DN100-PN250 柱塞不旋转 H 型高压熔体三通阀调节型柱塞平面图

1—导流面　2—导向段　3—柱塞密封面　4—调节流量段　5—填料密封段　6—连接销孔　7—对接台肩

图 3-51　熔体三通阀调节型柱塞照片

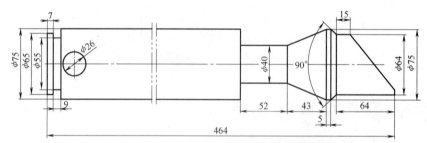

图 3-52　公称尺寸 DN100-DN80-DN80-PN250 柱塞不旋转 H 型熔体三通阀调节型柱塞

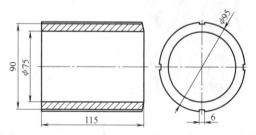

图 3-53　公称尺寸 DN100-DN80-DN80-PN250 柱塞不旋转 H 型熔体三通阀填料压套

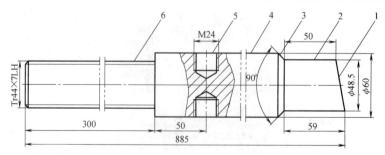

图 3-54　公称尺寸 DN80-DN65-DN65-PN250 柱塞不旋转 H 型熔体三通阀截断型柱塞

1—导流面　2—导向段　3—柱塞密封面　4—填料密封段　5—导向柱安装螺纹孔　6—阀杆

（3）缩径式柱塞不旋转双阀杆 H 型低压熔体三通阀 以公称压力 PN40、公称尺寸 DN150 三通阀为例，介质进出口通道从 DN150 缩径为 $\phi 125mm$，没有柱塞套，零部件比较少，主体结构比较简单，使用动作要求与前述截断型阀门类似。

图 3-55 所示为公称尺寸 DN150-DN150-DN150-PN40 缩径式柱塞不旋转双阀杆 H 型低压熔体三通阀。由于阀座密封位置很靠近介质出口通道，因此柱塞顶部是平面结构，有很小一段伸入阀座孔内，使柱塞顶面与出口基本平齐。柱塞、阀杆螺母、防转板与柱塞开启位置指示三个零件固定连接在一起，在开启或关闭过程中同步移动。通过轴承使阀杆固定在两个连接板之间，阀杆只能旋转，不能轴向移动。碟形弹簧 18 可以使填料密封件的压紧力基本保持稳定，有利于柱塞的密封。介质进出口通道 N1、N2 和 N3 由 DN150 缩径为 $\phi 125mm$，柱塞的直径可以相应缩小，从而可以使三通阀的整体结构尺寸和整机质量都减小。其性能参数见表 3-10，主要零部件的材料与图 3-45 所示三通阀基本相同。

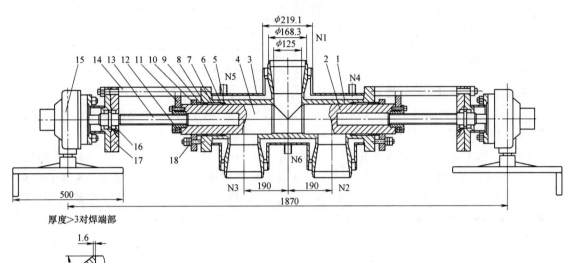

图 3-55 公称尺寸 DN150-DN150-DN150-PN40 缩径式柱塞不旋转双阀杆 H 型低压熔体三通阀
1—阀体 2—右柱塞 3—伴温夹套 4—左柱塞 5—填料垫 6—下填料圈 7—填料隔环
8—上填料圈 9—填料压套 10—填料压板 11—防转板与柱塞开启位置指示 12—阀杆螺母
13—阀杆 14—立柱 15—驱动装置 16—轴承 17—连接板 18—碟形弹簧
N1—上介质通道 N2—右介质通道 N3—左介质通道 N4、N5、N6—热媒进出口

表 3-10 公称尺寸 DN150-DN150-DN150-PN40 缩径式柱塞不旋转双阀杆
H 型低压熔体三通阀性能参数

序号	项目	要求或参数
1	阀门名称	三通换向阀
2	阀门公称尺寸（外管）	2×DN150（200）-DN150（200）
3	内管公称压力（使用压力）	PN40（≤1.6MPa）
4	外管公称压力（使用压力）	PN16（≤1.0MPa）
5	内管试验压力（阀座试验压力）/MPa	6.0（4.4）
6	外管试验压力/MPa	1.6

(续)

序号	项目	要求或参数
7	进出口内管尺寸/mm	3×φ168.3×5.6
8	进出口外管尺寸/mm	3×φ219.1×4.0
9	内管设计温度(使用温度)/℃	330(290)
10	外管设计温度(使用温度)/℃	360(330)
11	内管介质	预聚物
12	外管介质	液相热媒或气相热媒
13	阀门设计标准依据	ASME B16.34—2017
14	阀门验收标准依据	API 598—2016
15	阀门所在位置	预聚物过滤器出口管线
16	阀体、阀瓣流道	呈流线型,无死腔
17	阀门内腔表面粗糙度值 Ra/μm	3.2
18	介质流向	两进一出

工况运行过程中,操作过程、阀座开启与关闭、介质流通等与图3-45所示熔体阀类似。可以实现两个进出口通道交替开启或关闭,也可以同时开启或关闭。根据防转板与柱塞开启位置指示11的位置,可以知道柱塞处于关闭或开启状态。

(4)不缩径柱塞不旋转低压熔体三通阀 图3-56所示为公称尺寸DN150-DN150-DN150-PN25不缩径柱塞不旋转低压熔体三通阀,介质进出口通道N1、N2和N3是DN150全通径,其余结构与图3-55类似,但柱塞直径、整体结构尺寸、整阀重量等都要大些。其性能参数见表3-11,主要零部件的材料与图3-55所示三通阀基本相同。

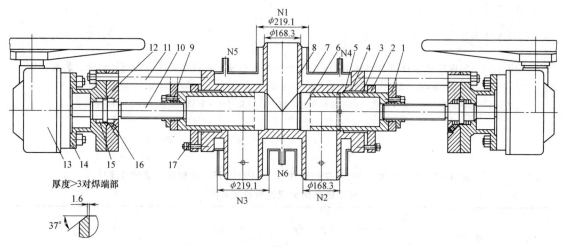

图3-56 公称尺寸DN150-DN150-DN150-PN25不缩径柱塞不旋转低压熔体三通阀
1—导向板与柱塞开启位置指示 2—填料压板 3—填料压套 4—填料密封圈 5—填料垫 6—右柱塞
7—伴温夹套 8—阀体 9—阀杆螺母 10—阀杆 11—支架 12—连接板 13—驱动装置
14—连接盘 15—推力轴承 16—注油器 17—碟形弹簧
N1—上介质通道 N2—右介质通道 N3—左介质通道 N4、N5、N6—保温介质进出口

表3-11 公称尺寸 DN150-DN150-DN150-PN25 不缩径柱塞不旋转低压熔体三通阀性能参数

序号	项目	要求或参数
1	公称尺寸(外管)	3×DN150(200)
2	内管公称压力(使用压力)	PN25(≤1.6MPa)
3	外管公称压力(使用压力)	PN16(≤1.0MPa)
4	进口内外管尺寸/mm	$\phi168.3×5.6$-$\phi219.1×4.0$
5	出口内外管尺寸/mm	$2×\phi168.3×5.6$-$\phi219.1×4.0$
6	内管设计温度(使用温度)/℃	330(290)
7	外管设计温度(使用温度)/℃	360(330)
8	内管介质	预聚物
9	外管介质	液相或气相热媒
10	阀门所在位置	聚酯熔体管道
11	阀门内腔表面粗糙度值 $Ra/\mu m$	3.2
12	介质流向	两进一出或一进两出

工况运行过程中，图3-56所示三通阀的换向操作过程、柱塞动作情况、开度指示与图3-55所示三通阀完全一致。介质通道N2和N3可以同时关闭或开启。

（5）斜出管柱塞不旋转双阀杆H型高压熔体三通阀　这类阀适用于熔体泵出口高压工况。图3-57所示为公称尺寸DN200-DN200-DN200-PN400斜出管柱塞不旋转H型双阀杆高压熔体三通阀。介质进出口通道是斜置式的，与管道连接的焊接点相距比较远，现场操作比较方便，同时两个阀座可以相距得更近，使柱塞行程更短。为了将每个柱塞开启或关闭状态信号传送到控制中心，两端立柱上都固定有柱塞关闭位置指示器19和开启位置指示器20。该三通阀的性能参数见表3-12，主要零部件的材料与图3-55所示三通阀基本相同。

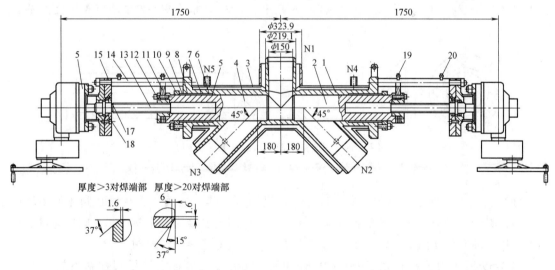

图3-57 公称尺寸 DN200-DN200-DN200-PN400 斜出管柱塞不旋转 H 型双阀杆高压熔体三通阀
1—阀体　2—右柱塞　3—伴温夹套　4—左柱塞　5—填料垫　6—下填料圈　7—填料隔环　8—上填料圈
9—填料压套　10—填料压板　11—导向板与柱塞开启位置指示　12—阀杆螺母　13—阀杆　14—立柱
15—连接板　16—驱动装置　17—注油杯　18—轴承　19—柱塞关闭位置指示器　20—柱塞开启位置指示器
N1—上介质通道　N2—右介质通道　N3—左介质通道　N4、N5—热媒进出口

表 3-12　公称尺寸 DN200-DN200-DN200-PN400 斜出管柱塞不旋转双阀杆
H 型高压熔体三通阀性能参数

序号	项目	要求或参数
1	公称尺寸(外管)	DN200(300)
2	内管公称压力(使用压力)	PN400(≤20.0MPa)
3	外管公称压力(使用压力)	PN16(≤1.0MPa)
4	进口内外管	2×DN200(300)
5	出口内外管	DN200(300)
6	内管设计温度(使用温度)/℃	330(295)
7	外管设计温度(使用温度)/℃	360(330)
8	内管介质	聚酯熔体
9	外管介质	液相热媒或气相热媒
10	阀门所在位置	熔体管道
11	阀门内腔表面粗糙度值 $Ra/\mu m$	3.2
12	介质流向	两进一出或一进两出

　　工况运行过程中，该阀的开关操作过程与图 3-56 所示三通阀类似，当导向板接触到柱塞关闭位置指示器 19 时，有电信号使控制中心"关"指示灯点亮；当导向板接触到柱塞开启位置指示器 20 时，有电信号使控制中心"开"指示灯点亮；从而实现远程监控阀门工作状态。

　　图 3-58 所示为顶部是平面结构的柱塞平面图，柱塞上端部有螺纹孔连接阀杆螺母，柱塞上半部分是空心的，开启过程中阀杆伸入其中，柱塞端部的 90°锥面是与阀座之间的密封面。

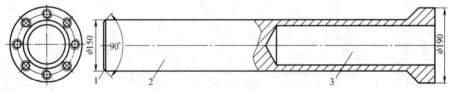

图 3-58　顶部是平面结构的柱塞平面图
1—柱塞与阀座之间的密封面　2—柱塞填料密封段　3—阀杆伸入孔

　　(6)斜出管带排尽阀柱塞不旋转双阀杆 H 型高压熔体三通阀　排尽阀在阀体的主体部位，阀杆螺母在驱动装置内做旋转运动，柱塞与阀杆固定连接为一个整体，在阀杆螺母的作用下，柱塞轴向移动而不旋转。主体结构的其余部分与上述熔体三通阀类似。

　　图 3-59 所示为公称管径 NPS8-NPS6-NPS6-2500LB 斜出管带排尽阀柱塞不旋转双阀杆 H 型高压熔体三通阀。排尽阀在阀体的主体部位，介质进出口通道为斜置式。柱塞侧面有直线型防转导向槽，导向杆的一端固定在支架上，另一端在柱塞的导向槽内做直线滑动，使柱塞只做轴向移动而不旋转，柱塞顶部是平面型结构。阀杆螺母在驱动装置内做旋转运动，带动柱塞做轴向移动。该三通阀的性能参数见表 3-13，主要零部件的材料与图 3-55 所示三通阀基本相同。

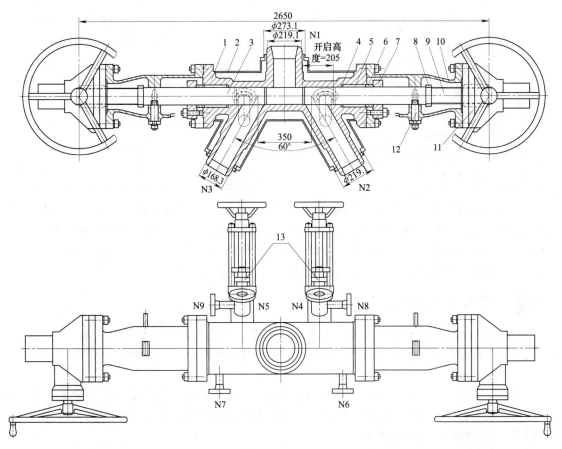

图 3-59　公称管径 NPS8-NPS6-NPS6-2500LB 斜出管带排尽阀柱塞不旋转双阀杆 H 型高压熔体三通阀
1—阀体　2—伴温夹套　3—柱塞　4—填料垫　5—填料密封圈　6—填料压套　7—填料压板
8—柱塞开启位置指示环　9—阀杆　10—支架　11—驱动装置　12—防转杆　13—附属排尽阀
N1—上介质通道　N2—右介质通道　N3—左介质通道　N4—右排尽阀出口　N5—左排尽阀出口
N6、N7、N8、N9—热媒进出口

表 3-13　公称管径 NPS8-NPS6-NPS6-2500LB 斜出管带排尽阀柱塞不旋转

双阀杆 H 型高压熔体三通阀性能参数

序号	项目	要求或参数
1	公称尺寸(外管)	NPS8″(NPS10″)-2×NPS 6″(NPS8″)
2	内管公称压力(使用压力)	Class2500LB(≤20.0MPa)
3	外管公称压力(使用压力)	Class150LB(≤1.0MPa)
4	内管试验压力(阀座试验压力)/MPa	30.0(22.0)
5	外管试验压力/MPa	1.0
6	进口内管、进口外管尺寸/mm	$\phi219.1\times23$-$\phi273.1\times6.4$
7	出口内管、出口外管尺寸/mm	$2\times\phi168.3\times18.3$-$2\times\phi219.1\times6.4$
8	内管设计温度(使用温度)/℃	320(290)
9	外管设计温度(使用温度)/℃	320(290)

(续)

序号	项目	要求或参数
10	内管介质	聚合物
11	外管介质	液相或气相热媒
12	附属排尽阀公称压力	Class300LB
13	排尽阀公称管径(法兰)	NPS1″(NPS2″),即介质通道 NPS1″法兰 NPS2″
14	阀门所在位置	熔体管道
15	阀门内腔表面粗糙度值 $Ra/\mu m$	3.2
16	介质流向	一进两出或两进一出

工况运行过程中,其开启和关闭操作过程与图 3-57 所示三通阀类似,所不同的是主阀体上有排尽阀,当柱塞处于开启状态需要将熔体介质排出时,阀内排空效果更好。但是,排尽阀在主阀体上对刚度有一定影响。柱塞位置指示环固定在阀杆上并与柱塞一同轴向移动,在支架的相应位置有刻线,分别对应柱塞的开启和关闭位置。

3.2.3 双阀杆 H 型柱塞式熔体三通阀的特点

双阀杆 H 型柱塞式熔体三通阀的详细结构有很多种,所以其结构特点也略有区别,但它们仍然有许多共同的突出优点,因而在聚酯生产装置中得到了广泛应用,主要特点如下。

1. 阀体的两个阀座可以同时开启或关闭

工况运行条件下,两个阀座可以是一个阀座处于开启状态,另一个阀座处于关闭状态,开启或关闭可以互换。在工艺要求的特定条件下也可以做到两个阀座同时开启,或两个阀座同时关闭,能够满足多种工艺要求。

2. 开启或关闭方便

每个阀座有一个独立的柱塞,并由一根阀杆、一个阀杆螺母和一个手轮驱动,两个柱塞的操作是完全独立的,互不干涉,灵活性好。

3. 柱塞轴向移动的同时可以旋转

双阀杆柱塞式熔体三通阀有两种结构,一种是在开关操作过程中,柱塞在轴向移动的同时绕自身轴线旋转一定角度,所以柱塞和填料密封圈之间的相对运动是复合型的,既有轴向运动也有圆周运动,密封件的摩擦磨损比较大。但是,这种结构的柱塞顶部有凸出段和斜面,其斜面与介质通道内壁平齐,介质流动阻力小。另一种是柱塞只做轴向移动,所以填料密封圈的摩擦磨损比较小。但是,柱塞顶部平面与介质通道内壁不一定完全吻合,介质流动阻力比较大。

4. 介质通道对熔体介质的流动阻力比较小

对于介质通道中心线垂直于柱塞轴线的结构,即直出管阀门,介质在通道内流动拐弯两个 90°;对于介质通道中心线与柱塞轴线成 45°夹角的结构,即斜出管阀门,介质在通道内流动拐弯一个 90°、一个 45°。通道直径变化很小,阀体的介质通道内壁平整光滑,柱塞顶部斜面与介质通道对接性好,没有死腔,熔体介质在阀体内不会产生滞留,但是流体阻力稍大于 Y 型三通阀。

5. 柱塞是水平安装的

手轮和驱动部分在阀门的侧面,对于手轮驱动的、安装位置比较高、需要到平台上操作阀门的情况，阀门的操作不是很方便。

6. 其他特点

其他特点与 3.1.3 节的第 3~第 8 项相同。

3.3 双阀杆 Y 型柱塞式熔体三通阀

所谓双阀杆 Y 型柱塞式熔体三通阀，即阀体主要部分的结构形状类似于大写的英文字母"Y"，两个柱塞的中心线呈"Y"型分布。在我国早期的聚酯装置中，用于高压熔体流向切换的三通阀有很多是这种形式。

3.3.1 双阀杆 Y 型柱塞式熔体三通阀的工作原理

双阀杆 Y 型柱塞式熔体三通阀的工作原理与双阀杆 H 型柱塞式熔体三通阀完全相同，只是阀体结构不同，柱塞分布位置不同，本节不再赘述。

3.3.2 双阀杆 Y 型柱塞式熔体三通阀的结构

与双阀杆 H 型柱塞式熔体三通阀的结构类似，双阀杆 Y 型柱塞式熔体三通阀有柱塞不旋转的，也有柱塞在轴向移动过程中绕自身轴线旋转一定角度的。

1. 柱塞不旋转双阀杆 Y 型柱塞式熔体三通阀

双阀杆 Y 型柱塞式熔体三通阀的排尽阀可以在阀体上，也可以在管道中。应用于反应器出口、熔体泵进口等低压工况的三通阀公称尺寸比较大，应用于熔体泵出口等高压工况的三通阀公称尺寸相对较小。有柱塞只轴向移动而不旋转的，也有柱塞在轴向移动的同时绕自身轴线旋转 180°的。

图 3-60 所示为公称尺寸 DN200-DN200-DN200-PN16 柱塞不旋转双阀杆 Y 型熔体三通阀。两个介质出口通道位于柱塞内侧并与柱塞轴线成 45°夹角，柱塞顶部平面与柱塞轴线倾斜一定角度，并凸出一段距离伸进阀座内，柱塞不旋转就可以满足阀体通道无死腔的配合要求。柱塞和阀座之间是金属对金属的硬密封。柱塞、阀杆螺母和导向板与开启位置指示连接为一个整体，在柱塞轴向移动过程中，导向板沿立柱滑动，使柱塞不旋转。柱塞顶部斜面短边靠近阀体对称中心线，长边靠外侧。柱塞内部掏空可以减轻重量，开启位置时阀杆伸入柱塞内腔。该三通阀的性能参数见表 3-14，柱塞材料为 05Cr17Ni4Cu4Nb，其余材料与图 3-2 所示三通阀基本相同。

表 3-14 公称尺寸 DN200-DN200-DN200-PN16 柱塞不旋转双阀杆 Y 型熔体三通阀性能参数

序号	项目	要求或参数
1	公称尺寸(外管)	2×DN200(250)-DN200(250)
2	内管公称压力(使用压力)	PN16(≤1.0MPa)
3	外管公称压力(使用压力)	PN16(≤1.0MPa)
4	进口内外管尺寸/mm	ϕ219.1×4.0-ϕ273.0×6.3
5	出口内外管尺寸/mm	2×ϕ219.1×4.0-ϕ273.0×6.3
6	内管设计温度(使用温度)/℃	330(295)

（续）

序号	项目	要求或参数
7	外管设计温度（使用温度）/℃	360（330）
8	内管介质	聚酯熔体
9	外管介质	液相热媒或气相热媒
10	阀门所在位置	熔体泵进口管线
11	阀门内腔表面粗糙度值 Ra/μm	3.2
12	介质流向	一进两出

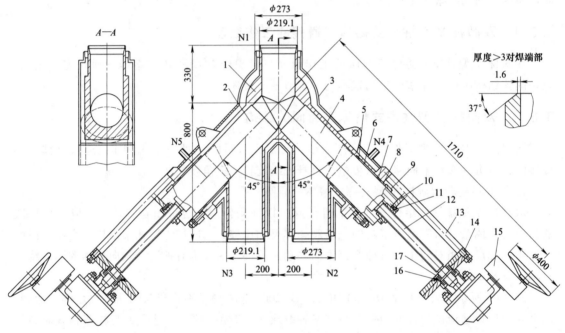

图 3-60　公称尺寸 DN200-DN200-DN200-PN16 柱塞不旋转双阀杆 Y 型熔体三通阀
1—阀体　2—左柱塞　3—伴温夹套　4—右柱塞　5—下填料密封圈　6—填料隔环
7—上填料密封圈　8—填料压套　9—填料压板　10—导向板与柱塞开启位置指示
11—阀杆螺母　12—阀杆　13—立柱　14—连接板　15—驱动装置　16—注油杯　17—推力轴承
N1—上介质通道　N2—右介质通道　N3—左介质通道　N4、N5—热媒进出口

　　工况运行过程中，开启和关闭操作过程与图 3-57 所示三通阀基本相同，不同的是介质通道 N2 和 N3 在主阀体下方，柱塞不旋转就可以使介质通道内腔平滑过渡，没有滞留物料的死腔。由于柱塞轴线与介质通道轴线成 45°夹角，因此柱塞的行程距离比 H 型熔体三通阀要长些，柱塞开关所需时间也长些。柱塞开启位置指示与柱塞一同移动，在支架的相应位置有刻线，分别对应柱塞的开启和关闭位置。

　　图 3-61 所示为公称尺寸 3×DN200-PN16 双阀杆 Y 型柱塞式熔体三通阀柱塞。头部凸出段 2 伸进阀体的阀座内，顶部斜面 1 在关闭位置和开启位置都能使内腔通道光滑过渡，没有滞留物料的死腔。90°锥面是柱塞与阀座之间的密封面。当柱塞处于开启状态时，阀杆伸进内腔 5 内，柱塞内螺纹与阀杆螺母相连接。

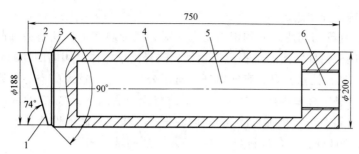

图 3-61　公称尺寸 3×DN200-PN16 双阀杆 Y 型柱塞式熔体三通阀柱塞
1—顶部斜面　2—头部凸出段　3—柱塞与阀座之间的密封面　4—柱塞填料密封段
5—阀杆伸进内腔　6—阀杆螺母安装螺纹孔

2. 柱塞旋转双阀杆 Y 型熔体三通阀

图 3-62 所示为公称尺寸 DN25～DN300-公称压力 PN25～PN320 柱塞旋转双阀杆 Y 型熔

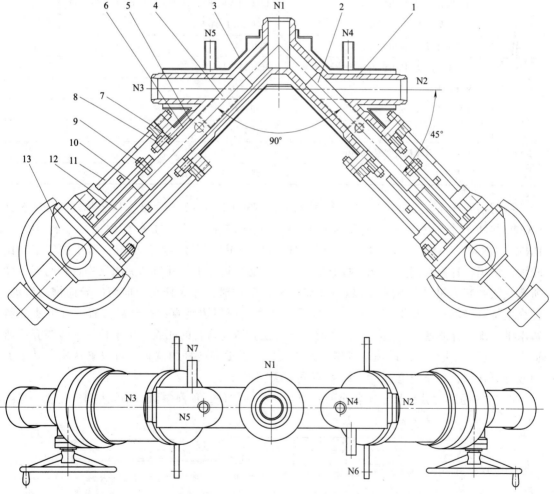

图 3-62　公称尺寸 DN25～DN300-公称压力 PN25～PN320 柱塞旋转双阀杆 Y 型熔体三通阀常用结构
1—阀体　2—右柱塞　3—伴温夹套　4—左柱塞　5—填料垫　6—填料密封圈　7—填料压套
8—填料压板　9—导向杆与柱塞开启位置指示　10—导向筒　11—支架　12—阀杆　13—驱动装置
N1—上介质通道　N2—右介质通道　N3—左介质通道　N4、N5、N6、N7—热媒进出口体三通阀常用结构。介质进出口通道 N1、N2 和 N3 与柱塞轴线成 45°夹角，两个柱塞轴线之间成 90°夹角，柱塞与阀座之间的密封是金属对金属的硬密封。柱塞头部凸出比较长的一段距离，这样阀座密封面距离通道拐弯处较远，这样高压流体对阀座的冲刷较轻。顶部斜面与柱塞轴线倾斜 45°，柱塞上安装有导向杆。对于公称尺寸比较大的空心柱塞，在开启位置时，阀杆的一部分进入柱塞内腔，柱塞顶部斜面与介质通道 N2 或 N3 的内腔平齐。在关闭位置时，柱塞顶部斜面与上介质通道 N1 的内腔平齐。该三通阀的性能参数见表 3-15，柱塞材料为 05Cr17Ni4Cu4Nb，其余材料与图 3-2 所示三通阀基本相同。

表 3-15　公称尺寸 DN25~DN300-公称压力 PN25~PN320 柱塞旋转双阀杆
Y 型熔体三通阀性能参数

序号	项目	要求或参数
1	公称尺寸	DN25、DN32、DN40、DN50、DN65、DN80、DN100、DN125、DN150、DN200、DN250、DN300
2	内管公称压力(使用压力)	PN25、PN40、PN63、PN100、PN160、PN250、PN320
3	外管公称压力(使用压力)	PN16(≤1.0MPa)
4	内管设计温度(使用温度)/℃	330(295)
5	外管设计温度(使用温度)/℃	360(330)
6	内管介质	聚酯熔体
7	外管介质	液相热媒或气相热媒
8	阀门所在位置	熔体管道
9	阀门内腔表面粗糙度值 $Ra/\mu m$	3.2
10	介质流向	两进一出或一进两出

所谓系列产品，是指从公称尺寸 DN25 到 DN300 共计 12 个规格、从公称压力 PN25 到 PN320 共计 7 个压力级，都是基本相同或相似的结构。对于柱塞直径比较小的 DN25、DN32、DN40、DN50、DN65 等，柱塞与阀杆可以采用一根材料加工而成；对于柱塞直径比较大的情况，柱塞与阀杆应分为两个零件。工况运行过程中，开启和关闭操作过程与图 3-60 所示三通阀基本相同。不同的是在柱塞轴向移动的同时，导向杆在导向筒的导向槽内滑动，使柱塞绕自身轴线旋转 180°。在关闭位置，柱塞头部斜边竖直；在开启位置，柱塞头部斜边水平，都与介质通道内壁平齐，介质通道内没有滞留物料的死腔。由于柱塞轴线与介质通道中心线成 45°夹角，所以柱塞行程距离要大些。根据导向杆的位置，可以确认柱塞处于关闭或开启状态，介质通道 N2 和 N3 可以同时关闭或开启。

图 3-63 所示为公称尺寸比较小的柱塞与阀杆一体件，顶部斜面与轴线呈 45°夹角，螺纹

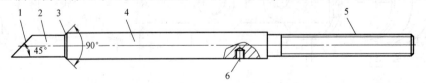

图 3-63　公称尺寸比较小的柱塞与阀杆一体件
1—顶部斜面　2—头部凸出段　3—柱塞与阀座之间的环形密封面　4—柱塞填料密封段
5—梯形螺纹　6—螺纹孔

孔 6 可以安装导向杆与柱塞开启位置指示，导向柱的一端固定在柱塞上，另一端在导向槽内滑动。图 3-64 所示为公称尺寸 3×DN65-PN40 双阀杆 Y 型柱塞式熔体三通阀带导向槽的柱塞与阀杆一体件。导向柱的一端固定在支架上，另一端在柱塞侧面上对称分布的两条导向槽内滑动，导向槽的长度是柱塞行程。图 3-65 所示为上述三通阀带导向槽的柱塞与阀杆一体件照片，可以直观地看到各部分外形，两条导向槽和梯形螺纹都清晰可见。

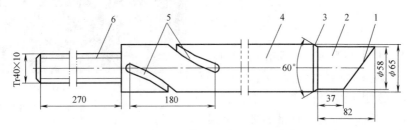

图 3-64　公称尺寸 3×DN65-PN40 双阀杆 Y 型柱塞式熔体三通阀带导向槽的柱塞与阀杆一体件
1—顶部斜面　2—头部凸出段　3—柱塞与阀座之间的环形密封面
4—填料密封段　5—对称分布的两条旋转导向槽　6—阀杆

图 3-65　公称尺寸 3×DN65-PN40 双阀杆 Y 型柱塞式
熔体三通阀带导向槽的柱塞与阀杆一体件照片

图 3-66 所示为公称尺寸 3×DN150-PN160 双阀杆 Y 型柱塞式熔体三通阀外形照片，是修复以后等待安装的状态，主体结构与图 3-62 基本类似。图 3-67 所示为公称尺寸 3×DN125-PN40 双阀杆 Y 型柱塞式熔体三通阀外形照片，是一台未使用的备用样机。图 3-68 所示为从装置中拆下来等待修复的公称尺寸 3×DN100-PN40 双阀杆 Y 型柱塞式熔体三通阀外形照片，切割过程中损伤了焊接部位。

图 3-66　公称尺寸 3×DN150-PN160 双阀杆 Y
型柱塞式熔体三通阀外形照片

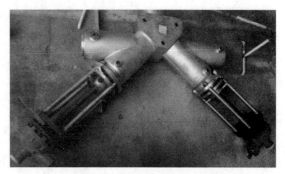

图 3-67　公称尺寸 3×DN125-PN40 双阀杆 Y 型柱
塞式熔体三通阀外形照片

3.3.3 双阀杆 Y 型柱塞式熔体三通阀的特点

双阀杆 Y 型柱塞式熔体三通阀的特点有些与 H 型熔体三通阀相同，不同之处主要有以下几点。

1. 适用于熔体介质

阀体介质通道平整光滑，介质在通道内流经两个 45°角，通道直径变化也很小，柱塞顶部斜面与阀体通道内腔对接性好，没有滞留熔体介质的死腔，对具有一定黏度的熔体介质的流动阻力小。

图 3-68　公称尺寸 3×DN100-PN40 双阀杆 Y 型柱塞式熔体三通阀外形照片

2. 柱塞行程长度比较大

柱塞轴线与介质通道中心线成 45°夹角，虽然介质进出口通道相距很近，但柱塞行程要大于相同条件的 H 型三通阀，从开启到关闭过程中，柱塞轴向移动的距离和所需时间都比较长，开关操作过程中对工艺流程的影响稍大些，满足快速换向工艺要求的能力也稍差些。

3. 操作比较方便

柱塞是倾斜向下安装的，手轮和驱动部分在阀门的最低位置，对于安装位置比较高的手轮驱动阀门，如果需要到平台上操作，则平台可以低一些或省略，操作阀门比较方便。

4. 其他特点

其他特点与 3.2.3 节的第 1、2、3、6 项相同。

3.4 柱塞式熔体三通阀的安装位置

在聚酯生产装置中，需要安装柱塞式熔体三通阀的位置比较多，例如，两台预聚物泵与输送管道之间、终缩聚反应器出口两台熔体泵与输送管道之间、两台熔体过滤器进口和出口、熔体输送管道与下游设备之间等都要安装熔体三通阀。位置不同，对三通阀的要求不同，所选用的三通阀结构也不同，用于互为备台的两台设备（如泵、过滤器等）切换，可以选用单阀杆三通阀；对于需要同时开启或关闭的工况点，则应选用双阀杆三通阀。

在聚酯生产装置中，为了将一条生产线的聚酯熔体同时送往两条纺丝线，同时使两台熔体输送齿轮泵互为备台，需要在终缩聚反应器出口熔体齿轮泵后配置两台双阀杆双柱塞熔体三通阀，以达到将聚酯熔体从两台齿轮泵出口汇聚到一条管道，然后又从一条管道分配至两条纺丝线熔体管道的目的。

双阀杆双柱塞熔体三通阀的最大工作特点是可以两两互为备用。具体表现在两个方面：第一是针对在熔体齿轮泵后的两进一出双阀杆双柱塞式熔体三通阀，在正常生产时，双柱塞均为开启状态，当一台齿轮泵发生故障时，需要关闭这一侧的柱塞阀，而另一侧打开着的柱塞阀，其通过熔体的流量立即增加至原来的两倍，即保持输出管道的熔体总流量不变；当发生故障的熔体齿轮泵恢复运行时，这一侧的熔体柱塞阀将重新开启，这时，通过另一侧阀座的熔体流量又自动降为原来的流量。第二是针对在纺丝线前的一进两出双阀杆双柱塞熔体三

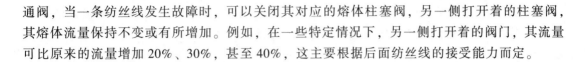

通阀，当一条纺丝线发生故障时，可以关闭其对应的熔体柱塞阀，另一侧打开着的柱塞阀，其熔体流量保持不变或有所增加。例如，在一些特定情况下，另一侧打开着的阀门，其流量可比原来的流量增加20%、30%，甚至40%，这主要根据后面纺丝线的接受能力而定。

3.5　拆卸、装配与安装注意要点

为了满足聚酯装置的生产要求，柱塞式熔体三通阀的检修工作有时候是在安装使用现场进行，有时候则是将阀门拆卸下来搬运到专业检修场所进行，但无论如何都涉及拆卸、装配与安装问题。

3.5.1　柱塞式熔体三通阀的拆卸

由于柱塞式熔体三通阀工作在高温（310~330℃）状态下，因此在拆卸前有两项工作是必须要做的：一是在工艺系统降温前要确认熔体是否已经排尽，尽管这项工作一般是由工艺操作人员完成的，但作为检修人员，对其给予特别的关心和检查是必要的；二是在确认熔体物料已全部排尽后，对可能需要拆卸的螺栓，在工艺降温过程中要进行热松弛，热松弛时需要戴耐高温防护手套，以免烫伤，且不可松弛过多，一般以1/2圈左右为宜。

在正式拆卸工作开始前，由于阀门本身一般仍有一定温度（此时拆卸比较容易，如果在冷透的状态下拆卸，由于残留的聚酯熔体会完全固化，将导致阀门难以拆卸），所以一定要再次检查熔体和热媒是否全部排尽。检查时，建议戴上面罩和耐高温防护手套，在得到允许后，才能开始拆卸工作。拆卸时，每做一步都必须小心翼翼，慢慢松动螺栓，以防阀门内腔管道里有残留熔体介质，残留物在特定条件下会发生汽化，如果拆卸工作操作过猛，会导致管道里汽化的气体夹带着残液喷射出来，进而引起烫伤事故。在生产实践中，这样的事故屡见不鲜，所以应当引起高度重视。

拆卸过程中严禁动火。如果需要拆卸焊接连接的柱塞阀，则一定要在用氮气对工艺管道进行吹扫置换后，才能进行诸如电弧气刨等切割作业。

3.5.2　柱塞式熔体三通阀的装配

柱塞式熔体三通阀的结构比较简单，零部件检修完成后，在使用现场与阀体装配过程中需要注意的要点比较少，主要是注意阀芯结构、柱塞顶部结构和柱塞套结构的影响。

1. 阀芯装配注意事项

对于采用月牙形阀芯介质通道的单阀杆三通熔体阀，如图3-15所示，阀体的介质进口段内腔直径大于阀芯直径，介质通过环形空间进入阀体内腔，阀芯是有一个月牙形缺口的圆柱体。当月牙形缺口对准阀体介质通道出口时，介质出口通道接通。当月牙形缺口不对准阀体介质通道出口时，介质出口通道将部分或全部被封住，从而使介质流量减少或不能流出。所以在检修现场装配时，一定要使月牙形缺口对准阀体介质通道出口，以保证介质通道畅通。

在这个问题上是有过教训的，例如，在某次检修过程中，由于解体和装配不是同一组操作人员，检修人员对阀门结构和工作原理也不够熟悉，在装配过程中把阀芯方向错位约180°。检修工作完成以后当日20时投料生产，到次日上午9时过滤器内的压力达到

13.0MPa，远大于正常生产时的 7.5MPa，同时过滤器出口的介质流量只有正常流量的 60% 左右，此时就怀疑熔体出料阀堵塞，有异物或阀芯方位装配不正确。解决这一问题的方法是在生产装置不停止生产的条件下降低工作压力，具体操作步骤如下：

1）停止过滤器前熔体泵运行并关闭泵前阀，打开过滤器进口熔体阀下方的排尽阀，使过滤器内的熔体介质尽可能排尽并处于常压状态。

2）把熔体阀的填料压紧螺栓松开，使填料密封圈处于松弛状态，取下非驱动侧保护架和驱动侧导向块及导向销等相关附属零件。

3）操作手轮，使阀芯在阀体内换向开关往返两个循环，此时填料密封圈没有轴向压紧力，阀芯与填料密封圈之间的摩擦力会大大减小。

4）用 M32 的内六角扳手，放入阀芯非驱动端的内六角圆柱头螺栓孔内，沿顺时针方向扳动内六角扳手带动阀芯旋转 180°，注意一定要与螺纹拧紧方向相同。

5）重新拧紧填料压盖螺栓、安装好非驱动侧保护架和驱动侧导向块及导向销等相关附属零部件。

6）观察过滤器进口熔体阀下方的排尽阀，排出过滤器内的残留熔体介质，然后关闭排尽阀。

7）打开泵前阀并开启过滤器前熔体泵，观察过滤器进出口压力表和流量计，其流量和压力都已经恢复正常，即过滤器熔体阀已恢复正常。

8）恢复熔体阀的其余零部件。

9）如果工艺允许的话，也可以抽出阀芯，看准方位后重新安装。

此次故障的发生和处理过程使检修人员印象深刻，在此后的检修装配操作过程中予以了特别注意，避免了类似事件的发生。

2. 柱塞装配注意事项

柱塞顶部形状是斜边或圆弧形的，也就是柱塞顶部各方位不同，如果柱塞的顶部方位不正确，则可能伸进介质通道内，影响介质流动或与其他零部件相互干涉，所以装配时一定要注意正确的方位。

3. 柱塞套装配注意事项

柱塞套的侧面有介质通道孔，在安装过程中，柱塞套的介质进口孔与阀体进口通道对准方位以后，由定位销确保柱塞套不会在阀体内旋转。

4. 检修装配前的注意事项

检修装配前要注意检查各零件的完好性，特别是柱塞外表面、柱塞和阀座之间密封面的完好性，如果柱塞外表面有划伤、拉毛等现象，一定要用适当的方式处理后进行打磨、抛光。对于公称尺寸比较大的阀门，还需检查阀体内腔对应部位是否有划伤、拉毛现象，如果有，则也要在处理后进行抛光。对于公称尺寸比较小的阀门，轻微划伤时，可以用抛光好的柱塞在阀体内腔中反复研磨，以达到柱塞与阀体配合自如、阀座密封的目的。

5. 润滑

对于阀杆梯形螺纹、填料压盖螺栓等处的螺纹部分，在装配时一定要涂以二硫化钼，以防螺纹在高温状态下造成"咬死"现象。

6. 清洁异物

检修装配前要认真检查阀体内腔、管道内是否清洁干净，特别是要检查是否有各种硬质异物，如熔体结焦残留物、设备检修作业过程中的焊渣、其他设备掉落的螺钉螺母及其他小金属零件等，以确保安装前阀体内没有任何杂质。

3.5.3　柱塞式熔体三通阀的现场安装

由于柱塞式熔体三通阀是有伴热夹套的，因此，对焊接连接的阀门，一般采用焊条电弧焊的方式焊接好内管，经探伤合格后，还需对内管进行气密性试验，试验符合要求后，才能焊接外管（俗称夹套）。夹套焊好后，除了需要对夹套进行气密性试验之外，还需要进行氦渗漏试验。也有采用唇焊密封环法兰或凹凸法兰连接的，对凹凸法兰连接的情况，除了需要装好垫片（一般是缠绕垫、金属垫或金属包覆垫）并连接好法兰螺栓之外，还应单独连接好对阀门夹套进行伴热的热媒管线（有时也称跨接管线）。所有管线、阀门连接好后，必须经气密性试验合格后方能投入使用。

鉴于聚酯熔体的熔融温度一般在 255℃ 左右，为防止在生产运行中，聚酯熔体在阀门管道中凝聚，对安装好以后的柱塞式熔体三通阀的外部保温就显得非常重要。切忌简单、粗化，或是空壳化。在许多情况下，阀门投用后运行不正常往往是由于保温不当所引起的。

在聚酯生产中，柱塞式熔体三通阀都是用于高温工况，其阀体内的工作温度一般为 275～290℃，热媒夹套内的工作温度一般为 280～330℃。为防止各部连接螺栓在高温下"咬死"，一般在安装时，都需要对螺栓的螺纹处涂以二硫化钼。而且在新阀安装或者经大修后的阀门安装投用首次，当工艺升温到一定温度时，还需先后对阀门各部的螺栓进行两次热把紧，以防系统升温后造成熔体或热媒介质泄漏。

3.6　常见故障及其处理方法

1. 开关转矩增大

用 F 扳手才能进行开关操作，其原因有三：一是高温熔体介质可能进入填料密封圈内，当温度下降以后，物料介质降解，使填料密封圈变硬，密封性能变差，导致开关操作转矩增大；二是由于柱塞与阀体内腔之间的间隙中卡入异物，导致柱塞侧面受力较大，进而使开关转矩增大甚至难以转动；三是阀杆与阀杆螺母之间的梯形螺纹摩擦阻力大，此时可以在梯形螺纹表面适当涂以润滑剂。

2. 不能进行开关操作

1）可能是由某处卡住引起的，如导向板、定位销断裂，阀杆梯形螺纹变形，阀杆螺母梯形螺纹变形或部分脱落，梯形螺纹配合面有污垢或异物，填料密封压得太紧，传动部分异常等。此时应逐一检查并有针对性地加以解决，如修复或重新加工零件并更换。

2）如果是停车检修期间，也可能是由于阀内腔中有熔体介质未排干净，温度上升到正常工况以后就可以操作了。

3）若转动手轮时柱塞不动，可能是由于阀杆螺母梯形螺纹大部分脱落，需要重新加工并更换阀杆螺母。也可能是其他部位连接脱落。

3. 阀座泄漏

1）可能是柱塞与阀座配合表面损伤，此时不能采用加大关闭力的方法，防止加深损坏程度，要根据泄漏程度确定是继续使用还是解体检修。

2）柱塞与阀座之间压住异物，如一个不锈钢螺钉，此时阀座关闭不严一直有泄漏，如果操作人员用辅助工具加大关闭操作力，阀座泄漏仍然很严重，并且会直接导致柱塞密封面和阀座密封面都严重损坏而不能继续使用，最好的办法是解体检修去除异物。

4. 柱塞铝制密封圈损坏

更换密封圈，加工新的密封圈时厚度宁可厚一点，绝不能比原来的厚度尺寸小，否则可能会出现"关不死"的现象，即柱塞行程不够。

5. 柱塞损伤

柱塞外表面拉伤、划痕。发生轻微损伤时，可以打磨、抛光；发生严重损伤时，应采取合适的热加工方法处理，或加工并更换新的零件。

6. 内腔表面结焦

内腔各表面结焦，包括柱塞外表面、阀座表面、流道表面、各零件表面，甚至会使介质流道过流能力明显降低，此时可以采用人工清除，如手持砂轮打磨等。

7. 传动部分损坏

传动部分包括阀杆、阀杆螺母、阀杆与手轮配合处、导向机构、定位机构等。传动部分损坏时，如果阀门能够继续使用，可以待检修期处理或更换新零件；如果不能继续使用，则要立即检查处理。

8. 填料密封圈泄漏

填料密封圈轻微泄漏时，可以适当拧紧压盖螺栓，如果需要，可添加适当圈数的填料密封圈；严重泄漏时，可以更换数圈或全部填料密封圈。

第4章 柱塞式熔体多通阀

熔体多通阀是介质从一个通道进入阀体内腔，从多个通道流出的一类阀门，主要包括四通阀（即一进三出）、五通阀（即一进四出）、六通阀（即一进五出）和七通阀（即一进六出）等。这类阀主要应用于熔体介质的分流或换向，很少用于其他场合，是聚酯生产装置中的关建设备，一般安装在主工艺流程的后半段，从终缩聚反应器流出的熔体经过高压熔体泵和过滤器后进入多通阀，从多通阀的多个出口进入分流管道，从而使熔体介质流向不同的下游加工设备，如造粒设备或纺丝设备。根据下游设备的需要，可以同时接通多个出口，也可以接通其中一个或几个出口，所以也称之为分流换向多通阀。熔体多通阀的关闭件采用阀瓣的比较少，大部分是柱塞式的。一般情况下，柱塞顶部为平头结构的，柱塞仅做轴向移动，不做旋转运动；柱塞头部是斜面或弧面结构的，柱塞在轴向移动过程中绕自身轴线做180°或90°旋转运动。柱塞绕自身轴线旋转的结构有两种：其一是柱塞侧面有绕轴线180°或90°的导向槽，导向槽的轴向长度是柱塞的开启高度，在支架上固定有导向柱，开启或关闭过程中，导向柱在导向槽内滑动，驱使柱塞旋转。其二是柱塞侧面固定有导向柱，柱塞外围有带导向槽的导向筒，开启或关闭过程中，导向柱在导向槽内滑动，驱使柱塞旋转。考虑高温高压聚酯熔体的特殊性，阀体端部与管道连接一般采用焊接连接，采用法兰连接的比较少，当采用法兰连接时，在两个法兰之间有焊唇密封环。多通阀的单个阀座结构与三通阀的单个阀座结构类似。

4.1 柱塞式熔体多通阀的工作原理

熔体多通阀的结构类型比较多，下面以一进四出 H 型五通阀为例介绍其工作原理。

图 4-1 所示为柱塞式熔体多通阀工作原理示意图，在驱动机构（手轮或其他驱动方式）作用下，柱塞在阀体内轴向移动一定距离，关闭或开启介质通道。上侧柱塞 5、左侧柱塞 6、下侧柱塞 7 和右侧柱塞 8 是相互独立的，开启或关闭操作互不干涉，四个柱塞可以同时关闭，也可以其中一个或几个柱塞关闭而其余柱塞开启。图 4-1a 所示为柱塞关闭状态，在这种状态下，介质出口通道与进口通道 N1 关闭，熔体介质不能排出阀体外。向相反方向操作驱动机构，柱塞与阀座密封面分离，如图 4-1b 所示。在这种状态下，介质出口通道与进口通道 N1 接通，熔体介质可以排出阀体外。

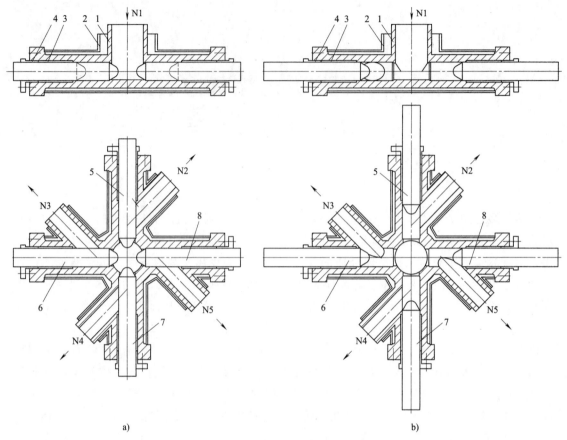

图 4-1　柱塞式熔体多通阀工作原理示意图

a）介质出口通道关闭　b）介质出口通道开启

1—阀体　2—伴温夹套　3—填料密封圈　4—填料压盖　5—上侧柱塞　6—左侧柱塞　7—下侧柱塞　8—右侧柱塞

N1—介质进口通道　N2—上介质出口通道　N3—左介质出口通道　N4—下介质出口通道　N5—右介质出口通道

4.2　柱塞式熔体四通阀的结构

柱塞式熔体四通阀有一个介质进口通道和三个介质出口通道。为了适用于不同的工况条件，三个出口通道的公称尺寸可以相同，也可以不同。三个出口通道的柱塞结构、阀座结构及密封形式、填料密封结构及材料、传动部分、驱动部分等可以不同，也可以相同。主体结构有 H 型和 Y 型柱塞式熔体四通阀之分。

4.2.1　H 型柱塞式截断型熔体四通阀

图 4-2 所示为公称尺寸 DN100-DN100-DN100-DN80-PN320 H 型柱塞式截断型熔体四通阀。三个柱塞的轴线在同一个平面内，其中两个柱塞的轴线在一条直线上，另一个柱塞的轴线与之垂直，即三个柱塞呈 "T" 形分布。每台阀门有一个介质进口通道，每个柱塞对应一个介质出口通道。介质进出口通道中心线与相应柱塞轴线相互垂直，柱塞上行时阀座开启、下行时阀座关闭。柱塞与阀座之间是金属对金属的硬密封面，质地比较硬，耐摩擦磨损、耐

擦伤、耐冲刷，能够承受比较大的密封正压力，容易保证长期有效密封，适用于高温高压工况条件下开关操作比较频繁的场合。阀杆螺母固定在柱塞端部，柱塞开启过程中阀杆伸入柱塞内腔，整机外形尺寸比较小，所需要的安装空间也比较小。其性能参数见表4-1，主要零部件，如阀体、柱塞、伴温夹套的材料是06Cr18Ni11Ti，填料密封圈是编织填料+石墨环。

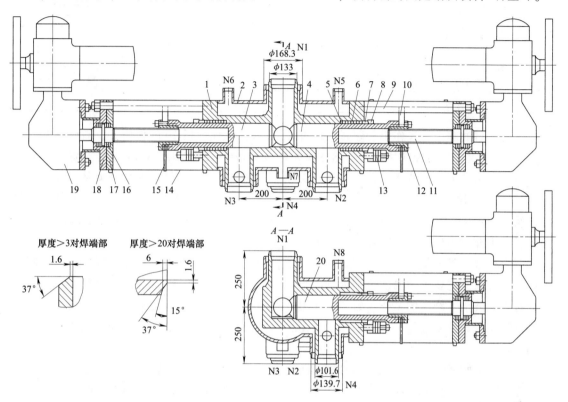

图4-2　公称尺寸 DN100-DN100-DN100-DN80-PN320 H 型柱塞式截断型熔体四通阀
1—阀体　2—伴温夹套　3—左侧柱塞　4—右侧柱塞　5—填料垫　6—填料密封圈　7—填料压套
8—填料压板　9—立柱　10—导向板　11—阀杆　12—阀杆螺母　13—碟形弹簧　14—刻度板
15—柱塞开启位置指针　16—推力轴承　17—轴承座　18—连接盘　19—驱动装置　20—后侧柱塞
N1—上介质进口通道　N2—右介质出口通道　N3—左介质出口通道　N4—后介质出口通道
N5、N6、N7、N8—伴温介质进出口通道

表4-1　公称尺寸 DN100-DN100-DN100-DN80-PN320 H 型柱塞
式截断型熔体四通阀性能参数

序号	项目	要求或参数
1	阀门公称尺寸(外管)	3×DN100(150)-DN80(125)
2	内管公称压力(使用压力)	PN320(≤20.0MPa)
3	外管公称压力(使用压力)	PN16(≤1.0MPa)
4	内管试验压力(阀座试验压力)/MPa	48.0(35.0)
5	外管试验压力/MPa	1.6
6	进口内、外管尺寸/mm	$\phi133×14.2$-$\phi168.3×3.2$
7	出口内、外管尺寸/mm	$2×\phi133×14.2$-$\phi168.3×3.2$，$\phi101.6×11$-$\phi139.7×3.2$

（续）

序号	项目	要求或参数
8	内管设计温度（使用温度）/℃	330（≤290）
9	外管设计温度（使用温度）/℃	360（≤330）
10	内管介质	聚酯熔体
11	外管介质	液相热媒或气相热媒
12	阀门所在位置	聚酯熔体管道
13	阀门内腔表面粗糙度值 $Ra/\mu m$	3.2
14	介质流向	一进三出

工况运行过程中，操作驱动装置使阀杆 11 旋转，在导向板 10 的作用下，右侧柱塞 4 与阀杆螺母 12 组合件做轴向移动。根据柱塞开启位置指针 15 在刻度板 14 上的位置，可以确认柱塞处于关闭或开启状态。在左侧阀座关闭、右侧和后侧阀座开启时，介质从上介质进口通道 N1 进入阀体内腔，从右介质出口通道 N2、后介质出口通道 N4 排出。三个出口通道的公称尺寸 DN100-DN100-DN80 是根据生产能力确定的。根据生产工艺要求确定阀座开启或关闭，三个介质出口可以同时开启或关闭。

三个柱塞布局紧凑，伴温夹套是一个整体，容易保证伴温热媒通畅没有滞留区，使阀体内熔体保持在工艺要求的温度范围内。碟形弹簧 13 可以保持填料密封件的压紧力基本稳定，不会有太大波动。阀门的工作压力和工作温度都很高，阀体 1 采用整体锻造或铸造加工，零件刚性好、受力稳定性好，不容易产生变形，对保证阀门的整机密封性能和使用寿命都是有利的。

公称尺寸比较大的柱塞式熔体多通阀的柱塞直径比较大，柱塞上半部分是空心的。图 4-3 所示为公称尺寸 DN100-DN100-DN100-DN80-PN320 截断型熔体四通阀柱塞组合件，柱塞 5 和阀杆螺母 4 通过螺栓 2 连接，两者之间传递的轴向推力由端面承载，传递的拉力由连接螺栓承载，导向板 3 夹在柱塞和阀杆螺母之间，柱塞开启位置指示板 10 与导向板 3 固定在一起，即柱塞 5、阀杆螺母 4、导向板 3 和柱塞开启位置指示板 10 四个零件连接成一个整体。阀杆 1 是轴向固定的，只能旋转，不能轴向运动，当阀杆 1 旋转时，柱塞轴向运动，实现开启和关闭。90°圆锥面是柱塞与阀座接触密封面。

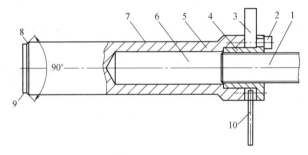

图 4-3　公称尺寸 DN100-DN100-DN100-DN80-PN320 截断型
熔体四通阀柱塞组合件
1—阀杆　2—螺栓　3—导向板　4—阀杆螺母　5—柱塞　6—阀杆伸进柱塞的内腔
7—柱塞填料密封段　8—柱塞与阀座之间的密封面　9—柱塞头部　10—柱塞开启位置指示板

图 4-4 所示为公称尺寸 DN100-DN100-DN100-DN80-PN320 截断型熔体四通阀柱塞组合件照片。导向板、柱塞开启位置指示板、阀杆和阀杆螺母与柱塞装配在一起，阀杆螺母连接在柱塞的端部内腔中，照片中只能看到导向板、阀杆和柱塞。

图 4-4　公称尺寸 DN100-DN100-DN100-DN80-
PN320 截断型熔体四通阀柱塞组合件照片

4.2.2　H 型柱塞式调节型熔体四通阀

柱塞式调节型熔体四通阀有一个介质进口和三个介质出口，即一进三出。一般情况下，柱塞仅做轴向移动，不做旋转运动。为了适用于不同的工况条件，三个出口的公称尺寸可以相同，也可以不同；三个柱塞可以都是调节型的，也可以其中一个或两个是调节型的。调节型柱塞具有调节和截断双重功能，柱塞头部是调节功能段，与其相邻的是截断功能段，与截断型柱塞不同的是，调节型柱塞的轴向行程比较大。与柱塞相匹配的阀座结构及密封形式、填料密封件结构及材料等可以不同，传动部分、驱动部分可以不同，只要满足生产工艺要求就是可行的。

图 4-5 所示为公称尺寸 DN100-DN80-DN80-DN50-PN320 H 型柱塞式调节型熔体四通阀。

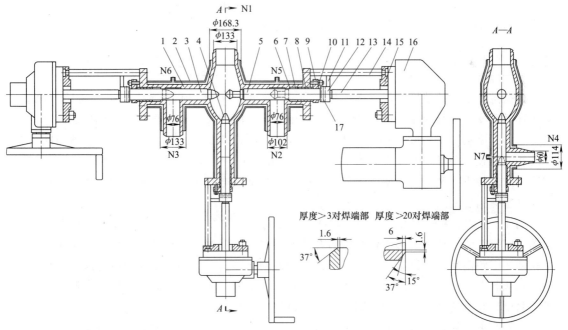

图 4-5　公称尺寸 DN100-DN80-DN80-DN50-PN320 H 型柱塞式调节型熔体四通阀
1—阀体　2—伴温夹套　3—左侧柱塞　4—下侧柱塞　5—右侧柱塞　6—填料垫　7—填料密封圈
8—填料压套　9—填料压板　10—碟形弹簧　11—导向板与柱塞位置指示　12—连接套
13—阀杆　14—立柱　15—连接盘　16—驱动装置　17—销轴
N1—上介质进口通道　N2—右介质出口通道　N3—左介质出口通道　N4—下介质出口通道
N5、N6、N7—伴温介质进出口通道

三个柱塞在同一个平面内头部相对呈"T"形分布，都处于关闭位置。两个柱塞具有节流和截断双重功能，另一个柱塞具有调节和截断双重功能。每台阀门有一个公称尺寸为DN100的介质进口通道，三个介质出口通道的公称尺寸分别是DN80、DN80和DN50。分路阀在工况运行过程中三个出口同时开启，所以介质进口通道公称尺寸大于出口通道公称尺寸。介质出口通道中心线与柱塞轴线相互垂直。柱塞与阀座之间是金属硬密封面，质地比较硬，能够承受比较大的正压力，容易保证长期有效密封，适用于高温高压工况条件。其性能参数见表4-2，主要零部件材料与图4-2所示阀门类似。

表4-2 公称尺寸 DN100-DN80-DN80-DN50-PN320 H型柱塞式调节型熔体四通阀性能参数

序号	项目	要求或参数
1	阀门公称尺寸(外管)	进口 DN100，出口 2×DN80-DN50
2	内管公称压力(使用压力)	PN320(≤20.0MPa)
3	外管公称压力(使用压力)	PN16(≤1.0MPa)
4	内管试验压力(阀座试验压力)/MPa	48.0(35.0)
5	外管试验压力/MPa	1.6
6	进口内、外管尺寸/mm	$\phi133×14.2$-$\phi168.3×3.2$
7	出口内、外管尺寸/mm	$2×\phi102×12$-$\phi133×3.0$，$\phi60×7.5$-$\phi114×2.5$
8	内管设计温度(使用温度)/℃	330(≤290)
9	外管设计温度(使用温度)/℃	360(≤330)
10	内管介质	聚酯熔体
11	外管介质	液相或气相热媒
12	阀门所在位置	聚酯熔体管道
13	阀门内腔表面粗糙度值 Ra/μm	3.2
14	介质流向	一进三出

根据生产装置的使用要求，熔体柱塞阀有截断型、节流型和调节型之分。所谓节流型，就是通过改变柱塞与阀座之间的相对位置，来改变阀座的过流截面积，粗略地控制阀座的过流能力，其驱动方式一般是手轮驱动或齿轮驱动。所谓调节型，就是通过改变柱塞与阀座之间的相对位置，精确地按某种特性（如等百分比特性、对数特性、抛物线特性）要求控制阀座的过流能力，调节型柱塞阀大部分采用气缸驱动或电动机驱动。所谓截断型，就是通过改变柱塞与阀座之间的相对位置，来开启或关闭介质通道。

图4-5中的右侧柱塞5具有调节和截断双重功能，操作右侧驱动装置使右侧柱塞5轴向移动一定距离，当柱塞与阀座接触以后介质通道关闭。反方向移动柱塞，使柱塞与阀座分离并移动一定距离后通道开启，如果柱塞进一步做轴向移动，其调节功能段将与阀座配合进入调节功能状态，按照生产工艺要求改变柱塞的轴向位置，便可以按某种特性要求调节出口流量。如果柱塞继续做轴向移动，则此介质通道进入全开状态。

左侧和下侧柱塞具有节流和截断双重功能，操作驱动装置使柱塞与阀座分离，介质通道开启，在最初一段行程内，锥形柱塞头部可以节流出口流量；柱塞继续轴向移动，介质通道全开。介质从上介质进口通道 N1 进入阀体内，经过阀座后分别从介质出口通道 N2、N3、N4 排出。根据生产工艺要求，三个介质出口可以分别开启或关闭、调节或节流。根据柱塞位置指示 11 在立柱 14 上的刻线位置，可以知道柱塞的工作状态。

图 4-6 所示为公称尺寸 DN100-DN80-DN80-DN50-PN320 调节型熔体四通阀阀体，三个柱塞布局紧凑，伴温夹套是一个整体，夹套进出口 N5、N6 和 N7 布局合理、热媒介质流通性好，阀体内的熔体保持在工艺要求的温度范围内。介质进口公称尺寸 DN100 是不缩径的，内径是 $\phi100mm$；三个介质出口公称尺寸 DN80、DN80、DN50 都是缩径的，DN80 的阀座直径是 $\phi50.5mm$，DN50 的阀座直径是 $\phi42.5mm$，对于公称压力 PN320 的高压阀门缩径是合理的。但是一般缩径是缩一档，即 DN80 缩到 DN65，阀座直径缩到 $\phi50.5mm$ 的比较少。阀座 90°锥形密封面宽度一般比较窄。三个介质出口通道与三个柱塞所在的平面垂直，方便介质出口与管道焊接操作。

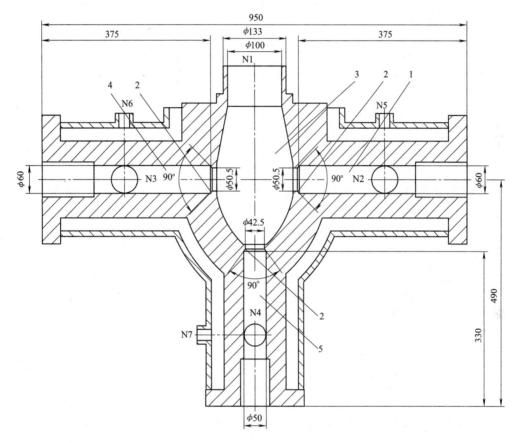

图 4-6　公称尺寸 DN100-DN80-DN80-DN50-PN320 调节型熔体四通阀阀体

1—调节型柱塞安装孔　2—阀体与柱塞之间的密封面　3—介质进口容腔　4—DN80 节流型柱塞安装孔
5—DN50 节流型柱塞安装孔

N1—上介质进口　N2—右介质出口　N3—左介质出口　N4—下介质出口　N5、N6、N7—夹套进出口

图 4-7 所示为公称尺寸 DN80 调节型柱塞，最前端部分是调节型阀芯 1，紧接其后的是过流段，利用电动或气动驱动机构轴向移动柱塞比较精确地控制阀座流量。柱塞 90°锥形密封面比较宽，一般为 4~6mm，与阀座配合有较大余量。销孔 5 用于安装防转销轴；连接凸肩 6 用于承载阀杆拉力。阀杆螺母在驱动装置内旋装，柱塞、导向板、连接套、销轴和阀杆连接为一个整体轴向移动，实现调节或开关过程。图 4-8 所示为公称尺寸 DN80 节流型柱

塞，最前端是节流部分，是手轮驱动柱塞轴向移动粗略地控制阀座流量。除柱塞头部外，其余部分与图 4-7 类似。图 4-9 所示为公称尺寸 DN50 节流型柱塞，其与图 4-8 所示结构类似，但尺寸大小不同。图 4-10 所示为三个柱塞照片，柱塞上套有填料压套，柱塞大部分外表面都黏结有熔体结焦物，结焦物对柱塞与阀座之间的密封、柱塞与填料之间的密封影响都很大。图 4-11 所示为 DN80 节流型柱塞照片，柱塞表面的结焦物已经清除干净。图 4-12 所示为节流型柱塞头部照片，标记出的密封面小点部位有轻微损伤。

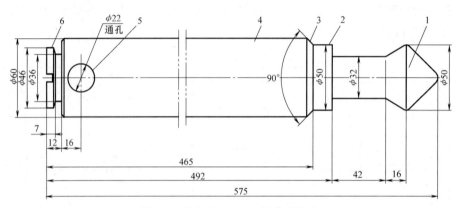

图 4-7　公称尺寸 DN80 调节型柱塞

1—调节型阀芯　2—导向段　3—柱塞与阀座之间的密封面　4—填料密封面　5—销孔　6—连接凸肩

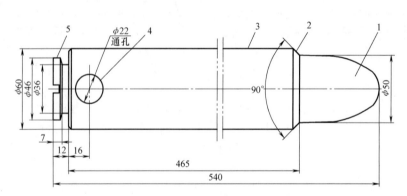

图 4-8　公称尺寸 DN80 节流型柱塞

1—节流型阀芯　2—柱塞与阀座之间的密封面　3—柱塞体　4—销孔　5—连接凸肩

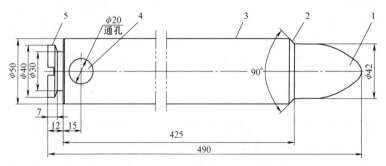

图 4-9　公称尺寸 DN50 节流型柱塞

1—节流型阀芯　2—柱塞与阀座之间的密封面　3—柱塞体　4—销孔　5—连接凸肩

图 4-10 公称尺寸 DN100-DN80-DN80-DN50-PN320 调节型熔体四通阀三个柱塞照片（粘有结焦物）

图 4-11 公称尺寸 DN100-DN80-DN80-DN50-PN320 调节型熔体四通阀 DN80 节流型柱塞照片（修整后）

图 4-12 公称尺寸 DN100-DN80-DN80-DN50-PN320 调节型熔体四通阀节流型柱塞头部照片

4.2.3 Y 型柱塞式熔体四通阀

图 4-13 所示为公称尺寸 DN25～DN300-公称压力 PN25～PN320 Y 型柱塞式熔体四通阀常用结构。柱塞成 90°夹角分布，当阀门主要功能是分路时，进口通道公称尺寸大于出口通道；当阀门主要功能是换向时，进口通道公称尺寸与出口通道相同。柱塞与阀座之间是具有截断功能的金属硬密封，质地比较硬，能够承受比较大的正压力，容易保证长期有效密封，适用于高温高压工况。每个分路的结构与第 3 章的图 3-62 类似。该四通阀的性能参数见表 4-3，主要零部件阀体和伴温夹套的材料是 06Cr19Ni10，柱塞材料是 05Cr17Ni4Cu4Nb，填料密封圈是组合材料。

表 4-3 公称尺寸 DN25～DN300-公称压力 PN25～PN320 Y 型柱塞式熔体四通阀性能参数

序号	项目	要求或参数
1	阀门公称尺寸	DN25、DN32、DN40、DN50、DN65、DN80、DN100、DN125、DN150、DN200、DN250、DN300
2	内管公称压力（使用压力）	PN25、PN40、PN63、PN100、PN160、PN250、PN320
3	外管公称压力（使用压力）	PN16（≤1.0MPa）
4	内管设计温度（使用温度）/℃	330（295）
5	外管设计温度（使用温度）/℃	360（330）
6	内管介质	聚酯熔体
7	外管介质	液相或气相热媒
8	阀门所在位置	熔体管道
9	阀门内腔表面粗糙度值 $Ra/\mu m$	3.2
10	介质流向	一进三出

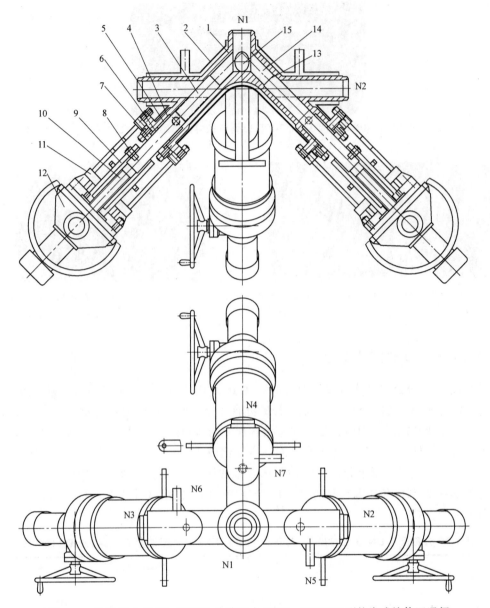

图 4-13 公称尺寸 DN25～DN300-公称压力 PN25～PN320 Y 型柱塞式熔体四通阀

1—阀体 2—伴温夹套 3—左侧柱塞 4—填料垫 5—填料密封圈 6—填料压套 7—填料压板 8—导向杆
9—导向筒 10—阀杆 11—支架 12—驱动装置 13—柱塞与阀体之间的密封面 14—右侧柱塞 15—后侧柱塞
N1—上介质进口 N2—右介质出口 N3—左介质出口 N4—后介质出口 N5、N6、N7—伴温介质进出口

目前，熔体柱塞阀已形成系列产品。JB/T 12954—2016《多通柱塞阀》给出了系列产品，常用公称尺寸 DN25～DN300 共计 12 个规格、公称压力 PN25～PN320 共计 7 个压力级都是基本类似的结构。对于柱塞直径比较小的 DN25、DN32、DN40、DN50、DN65 等，柱塞与阀杆可以采用一根材料加工而成；对于公称尺寸比较大的，柱塞与阀杆应分为两个零件。工况运行过程中，每个柱塞的开启和关闭操作过程与图 3-62 所示阀门基本相同，所不同的是多了一个柱塞通道。根据驱动装置操作力大小、生产工艺要求的操作特性及频次、安装位

置及空间要求，驱动方式可以是手动、气缸或电动装置驱动。

4.3　柱塞式熔体五通阀的结构

从柱塞的分布形式看，柱塞式熔体五通分路阀分为 H 型和 Y 型两种类型；从其在生产装置中的使用功能看，大部分是截断式的，也可以具有调节功能。柱塞式熔体五通分路阀有一个介质进口和四个介质出口，即为一进四出阀门。详细结构有很多种，下面分别介绍几种典型结构。

4.3.1　H 型柱塞式熔体五通阀

图 4-14 所示为公称尺寸 DN200-DN125×4-PN400 H 型柱塞式熔体五通阀，图中四个柱塞都处于关闭位置。介质进口通道与水平面垂直，四个介质出口通道中心线与柱塞轴线成 45°夹角并在同一个水平面内均布，介质在通道内流动没有急转弯，过流截面积没有太大变化，没有滞留物料的死腔，流动阻力比较小。柱塞头部呈圆锥形，可以减少高压介质湍流、振动等现象，流动比较平稳，柱塞仅做轴向移动没有旋转运动。每台阀门有一个公称尺寸 DN200

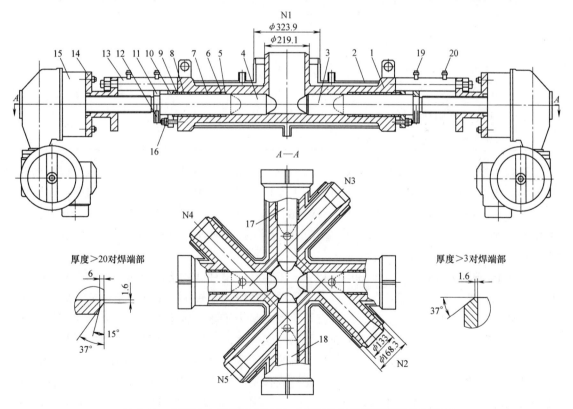

图 4-14　公称尺寸 DN200-DN125×4-PN400 H 型柱塞式熔体五通阀

1—阀体　2—伴温夹套　3—右侧柱塞　4—左侧柱塞　5—填料垫　6—下填料密封圈　7—填料隔环　8—上填料密封圈
9—填料压套　10—填料压板　11—防转板　12—柱塞位置指示杆　13—支架　14—连接盘　15—驱动装置
16—碟形弹簧　17—后侧柱塞　18—前侧柱塞　19—柱塞关闭位置指示器　20—柱塞开启位置指示器
N1—上介质进口　N2—右介质出口　N3—后介质出口　N4—左介质出口　N5—前介质出口

的介质进口,四个公称尺寸 DN125 的介质出口,介质进口公称尺寸远远大于出口,阀门的主要功能是分流,即可以同时接通四个出口。该五通阀的性能参数见表 4-4,主要零部件阀体、伴温夹套材料是 022Cr19Ni10,柱塞材料是 05Cr17Ni4Cu4Nb,下填料密封材料是填充对位聚苯,上填料密封材料是石墨环。

表 4-4　公称尺寸 DN200-DN125×4-PN400 H 型柱塞式熔体五通阀性能参数

序号	项目	要求或参数
1	阀门公称尺寸(外管)	DN200(300)-4×DN125(150)
2	内管公称压力(使用压力)	PN400(≤25MPa)
3	外管公称压力(使用压力)	PN16(≤1.0MPa)
4	内管试验压力(阀座试验压力)/MPa	60.0(44.0)
5	外管试验压力/MPa	1.6
6	进口内、外管尺寸/mm	ϕ219.1×22.2-ϕ323.9×6.3
7	出口内、外管尺寸/mm	4×ϕ133.0×14.0-ϕ168.3×3.6
8	内管设计温度(使用温度)/℃	330(290)
9	外管设计温度(使用温度)/℃	360(330)
10	内管介质	聚酯熔体
11	外管介质	液相或气相热媒
12	阀门所在位置	聚酯熔体管道
13	阀门内腔表面粗糙度值 Ra/μm	3.2
14	介质流向	一进四出

根据生产工艺要求,操作驱动装置可以使四个介质出口同时开启或关闭,也可以有些开启有些关闭。阀体夹套不同部位的进出口可以使伴温介质合理流通,阀体内的熔体介质保持在工艺要求的温度范围内。当防转板 11 接触到支架立柱上的柱塞关闭位置指示器 19 时,控制中心"关"指示灯点亮;接触到柱塞开启位置指示器 20 时,控制中心"开"指示灯点亮,从而实现远程监控阀门工作状态。

图 4-15 所示为公称尺寸 DN200-DN125×4-PN400 H 型柱塞式熔体五通阀柱塞,柱塞和阀杆是一体结构件,柱塞头部呈圆锥形,对熔体的流动阻力比较小,中部的定位销安装孔 4 用于安装防转板与柱塞位置指示杆。阀杆直径比较大是为了防止熔体结焦后造成弯曲。柱塞和阀杆也可以是分体式结构,环形圆锥面是柱塞与阀座之间的密封面,表面堆焊层材料是耐摩擦磨损合金。柱塞与阀座之间的密封是金属硬密封,材料硬度比较高,弹性比较低。因此,要求柱塞在关闭过程中与阀座对中性好,要达到柱塞密封带与阀座合理接触的效果,柱塞轴线与阀座轴线要基本重合。图 4-16 所示为柱塞式熔体五通阀的两组柱塞、填料隔环、填料压套、填料压板、阀杆等组合件照片,每台阀门有四根柱塞结构相同,柱塞表面的黑色物是残留的熔体结焦物,黏结在金属表面很牢固。图 4-17 所示为柱塞式熔体五通阀的柱塞、阀杆与防转板组合件照片,柱塞表面修整得很光洁。图 4-18 所示为熔体五通阀的支架、连接盘、阀杆与柱塞组合件照片,四个柱塞组合体结构相同。

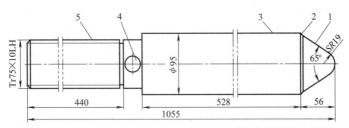

图 4-15 公称尺寸 DN200-DN125×4-PN400 H 型柱塞式熔体五通阀柱塞

1—柱塞头部 2—柱塞与阀座之间的密封环面 3—填料密封面 4—定位销安装孔 5—阀杆梯形螺纹

图 4-16 公称尺寸 DN200-DN125×4-PN400
H 型柱塞式熔体五通阀的两组柱塞、
填料隔环等组合件照片

图 4-17 公称尺寸 DN200-DN125×4-PN400
H 型柱塞式熔体五通阀的柱塞、
阀杆与防转板组合件照片

图 4-19 所示为聚酯装置中使用的公称尺寸 DN200-DN125×4-PN400 H 型柱塞式熔体五通阀的另一种柱塞结构,柱塞头部伸进阀座段是球形的。对于具有开启和关闭两种工作状态的阀门来说,柱塞头部是球形或锥形的使用效果没有明显区别。当用于节流或调节目的时,两者的节流或调节特性不同,所以球形头部柱塞比较少。图 4-20 所示为 DN200-DN125×4-PN400 H 型柱塞式熔体五通阀的填料压套,其轴向长度比较小,以使上填料密封圈尽可能靠近填料函口部,并适当控制填料函的深度。图 4-21 所示为 DN200-DN125×4-PN400 H 型柱塞式熔体五通阀的填料隔环,其轴向长度比普通填料隔环大得多,使下填料密封圈和上填料密封圈之间的距离很大,这样可以使柱塞在轴向移动过程中有一定程度的导向作用,两组填料密封圈之间的距离越大,其导向效果就越好,可以使柱塞轴线与阀座轴线之间的偏移、歪斜程度尽可能小。这样,不但可以更好地保证柱塞与阀座之间的密封性能,同时又可以降低柱塞与阀座接触瞬间的撞击程度,进而延长密封面的有效使用周期。图 4-22 所示为 DN200-

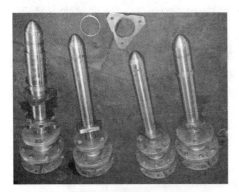

图 4-18 公称尺寸 DN200-DN125×4-PN400
H 型柱塞式熔体五通阀的支架、连接盘、
阀杆与柱塞组合件照片

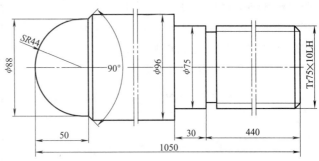

图 4-19 公称尺寸 DN200-DN125×4-PN400 H 型
柱塞式熔体五通阀的球形柱塞

DN125×4-PN400 H 型柱塞式熔体五通阀的防转板，右侧两个 *R*30mm 圆弧与支架配合，M24 螺纹孔用于安装柱塞位置指示杆，同时可以使防转板与柱塞连接定位。图 4-23 所示为 DN200-DN125×4-PN400 H 型柱塞式熔体五通阀的填料压板，由于柱塞直径比较大，压紧填料截面积大，为了保证密封性能可靠，填料压板用三个 M16 螺栓压紧，同时也能够更好地控制填料压板与填料密封圈截面之间的平行度。

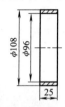

图 4-20　公称尺寸 DN200-DN125×4-PN400
H 型柱塞式熔体五通阀的填料压套

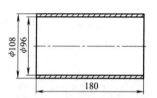

图 4-21　公称尺寸 DN200-DN125×4-PN400
H 型柱塞式熔体五通阀的填料隔环

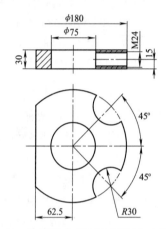

图 4-22　公称尺寸 DN200-DN125×4-PN400
H 型柱塞式熔体五通阀的防转板

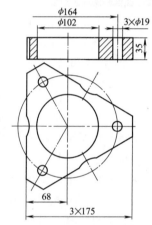

图 4-23　公称尺寸 DN200-DN125×4-PN400
H 型柱塞式熔体五通阀的填料压板

4.3.2　Y 型柱塞式熔体五通阀

图 4-24 所示为公称尺寸 DN25～DN300-公称压力 PN25～PN320 Y 型柱塞式熔体五通阀。四个柱塞轴线相互之间成 90°夹角，四个阀座均具有各自独立的密封截断功能。每个分路的结构和主要零部件材料与图 4-13 所示阀门类似，柱塞结构及其他主要零件结构也类似。常用公称尺寸从 DN25 到 DN300 结构不完全相同，公称压力从 PN25 到 PN320 结构也不完全相同。该五通阀的性能参数见表 4-5。

表 4-5　公称尺寸 DN25～DN300-公称压力 PN25～PN320 Y 型柱塞式熔体五通阀性能参数

序号	项目	要求或参数
1	公称尺寸	DN25、DN32、DN40、DN50、DN65、DN80、DN100、DN125、DN150、DN200、DN250、DN300
2	内管公称压力	PN25、PN40、PN63、PN100、PN160、PN250、PN320
3	外管公称压力（使用压力）	PN16（≤1.0MPa）
4	内管设计温度（使用温度）/℃	330（295）

（续）

序号	项目	要求或参数
5	外管设计温度(使用温度)/℃	360(330)
6	内管介质	聚酯熔体
7	外管介质	液相热媒或气相热媒
8	阀门所在位置	熔体管道
9	阀门内腔表面粗糙度值 $Ra/\mu\mathrm{m}$	3.2
10	介质流向	一进四出

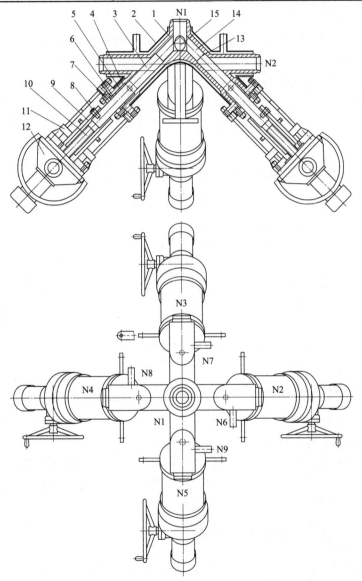

图 4-24 公称尺寸 DN25~DN300-公称压力 PN25~PN320 Y 型柱塞式熔体五通阀

1—阀体 2—伴温夹套 3—左侧柱塞 4—填料垫 5—填料密封圈 6—填料套 7—填料压板 8—导向杆
9—导向筒 10—阀杆 11—支架 12—驱动装置 13—柱塞与阀体之间的密封面 14—右侧柱塞 15—后侧柱塞
N1—上介质进口 N2—右介质出口 N3—后介质出口 N4—左介质出口
N5—前介质出口 N6、N7、N8、N9—伴温介质进出口

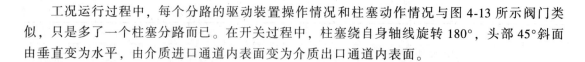

工况运行过程中，每个分路的驱动装置操作情况和柱塞动作情况与图 4-13 所示阀门类似，只是多了一个柱塞分路而已。在开关过程中，柱塞绕自身轴线旋转 180°，头部 45°斜面由垂直变为水平，由介质进口通道内表面变为介质出口通道内表面。

4.4 柱塞式熔体六通阀的结构

柱塞带旋转截断式熔体六通阀也分为 Y 型和 H 型两种结构，下面分别介绍。

4.4.1 Y 型柱塞式熔体六通阀

图 4-25 所示为公称尺寸 DN25～DN300-公称压力 PN25～PN320 Y 型柱塞式熔体六通阀。五个柱塞的轴线相互之间成 72°夹角均布，五个柱塞与阀座之间具有各自独立的密封截断功能。有一个公称尺寸比较大的介质进口通道 N1，五个公称尺寸比较小的介质出口通道 N2～N6，介质进口通道公称尺寸大于介质出口通道，阀门的主要功能是分路，也可以进行换向。所包含的公称尺寸系列、公称压力系列和主要零部件材料与图 4-13 所示阀门类似。其性能参数见表 4-6。

表 4-6 公称尺寸 DN25～DN300-公称压力 PN25～PN320 Y 型柱塞式熔体六通阀性能参数

序号	项目	要求或参数
1	阀门公称尺寸	DN25、DN32、DN40、DN50、DN65、DN80、DN100、DN125、DN150、DN200、DN250、DN300
2	内管公称压力	PN25、PN40、PN63、PN100、PN160、PN250、PN320
3	外管公称压力(使用压力)	PN16(≤1.0MPa)
4	内管设计温度(使用温度)/℃	330(295)
5	外管设计温度(使用温度)/℃	360(330)
6	内管介质	聚酯熔体
7	外管介质	液相热媒或气相热媒
8	阀门所在位置	聚酯熔体管道
9	阀门内腔表面粗糙度值 Ra/μm	3.2
10	介质流向	一进五出

工况运行过程中，每个分路的驱动装置操作情况及柱塞动作情况与图 4-24 所示阀门类似，只是多了一个柱塞分路而已。当介质从上介质进口 N1 进入阀体内腔时，经过各个阀座后分别从出口 N2、N3、N4、N5、N6 排出。根据生产工艺要求，五个出口可以同时处于开启或关闭状态，也可以有些出口开启、有些出口关闭。

4.4.2 H 型柱塞旋转 90°熔体六通阀

H 型柱塞旋转 90°截断式熔体六通阀与 Y 型熔体六通阀相比较，其结构、要求的安装空间、操作要求、从关闭到开启的行程、全通道对介质的流动阻力、全行程所需要的时间均有所不同。

图 4-26 所示为公称尺寸 DN25～DN300-公称压力 PN25～PN320 H 型柱塞旋转 90°熔体六通阀，有一个公称尺寸比较大的介质进口和五个公称尺寸比较小的介质出口。五个柱塞有各

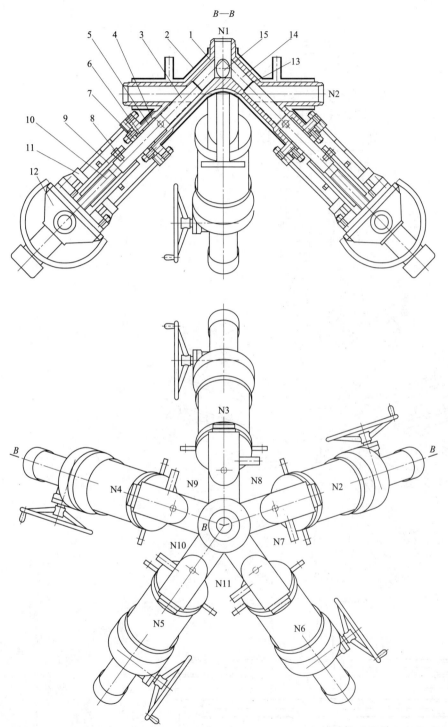

图 4-25 公称尺寸 DN25～DN300-公称压力 PN25～PN320 Y 型柱塞式熔体六通阀

1—阀体 2—伴温夹套 3—左侧柱塞 4—填料垫 5—填料密封圈 6—填料压套 7—填料压板 8—导向杆

9—导向筒 10—阀杆 11—支架 12—驱动装置 13—柱塞与阀体之间的密封面 14—右侧柱塞 15—后侧柱塞

N1—上介质进口 N2—右介质出口 N3—后介质出口 N4—左介质出口 N5—前左介质出口

N6—前右介质出口 N7、N8、N9、N10、N11—伴温介质进出口

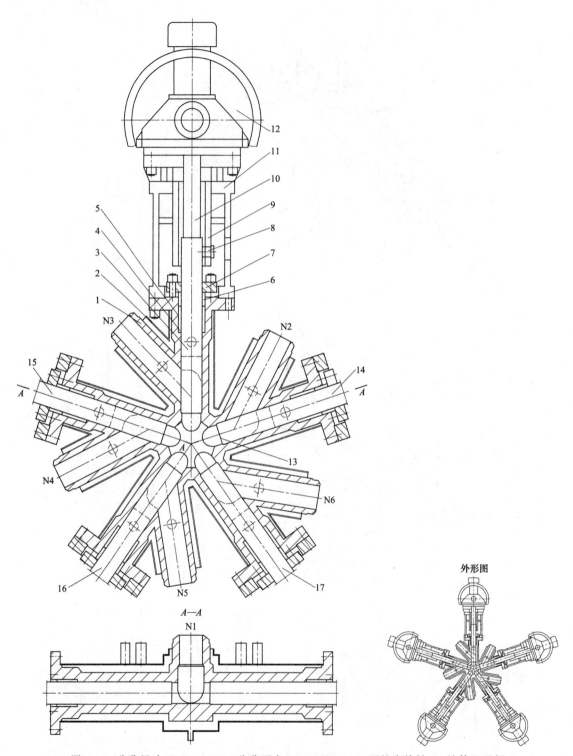

图 4-26　公称尺寸 DN25~DN300-公称压力 PN25~PN320 H 型柱塞旋转 90°熔体六通阀

1—阀体　2—伴温夹套　3—后侧柱塞　4—填料垫　5—填料密封圈　6—填料压套　7—填料压板　8—导向杆　9—导向筒　10—阀杆
11—支架　12—驱动装置　13—柱塞与阀体之间的密封面　14—右侧柱塞　15—左侧柱塞　16—前左侧柱塞　17—前右侧柱塞
N1—上介质进口　N2—右介质出口　N3—后介质出口　N4—左介质出口　N5—前左介质出口　N6—前右介质出口

自独立的密封截断功能和相同的柱塞结构、密封结构、传动结构及驱动结构。柱塞轴线相互之间成72°夹角。介质进口通道中心线与水平面垂直，柱塞轴线与介质出口通道中心线在同一水平面内成45°夹角。五个介质出口通道的公称尺寸可以相同，也可以不同。所包含的公称尺寸系列和公称压力系列与图4-25所示阀门相同。常用公称尺寸从DN25到DN300结构不完全相同，公称压力从PN25到PN320结构也不完全相同。其性能参数见表4-7，主要零部件材料与图4-25所示阀门类似。

表4-7 公称尺寸DN25~DN300-公称压力PN25~PN320 H型柱塞旋转90°熔体六通阀性能参数

序号	项目	要求或参数
1	阀门公称尺寸	DN25、DN32、DN40、DN50、DN65、DN80、DN100、DN125、DN150、DN200、DN250、DN300
2	内管公称压力	PN25、PN40、PN63、PN100、PN160、PN250、PN320
3	外管公称压力(使用压力)	PN16(≤1.0MPa)
4	内管设计温度(使用温度)/℃	330(295)
5	外管设计温度(使用温度)/℃	360(330)
6	内管介质	聚酯熔体
7	外管介质	液相热媒或气相热媒
8	阀门所在位置	聚酯熔体管道
9	阀门内腔表面粗糙度值 $Ra/\mu m$	3.2
10	介质流向	一进五出

工况运行过程中，每个分路驱动装置的操作情况与图4-25所示阀门类似，只是柱塞动作情况稍有不同。从图4-26中可以看出，介质出口通道位于柱塞侧面，在关闭位置柱塞头部圆弧面向上，从关闭到开启，柱塞在轴向移动过程中绕自身轴线旋转90°与出口通道接合面吻合，柱塞行程一般比较大。介质从进口N1进入阀体内腔，经过阀座后分别从出口N2、N3、N4、N5、N6排出。反方向旋转手轮，阀座通道关闭。根据生产工艺要求开启或关闭出口通道。图4-26中主视图右侧的外形图是该六通阀完整的结构外形，包含五个柱塞和五个驱动装置；俯视剖视图是柱塞与阀体配合的局部位置关系图，柱塞头部曲面向上使通道呈流线型，介质流动阻力小。为了能够更清楚地显示各零件之间的相互关系，主视图中只有一个柱塞的驱动装置，其余柱塞的支架和驱动装置省略了，五个柱塞及介质通道部分的结构和零部件是完全相同的，仅是在阀体上的位置不同。

4.4.3 H型柱塞旋转180°熔体六通阀

图4-27所示为公称尺寸DN200-DN150×5-PN250 H型柱塞旋转180°熔体六通阀。五个柱塞具有相同的柱塞结构、密封结构、传动结构和驱动结构，它们的轴线相互之间成72°夹角均布，柱塞与阀座之间具有截断功能。介质出口通道中心线在阀体底部与柱塞轴线相互垂直，柱塞行程相对比较小。有一个公称尺寸DN200的介质进口，五个公称尺寸DN150的介质出口，阀门的主要功能是分路，也可以进行换向。柱塞与阀座是金属硬密封面，适用于高温高压工况。其性能参数见表4-8，主要零部件材料与图4-2所示阀门类似。

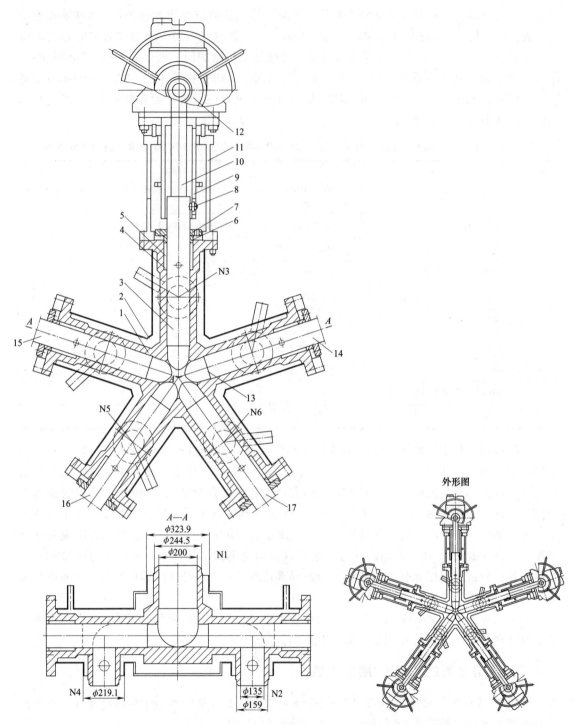

图 4-27　公称尺寸 DN200-DN150×5-PN250 H 型柱塞旋转 180°熔体六通阀

1—阀体　2—伴温夹套　3—后侧柱塞　4—填料垫　5—填料密封圈　6—填料压套　7—填料压板

8—导向杆　9—导向筒　10—阀杆　11—支架　12—驱动装置　13—柱塞与阀体之间的密封面

14—右侧柱塞　15—左侧柱塞　16—前左侧柱塞　17—前右侧柱塞

N1—上介质进口　N2—右介质出口　N3—后介质出口　N4—左介质出口　N5—前左介质出口　N6—前右介质出口

表 4-8　公称尺寸 DN200-DN150×5-PN250 H 型柱塞旋转 180°熔体六通阀性能参数

序号	项目	要求或参数
1	进口公称尺寸、出口公称尺寸	进口 DN200、出口 5×DN150
2	内管公称压力（使用压力）	PN250（≤16.7MPa）
3	外管公称压力（使用压力）	PN16（≤1.0MPa）
4	内管试验压力（阀座试验压力）/MPa	37.5（27.5）
5	外管试验压力/MPa	1.6
6	进口内管、进口外管尺寸/mm	ϕ244.5×22.0-ϕ323.9×4.5
7	出口内管、出口外管尺寸/mm	5×ϕ159.0×12.0-ϕ219.1×4.0
8	内管设计温度（使用温度）/℃	330（≤290）
9	外管设计温度（使用温度）/℃	360（≤330）
10	内管介质	聚酯熔体
11	外管介质	液相热媒或气相热媒
12	阀门所在位置	聚酯熔体管线
13	阀门内腔表面粗糙度值 Ra/μm	3.2
14	介质流向	一进五出

　　工况运行过程中，每个分路驱动装置的操作情况与图 4-26 所示阀门类似，不同之处是从关闭到开启，柱塞在轴向移动过程中绕自身轴线旋转 180°而不是 90°。图 4-27 中主视图右侧的外形图是该六通阀完整的结构外形，包含五个柱塞和五个驱动装置。俯视剖视图是柱塞与阀体配合的局部位置关系图，在关闭位置柱塞头部曲面向上，在开启位置柱塞头部曲面向下，使介质流道呈流线型，介质流动阻力小。为了能够更清楚地显示各零件之间的相互关系，主视图中只有一个柱塞和驱动装置，其余柱塞的支架和驱动装置省略了，五个柱塞及介质通道的结构和零部件是完全相同的。

4.4.4　H 型柱塞不旋转熔体六通阀

　　图 4-28 所示为公称尺寸 DN250-DN125×5-PN250 H 型柱塞不旋转熔体六通阀。五个柱塞都是独立的截断关闭件，具有相同的柱塞结构、阀座密封结构、传动结构和驱动结构。图中所示五个柱塞都处于关闭位置，柱塞轴线相互之间成 72°夹角均布。每台阀门有一个公称尺寸 DN250 的介质进口、五个公称尺寸 DN125 的介质出口，介质出口通道在阀体背面。其性能参数见表 4-9，主要零部件材料与图 4-2 所示阀门类似。

　　导向杆与柱塞开启位置指示 13 的作用有两个：其一是在阀杆旋转过程中，使柱塞和阀杆螺母一起做轴向移动而不旋转；其二是当柱塞到达关闭位置时，使导向杆与关限位器接触，此时中心控制室"关"指示灯点亮，当柱塞到达开启位置时，导向杆与开限位器接触，此时中心控制室"开"指示灯点亮，可以远程监控阀门开启或关闭。

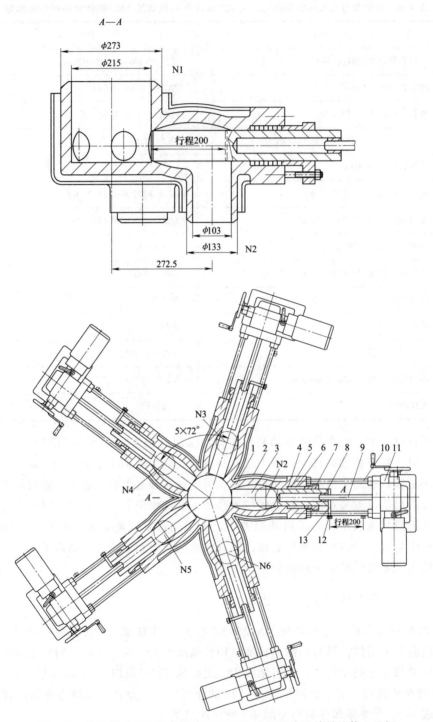

图 4-28　公称尺寸 DN250-DN125×5-PN250 H 型柱塞不旋转熔体六通阀

1—阀体　2—伴温夹套　3—右侧柱塞　4—填料垫　5—填料密封圈　6—填料隔环　7—填料压盖
8—阀杆螺母　9—阀杆　10—支架　11—驱动装置　12—限位器　13—导向杆与柱塞开启位置指示
N1—上介质进口　N2—右介质出口　N3—后介质出口　N4—左介质出口　N5—前左介质出口
N6—前右介质出口

表4-9　公称尺寸 DN250-DN125×5-PN250 H 型柱塞不旋转熔体六通阀性能参数

序号	项目	要求或参数
1	进口公称尺寸、出口公称尺寸	进口 DN250-出口 5×DN125
2	内管公称压力(使用压力)	PN250(≤16.0MPa)
3	外管公称压力(使用压力)	PN16(≤1.0MPa)
4	内管试验压力(阀座试验压力)/MPa	37.5(27.5)
5	外管试验压力/MPa	1.6
6	进口内管、进口外管尺寸/mm	ϕ273×29.0-ϕ356×4.5
7	出口内管、出口外管尺寸/mm	5×ϕ133.0×15.0-ϕ219.1×4.0
8	内管设计温度(使用温度)/℃	330(≤290)
9	外管设计温度(使用温度)/℃	360(≤330)
10	内管介质	聚酯熔体
11	外管介质	液相热媒或气相热媒
12	阀门所在位置	聚酯熔体管道
13	阀门内腔表面粗糙度值 Ra/μm	3.2
14	介质流向	一进五出

从表4-8和表4-9可以看出，图4-27和图4-28所示柱塞式熔体六通阀相比较，两者的公称压力都是PN250。图4-27所示六通阀的介质进口通道公称尺寸是DN200，五个介质出口通道公称尺寸都是DN150；图4-28所示六通阀的介质进口通道公称尺寸是DN250，五个介质出口通道公称尺寸都是DN125。介质进口通道公称尺寸比较小的，五个介质出口通道公称尺寸反而大；介质进口通道公称尺寸比较大的，五个介质出口通道公称尺寸反而小。这说明不同的使用工况对阀门的要求是不同的，进而阀门的结构尺寸也不同。主要熔体阀都是工艺承包商指定的设备供应商提供的，不同供应商提供的阀门，其结构和参数也是不同的。

图4-29所示为公称尺寸 DN250-DN125×5-PN250 H 型柱塞不旋转熔体六通阀柱塞，柱塞行程短，结构也比较简单，各部位的作用标示在图中。图4-30所示为公称尺寸 DN250-DN125×5-PN250 H 型柱塞不旋转熔体六通阀五个柱塞组件（包括柱塞、阀杆、导向杆与柱塞开启位置指示板）照片，阀杆螺母固定在柱塞的内螺纹段，柱塞端部平面用于固定导向

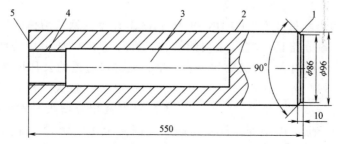

图4-29　公称尺寸 DN250-DN125×5-PN250 H 型柱塞不旋转熔体六通阀柱塞

1—柱塞与阀座之间的密封面　2—柱塞填料密封段　3—阀杆伸进腔　4—安装阀杆螺母段　5—连接导向杆面

杆与柱塞开启位置指示板。图 4-31 所示为公称尺寸 DN250-DN125×5-PN250 H 型柱塞不旋转熔体六通阀柱塞组件照片，从不同角度更清晰地显示了各零件的结构。图 4-32 所示为公称尺寸 DN250-DN125×5-PN250 H 型熔体六通阀备台柱塞，两台熔体六通阀在装置中的位置是相同的，可以相互切换为工作状态或待用状态。但是，两台熔体六通阀的柱塞结构、柱塞外径、柱塞与阀杆的连接结构、支架高度等都不同，这种情况比较少，一般情况下，两台互为备台阀门的结构是完全相同的。

图 4-30　公称尺寸 DN250-DN125×5-PN250 H 型柱塞不旋转熔体六通阀五个柱塞组件照片

图 4-31　公称尺寸 DN250-DN125×5-PN250 H 型柱塞不旋转熔体六通阀柱塞组件照片

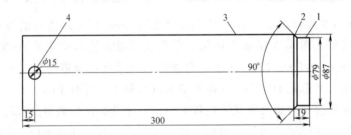

图 4-32　公称尺寸 DN250-DN125×5-PN250 H 型熔体六通阀备台柱塞
1—柱塞伸进阀座段　2—柱塞与阀座之间的密封面　3—柱塞填料密封段　4—安装导向杆孔

4.5　柱塞式熔体七通阀的结构

图 4-33 所示为公称尺寸 DN200-DN100×6-PN320 H 型柱塞式熔体七通阀。六个柱塞都是独立的关闭件，各分路具有完全相同的结构。介质进出口通道中心线与水平面垂直，六个柱塞轴线在水平面内成 60°夹角均布。一个介质进口通道的公称尺寸为 DN200，六个介质出口通道的公称尺寸为 DN100，进口通道公称尺寸比较大，出口通道数量比较多，所以介质出口通道分布圆直径也比较大，柱塞行程也就相应增大。六个介质出口通道的公称尺寸可以相同，也可以不同。柱塞与阀座之间是金属硬密封，并分别堆焊不同的耐摩擦磨损合金材料，适用于高温高压工况条件。其性能参数见表 4-10，主要零部件材料与图 4-2 所示阀门类似。

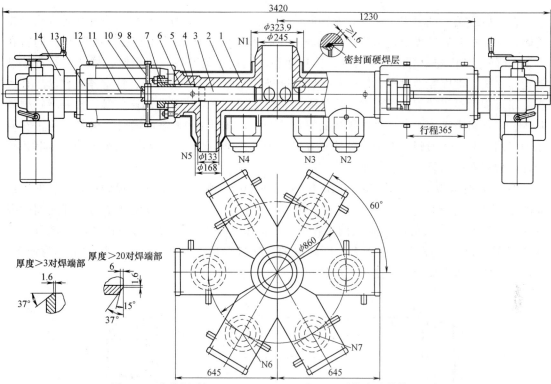

图 4-33 公称尺寸 DN200-DN100×6-PN320 H 型柱塞式熔体七通阀

1—阀体 2—伴温夹套 3—左侧柱塞 4—填料垫 5—填料密封圈 6—填料隔环 7—填料压盖
8—导向杆在柱塞行程关止点 9—导向杆与柱塞行程指示 10—柱塞开行程控制触头 11—阀杆
12—导向杆在柱塞行程开止点 13—支架 14—驱动装置

N1—上介质进口 N2—右介质出口 N3—后右介质出口 N4—后左介质出口

N5—左介质出口 N6—前左介质出口 N7—前右介质出口

注：每个介质出口通道有两个伴温介质进出口。

表 4-10 公称尺寸 DN200-DN100×6-PN320 H 型柱塞式熔体七通阀性能参数

序号	项目	要求或参数
1	阀门公称尺寸	DN200(300)-6×DN100(150)
2	内管公称压力(使用压力)	PN320(≤21.0MPa)
3	外管公称压力(使用压力)	PN16(≤1.0MPa)
4	进口内、外管尺寸/mm	φ245×26-φ323.9×6.3
5	出口内、外管尺寸/mm	6×φ133.0×15-φ168×4
6	内管设计温度(使用温度)/℃	330(290)
7	外管设计温度(使用温度)/℃	360(330)
8	内管介质	聚酯熔体
9	外管介质	液相热媒或气相热媒
10	阀门所在位置	聚酯熔体管道
11	阀门内腔表面粗糙度值 Ra/μm	3.2
12	介质流向	一进六出

在开启或关闭过程中，柱塞只做轴向移动。根据导向杆位置，可以知道柱塞是开启还是关闭。柱塞在开启过程中是用行程控制止点，柱塞端部有柱塞开行程控制触头 10，同时在支架 13 的上部内腔中有对应接触杆，当柱塞移动到设定的开行程止点时，柱塞开行程控制触头与支架上部内腔中对应的接触杆接触，随即切断驱动装置的电源，柱塞停止移动。柱塞在关闭过程中是用转矩控制止点，当柱塞到达全关闭位置时，其与阀座接触，柱塞运行受到阻止，运行阻力迅速增大，当转矩达到设定值时，驱动装置 14 停止运行。很多目前正在使用的电动机驱动多通阀，都是这种控制方式。最近几年制造的阀门新产品则用计算机芯片控制柱塞行程和驱动装置输出转矩。

图 4-34 所示为公称尺寸 DN200-DN100×6-PN320 H 型柱塞式熔体七通阀柱塞，柱塞尾部 M45×2 螺纹孔与阀杆连接，并有 φ15mm 的圆孔用于安装导向杆，以防柱塞与阀杆之间的螺纹松动。柱塞头部 φ86mm 段伸入阀座孔内，端部平面是上介质进口通道内壁的一部分。头部 90°圆锥面和阀座密封面分别有不同硬度的金属堆焊层，耐摩擦磨损、抗冲击、耐冲刷，允许承受的正压力比较大，使用寿命长。

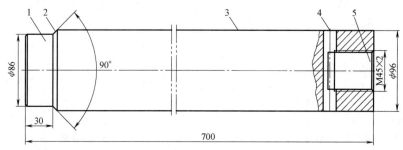

图 4-34　公称尺寸 DN200-DN100×6-PN320 H 型柱塞式熔体七通阀柱塞
1—柱塞头部　2—柱塞与阀座之间的密封面　3—填料密封段　4—安装导向杆孔　5—安装阀杆孔

4.6　柱塞式熔体阀常用传动机构

柱塞式熔体阀（包括三通阀和多通阀）的常用传动机构有很多种，公称尺寸小的熔体阀，其传动机构与普通阀门类似。熔体介质特性要求操作转矩比较大，所以公称尺寸比较大的熔体阀，其传动机构与普通阀门不同。这里仅介绍一种传递大推力的常用传动机构。

图 4-35 所示为 DN125-PN320 柱塞式熔体阀传动机构，柱塞 1 和阀杆螺母 5 的端部都有一个用于连接的凸肩，对开环 2 分别套住两个相互接触的凸肩以承载轴向拉力，套箍 3 使对开环径向固定，对开环的台肩和固定环 4 使套箍轴向定位，固定环与阀杆螺母用螺栓固定在一起。在柱塞全开启位置，阀杆的一段进入柱塞内腔中。由柱塞和阀杆螺母的接触面承载推力，能够承载的轴向力很大。

图 4-36 所示为 DN125-PN320 柱塞式熔体阀阀杆螺母，梯形螺纹 1 与阀杆配合，固定环配合面 2 与固定环配合，套箍接触面 3 外侧是套箍，拉力承载面 4 承载开启阀门所需的轴向拉力，推力承载面 5 承载关闭阀门所需的轴向推力，固定螺纹孔 6 用于安装固定环螺钉。图 4-37 所示为 DN125-PN320 柱塞式熔体阀柱塞，在关闭位置，柱塞头部伸进阀座孔内腔，柱塞头部斜面 1 成为介质进口通道内壁的一部分，使过流截面积基本保持不变，柱塞与阀座之

间的密封面 2 耐摩擦、耐冲刷，适用于介质特性。填料密封面 3 与填料密封件接触密封，表面硬度比较高，能经受住填料密封件的摩擦磨损及介质侵蚀。在开启位置，阀杆伸进内腔 4 中，柱塞关闭时阀杆退出，可以减小阀门整体外形尺寸。拉力承载面 5 承受柱塞开启时的轴向拉力，推力承载面 6 承受柱塞关闭时的轴向推力。

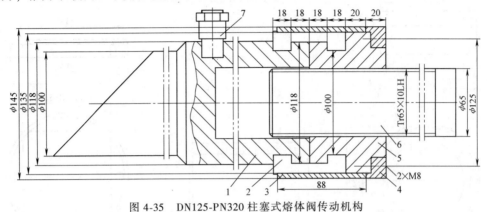

图 4-35　DN125-PN320 柱塞式熔体阀传动机构

1—柱塞　2—对开环　3—套箍　4—固定环　5—阀杆螺母　6—阀杆　7—导向杆

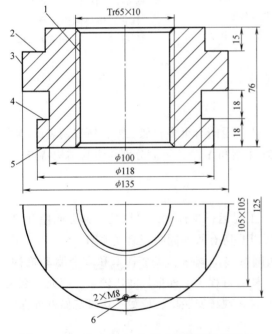

图 4-36　DN125-PN320 柱塞式熔体阀阀杆螺母

1—梯形螺纹　2—固定环配合面
3—套箍接触面　4—拉力承载面
5—推力承载面　6—固定螺纹孔

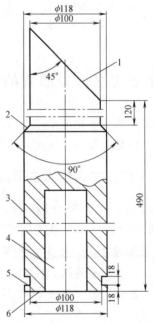

图 4-37　DN125-PN320 柱塞式熔体阀柱塞

1—柱塞头部斜面　2—柱塞与阀座之间的密封面
3—填料密封面　4—阀杆伸进内腔
5—拉力承载面　6—推力承载面

图 4-38 所示为 DN125-PN320 柱塞式熔体阀对开环，整环对称切开成为两个半环，两者之间有 2mm 的间隙以方便安装，并防止相互干扰。拉力承载面 1 相对的两个面同时承载大小相等、方向相反的拉力，套箍定位台肩 2 用于套箍的轴向定位。图 4-39 所示为 DN125-

PN320 柱塞式熔体阀套箍，套在对开环的外面，两端面轴向定位即可。图 4-40 所示为 DN125-PN320 柱塞式熔体阀固定环，用两个螺栓与阀杆螺母连接，实现套箍的轴向定位。

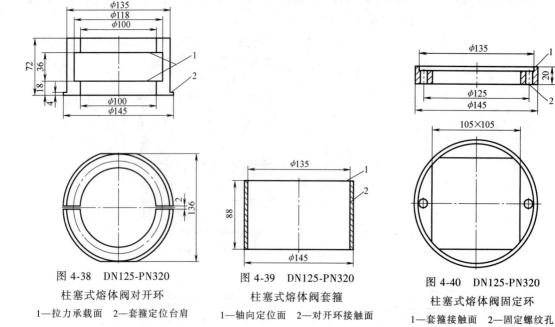

图 4-38　DN125-PN320 柱塞式熔体阀对开环

1—拉力承载面　2—套箍定位台肩

图 4-39　DN125-PN320 柱塞式熔体阀套箍

1—轴向定位面　2—对开环接触面

图 4-40　DN125-PN320 柱塞式熔体阀固定环

1—套箍接触面　2—固定螺纹孔

4.7　柱塞式熔体多通阀的特点

柱塞式熔体多通阀的结构与双阀杆柱塞式熔体三通阀有很多相似之处，所以两者的结构特点也有很多是类似的。柱塞式熔体多通阀分为 H 型和 Y 型，下面分别介绍其结构特点。

4.7.1　H 型柱塞式熔体多通阀的特点

（1）柱塞式熔体多通阀多个阀座相互独立　工况运行条件下，可以是一部分阀座开启，另一部分阀座关闭，开启或关闭可以互换；也可以是所有阀座同时开启或关闭。

（2）外形尺寸相对较大　柱塞式熔体多通阀有多个阀座、多个柱塞和多个驱动机构。特别是四通以上的多通阀，柱塞分布圆直径大，柱塞行程长，外形尺寸比较大。因此，在夹套结构设计方面，要求热媒流道尽可能优化。而且在现场安装后，应尽一切可能做好外保温工作。

（3）其他特点　与 3.2.3 节的第 2～第 6 项相同。

4.7.2　Y 型柱塞式熔体多通阀的特点

（1）外形尺寸很大　Y 型柱塞式熔体多通阀的阀杆是倾斜的，每个阀座都有柱塞和驱动机构。特别是五通以上的多通阀，柱塞分布圆直径很大，柱塞行程很长，外形尺寸特别大。因此，在夹套结构设计方面，要求热媒流道尽可能优化。而且在现场安装后，应尽一切可能做好外保温工作。

（2）其他特点　与 3.3.3 节的第 1、2、3、4 项相同。

4.8　运行过程中容易出现的故障及其排除方法

柱塞式熔体多通阀每个通道的结构与柱塞式熔体三通阀基本类似，其在运行过程中容易出现的故障及其排除方法参照第 3 章的相应内容。

4.9　现场使用维护保养注意事项

柱塞式熔体多通阀每个通道的结构与柱塞式熔体三通阀基本类似，其现场使用维护保养注意事项参照第 3 章的相应内容。

第5章 阀瓣式聚酯熔体阀门

阀瓣式聚酯熔体阀门是阀瓣式截断阀，但不同于普通的截止阀，阀瓣式熔体阀要适用于聚酯生产的特定工况条件和工艺要求。一般情况下，阀瓣式熔体阀适用于工作压力小于2.0MPa的低压或高真空工况，公称尺寸一般在DN200以上，DN200以下的比较少。为了适应熔体介质的特性，阀体介质进、出口通道是直通式的，阀杆与介质通道中心线成30°~60°夹角。

5.1 阀瓣式熔体三通阀

阀瓣式熔体三通阀主要用于换向，是聚酯生产装置中的关键设备，安装在主要设备（如预缩聚反应器、终缩聚反应器等）的出口，从而实现介质从反应器内流出后，在两个互为备台的下游设备（如并列安装的两台泵）中间进行切换，所以也称之为阀瓣式熔体三通换向阀。在一个阀体内，有两个独立的阀座、阀瓣、阀杆和传动机构，可以实现两个阀座同时开启或关闭。阀体端部与管道一般采用焊接连接，也有采用法兰连接的，采用法兰连接时要有焊唇密封环。

5.1.1 阀瓣式熔体三通阀的工作原理

图5-1所示为阀瓣式熔体三通阀工作原理示意图，在右侧驱动机构（手轮或其他驱动方

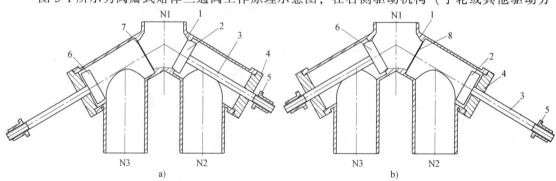

图5-1 阀瓣式熔体三通阀工作原理示意图

a）右通道关闭，左通道开启　b）左通道关闭，右通道开启

1—阀体　2—右阀瓣　3—阀杆　4—阀盖　5—阀杆螺母　6—左阀瓣　7—左阀瓣　8—右阀座密封面

N1—上介质进口　N2—右介质出口　N3—左介质出口

式）的作用下，阀杆3带动右阀瓣2轴向移动一定距离，使右介质通道关闭。同时，在左侧驱动机构的作用下，左阀瓣7轴向移动一定距离，使左介质通道开启，如图5-1a所示。当需要换向时，反方向操作手轮，使左介质出口通道关闭、右介质出口通道开启，熔体介质从右介质出口排出，如图5-1b所示。阀体有一个介质进口和两个介质出口。

5.1.2 阀瓣式熔体三通阀的结构

阀瓣式熔体三通阀的结构类型比较多，有上行关闭式的，也有下行关闭式的；有带密封筒的，也有不带密封筒的；有带散热片的，也有不带散热片的。不同结构的阀瓣与不同结构的阀体、阀盖相匹配。各聚酯装置中使用的专用阀门是在不同年代由不同供应商提供的，阀瓣与阀杆之间的连接方式也不同。有阀瓣与阀杆之间采用固定刚性连接的，即阀瓣在阀杆上不能摆头；也有阀杆与阀瓣之间采用承力对开环传递阀杆轴向力的，即采用间隙松动连接，阀瓣可以在阀杆上摆头。随着聚酯生产技术的进步，阀门产品技术水平也在不断提高。

1. 带密封筒上行关闭阀瓣式熔体三通阀

带密封筒上行关闭阀瓣式熔体三通阀有适用于预缩聚反应器出口的，也有适用于终缩聚反应器出口的，两者结构虽然类似，但也有一些区别，下面分别介绍。

（1）预缩聚反应器出口带密封筒上行关闭阀瓣式熔体三通阀 图5-2所示为公称尺寸DN200-DN200×2-PN16带密封筒上行关闭阀瓣式熔体三通阀，主体结构左右对称，左侧零部件与右侧相同。该阀门安装在预缩聚反应器出口和预聚物泵进口之间的管道中，两根阀杆之

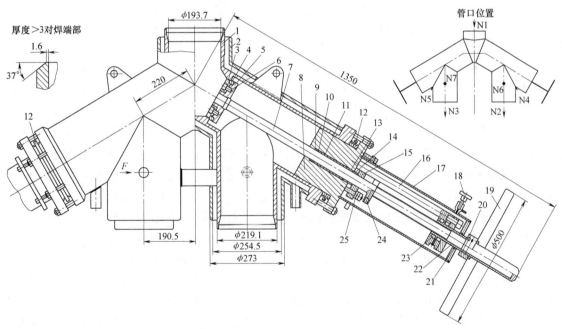

图5-2 公称尺寸 DN200-DN200×2-PN16 带密封筒上行关闭阀瓣式熔体三通阀

1—阀体 2—伴温夹套 3—阀瓣密封圈压板 4—阀瓣密封圈 5—右侧阀瓣 6—内六角圆柱头螺钉
7—阀杆 8—阀盖 9—填料垫 10—下填料密封圈 11—填料隔环 12—中法兰焊唇密封环
13—上填料密封圈 14—填料压套 15—填料压板 16—支架 17—密封筒 18—抽气密封阀
19—手轮 20—驱动夹环 21—密封圈 22—阀杆螺母 23—推力轴承 24—导向柱 25—碟形弹簧
N1—上介质进口通道 N2—右介质出口通道 N3—左介质出口通道 N4、N5、N6、N7—伴热介质进出口

间的夹角是 120°，介质出口通道中心线与阀杆轴线成 60° 夹角，阀瓣上行关闭、下行开启，阀瓣密封圈是纯铝材料的，质地比较软，容易保证密封。其结构特点是阀盖伸进阀体中腔的长度很大，而且是实体的，阀盖的重量很重。其性能参数见表 5-1，主要零部件阀体、伴温夹套、阀瓣、阀盖材料是 022Cr19Ni10，阀杆材料是 05Cr17Ni4Cu4Nb，上填料圈为石墨环，下填料圈为多种材料组合，阀瓣密封圈材料为纯铝。

表 5-1　公称尺寸 DN200-DN200×2-PN16 带密封筒上行关闭阀瓣式熔体三通阀性能参数 （25R01）

序号	项目	要求或参数
1	公称尺寸(外管)	2×DN200(250)-DN200(250)
2	内管公称压力(使用压力)	PN16(≤0.20MPa)
3	外管公称压力(使用压力)	PN16(≤1.0MPa)
4	内管试验压力(阀座试验压力)/MPa	2.4(1.6)
5	外管试验压力/MPa	1.6
6	进口内外管尺寸/mm	$\phi219.1×12.7$-$\phi273.0×6.3$
7	出口内外管尺寸/mm	2×$\phi219.1×12.7$-$\phi273.0×6.3$
8	内管设计温度(使用温度)/℃	330(≤290)
9	外管设计温度(使用温度)/℃	360(≤330)
10	内管介质	熔体或预聚物
11	外管介质	液相热媒或气相热媒
12	阀门所在位置	反应器出口管道
13	阀门内腔表面粗糙度值 Ra/μm	3.2
14	介质流向	一进两出

工况运行过程中，在全开状态下，阀瓣处于阀体中腔靠近阀盖的位置，此时阀瓣周围会有滞留物料的死腔。阀瓣从关闭位置到开启位置要跨过介质出口通道，并且介质出口通道中心线与阀杆轴线成 60° 夹角，虽然介质出口通道与上介质进口通道之间的距离不是很大，但阀瓣的行程还是比较大，阀瓣开关所需要的时间也比较长。由于导向柱 24 被罩在密封筒内，不能直观地根据其位置确定阀瓣是关闭还是开启，而且阀杆在阀杆螺母内也不是暴露在外面的，只能根据手轮操作力矩大小判断阀瓣位置，这是这种结构的缺点。通道 N2 和 N3 可以同时关闭或开启。不同部位的热媒进出口可以使伴温介质畅通，阀体内的熔体介质在要求的温度范围内。

对于大部分阀瓣式阀门来说，阀瓣与阀杆之间是间隙松动连接的，阀瓣安装在阀杆头部是可以自由活动的，可以任意方向摇摆或旋转。这种结构的好处是阀瓣与阀杆之间的相对位置有一定的可调性，能够更好地保证阀瓣与阀座的吻合接触密封。

由于聚酯熔体容易结焦，因此当熔体阀使用一段时间以后，有可能会在阀体内腔、阀瓣表面、阀杆表面等所有与物料有接触的内件表面附着一层结焦物，使用时间越长，附着在阀件表面的结焦层就越厚，进而使阀杆与阀瓣之间的间隙被结焦物填满。在结焦物的影响下，阀瓣与阀杆之间的连接逐渐变为刚性连接，特别值得注意的是，这样形成的刚性连接，阀瓣密封面与阀杆轴线并不一定相互垂直，会使阀瓣与阀座的吻合接触密封性能大大降低，甚至很难保证阀座与阀瓣之间的密封性能。

除阀体结构不同外，阀瓣式熔体三通阀与普通阀门最大的不同之处是阀瓣和阀杆之间是刚性连接，阀杆头部加工出外螺纹并有比较大的外倒角，阀瓣加工出螺纹孔并有比较大的内倒角，将阀杆与阀瓣间的螺纹连接拧紧后，在阀杆与阀瓣两端面交界处的倒角部位焊牢，阀杆底部的焊缝可以防止间隙泄漏，同时也增加了连接的强度。图 5-3 所示为公称尺寸 DN200-DN200×2-PN16 带密封筒上行关闭阀瓣式熔体三通阀的阀瓣组件，阀杆与阀瓣之间一般采用螺距为 2mm 的细牙螺纹连接，阀瓣上部的焊缝主要用来增加连接的强度，底部焊缝焊接完成以后磨平。图 5-4 所示为 DN200-DN200×2-PN16 阀瓣式熔体三通阀的阀瓣、密封圈、压板照片，其表面黏结了一层结焦物，阀瓣与压板用内六角圆柱头螺栓连接。图 5-5 所示为 DN200-DN200×2-PN16 阀瓣式熔体三通阀的阀瓣密封圈平面图，90°圆锥面与阀座接触密封，采用纯铝材料的比较多。图 5-6 所示为公称尺寸 DN200-DN200×2-PN16 阀瓣式熔体三通阀的阀瓣密封圈照片，其表面黏结了一层很厚的结焦物，并有多处压痕损伤。

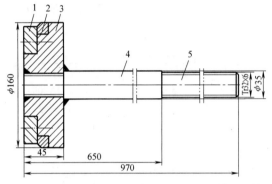

图 5-3　公称尺寸 DN200-DN200×2-PN16 带密封筒上行关闭阀瓣式熔体三通阀的阀瓣组件

1—阀瓣密封圈压板　2—阀瓣密封圈　3—阀瓣 4—阀杆填料密封段　5—阀杆梯形螺纹段

图 5-4　公称尺寸 DN200-DN200×2-PN16 带密封筒上行关闭阀瓣式熔体三通阀的阀瓣、密封圈、压板照片

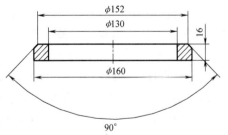

图 5-5　公称尺寸 DN200-DN200×2-PN16 带密封筒上行关闭阀瓣式熔体三通阀的阀瓣密封圈

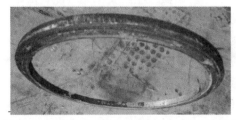

图 5-6　公称尺寸 DN200-DN200×2-PN16 带密封筒上行关闭阀瓣式熔体三通阀的阀瓣密封圈照片

图 5-7 所示为公称尺寸 DN200-DN200×2-PN16 阀瓣式熔体三通阀的阀瓣密封圈压板，图中的 8×φ13 是螺栓孔，螺栓的作用是固定阀瓣密封圈的位置而不承受阀座密封所需的力，结构很合理。图 5-8 所示为公称尺寸 DN200-DN200×2-PN16 阀瓣式熔体三通阀的阀芯（包括阀瓣、阀盖、密封筒、阀杆、阀杆螺母、驱动夹环等）组件照片，阀杆螺母、立柱、填料压板等零部件在密封筒内，阀瓣和阀盖表面黏结的黑色物是熔体结焦物。

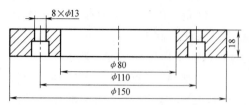

图 5-7　公称尺寸 DN200-DN200×2-PN16
带密封筒上行关闭阀瓣式熔体
三通阀的阀瓣密封圈压板

图 5-8　公称尺寸 DN200-DN200×2-PN16 带密封
筒上行关闭阀瓣式熔体三通阀的阀芯组件照片

由于阀杆与阀瓣之间是螺纹连接后焊牢，即为刚性连接，所以阀瓣与阀座的对中性要求很高，阀瓣的轴线与阀座轴线必须完全重合，阀瓣的位置既不能偏移也不能歪斜。根据阀杆轴向尺寸比较大的特点，在阀盖填料函内用填料密封圈和填料隔环组合辅助定位是常用方法之一。隔环两端上部和下部的填料可以使阀杆保持在中心位置基本不偏不斜。填料压套的作用力依次压紧上填料、隔环和下填料，填料紧贴阀杆环形表面可以使阀杆定位准确。隔环的轴向长度一般是阀杆直径的 2～4 倍，隔环的轴向尺寸越大，阀杆的对中性越好。在阀杆直径比较小而长度比较大的情况下，隔环的轴向尺寸一般是阀杆直径的 3～4 倍；在阀杆直径比较大而长度比较小的情况下，隔环的轴向尺寸一般是阀杆直径的 2～3 倍。图

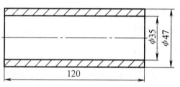

图 5-9　公称尺寸 DN200-DN200×
2-PN16 带密封筒上行关闭阀瓣式
熔体三通阀的填料隔环

5-9 所示为公称尺寸 DN200-DN200×2-PN16 阀瓣式熔体三通阀的填料隔环。隔环的内径是 ϕ35mm，轴向长度是 120mm，阀杆直径与隔环内径的名义尺寸相同，两者之间有很小的间隙，可以自由滑动和旋转。

图 5-10 所示为公称尺寸 DN200-DN200×2-PN16 阀瓣式熔体三通阀的阀杆螺母组件，其结构不同于一般阀门的阀杆螺母，传递转矩段 3 比较长，其内腔是阀杆伸进孔，上部封口形成防尘罩。驱动夹环安装段 5 的特点是靠驱动夹环的夹紧力控制传递转矩值，所以能够比较容易地控制传递转矩的大小，从而能够防止由于关闭力过大而损坏阀瓣密封圈。图 5-11 所示为公称尺寸 DN200-DN200×2-PN16 阀瓣式熔体三通阀的驱动夹环。驱动夹环安装在阀杆螺母的上部并用四个内六角圆柱头螺钉夹紧，驱动夹环与阀杆螺母之间没有键连接，也没有承载转矩的六角形或正方形平面，仅仅依靠两者之间的摩擦力传递转矩，当传递的转矩达到或超过特定值时两者之间就会打滑，这样可以保护阀座铝制密封圈不受损伤。这种连接结构

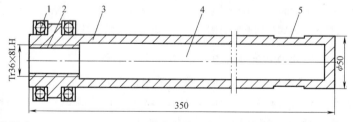

图 5-10　公称尺寸 DN200-DN200×2-PN16 带密封筒上行关闭阀瓣式熔体三通阀的阀杆螺母组件
1—推力轴承　2—与阀杆配合的梯形螺纹　3—传递转矩段　4—阀杆伸进孔　5—驱动夹环安装段

只能够用于需要传递的转矩比较小的低压阀门。

图 5-12 所示为公称尺寸 DN200-DN200×2-PN16 阀瓣式熔体三通阀的密封筒，它安装在阀盖与驱动夹环之间，阀杆、填料压套、导向柱与阀瓣位置指示器、支架、轴承等零部件都罩在密封筒内。螺栓穿过连接法兰 1 将密封筒固定在阀盖上，密封筒与阀盖之间有密封垫片，阀杆在安装孔 5 内与密封筒之间有密封圈。密封筒的作用有两个：其一是防护内部零部件不受污染，有利于阀杆与填料密封件之间的密封；其二是现场检测填料的密封性能。大致方法是：开启安装在排气阀连接孔 3 上的排气阀，如果此阀出口明显有气体排出，说明填料与阀杆之间有气体泄漏，需要进行必要的操作或更换密

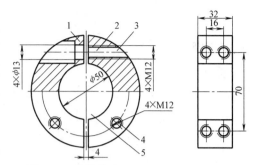

图 5-11 公称尺寸 DN200-DN200×2-PN16
带密封筒上行关闭阀瓣式熔体
三通阀的驱动夹环
1—左半环 2—右半环 3—左半环和右半
环连接螺纹孔 4—连接手轮螺纹孔
5—阀杆螺母安装孔

封件；如果此阀出口没有气体排出，说明阀杆填料密封性能比较好，可以正常运行。需要注意的是，只有在填料泄漏量比较大的情况下，这种检测方法才有效，否则是检测不出泄漏的。图 5-13 所示为公称尺寸 DN200-DN200×2-PN16 阀瓣式熔体三通阀的密封筒照片，可以清楚地看到排气阀的外形及其在密封筒上的位置。

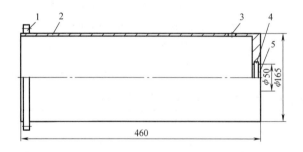

图 5-12 公称尺寸 DN200-DN200×2-PN16 带密封
筒上行关闭阀瓣式熔体三通阀的密封筒
1—连接法兰 2—密封筒壁 3—排气阀连接孔
4—密封圈安装槽 5—阀杆安装孔

图 5-13 公称尺寸 DN200-DN200×2-PN16 带密
封筒上行关闭阀瓣式熔体三通阀的密封筒照片

（2）终缩聚反应器出口带密封筒上行关闭阀瓣式熔体三通阀 图 5-14 所示为公称尺寸 DN350-DN350×2-PN16 带密封筒上行关闭阀瓣式熔体三通阀，主体结构与图 5-2 所示阀门类似，操作过程也相同，安装在终缩聚反应器出口和熔体泵进口之间的管道中。在同一套聚酯装置中的安装位置不同，介质过流量是相同的，阀门的公称尺寸相差很多。图 5-2 所示公称尺寸 DN200-PN16 和图 5-14 所示公称尺寸 DN350-PN16 阀瓣式熔体三通阀都是 2000 年左右制造的，每台阀门的进口公称尺寸和出口公称尺寸是相同的。阀瓣与阀杆之间采用固定刚性连接，阀瓣在阀杆上不能摆头。其性能参数见表 5-2，主要零部件材料与图 5-2 所示阀门类似。

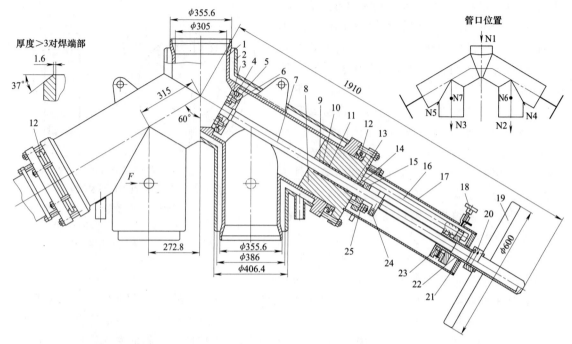

图 5-14　公称尺寸 DN350-DN350×2-PN16 带密封筒上行关闭阀瓣式熔体三通阀

1—阀体　2—伴温夹套　3—阀瓣密封圈压板　4—阀瓣密封圈　5—右侧阀瓣　6—内六角圆柱头螺钉　7—阀杆
8—阀盖　9—填料垫　10—下填料密封圈　11—填料隔环　12—中法兰密封唇口　13—上填料密封圈
14—填料压套　15—填料压板　16—支架　17—密封筒　18—抽气密封阀　19—手轮　20—驱动夹环
21—密封圈　22—阀杆螺母　23—推力轴承　24—导向柱　25—碟形弹簧
N1—上介质通道　N2—右介质通道　N3—左介质通道　N4、N5、N6、N7—伴热介质进出口

表 5-2　公称尺寸 DN350-DN350×2-PN16 带密封筒上行关闭阀瓣式熔体三通阀性能参数　(11-27R01)

序号	项目	要求或参数
1	公称尺寸(外管)	2×DN350(400)-DN350(400)
2	内管公称压力(使用压力)	PN16(负压~0.10MPa)
3	外管公称压力(使用压力)	PN16(≤1.0MPa)
4	内管试验压力(阀座试验压力)/MPa	2.4(1.6)
5	外管试验压力/MPa	1.6
6	进口内外管尺寸/mm	φ355.6×8.0-φ406.4×8.0
7	出口内外管尺寸/mm	2×φ355.6×8.0-φ406.4×8.0
8	内管设计温度(使用温度)/℃	330(≤290)
9	外管设计温度(使用温度)/℃	360(≤330)
10	内管介质	聚酯熔体
11	外管介质	液相或气相热媒
12	阀门所在位置	反应器出口管道
13	阀门内腔表面粗糙度值 Ra/μm	3.2
14	介质流向	一进两出

图 5-14 所示公称尺寸 DN350-DN350×2-PN16 阀瓣式熔体三通阀与图 5-2 所示公称尺寸 DN200-DN200×2-PN16 阀瓣式熔体三通阀的工况参数相比较，最大的区别就是工作压力不同。因预缩聚反应器的真空度远没有终缩聚反应器的真空度高，所以终缩聚反应器的熔体出釜流动性更差。为了保证每道工序生产能力的协调性，阀门的公称尺寸必须足够大。

图 5-15 所示为公称尺寸 DN350-DN350×2-PN16 阀瓣式熔体三通阀阀盖，轴向长度为 270mm 的 ϕ307mm 圆柱体中心只有 ϕ50mm 穿阀杆孔和 ϕ60mm 填料函孔，几乎是一个实心体，所以阀盖的重量很重。阀盖伸进阀体中腔的长度尺寸很大，其目的是提高阀盖与阀体之间的定位精度，同时增大填料函深度，增加填料隔环的长度，使阀杆与阀盖之间的轴向定位更准确，进而提高阀瓣与阀座之间的配合位置精确度。但随之而来的是阀盖的实体部分重量很重，给阀门的制造加工、组合装配和使用现场安装都带来了一些不便。

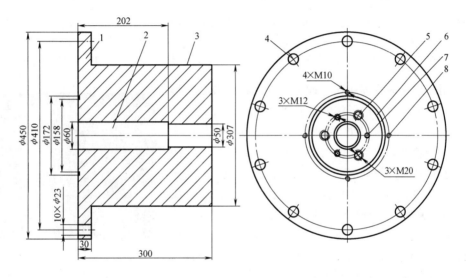

图 5-15　公称尺寸 DN350-DN350×2-PN16 带密封筒上行关闭阀瓣式熔体三通阀阀盖
1—中法兰　2—填料函　3—与阀体配合导向定位段　4—中法兰螺栓孔　5—安装立柱螺纹孔
6—密封筒安装槽　7—压紧填料螺栓孔　8—密封筒安装螺栓孔

无论是公称尺寸 DN200-PN16 阀瓣式熔体三通阀还是公称尺寸 DN350-PN16 阀瓣式熔体三通阀，其公称压力和工作压力都比较低，阀门零部件承受的力也比较小，所以阀盖的实体部分可以掏空。图 5-16 所示为公称尺寸 DN350-DN350×2-PN16 阀瓣式熔体三通阀阀盖改进结构，在圆柱形实体部分掏空一个内径 110mm、外径 270mm、轴向长度 270mm 的环形体，在环形空间下部对称分布四个加强筋，使圆柱形实体部分的重量减少了 67% 左右。这种结构不但具有足够的强度和刚度，能够满足阀门正常工况要求，还使制造加工、组装和使用现场安装都方便很多。为了拆卸方便，在从装置中拆卸下来的时候最好采用热拆方式，在伴温热媒的保温条件下各零件不会黏结在一起，解体操作很方便，而且不会损伤零件。图 5-17 所示为公称尺寸 DN350-DN350×2-PN16 阀瓣式熔体三通阀阀盖照片，该阀盖是从使用过的阀门中拆下来的，中法兰的焊唇密封环焊接在阀盖中法兰的根部。

图 5-18 所示为公称尺寸 DN350-DN350×2-PN16 阀瓣式熔体三通阀阀瓣和阀杆组件。阀瓣

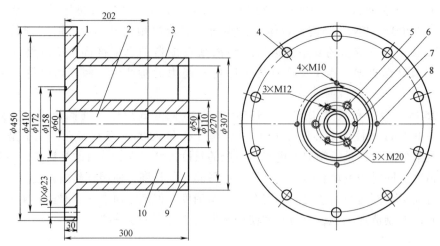

图 5-16　公称尺寸 DN350-DN350×2-PN16 带密封筒上行关闭阀瓣式熔体三通阀阀盖改进结构

1—中法兰　2—填料函　3—与阀体配合导向定位段　4—中法兰螺栓孔　5—安装立柱螺纹孔

6—密封筒安装槽　7—压紧填料螺栓孔　8—密封筒安装螺栓孔　9—加强筋　10—掏空环形空间

和阀杆是用螺纹连接后焊接在一起的，导向柱安装在梯形螺纹下方的安装孔内，梯形螺纹的长度要大于阀杆直径的 1.4 倍与阀瓣开启高度之和。公称尺寸 DN350 的熔体阀属于公称尺寸比较大的，阀瓣密封圈平面与阀杆轴线之间的垂直度误差对阀瓣密封性能的影响很大，所以对阀瓣与阀杆组件几何公差的加工要求更高。为达到这一要求，将阀座直径缩小了一些，这样阀瓣直径是小于公称尺寸的，阀瓣直径越小，越容易保证阀座密封。图 5-19 所示为公称尺寸 DN350-DN350×2-PN16 阀瓣式熔体三通阀阀瓣与阀杆组件照片，有熔体结焦物黏附在其表面，由于附着时间较长，因此是黑色的且表面显得很粗糙。

图 5-17　公称尺寸 DN350-DN350×2-PN16 带密封筒上行关闭阀瓣式熔体三通阀阀盖照片

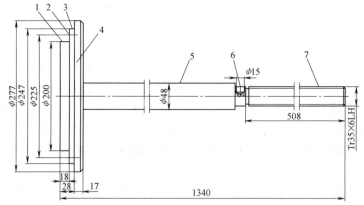

图 5-18　公称尺寸 DN350-DN350×2-PN16 带密封筒上行关闭阀瓣式熔体三通阀阀瓣与阀杆组件

1—阀瓣密封圈压板安装段　2—螺栓分布圆　3—阀瓣密封圈安装段　4—阀瓣　5—填料密封段

6—导向柱安装孔　7—梯形螺纹

图 5-19　公称尺寸 DN350-DN350×2-PN16 带密封筒上行关闭阀瓣式熔体三通阀阀瓣与阀杆组件照片

图 5-20 所示为公称尺寸 DN350-DN350×2-PN16 阀瓣式熔体三通阀阀杆螺母平面图，其结构与公称尺寸 DN200 的阀杆螺母类似，所不同的是梯形螺纹的螺距比较小，螺纹的升角也比较小，在手轮操作力相同的条件下，阀杆传递的转矩比较大，所以图 5-2 与图 5-14 虽然公称尺寸不同，但采用的阀杆直径是相同的。图 5-21 所示为公称尺寸 DN350-DN350×2-PN16 阀瓣式熔体三通阀阀杆螺母、推力轴承和双向承力座照片。图 5-22 所示为公称尺寸 DN350-DN350×2-PN16 阀瓣式熔体三通阀驱动夹环照片，两个半环用四个螺栓夹紧阀杆螺母，靠两者之间的摩擦力传递手轮的驱动转矩。图 5-23 所示为公称尺寸 DN350-DN350×2-PN16 阀瓣式熔体三通阀填料隔环，隔环的内径 ϕ48mm 与阀杆直径名义尺寸相同，外径 ϕ60mm 与填料函直径名义尺寸相同，壁厚与填料宽度相同，轴向长度 150mm 是阀杆直径的 3 倍多，阀杆在隔环内可以自由滑动或旋转。填料截面尺寸为 6mm×6mm。图 5-24 所示为公称尺寸 DN350-DN350×2-PN16 阀瓣式熔体三通阀中法兰焊唇密封环，其截面基本结构符合化工行业标准 HG 20530—1992《钢制管法兰用焊唇密封环》的规定，根据阀体中法兰直径尺寸选取焊唇密封环标准中直径接近的截面结构尺寸，按中法兰直径尺寸要求确定焊唇密封环直径。图 5-25 所示为公称尺寸 DN350-DN350×2-PN16 阀瓣式熔体三通阀填料压板，它采用三个压紧螺栓，其原因主要是阀杆直径比较大，需要的压紧力大，且与支架立柱配合方便

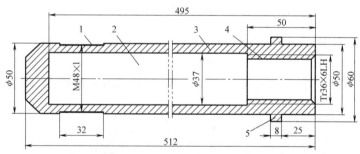

图 5-20　公称尺寸 DN350-DN350×2-PN16 带密封筒上行关闭阀瓣式熔体三通阀阀杆螺母平面图
1—驱动夹环安装段　2—阀杆伸进孔　3—传递转矩段　4—梯形螺纹　5—承力台肩

图 5-21　公称尺寸 DN350-DN350×2-PN16 带密封筒上行关闭阀瓣式熔体
三通阀阀杆螺母、推力轴承和双向承力座照片

等。图 5-26 所示为公称尺寸 DN350-DN350×2-PN16 阀瓣式熔体三通阀密封筒，其基本结构与图 5-12 所示结构类似，上部的 M14×1.5mm 是抽气密封阀安装螺纹孔。

图 5-22 公称尺寸 DN350-DN350×2-PN16 带密封筒
上行关闭阀瓣式熔体三通阀驱动夹环照片

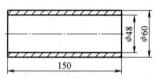

图 5-23 公称尺寸 DN350-DN350×2-PN16 带密封筒
上行关闭阀瓣式熔体三通阀填料隔环

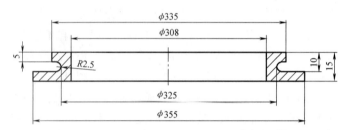

图 5-24 公称尺寸 DN350-DN350×2-PN16 带密封筒上行关闭阀瓣式熔体三通阀中法兰焊唇密封环

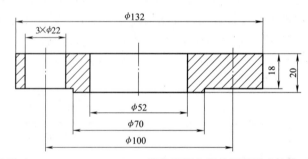

图 5-25 公称尺寸 DN350-DN350×2-PN16 带密封筒上行关闭阀瓣式熔体三通阀填料压板

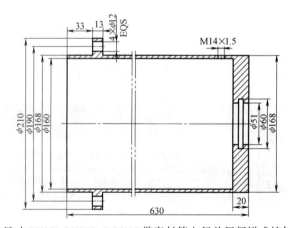

图 5-26 公称尺寸 DN350-DN350×2-PN16 带密封筒上行关闭阀瓣式熔体三通阀密封筒

2. 带散热片下行关闭阀瓣式熔体三通阀

带散热片下行关闭阀瓣式熔体三通阀安装在终缩聚反应器出口处用于排料，由于反应器内工作压力大多是真空度很高的负压，绝对压力常常只有 1~2mbar（1mbar = 0.001bar = 100Pa），而且熔体介质有一定黏度，为了让熔体介质尽快排出，所以公称尺寸应适当大一些。此阀是二十世纪九十年代随主要设备一起从国外采购的。阀杆与阀瓣之间的连接不是焊连接，而是由承力对开环传递阀杆轴向力，即采用间隙松动连接，阀瓣在阀杆上有微小的摆头。

图 5-27 所示为公称尺寸 DN300-DN300×2-PN16 带散热片下行关闭阀瓣式熔体三通阀（俗称裤衩阀）。两根阀杆之间的夹角是 90°，介质出口通道中心线与阀杆轴线成 45°夹角，阀瓣上行开启、下行关闭，阀瓣密封圈是纯铝材料，质地比较软，容易保证阀座密封。其性能参数见表 5-3，主要零部件阀体、伴温夹套、阀瓣、阀盖材料是 06Cr18Ni11Ti，阀杆材料是 17Cr16Ni2，上填料圈为石墨环，下填料圈为多种材料的组合。

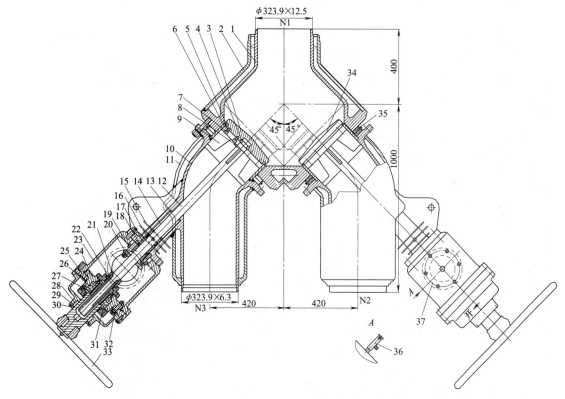

图 5-27 公称尺寸 DN300-DN300×2-PN16 带散热片下行关闭阀瓣式熔体三通阀

1—上阀体 2—上伴温夹套 3—左阀瓣 4—对开承力环 5—阀瓣密封圈 6—密封圈压板

7—内六角圆柱头螺钉 8—防转块 9—导向板 10—下阀体 11—下伴温夹套 12—阀杆 13—填料垫

14—下填料密封圈 15—散热片 16—润滑剂隔环 17—上填料密封圈 18—填料压套 19—填料压板

20—阀瓣开度限位板 21—阀瓣开度调节环 22—防松环 23—支架 24—支承外套 25—过渡法兰

26—传动套 27—阀杆螺母 28—支承环 29—轴封 30—轴封压盖 31—轴承 32—碟形弹簧

33—手轮 34—右阀瓣 35—密封唇口 36—通气阀 37—驱动装置侧盖

N1—上介质进口 N2—右介质出口 N3—左介质出口

表 5-3　公称尺寸 DN300-DN300×2-PN16 带散热片下行关闭阀瓣式熔体三通阀性能参数（R05 出口）

序号	项目	要求或参数
1	公称尺寸(外管)	2×DN300(350)-DN300(350)
2	内管公称压力(使用压力)	PN16(负压~0.10MPa)
3	外管公称压力(使用压力)	PN16(≤1.0MPa)
4	内管试验压力(阀座试验压力)/MPa	2.4(1.6)
5	外管试验压力/MPa	1.6
6	进口内管尺寸/mm	$\phi 323.9 \times 12.5$
7	出口内管尺寸/mm	$2 \times \phi 323.9 \times 6.3$
8	内管设计温度(使用温度)/℃	330(≤290)
9	外管设计温度(使用温度)/℃	360(≤330)
10	内管介质	聚酯熔体
11	外管介质	液相或气相热媒
12	阀门所在位置	反应器出口管道
13	阀门内腔表面粗糙度值 $Ra/\mu m$	3.2
14	介质流向	一进两出

　　工况运行过程中，操作手轮使阀杆下行时关闭。此时，阀体内腔的介质压力作用在阀瓣顶部，有助于阀瓣密封，可以减小操作阀杆所需的力。由于阀杆上行时开启，此时并没有阀瓣固定止点，所以必须依靠阀杆行程控制阀瓣的开启高度。在填料压板的下方有阀瓣开度限位板 20，阀瓣开度调节环 21 与阀杆 12 固定在一起，在阀瓣上行开启过程中，阀瓣开度调节环与阀杆同步上行，当阀瓣开度调节环接触到阀瓣开度限位板时，阀杆就不能继续移动，阀瓣开启高度达到最大值。可以通过螺纹改变阀瓣开度调节环在阀杆上的位置，从而调节阀瓣开启高度，保证必需的介质过流截面积，又不会有过大的空行程。一般情况下，阀瓣有效开启高度稍大于阀座内径的四分之一即可，阀座内径为 300mm，密封圈压板厚度为 30mm，阀瓣实际开启高度总行程等于阀瓣有效开启高度 75mm+压板厚度 30mm+其他因素余量 5mm，即 110mm。

　　由于介质易结焦，可能会导致阀杆驱动转矩增大和填料密封性能下降，所以阀杆填料密封腔中段部位有一个可以注入并储存一定量润滑剂的隔环，详见阀杆填料密封部位放大图（图 5-28）。可以从填料函中间部位的润滑剂注入口 N4 适时注入润滑剂（一般使用硅油或三甘醇），并逐渐注入填料密封件与阀杆表面之间，从而降低阀杆的操作转矩，减少填料密封件的摩擦磨损。工况运行时阀体内可能是负压，一旦空气进

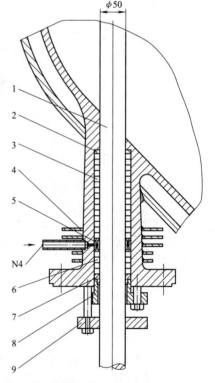

图 5-28　公称尺寸 DN300-DN300×2-PN16
带散热片下行关闭阀瓣式熔体三通阀
阀杆填料密封部位放大图
1—阀杆　2—填料垫　3—下填料密封圈
4—散热片　5—润滑剂隔环　6—上
填料密封圈　7—填料压套　8—填料压板
9—阀瓣开度限位板
N4—润滑剂注入口

入阀内会危及正常生产，所以对阀杆密封性能要求很高。由于介质温度较高，因此在填料函外表面有多层散热片 4，可以在一定程度上降低填料密封件的工作温度。传动部分是封闭的，可以保护填料密封部位不受外界污染，延长密封件有效工作时间。

由于公称尺寸比较大，而且阀杆和阀瓣是悬臂状态，为了防止阀瓣偏离中心轴线，在阀瓣密封圈压板外侧圆周面带有四个导向板，详见图 5-29 和图 5-30，导向板在阀座内腔中可以自由移动，在关闭过程中可保证阀瓣处于正确的径向位置。密封圈压板外径 $\phi298\mathrm{mm}$ 略小于阀座内径 $\phi300\mathrm{mm}$，两者之间有很小的径向间隙。

一旦阀座密封面黏结有结焦物，很容易损伤阀座密封圈。如果阀座密封面黏结有小粒结焦物，当铝制密封圈与其接触密封时，会在铝制密封圈表面产生相应大小和形状的凹坑，此时阀座仍然可以密封。但是，如果密封圈旋转一个角度，其相应结焦部位就会产生新的凹坑，原凹坑部位就会泄漏。为了防止密封圈产生不必要的损伤，在阀杆与密封圈压板之间安装一个防转块 7（图 5-29），密封圈压板俯视图（图 5-30）中的小孔是固定该防转块的螺钉孔。对于结焦物在内件表面堆积很严重的情况，包括阀瓣、阀瓣密封圈、密封圈压板、阀杆、防转块在内的零件都会被结焦物粘结成一个整体很难拆分，阀杆与阀瓣就更不会相互旋转了，但是，此时阀杆轴线与阀瓣密封面之间不一定相互垂直，阀座密封效果可能不理想。图 5-31 所示为公称尺寸 DN300-DN300×2-PN16 密封圈压板照片，带有四个均布的导向板，压板外径与导向板外径相同。

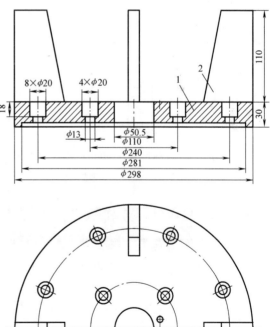

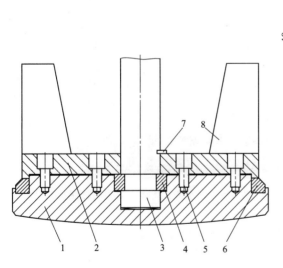

图 5-29　公称尺寸 DN300-DN300×2-PN16 带散热片下行关闭阀瓣式熔体三通阀阀瓣组件放大图

1—左阀瓣　2—密封圈压板　3—阀杆　4—对开承力环
5—内六角圆柱头螺钉　6—阀瓣
密封圈　7—防转块　8—导向板

图 5-30　公称尺寸 DN300-DN300×2-PN16 带散热片下行关闭阀瓣式熔体三通阀阀瓣密封圈压板

1—密封圈压板　2—导向板

图 5-32 所示为公称尺寸 DN300-DN300×2-PN16 带散热片下行关闭阀瓣式熔体三通阀阀杆平面图，承力对开环安装在阀杆的下凹段，两者之间有一定间隙，但是当黏结物塞满间隙以后，两者就被粘结为一个整体了，阀杆与阀瓣之间不能相互移动。防转块安装在槽 3 内并用螺钉固定。图 5-33 所示为公称尺寸 DN300-DN300×2-PN16 带散热片下行关闭阀瓣式熔体三通阀阀杆照片，表面的结焦物已清除干净。图 5-34 所示为公称尺寸 DN300-DN300×2-PN16 带散热片下行关闭阀瓣式熔体三通阀阀瓣，螺纹孔圆周均布。图 5-35 所示为公称尺寸 DN300-DN300×2-PN16 带散

图 5-31　公称尺寸 DN300-DN300×2-PN16 带散热片下行关闭阀瓣式熔体三通阀密封圈压板照片

热片下行关闭阀瓣式熔体三通阀阀瓣照片，可以清晰地看到各部位的结构，从左到右分别是正面、背面和侧面。图 5-36 所示为公称尺寸 DN300-DN300×2-PN16 带散热片下行关闭阀瓣式熔体三通阀铝制阀瓣密封圈，它安装在阀瓣的环形槽内，被包裹在钢制阀瓣与密封圈压板之间的空间内而保证尽可能不损伤，延长有效使用时间。图 5-37 所示为公称尺寸 DN300-DN300×2-PN16 带散热片下行关闭阀瓣式熔体三通阀阀座密封面，阀瓣密封圈与阀座之间是90°圆锥面密封，铝制密封面的宽度比阀座宽度大很多。铝材料的硬度低，容易保证密封，不会损伤阀座密封面，且更换方便，对整体阀门的检修、维护、保养都是有利的。图 5-38

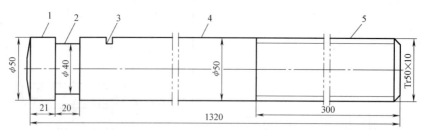

图 5-32　公称尺寸 DN300-DN300×2-PN16 带散热片下行关闭阀瓣式熔体三通阀阀杆平面图
1—阀杆头部　2—对开承力环安装段　3—防转块安装槽　4—填料密封段　5—梯形螺纹

图 5-33　公称尺寸 DN300-DN300×2-PN16 带散热片下行关闭阀瓣式熔体三通阀阀杆照片

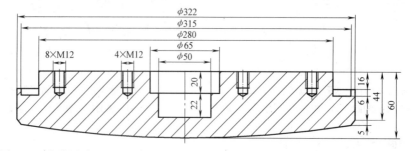

图 5-34　公称尺寸 DN300-DN300×2-PN16 带散热片下行关闭阀瓣式熔体三通阀阀瓣

所示为公称尺寸 DN300-DN300×2-PN16 带散热片下行关闭阀瓣式熔体三通阀阀座密封部位照片，阀座内腔有足够长的圆柱段供导向板在其内滑动。

图 5-35　公称尺寸 DN300-DN300×2-PN16 带散热片下行关闭阀瓣式熔体三通阀阀瓣照片

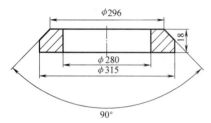

图 5-36　公称尺寸 DN300-DN300×2-PN16 带散热片下行关闭阀瓣式熔体三通阀铝制阀瓣密封圈

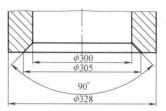

图 5-37　公称尺寸 DN300-DN300×2-PN16 带散热片下行关闭阀瓣式熔体三通阀阀座密封面

图 5-38　公称尺寸 DN300-DN300×2-PN16 带散热片下行关闭阀瓣式熔体三通阀阀座密封部位照片

图 5-39 所示为公称尺寸 DN300-DN300×2-PN16 带散热片下行关闭阀瓣式熔体三通阀阀瓣与阀座关闭状态照片。图 5-40 所示为公称尺寸 DN300-DN300×2-PN16 带散热片下行关闭阀瓣式熔体三通阀单侧出口阀组照片，也就是俗称的裤衩阀的一条腿，每个裤衩阀有两条腿，两个单侧出口阀组分别与上阀体连接就构成了整台熔体三通裤衩阀。上阀体和下阀体之间一般采用唇焊密封环法兰连接，伴温夹套用跨接管连接，以便使伴温介质在上阀体和下阀体之间流通。解体阀门时要将跨接管切断，待所有检修装配调试工作完成、压力试验合格以后，喷油漆之前再将跨接管焊接好。上阀体 1 和下阀体 10（图 5-27）都是整体铸造加工的，

图 5-39　公称尺寸 DN300-DN300×2-PN16 带散热片下行关闭阀瓣式熔体三通阀阀瓣与阀座关闭状态照片

图 5-40　公称尺寸 DN300-DN300×2-PN16 带散热片下行关闭阀瓣式熔体三通阀单侧出口阀组照片

零件刚性好、受力稳定性好，不容易产生变形，对保证公称尺寸比较大的熔体阀的密封性能和使用寿命都是有利的。

3. 不带散热片下行关闭阀瓣式熔体三通阀

不带散热片下行关闭阀瓣式熔体三通阀是 2010 年以后在国内制造的，介质进口公称尺寸大于介质出口公称尺寸。有用于预缩聚反应器出口的，也有用于终缩聚反应器出口的，两者结构类似，但公称尺寸不同，下面分别详细介绍。

（1）预缩聚反应器出口不带散热片下行关闭阀瓣式熔体三通阀　图 5-41 所示为公称尺寸 DN250-DN200×2-PN16 不带散热片下行关闭阀瓣式熔体三通阀。介质进口公称尺寸为 DN250，介质出口公称尺寸为 DN200。介质进出口通道中心线与阀杆轴线成 45°夹角，阀瓣上行开启、下行关闭，采用金属硬密封面。阀瓣与阀杆之间采用对开承力环连接，即阀瓣在阀杆上可以摆头或摇头。其性能参数见表 5-4，主要零部件材料与图 5-2 所示阀门类似。

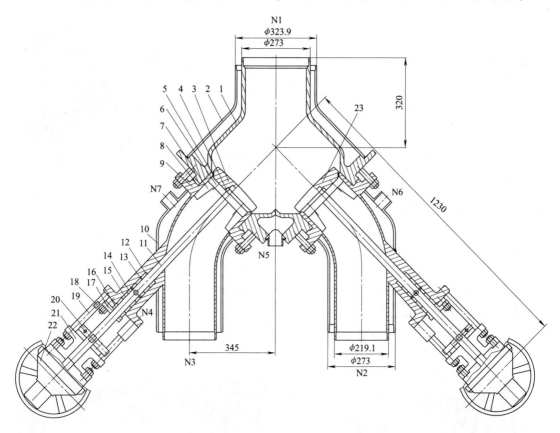

图 5-41　公称尺寸 DN250-DN200×2-PN16 不带散热片下行关闭阀瓣式熔体三通阀

1—上阀体　2—上伴温夹套　3—左阀瓣　4—对开承力环　5—阀瓣密封面　6—承力环压板
7—导向板　8—中法兰焊唇密封环　9—下阀体　10—下伴温夹套　11—阀杆　12—填料垫
13—下填料密封圈　14—隔环　15—上填料密封圈　16—填料压套　17—填料压板　18—阀瓣开
度限位块　19—立柱　20—阀瓣开度限位与防转板　21—支架　22—驱动装置　23—右阀瓣
N1—上介质进口　N2—右介质出口　N3—左介质出口　N4—润滑剂注入口
N5、N6、N7—伴温介质进出口

表5-4　公称尺寸 DN250-DN200×2-PN16 不带散热片下行关
闭阀瓣式熔体三通阀性能参数 （15R01 出口阀）

序号	项目	要求或参数
1	公称尺寸(外管)	DN250(300)-2×DN200(250)
2	内管公称压力(使用压力)	PN16(负压~0.10MPa)
3	外管公称压力(使用压力)	PN16(≤1.0MPa)
4	内管试验压力(阀座试验压力)/MPa	2.4(1.6)
5	外管试验压力/MPa	1.6
6	进口内外管尺寸/mm	ϕ273×6.3-ϕ323.9×4.5
7	出口内外管尺寸/mm	2×ϕ219.1×6.3-ϕ273×4.0
8	内管设计温度(使用温度)/℃	330(≤290)
9	外管设计温度(使用温度)/℃	360(≤330)
10	内管介质	聚合物
11	外管介质	液相或气相热媒
12	阀门所在位置	预缩聚反应器出口管道
13	阀门内腔表面粗糙度值 Ra/μm	3.2
14	介质流向	一进两出

工况运行过程中，阀杆上行介质通道开启、下行介质通道关闭。阀瓣开启行程高度由固定在立柱上的阀瓣开度限位块 18 和固定在阀杆上的阀瓣开度限位与防转板 20 控制并可以进行调节，以保证必需的过流截面积和适当的空行程。阀瓣背面有四个导向板 7，用于保证阀瓣的径向位置。由于熔体介质容易结焦，所以阀杆与阀瓣的连接采用对开承力环连接的方式，不利于保证阀座密封。阀瓣和阀座都是合金材料密封面，对阀杆轴线与阀瓣密封面之间的位置要求就更高。阀杆填料密封腔的中段部位有一个可以注入并储存一定量润滑剂的隔环 14，在填料密封件与阀杆表面之间注入润滑剂，可以降低阀杆的操作转矩，减少填料密封件的摩擦磨损。

（2）终缩聚反应器出口不带散热片下行关闭阀瓣式熔体三通阀　图 5-42 所示为公称尺寸 DN450-DN350×2-PN16 不带散热片下行关闭阀瓣式熔体三通阀。其主体结构与图 5-41 所示三通阀相似，不同之处在于进口公称尺寸比较大，为 DN450。该三通阀的性能参数见表5-5，主要零部件材料与图 5-2 所示阀门类似。

表5-5　公称尺寸 DN450-DN350×2-PN16 不带散热片下行关闭
阀瓣式熔体三通阀性能参数 （17R01 出口）

序号	项目	要求或参数
1	公称尺寸(外管)	DN450(500)-2×DN350(400)
2	内管公称压力(使用压力)	PN16(负压~0.10MPa)
3	外管公称压力(使用压力)	PN16(≤1.0MPa)
4	内管试验压力(阀座试验压力)/MPa	2.4(1.6)
5	外管试验压力/MPa	1.6

（续）

序号	项目	要求或参数
6	进口内外管尺寸/mm	$\phi457\times8.0-\phi508\times6.0$
7	出口内外管尺寸/mm	$2\times\phi355.6\times8.0-\phi406.4\times5.0$
8	内管设计温度（使用温度）/℃	330（≤290）
9	外管设计温度（使用温度）/℃	360（≤330）
10	内管介质	聚酯熔体
11	外管介质	液相或气相热媒
12	阀门所在位置	终缩聚反应器出口管道
13	阀门内腔表面粗糙度值 $Ra/\mu m$	3.2
14	介质流向	一进两出

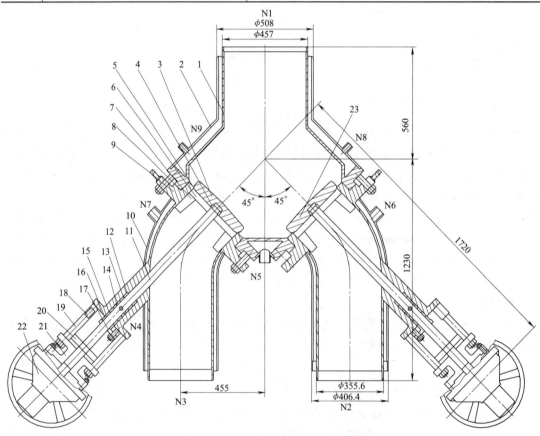

图 5-42　公称尺寸 DN450-DN350×2-PN16 不带散热片下行关闭阀瓣式熔体三通阀

1—上阀体　2—上伴温夹套　3—左阀瓣　4—对开承力环　5—阀瓣密封面　6—承力环压板

7—导向板　8—中法兰焊唇密封环　9—下阀体　10—下伴温夹套　11—阀杆　12—填料垫

13—下填料密封圈　14—隔环　15—上填料密封圈　16—填料压套　17—填料压板

18—阀瓣开度限位块　19—立柱　20—阀瓣开度限位与防转板　21—支架　22—驱动装置　23—右阀瓣

N1—上介质进口　N2—右介质出口　N3—左介质出口　N4—润滑剂注入口

N5、N6、N7、N8、N9—伴温介质进出口

工况运行过程中，图 5-42 所示阀门的操作过程、介质流向、润滑剂注入、伴热等都与图 5-41 所示阀门类似。两台熔体阀安装在同一个工艺过程前后的不同工况位置，所流经的介质流量是相同的，只是不同工况点的工作参数（如压力等）、介质特性（如流动性、黏度等）有所不同，为了保持整个工艺过程中各工况点之间的相互协调一致性，不同工况点的熔体出料阀公称尺寸不一定相同。

5.1.3　双阀杆阀瓣式熔体三通阀的特点

（1）接通或关闭灵活方便　每个阀座有一个独立的阀瓣，由一组传动机构和一个手轮驱动，两个阀瓣的操作是完全独立的，互不干涉、灵活性好。工况运行条件下，两个阀瓣可以是一个开启一个关闭，也可以是两个阀瓣同时开启或关闭。

（2）适用于公称尺寸比较大的阀门　阀瓣的厚度比较小，相连接的阀杆直径比较小，所以阀门的整机外形尺寸比较小、重量比较轻，一般公称尺寸为 DN200～DN500，甚至更大。

（3）阀座密封性能好　阀座与阀瓣之间的密封称为阀座密封，即内密封。可以用阀座和阀瓣本体材料加工密封面，或在阀座和阀瓣表面堆焊其他金属，也可以采用比较软的纯铝制造，不管采用哪种材料，两种金属的硬度是不同的，这样容易保证密封。

（4）阀杆填料密封性能好　阀杆与填料之间的密封称为外密封，阀杆的直径远远小于相同公称尺寸阀门的柱塞直径，所需要的填料密封圈直径也相应小很多，而且阀杆在轴向移动过程中不绕自身轴线旋转，因此两者之间的摩擦磨损很少，阀杆填料密封性能好。

（5）适用于熔体介质　熔体介质在工况条件下是比较好的流体，而在常温下则是固体，即当温度降低到一定程度时，熔体介质就会在阀内黏结。在生产过程中，如果有少量空气泄漏到阀内，熔体介质遇到氧气就会在阀内表面结焦，常用的阀杆与阀瓣松动式连接遇结焦会导致密封面歪斜而很难保证阀座密封。阀瓣与阀杆之间采用螺纹连接后焊牢，结焦不会严重影响阀座密封性能。

（6）工作性能稳定可靠　阀门的结构简单、零部件少，阀瓣与阀座之间、填料密封圈和阀杆之间的密封性能稳定，阀门的无故障工作周期长。

（7）不能用于节流用途　阀瓣只能处于开启或关闭位置，不能处于半开半关的状态。

（8）适用于在线不停车换向　根据工艺要求恰当选择操作两个阀瓣的顺序，在从一个通道开启到另一个通道开启的换向过程中，不要出现截断介质流动状态的"堵死"现象，在一个出料通道逐渐关闭的同时，另一个通道已经部分开启。介质流动状态变化比较小，可以实现在线不停车换向操作。

（9）下行关闭阀瓣行程比较小　阀门在开启位置时阀瓣在介质通道中心，对介质流动有一定影响，但阀瓣行程比较小，开关操作过程所需的时间也相应比较短。

（10）上行关闭阀瓣行程比较大　阀瓣在开启位置时阀瓣不在介质通道中心，对熔体介质流动的影响比较小，但阀瓣行程比较大，开关操作过程所需要的时间也相应比较长。

（11）流道的流体阻力比较大　虽然通道直径变化很小，阀体介质通道平整光滑，但是在开启状态下，介质通道内还是有滞留物料的死腔，即阀瓣与阀盖之间的空间对介质的流动有一定影响，在阀体内会有少量聚酯熔体产生某种程度的滞留，所以流体阻力要大于柱塞式三通阀。

（12）带密封筒，开启或关闭状态不直观　对于带密封筒的阀门，由于导向柱被罩在密封筒内，在使用现场不能直观地根据导向柱位置确定阀瓣处于关闭或开启状态，只能根据手轮操作转矩大小判断阀瓣所在位置，或根据控制中心的指示灯确定阀瓣位置，不够直观。

（13）阀门的操作比较方便　阀杆是倾斜安装的，手轮和驱动部分在阀门的最下部分，对于安装位置比较高的手轮驱动阀门，操作阀门的平台可以低一些或省略，阀门的操作比较方便。

5.2　阀瓣式熔体多通阀

阀瓣式熔体多通阀的介质从一个通道进入阀内，从多个通道流出。这类阀门安装在聚酯主工艺流程的后半段（如终缩聚熔体过滤器出口等），使熔体介质流向不同的下游加工设备。关闭件是阀瓣式的，阀体端部与管道一般采用焊接连接。

5.2.1　阀瓣式熔体多通阀的工作原理

阀瓣式熔体多通阀有一个介质进口和多个介质出口，阀瓣是相互独立的，开启或关闭操作互不干涉。其工作原理与第4章中图4-1所示柱塞式熔体多通阀的工作原理相似，所不同的是关闭件是阀瓣而不是柱塞，这里不再赘述。

5.2.2　阀瓣式熔体五通阀的结构

阀瓣式熔体五通阀的结构类型比较多，这里不能详尽介绍每一种结构，仅介绍一种带密封筒阀瓣式熔体五通阀的典型结构。阀杆轴线与水平面成30°夹角，介质进口通道中心线与水平面垂直，四个介质出口通道中心线与阀杆轴线成45°夹角，并对称地均布在阀体斜下方四个方向。一般情况下，阀瓣仅做轴向移动而不旋转。为了最大限度地降低通道内介质的流动阻力，通道内腔没有急转弯，过流截面积基本没有太大变化，滞留物料的死腔比较小，四个介质出口通道的公称尺寸相同。

图5-43所示为公称尺寸 DN200-DN100×4-PN16 带密封筒阀瓣式熔体五通阀。阀瓣与阀座之间具有纯铝材料的阀瓣密封圈，阀座容易密封、阀杆关闭力比较小，适用于高温低压工况条件。有一个公称尺寸为 DN200 的介质进口、四个公称尺寸为 DN100 的介质出口，进口公称尺寸远大于出口，阀门的主要功能是介质分流，即同时接通多个介质出口。填料压板12、阀杆13、支架14、阀杆螺母17、传动座18、防转与阀瓣位置指示板21、碟形弹簧22等零件罩在密封筒15内，使这些零件与外界隔开，既可以保护这些零件不受外界污染，又可以使填料密封圈的工作环境尽量保持稳定，还可以起到密封作用。需要检验阀杆填料的密封性能时，打开密封阀19并检查其排气口是否有气体排出，如果阀杆填料泄漏量过大，可以及时进行处理，有利于维护正常生产。该阀门的性能参数见表5-6，主要零部件材料与图5-27所示阀门类似。

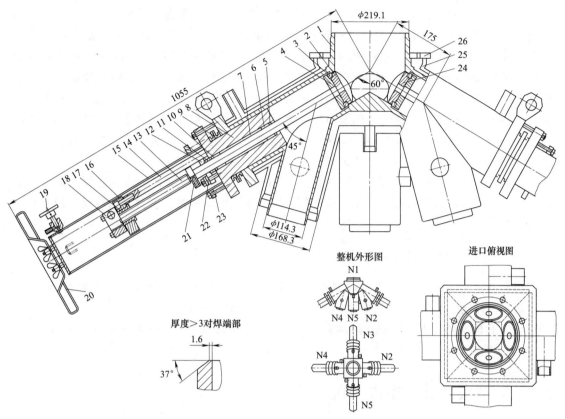

图 5-43 公称尺寸 DN200-DN100×4-PN16 带密封筒阀瓣式熔体五通阀

1—阀体 2—左阀瓣 3—阀瓣密封圈 4—密封圈压板 5—填料垫 6—下填料密封圈 7—填料隔环 8—阀盖
9—中法兰焊唇密封环 10—上填料密封圈 11—填料压套 12—填料压板 13—阀杆 14—支架 15—密封筒
16—压紧板 17—阀杆螺母 18—传动座 19—密封筒 20—手轮 21—防转与阀瓣位置指示板 22—碟形弹簧
23—固定环 24—右阀瓣 25—伴温夹套 26—伴温隔板
N1—上介质进口 N2—右介质出口
N3—后介质出口 N4—左介质出口 N5—前介质出口

表 5-6 公称尺寸 DN200-DN100×4-PN16 带密封筒阀瓣式熔体五通阀性能参数

序号	项目	要求或参数
1	公称尺寸(外管)	DN200-4×DN100(150)
2	内管公称压力(使用压力)	PN16(≤1.0MPa)
3	外管公称压力(使用压力)	PN16(≤1.0MPa)
4	内管试验压力(阀座试验压力)/MPa	2.4(1.76)
5	外管试验压力/MPa	1.6
6	进口内管尺寸/mm	$\phi219.1\times4$
7	出口内外管尺寸/mm	$4\times\phi114.3\times2.9$-$\phi168.3\times3.2$
8	内管设计温度(使用温度)/℃	330(290)
9	外管设计温度(使用温度)/℃	360(330)
10	内管介质	聚酯熔体
11	外管介质	液相或气相热媒
12	阀门所在位置	聚酯熔体管道
13	阀门内腔表面粗糙度值 $Ra/\mu m$	3.2
14	介质流向	一进四出

工况运行过程中，手轮 20 固定在密封筒 15 顶部，此时手轮是不能操作的。当需要开启或关闭阀瓣时，首先取下固定环 23 的螺栓，并拆下密封筒，然后将手轮与传动座 18 安装固定在一起并进行开关操作，手轮驱动传动座并依次带动阀杆螺母旋转，在防转与阀瓣位置指示板 21 的作用下驱使阀杆做轴向运动，使阀门开启或关闭。通过观察防转与阀瓣位置指示板，可以确定阀瓣位置。当开启或关闭操作完成以后，立即取下手轮并将密封筒安装恢复原状，然后将手轮固定好。密封筒的轴向尺寸比较大，能够容纳在开启状态时阀杆伸出传动座的长度，密封筒顶部没有开孔，故泄漏点少。根据生产工艺要求，四个介质出口可以同时开启或关闭，也可以有些开启、有些关闭。

图 5-43 所示的公称尺寸 DN200-DN100×4-PN16 带密封筒阀瓣式熔体五通阀，每个单路阀瓣结构、阀座密封圈结构、阀瓣与阀杆的连接、阀杆填料密封、密封筒结构及作用等都与图 5-2 所示三通阀类似，这里不再赘述。

5.2.3　阀瓣式熔体多通阀的特点

（1）开启或关闭灵活方便　阀瓣式熔体多通阀有多个独立的阀座，工况运行条件下，可以是有些开启、有些关闭，也可以是所有介质通道同时开启或关闭。

（2）其他结构特点　阀瓣式熔体多通阀的其他结构特点与 5.1.3 节的第（2）~第（8）、第（10）~第（13）项类似。

5.3　Y 型夹套反应器进料阀

反应器进料阀将生产主原料输入反应器内，具有开启和关闭两种工作状态。一般情况下，这类阀安装在聚酯生产反应器的顶部，工作压力不高，工作介质从上游工艺设备经过管道进入进料阀，然后进入下游工序反应器。阀体端部进出口有对焊连接的，也有法兰连接的，法兰之间有焊唇密封环，阀门与反应器的连接部位不会因温度和压力波动而泄漏。

5.3.1　Y 型夹套反应器进料阀的结构

Y 型夹套反应器进料阀有很多不同的结构，有带密封罩的，也有不带密封罩的；有法兰连接的，也有对焊连接的。但是，其基本主体结构形式类似于 Y 型截止阀，主要零部件有阀体、阀瓣、阀杆等。

（1）带焊唇密封环法兰连接 Y 型阀瓣式反应器进料阀　图 5-44 所示为公称尺寸 DN65-PN25 带焊唇密封环法兰连接 Y 型阀瓣式反应器进料阀。阀瓣与阀座之间具有比较软的纯铝材料阀瓣密封圈 4，阀座容易密封，阀杆的关闭力比较小，适用于高温低压工况。阀门的介质进出口通道公称尺寸都是 DN65。支架 16 是密封结构的，两个侧面有检查与操作孔并分别安装有密封盖 31、下填料密封圈 11、润滑剂注入隔环 12、上填料密封圈 13、压环 14、填料压盖 15 等全部罩在支架 16 内，使这些零件与外界隔开，既可以保护这些零件不受外界污染，又可以使填料密封圈的工作环境尽量保持稳定，从而可以延长密封圈的有效工作时间。阀杆上部有驱动杆 21，阀杆螺母 20 与驱动杆连接在一起，手轮安装在驱动杆的顶部。操作手轮带动驱动杆旋转，依次带动阀杆螺母旋转，实现阀瓣的开启或关闭。该阀门的性能参数见表 5-7，主要零部件材料与图 5-27 所示阀门类似。

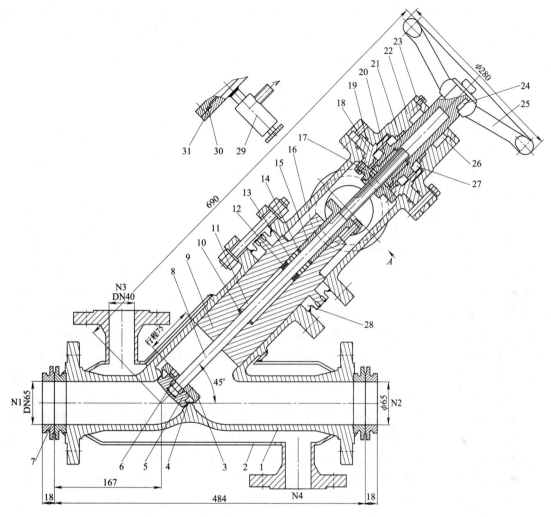

图 5-44　公称尺寸 DN65-PN25 带焊唇密封环法兰连接 Y 型阀瓣式反应器进料阀

1—阀体　2—伴温夹套　3—阀瓣密封圈压板　4—阀瓣密封圈　5—阀瓣　6—对开ар力环

7—端法兰焊唇密封环　8—阀杆　9—填料函　10—填料垫　11—下填料密封圈　12—润滑剂注入隔环

13—上填料密封圈　14—压环　15—填料压盖　16—支架　17—阀杆推力限制器　18—轴承座

19、26、30—密封圈　20—阀杆螺母　21—驱动杆　22—轴承压盖　23—密封圈压盖　24—平键

25—手轮　27—推力轴承　28—中法兰焊唇密封环　29—排气阀　31—密封盖

N1—介质进口　N2—介质出口　N3、N4—伴温介质进出口

表 5-7　公称尺寸 DN65-PN25 带焊唇密封环法兰连接 Y 型阀瓣
式反应器进料阀性能参数（R05 进料阀）

序号	项目	要求或参数
1	公称尺寸	公称尺寸 DN65
2	主阀公称压力(使用压力)	PN25(≤1.6MPa)
3	夹套公称压力(使用压力)	PN16(≤1.0MPa)
4	主阀试验压力(阀座试验压力)/MPa	3.75(2.75)

（续）

序号	项目	要求或参数
5	夹套试验压力/MPa	1.6
6	主阀进出口法兰	公称尺寸 DN65-PN25
7	夹套进出口法兰	公称尺寸 DN40-PN16
8	主阀设计温度（使用温度）/℃	330（290）
9	夹套设计温度（使用温度）/℃	360（330）
10	主阀介质	聚酯熔体
11	夹套介质	液相或气相热媒
12	阀门所在位置	反应器顶部进料管道
13	阀门内腔表面粗糙度值 Ra/μm	3.2
14	介质流向	左进右出

熔体介质浸入以后，填料密封圈会变硬，密封性能下降，为了减缓熔体浸入对密封性能的影响，阀杆填料函内有一个润滑剂注入隔环 12，间隔一定时间可以在隔环内注入适量润滑剂，用来润滑阀杆与填料密封圈之间的密封面，降低密封圈与阀杆之间的摩擦阻力，减少密封圈的摩擦磨损。由于填料的总圈数比较多，熔体介质浸入填料内是缓慢渐进的，所以更换一次填料能够在比较长的时间内满足生产需要。介质通道内腔没有急转弯，过流截面积基本没有变化，滞留物料的死腔比较小。阀体伴温夹套没有到达端法兰根部，所以端法兰公称尺寸与阀门公称尺寸相同。

为了在关闭操作过程中保护阀瓣密封圈不被挤压损坏，阀杆螺母下方有阀杆推力限制器 17，当阀杆螺母的推力达到或超过设定值时，推力限制器就会打滑，因此，传递到阀杆的轴向推力不会超过设定值，从而保证阀杆和铝制阀座密封圈不会损坏。

图 5-45 所示为公称尺寸 DN65-PN25 带焊唇密封环法兰连接 Y 型阀瓣式反应器进料阀照片，其最大的特点是传动部分的轴向尺寸很大，使得阀杆很长，相同直径下阀杆越长，越容易产生弯曲变形，所以在使用操作过程中一定要注意不能用力过猛。

图 5-46 所示为阀瓣密封圈压板，它将密封圈与阀瓣固定连接在一起。图 5-47 所示为对开承力环，它将阀杆推力传递到密封圈形成密封力。图 5-48 所示为阀瓣密封圈，它采用质地软的纯铝材料制成，容易实现密封；60°圆锥面密封所需阀杆推力比较小。图 5-49 所示为阀瓣。该阀门的公称尺寸比较小，上述四个零件都很单薄，能够承受的力也有限。图 5-50 所

图 5-45 公称尺寸 DN65-PN25 带焊唇密封环法兰
连接 Y 型阀瓣式反应器进料阀照片

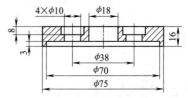

图 5-46 公称尺寸 DN65-PN25 带焊唇密封环法兰
连接 Y 型阀瓣式反应器进料阀阀瓣密封圈压板

示为公称尺寸 DN65-PN25 带焊唇密封环法兰连接 Y 型阀瓣式反应器进料阀阀瓣组件放大图，从图中可以看出，阀杆 8 传递到阀瓣密封圈 4 的关闭密封力是依靠阀瓣密封圈压板 3 与阀瓣 5 之间的连接螺栓承载的。由于阀瓣的结构尺寸比较小，四个 M8 内六角螺栓所能承载的负荷有限，在一定范围内手轮操作力越大，阀门的密封性越好，泄漏量就越小。但当手轮操作力超过一定限度以后，继续加大手轮操作力时阀门的泄漏量反而会增大。现场关闭阀门过程中，操作人员不一定能准确掌握操作力的大小，实际使用过程中曾经出现过阀瓣密封圈脱落的现象，就是在这种情况下造成的。

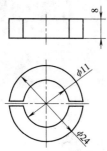

图 5-47　公称尺寸 DN65-PN25 带焊唇密封环法兰
连接 Y 型阀瓣式反应器进料阀对开承力环

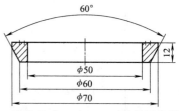

图 5-48　公称尺寸 DN65-PN25 带焊唇密封环法兰
连接 Y 型阀瓣式反应器进料阀阀瓣密封圈

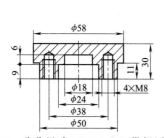

图 5-49　公称尺寸 DN65-PN25 带焊唇密封
环法兰连接 Y 型阀瓣式反应器进料阀阀瓣

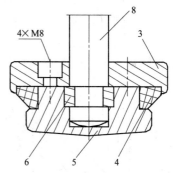

图 5-50　公称尺寸 DN65-PN25 带焊唇密封圈
法兰连接 Y 型阀瓣式反应器进料阀阀瓣组件放大图
3—阀瓣密封圈压板　4—阀瓣密封圈
5—阀瓣　6—对开承力环　8—阀杆
注：各零件序号与图 5-44 一致。

　　图 5-51 所示为改进以后的阀瓣组件结构。从图中可以看出，阀杆 8 的轴向推力依次传递到阀瓣 5 和阀瓣密封圈 4，而不是依靠阀瓣密封圈压板 3 与阀瓣 5 之间的连接螺栓承载力，四个 M8 内六角螺栓的作用仅仅是固定阀瓣密封圈，而不是传递保证阀瓣密封所需的推力，阀瓣压盖 32 的作用是通过对开承力环将阀瓣与阀杆连接在一起。图 5-52 所示为公称尺寸 DN65-PN25 带密封罩 Y 型阀瓣式反应器进料阀阀芯组件照片，阀瓣很小、阀杆很细，填料密封部分和驱动传动部分却很大，占据了阀门整体的大部分，结构复杂是本阀的突出特点，需要改进或更换新型阀门。

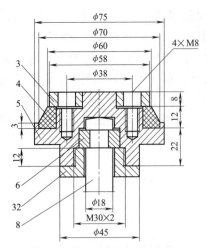

图 5-51　公称尺寸 DN65-PN25 带焊唇密封圈法兰连接
Y 型阀瓣式反应器进料阀阀瓣组件改进结构

3—阀瓣密封圈压板　4—阀瓣密封圈　5—阀瓣
6—对开承力环　8—阀杆　32—阀瓣压盖
注：各零件序号与图 5-44 一致。

图 5-52　公称尺寸 DN65-PN25 带密封罩 Y 型阀
瓣式反应器进料阀阀芯组件照片

（2）带密封罩法兰连接 Y 型阀瓣式反应器进料阀　图 5-53 所示为 NPS5/NPS3-300LB 带密封罩法兰连接 Y 型阀瓣式反应器进料阀。由于有伴温夹套，端法兰公称尺寸应比阀门公称尺寸大两档，阀门公称尺寸为 NPS3，故端法兰公称尺寸选取 NPS5。传动部分比较简单，由四根立柱和一个固定板组成支架，填料密封部位结构也很简单，没有注入润滑剂隔环。中法兰没有焊唇密封环，仅需要一个垫片。由于工作介质容易结焦，所以阀杆与阀瓣用螺纹连

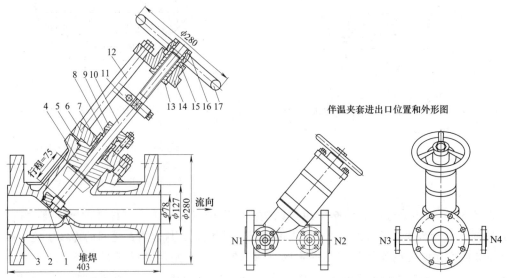

伴温夹套进出口位置和外形图

图 5-53　NPS5/NPS3-300LB 带密封罩法兰连接 Y 型阀瓣式反应器进料阀

1—阀瓣　2—伴温夹套　3—阀体　4—填料箱　5—中法兰垫片　6—阀盖　7—填料密封圈　8—填料套
9—填料压板　10—阀杆　11—防转与阀瓣开启位置指示板　12—立柱　13—阀杆螺母　14—固定板
15—垫环　16—锁紧螺母　17—手轮
N1—介质进口　N2—介质出口　N3、N4—伴温介质进出口

接后焊接，可以避免阀瓣密封面与阀杆轴线不垂直的现象。填料密封总圈数比较适中。介质通道内没有急转弯，过流截面积基本没有太大变化，滞留物料的死腔很小。该阀门的性能参数见表5-8，主要零部件材料与图5-27所示阀门类似。

表5-8　公称尺寸 NPS5/NPS3-300LB 带密封罩法兰连接 Y 型阀瓣式反应器进料阀性能参数

序号	项目	要求或参数
1	公称尺寸	NPS5-NPS3
2	主阀公称压力(使用压力)	300LB(≤1.0MPa)
3	夹套公称压力(使用压力)	150LB(≤1.0MPa)
4	主阀试验压力(阀座试验压力)/MPa	7.5(5.5)
5	夹套试验压力/MPa	2.2
6	主阀进出口法兰	NPS5-300LB
7	夹套进出口法兰	NPS1-150LB
8	主阀设计温度(使用温度)/℃	330(290)
9	夹套设计温度(使用温度)/℃	360(330)
10	主阀介质	聚酯熔体
11	夹套介质	液相或气相热媒
12	阀门所在位置	反应器顶部进料管道
13	阀门内腔表面粗糙度值 Ra/μm	3.2
14	介质流向	左进右出

在图5-53中的伴温夹套进出口位置和外形图中，支架部分有防尘罩将填料密封圈7、填料压套8、填料压板9、阀杆10、防转与阀瓣开启位置指示板11和立柱12包裹住，以减少工作环境的影响，延长阀杆填料密封的有效工作时间，保障聚酯生产装置的稳定运行。

2000年以前安装在线的阀瓣式熔体阀，阀杆与阀瓣是活动连接的，可以随时解体，阀瓣在阀杆头部是可以微量摇头的。2010年以后生产的阀瓣式熔体阀，阀杆与阀瓣是固定连接的，两者不能随时解体，阀瓣在阀杆头部是不可以摇头的。新结构对于有结焦的工况是有利的，能保证阀瓣密封面始终与阀杆轴线垂直，不会产生歪斜现象。

（3）不带密封罩对焊连接 Y 型阀瓣式反应器进料阀　图5-54所示为公称尺寸 NPS5/NPS3-300LB 不带密封罩对焊连接 Y 型阀瓣式反应器进料阀。除端部连接形式不同外，其余结构与图5-53所示阀门类似。其性能参数见表5-9，主要零部件材料与图5-27所示阀门类似。

表5-9　公称尺寸 NPS5/NPS3-300LB 不带密封罩对焊连接 Y 型阀瓣式反应器进料阀性能参数

序号	项目	要求或参数
1	公称尺寸	NPS5-NPS3
2	主阀公称压力(使用压力)	300LB(≤1.0MPa)
3	夹套公称压力(使用压力)	150LB(≤1.0MPa)

(续)

序号	项目	要求或参数
4	主阀试验压力(阀座试验压力)/MPa	7.5(5.5)
5	夹套试验压力/MPa	2.2
6	进口内外管尺寸/mm	$\phi88.9\times5.5$-$\phi141.3\times5.5$
7	出口内外管尺寸/mm	$\phi88.9\times5.5$-$\phi141.3\times5.5$
8	内管设计温度(使用温度)/℃	330(290)
9	外管设计温度(使用温度)/℃	360(330)
10	内管介质	聚酯熔体
11	外管介质	液相或气相热媒
12	阀门所在位置	聚酯熔体管道
13	阀门内腔表面粗糙度值 $Ra/\mu m$	3.2
14	介质流向	左进右出

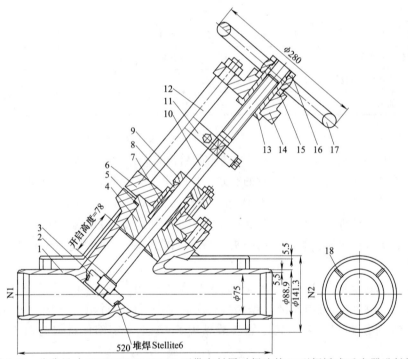

图 5-54　公称尺寸 NPS5/NPS3-300LB 不带密封罩对焊连接 Y 型阀瓣式反应器进料阀

1—阀体　2—伴温夹套　3—阀瓣　4—填料箱　5—中法兰垫片　6—阀盖　7—填料密封圈　8—填料压套
9—填料压板　10—阀杆　11—防转与阀瓣开启位置指示板　12—立柱　13—阀杆螺母　14、18—连接板
15—垫环　16—锁紧螺母　17—手轮

N1—介质进口　N2—介质出口

图 5-54 所示公称尺寸 NPS5/NPS3-300LB 不带密封罩对焊连接 Y 型阀瓣式反应器进料阀
的最大特点是阀体伴温夹套与相连接的管道伴温夹套贯穿成为一个整体，或者说阀体伴温夹

套是管道伴温夹套的组成部分，阀体伴温夹套省去了介质进出口接管及相应配套的输入和输出管道，对伴温运行是有利的。

5.3.2 Y型夹套反应器进料阀的特点

（1）只能是开启或关闭状态　工况运行条件下，可以是开启或关闭状态，但阀瓣不能处于半开半关位置，不能用于节流。

（2）流体阻力小　阀体是Y型结构，阀座与进出口通道对流体的阻力小。

（3）其他结构特点　与5.1.3节第（2）~（7）项类似。

5.4 阀瓣式出料底阀

阀瓣式出料底阀安装在预缩聚反应器底部，用于开启或关闭介质排出管道。其工作压力比较低，工作介质经过出料底阀进入下游工艺设备。阀体进口部位凸出一段距离，安装好以后，凸出部位伸进反应器连接管内腔，在关闭位置阀瓣顶部平面与反应器底部内表面平齐，反应器内的物料能够充分进行反应，从而可保证聚酯产品的质量均匀、稳定。

5.4.1 阀瓣式出料底阀的工作原理

图5-55所示为阀瓣式出料底阀工作原理示意图。在驱动机构（手轮或其他驱动方式）的作用下，阀瓣在阀体内轴向移动使阀门关闭，如图5-55a所示。此时熔体介质不能进入阀内腔。反方向操作驱动机构使阀瓣与阀座分离，如图5-55b所示。此时介质出口开启，熔体介质从出口N2排出。

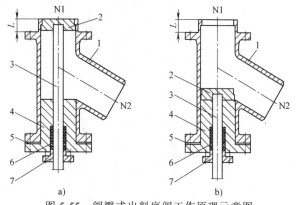

图5-55　阀瓣式出料底阀工作原理示意图
a）介质进出口通道关闭　b）介质进出口通道接通
1—阀体　2—阀瓣　3—阀杆　4—阀盖
5—中法兰垫片　6—填料密封圈　7—填料压盖
N1—介质进口通道　N2—介质出口通道
L—进口凸出部分伸进反应器连接管内腔的长度

5.4.2 阀瓣式出料底阀的结构

阀瓣式出料底阀有带密封罩和不带密封罩的，聚酯装置生产能力不同，阀门公称尺寸不同，制造年代不同，阀门结构不同，下面分别介绍。

（1）带密封罩阀瓣式熔体出料底阀　这种阀是20世纪90年代随主要设备一起从国外引进的。图5-56所示为公称尺寸DN100-PN16带密封罩阀瓣式熔体出料底阀。介质进口N1和出口N2的公称尺寸都是DN100。该阀安装在反应器底部，阀门进口凸出部位L段伸入反应器法兰接口内腔中，在关闭状态下，阀瓣顶部平面M与反应器内表面平齐，两者连接部位没有滞留物料的死腔。阀瓣上行关闭、下行开启。出料底阀上部有支承密封筒17，它既有支架的功能，又有密封筒的作用，填料密封圈13、填料压盖15、阀杆螺母18、导向杆19、外阀杆20等全部罩在支承密封筒内，既可以保护这些零件不受外界污染，又起到密封作用。内阀杆和外阀杆通过阀杆螺母连接在一起，导向杆的一端固定在阀杆螺母的螺纹孔内，另一端在支承密封筒的槽内滑动。开启或关闭过程中，外阀杆旋转但不能轴向移动，内阀杆与阀杆螺母固定在一起，只能轴向移动，这样可以有效减少阀杆填料密封圈 13 的摩擦磨损，延长阀门的有效工作时间。阀瓣组件结构与图 5-44 所示结构相同。其性能参数见表 5-10，主要零部件材料与图 5-2 所示阀门类似。

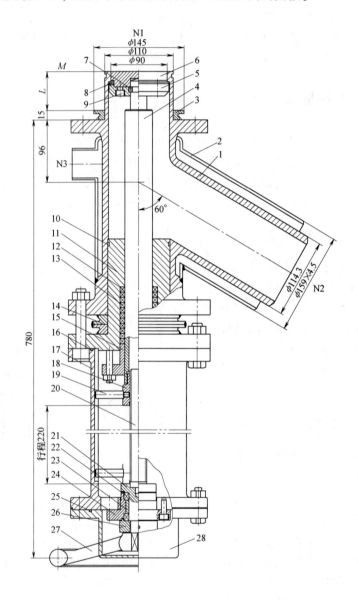

图 5-56 公称尺寸 DN100-PN16 带密封罩阀瓣式熔体出料底阀

1—阀体　2—伴温夹套　3—进口法兰焊唇密封环　4—内阀杆　5—阀瓣密封圈压板　6—阀瓣　7—承力对开环　8—阀瓣密封圈　9—螺钉　10—密封圈　11—阀盖　12—填料垫　13—填料密封圈　14—中法兰焊唇密封环　15—填料压盖　16—下密封圈　17—支承密封筒　18—阀杆螺母　19—导向杆　20—外阀杆　21—轴承座　22—推力轴承　23—支承环　24—轴承套　25—上密封圈　26—轴承压盖　27—手轮　28—密封罩　N1—介质进口　N2—介质出口　N3—伴热介质进口　M—阀瓣顶部平面　L—阀门进口凸出部分长度

表5-10 公称尺寸 DN100-PN16 带密封罩阀瓣式熔体出料底阀性能参数（R04 底阀）

序号	项目	要求或参数
1	公称尺寸(外管)	DN100(150)
2	内管公称压力(使用压力)	PN16(≤1.0MPa)
3	外管公称压力(使用压力)	PN16(≤1.0MPa)
4	内管试验压力(阀座试验压力)/MPa	2.4(1.76)
5	外管试验压力/MPa	1.6
6	进口法兰	DN100-PN16
7	出口内外管/mm	$\phi 114.3 \times 10$-$\phi 159 \times 4.5$
8	内管设计温度(使用温度)/℃	330(290)
9	外管设计温度(使用温度)/℃	360(330)
10	内管介质	聚酯熔体
11	外管介质	液相或气相热媒
12	阀门所在位置	反应器底部出料管道
13	阀门内腔表面粗糙度值 Ra/μm	3.2
14	介质流向	上进下出

当需要进行开启或关闭操作时，首先取下密封罩 28，然后将手轮 27 安装固定到轴承座 21 的顶部连接部位，旋转手轮使阀瓣 6 轴向移动，开启或关闭介质通道。一旦阀瓣开启或关闭操作完成，即刻把手轮取下，将密封罩恢复原位安装。

（2）不带密封罩阀瓣式熔体出料底阀 这种阀是 2010 年以后随主要设备一起从国外引进的，其规格为公称尺寸 DN200-公称压力 PN16，与 2000 年以前引进的熔体出料底阀有很大不同。

图 5-57 所示为公称尺寸 DN200-DN200-PN16 阀瓣式熔体出料底阀阀瓣与内阀杆组件，阀瓣没有铝制密封圈和压板，阀瓣密封面 1 是在阀瓣 2 的基体上堆焊耐摩擦磨损合金加工而成的，阀瓣与内阀杆螺纹连接后焊接牢固，在阀瓣开启过程中，外阀杆伸入内阀杆顶部孔内，内螺纹部分用于安装固定阀杆螺母。图 5-58 所示为公称尺寸 DN200-DN200-PN16 阀瓣式熔体出料底阀阀瓣与内阀杆组件照片，内阀杆表面的黑色附着物是工作介质结焦物。

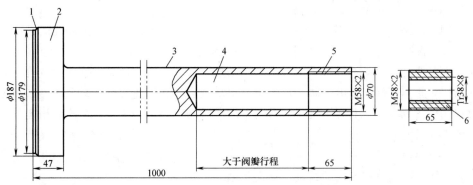

图 5-57 公称尺寸 DN200-DN200-PN16 阀瓣式熔体出料底阀阀瓣与内阀杆组件
1—阀瓣密封面 2—阀瓣 3—阀杆填料密封面 4—外阀杆伸进孔 5—安装阀杆螺母段 6—阀杆螺母

图 5-59 所示为公称尺寸 DN200-DN200-PN16 阀瓣式熔体出料底阀阀芯组件照片，其中包括阀瓣、内阀杆、阀盖、阀杆螺母、填料密封圈、填料压套和填料压板等，还没有装配外阀杆、支架和齿轮驱动装置等。图 5-60 所示为公称尺寸 DN200-DN200-PN16 阀瓣式熔体出料底阀的单路阀芯组合体照片，已将阀瓣、内阀杆、阀盖、阀杆螺母、填料密封圈、填料压套、填料压板、外阀杆、支架和齿轮驱动装置等装配在一起，是单路阀芯的完整组合体，在填料密封部位有一个很简单的小阀门，用于向内阀杆与填料密封圈之间注入润滑剂。

图 5-58　公称尺寸 DN200-DN200-PN16 阀瓣式熔体出料底阀阀瓣与内阀杆组件照片

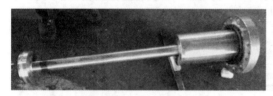

图 5-59　公称尺寸 DN200-DN200-PN16
阀瓣式熔体出料底阀阀芯组件照片

图 5-60　公称尺寸 DN200-DN200-PN16
阀瓣式熔体出料底阀单路阀芯组合体照片

5.4.3　阀瓣式出料底阀的特点

(1) 2000 年以前安装在线的阀瓣式出料底阀公称尺寸比较小　公称尺寸大部分在 DN100 以下，而且整体结构比较复杂、小零件很多，检修过程中解体和装配都比较麻烦。

(2) 2010 年以后生产的阀瓣式出料底阀公称尺寸比较大　公称尺寸大部分在 DN150 以上，整体结构比较简单、零部件比较少，检修过程中解体和装配比较方便。

(3) 其他结构特点　与 5.1.3 节第 (3)~(7) 项类似。

5.5　运行过程中容易出现的故障及其排除方法

(1) 阀杆卡阻　即手轮转不动。原因比较多，最常见的原因是内腔各表面结焦，包括阀杆、阀瓣、铝制密封圈、阀座密封表面，介质通道表面、各个零件表面粘结很厚的结焦物，造成各零件之间活动不灵活，严重的则粘结成一个整体不能活动，甚至会使介质通道过流能力明显降低。也可能是由于阀杆梯形螺纹损坏或有异物、连接件松动等而造成卡阻。

(2) 阀门外漏　即阀杆填料密封泄漏。随着阀杆密封件与高温熔体长期相互作用，熔体介质逐渐浸入填料密封圈内，使密封性能降低甚至失去密封作用，造成阀杆密封处介质外漏。解决这一问题的最好办法就是解体阀门，彻底清除阀门内腔的结焦物，取出混有焦化物的填料密封件，清除填料函内的结焦，更换新填料密封件。

(3) 阀门内漏　即阀座密封面泄漏。可能的原因很多，常见的有铝制阀瓣密封圈损坏、有异物附着在阀座密封面上使阀瓣不能与之接触吻合。最有效的方法是解体检查，清除结焦物，修复或更换损坏零部件。如果是硬质异物损坏阀座密封面，轻则采用机械方式消除损坏部位缺陷，重则需要采用热加工方式消除缺陷。

（4）传动机构损坏 包括阀杆梯形螺纹、阀杆螺母、阀杆与手轮配合处、导向机构、定位机构、推力轴承、O形密封圈等损坏，应定期检查，如有损坏及时更换。

（5）阀瓣组件损坏 对于有铝制阀瓣密封圈的阀瓣组件，零件比较多，包括阀瓣、阀瓣密封圈、密封圈压板、导向板、螺钉、防转板等，最常见的是阀瓣密封圈、螺钉或防转板等小件损坏。

（6）阀杆弯曲变形 由于阀杆是细长杆，加工梯形螺纹的尾部有退刀槽，直径更小，操作不当可能会造成阀杆弯曲变形，甚至偶尔有阀杆断裂的情况。阀杆弯曲变形以后，阀瓣开启行程会受限制，只能开启行程的一半或更少。这种情况只能更换新阀杆，不能采用把弯曲变形的阀杆校直的方法，因为校直以后的阀杆虽然当时可以使用，但在很短的时间内就会重新弯曲变形而不能正常工作。

5.6 现场使用维护保养注意事项

熔体阀使用维护保养内容包括手动阀门的操作、阀门操作注意事项、阀门运行中的维护、整阀安装注意事项等。

5.6.1 手动阀门的操作

手动阀门是通过手轮、齿轮箱或蜗杆驱动装置操作的阀门，是设备管道上使用最普遍的阀门之一。一般情况下，手轮旋转方向顺时针方向为关闭、逆时针方向为开启，但也有个别阀门与上述相反。因此，操作前应注意检查启闭标志，然后再操作。

阀门上的手轮是按正常人力设计的，因此，不允许操作者借助杠杆和长扳手开启或关闭阀门。手轮直径<320mm 的，只允许一个人操作；手轮直径≥320mm 的，允许两人共同操作，或者一人借助长度不超过500mm 的杠杆操作。

5.6.2 阀门操作注意事项

开启或关闭阀门的操作过程也是检查阀门是否存在问题的过程，一旦发现有任何异常，应进一步检查并处理。操作过程中需要注意的事项如下：

（1）高温阀门 当温度升高到200℃以上时，螺栓受热伸长，容易使阀门法兰密封面压紧力不足，这时需要对螺栓进行"热把紧"。此操作不宜在阀门全关位置进行，以免阀杆受力顶弯，造成阀门开启困难或零件损坏。

（2）填料压盖不宜压得过紧 应以填料密封良好且阀杆操作灵活为宜。认为压盖压得越紧越好是错误的，因为过紧会增加操作转矩，加快阀杆和填料密封圈的摩擦磨损。在没有保护措施的条件下，不要随便带压更换或添加填料密封圈。

（3）及时发现阀门存在的问题 在操作过程中，通过听、闻、看、摸所发现的异常现象，操作人员要认真分析原因，属于由自己解决的，应及时消除；需要由修理工解决的，自己不要勉强处理，以免延误修理时机。

（4）操作人员应有专门日志或记录 注意记载各类阀门的运行情况，特别是一些重要

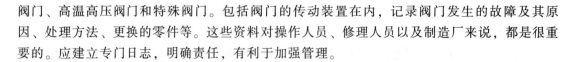

阀门、高温高压阀门和特殊阀门。包括阀门的传动装置在内，记录阀门发生的故障及其原因、处理方法、更换的零件等。这些资料对操作人员、修理人员以及制造厂来说，都是很重要的。应建立专门日志，明确责任，有利于加强管理。

5.6.3　阀门运行中的维护

阀门运行中的维护就是要保证阀门长期处于外观整洁、润滑良好、阀件齐全、运行正常、操作灵活可靠的工作状态。

（1）阀门的清扫　阀门的表面、阀杆和阀杆螺母的梯形螺纹、阀杆螺母与支架滑动部位以及齿轮、蜗轮、蜗杆等部件容易粘积许多灰尘、油污以及介质残渍等脏物，对阀门操作会产生不利影响。因此，经常保持阀门外部和活动部位清洁，保护阀门油漆完整是十分重要的。阀门上的灰尘适合用毛刷拂扫和用压缩空气吹扫；梯形螺纹和齿间脏物适合用抹布擦洗；阀门上的油污和介质残渍适合用蒸汽吹扫，甚至用铜丝刷清除，直至加工面、配合面显出金属光泽，油漆面显出油漆本色为止。

（2）阀门的润滑　阀杆梯形螺纹、阀杆螺母与支架滑动部位，轴承、齿轮和齿轮、蜗轮和蜗杆的啮合部位以及其他配合活动部位，都需要有良好的润滑条件，以减少相互间的摩擦磨损。有的部位专门设有油杯或油嘴，若在运行中损坏或丢失，应修复配齐，使油路畅通。

润滑部位应按具体情况定期加油。经常操作的、温度高的阀门适合间隔一个月加油一次；不经常操作的、温度不高的阀门加油周期可长一些。润滑剂有全损耗系统用油、润滑脂、二硫化钼和石墨等。高温阀门不适合用全损耗系统用油和润滑脂润滑，一方面它们会因高温熔化而易流失，另一方面润滑脂会因高温碳化而对转动部件产生不利，所以需要加注二硫化钼和抹擦石墨粉。对裸露在外的需要润滑的部位，如梯形螺纹、齿轮等，若采用润滑脂等油脂，还容易沾染灰尘，而采用二硫化钼和石墨粉润滑，则不易沾染灰尘，润滑效果比润滑脂好。石墨粉不容易直接涂抹，可用少许全损耗系统用油调合成膏状使用。

（3）阀门的保养　运行中的阀门，各种阀件应保持齐全、完好。各部位螺栓不可缺少，螺纹应完好无损，不允许有松动现象。手轮上的紧固螺母，如果发现松动应及时拧紧，以免磨损连接处或丢失手轮和铭牌。手轮若丢失应及时配齐，不允许用活扳手代替。填料压盖不允许歪斜或无预紧间隙。对容易受到雨雪、灰尘、风沙等污染的阀门，其阀杆要安装保护罩，阀门上的开度标尺应保持完整、准确、清晰。阀门的驱动附件应齐全完好，伴温夹套应无凹陷、裂纹。

5.6.4　整阀安装前管道系统注意事项

将熔体阀安装到生产装置中之前要做好各种准备工作。管道系统的检查清扫就是一项非常重要的准备工作。铝制阀瓣密封圈硬度比较低，如果熔体结焦物或金属焊渣等硬质异物滞留在阀座密封面上，当阀瓣关闭时，就会将异物夹在铝制密封圈与阀座密封面之间，在阀杆关闭力的作用下，铝制密封圈很容易被压出凹坑或产生其他变形而损坏。例如，某次检修好的铝制阀瓣密封圈出料裤衩阀，在检修车间完成调试工作后，按标准要求进行水压试验无泄漏。第二天，将该出料裤衩阀安装到生产装置中，由于生产装置系统内有残留熔体结焦物和金属焊渣，在系统注水冲洗过程中，因有残渣通过阀瓣处而导致不流畅，使得有些残留熔体结焦碎片和金属焊渣滞留在阀座密封面上，在阀瓣关闭时，残渣挤坏铝制阀瓣密封面。进而在系统水压试验时，出料裤衩阀的阀座出现严重泄漏现象。此时立即从生产装置中拆下裤衩阀，经解体检查后，发现铝制阀瓣密封圈上附着有很多熔体结焦物和金属焊渣碎片，铝制阀瓣密封圈已经严重变形损坏。当日将出料裤衩阀运回检修车间，重新更换一个新的铝制阀瓣密封圈，在重新对裤衩阀进行调试合格并经水压试验合格后，运抵使用现场，重新将其安装到生产装置中。由于二次损伤并重新检修的整个过程需要 2 天左右的时间，不仅浪费人力物力，而且对生产造成了一定影响。

5.6.5　整阀安装前检查阀门基本情况

尽管在检修车间阀门检修调试完成后，要进行各种规定的检验和检查，但是，将熔体阀安装到生产装置中之前还是要进行必要的现场目视检查。熔体阀的工作介质温度比较高，虽然阀体部分有伴温夹套，但是正常运行条件下，熔体阀都是被保温材料包裹起来的，此时如果发现熔体阀有异常现象，处理起来是很困难的。例如，某次检修完成后，预聚缩反应器出料底阀出现的故障现象是：手轮可以转动，但是转动手轮所需的力很小，阀杆可以轴向移动，但是不能带动阀瓣移动，也就是阀瓣与阀座不能关闭。由于反应器内是负压，导致有空气从阀杆填料处泄漏进去，但情况不是很严重。根据上述现象，分析如下：

（1）阀杆填料密封泄漏　转动手轮所需的力很小，说明填料压紧螺栓松了，填料的压紧力不足，所以有少量空气从阀杆填料密封处泄漏到反应器内。正常生产过程中，此阀是用厚厚的保温材料包裹起来的，要拧紧填料压紧螺栓很困难，必须借助一个长 500mm 的专用工具，否则无法操作。所以正常检修时一定要保证检修质量，否则到使用现场再有问题需要解决就要借助辅助专用工具了，不仅浪费人力物力，还影响正常生产。

（2）阀瓣不能关闭　阀杆轴向移动时阀瓣不动，原因是两者结构脱节，没有可靠的连接，必须及时清除故障。正常生产过程中的某个阶段此阀是常开状态，阀杆与阀瓣之间的连接脱节时，阀瓣是开启状态，不影响正常生产。当生产过程切换到此阀是常闭状态的某个阶段，阀瓣不能关闭的状况是影响生产的。要及时恢复阀杆与阀瓣之间的有效连接是很困难的，首先要停止生产，排尽内腔熔体介质，拆除保温层，解体阀门，检查并消除故障，装配熔体阀，正常动作以后才能投料生产。

从实例分析可以看出，整阀安装前一定要认真检查阀门的基本情况，在开启和关闭操作两个往返行程中，应分别检查各阀件的位置、行程长度、润滑程度、操作力大小等。如有异常，应进一步检查并修复，修复完成后可以再开关操作两个往返行程，仔细观察、分析每一个现象，直到全部正常为止。在检修车间修复好并试验合格、检查完备的阀门在运输到使用场所的过程中也可能出现各种意外情况，要避免将带有缺陷的阀门安装到装置中。所以在整体阀门安装到装置中之前，一定要检查阀门基本情况，做到万无一失。

第6章 取样阀、冲洗阀和排尽阀

取样阀、冲洗阀和排尽阀是聚酯生产装置中必不可少的关建设备,三者结构比较类似但也有区别,它们安装在管道中不同的工况位置,功能和作用大不相同。

一般情况下,从原料到成品的整个生产过程都需要掌握介质的内在状态和质量,浆料罐出口、浆料泵出口、预缩聚反应器出口、终缩聚反应器出口、熔体泵出口、熔体过滤器出口、多通分路阀出口等都需要安装取样阀或排尽阀。也可以安装在管道中方便操作的位置,达到在需要的工艺位置可以随时取出介质样品,通过检验了解工艺介质当前状况的目的。根据各个主要设备进出口介质是否合格,可以了解每个生产设备的状况是否符合生产要求,所以取样阀在生产中的作用是非常重要的。

排尽阀和取样阀的名称不同、在聚酯装置中的用途不同、安装位置不同,但是两者都是从设备或管道中排出介质,所不同的是在生产装置正常工况运行过程中,每间隔一定的时间就要开启取样阀取出少量介质并检验其是否合格。而排尽阀则是要在生产装置停止工况运行以后、介质温度明显下降之前的短时间内,把管道或设备中的介质完全排出,否则,当温度下降以后,熔体介质将凝固在管道或设备中,会影响设备再次起动时正常运行。冲洗阀则是向设备或管道中充入清洗液,液体是从外向内流动的。

排尽阀还可以安装在设备的上部,用于排出设备内腔的气体,在生产装置开始运行的起始阶段,各个设备和管道中都有空气存在,当介质进入设备内腔以后,在介质推动下部分气体沿管道排出,部分气体则滞留在设备内腔中,在这些滞留气体的部位要安装排尽阀用于排出滞留气体。例如,在熔体泵出口的过滤器顶部安装有排尽阀,可以排出滞留气体,否则,过滤器的过流能力会降低而影响正常生产,而且介质中有气体会影响聚酯产品的质量,进而影响下游产品质量。

应用比较多的取样阀和排尽阀的公称压力是 PN16~PN25 或 Class150,公称压力 PN40~PN100 用得相对少些,公称压力 PN160~PN400 的取样阀和排尽阀主要应用于高压熔体泵出口和高压过滤器进出口。冲洗阀的工作压力比较低,公称压力 PN16 的比较多。大多数取样阀、冲洗阀和排尽阀的公称尺寸为 DN15 ~ DN50(NPS1/2 ~ NPS2),工作介质温度不大于 300℃。

在使用现场,排尽阀也称为排料阀、排放阀等。取样阀分为高温熔体取样阀、常温浆料取样阀和酯化物取样阀等。取样阀和排尽阀的阀体与管道一般采用焊接连接,一小段短管与阀体焊接形成一个整体,安装到生产装置中时,管道与取样阀的短管采用对焊连接即可。

6.1 取样阀和排尽阀的工作原理

取样阀和排尽阀具有开启和关闭两种工作状态，不能用于调节或节流。其工作原理是当柱塞处于关闭位置时，柱塞顶部端面与进口短管 5 的内表面平齐，柱塞的圆锥面与阀座接触并密封，阀座关闭，如图 6-1a 所示。如果柱塞轴向移动一段距离，其圆锥面离开阀座，柱塞顶部端面下降到介质出口 N2 以下，取样阀或排尽阀开启，如图 6-1b 所示。其基本结构比较简单，工作介质从取样阀或排尽阀的顶部进入，从侧面排出。

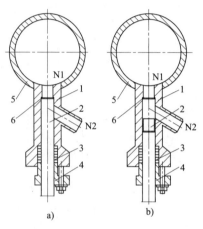

图 6-1 取样阀和排尽阀工作原理

a）介质通道关闭 b）介质通道开启

1—阀体 2—柱塞阀杆一体件 3—填料密封圈 4—填料压盖 5—进口短管 6—阀座与柱塞密封部位
N1—介质进口 N2—介质出口

6.2 熔体取样阀的结构

由于公称尺寸比较小，所以采用柱塞阀杆一体件结构的比较多。为了适用于不同的工况条件或操作场合，不同结构的柱塞阀杆一体件与不同结构的阀体相匹配，可以是柱塞仅轴向移动不旋转，或柱塞轴向移动的同时伴有旋转。柱塞轴线与介质出口通道中心线成 60°～90°夹角，用得比较多的是 80°，也可以是其他可行的角度。大部分取样阀的介质温度比较高，压力比较低，只有熔体泵出口和熔体过滤器进出口的介质温度及压力都比较高。有些取样阀带伴温夹套，有些不带伴温夹套，有些在阀体中腔与短管伴温夹套之间有连通管；有在阀体上直接加工阀座密封面的，也有阀座是单独零件的。聚酯装置中使用的取样阀、冲洗阀和排尽阀是在不同年代由不同企业制造的，所以其结构也不尽相同。下面介绍几种常用结构。

6.2.1 低压熔体取样阀

图 6-2 所示为公称尺寸 DN20-DN50-PN25 柱塞阀杆一体件低压熔体取样阀，是最普通、应用最广泛的一种结构。DN20-DN50-PN25 是指阀座公称尺寸 DN20、进口短管公称尺寸 DN50、公称压力 PN25。阀体进口段插入一短管内并焊接在一起，阀体、阀座和柱塞顶部端

面是短管内壁的一部分，阀体伴温夹套插入短管的伴温夹套内并焊接在一起，使短管与阀体形成一个整体。短管的直径与管道的直径相同并采用对焊连接，短管伴温夹套直径与管道伴温夹套直径相同并采用对焊连接。一般情况下，这种结构的取样阀安装在水平管路中，柱塞轴线垂直于手轮向下，即进口短管 24 水平安装，介质进口 N1 在短管内腔的最低部位，要保证任一时刻取出的介质样品都是新鲜的，都能代表当时的真实状态。这种结构的取样阀不适用于柱塞水平安装的情况，也不适用于垂直管道。其性能参数见表 6-1，主要零部件阀体、伴温夹套、柱塞阀杆一体材料是 06Cr19Ni10，填料密封圈是组合件。

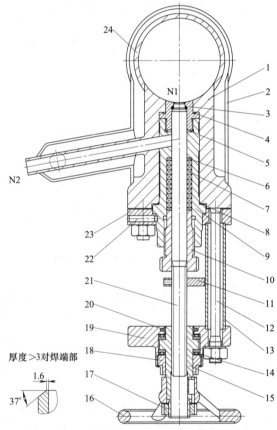

图 6-2　公称尺寸 DN20-DN50-PN25 柱塞阀杆一体件低压熔体取样阀

1—阀体　2—伴温夹套　3—阀座　4—阀座密封圈　5—上密封圈　6—填料垫　7—填料密封圈
8—填料箱垫片　9—填料箱　10—填料压盖　11—导向板与柱塞开启位置指示　12—立柱　13—套管
14—推力轴承　15—阀杆螺母　16—手轮　17—锁紧螺母　18—轴承压盖　19—连接板
20—密封圈　21—柱塞阀杆一体件　22—定位销钉　23—中法兰　24—进口短管
N1—介质进口　N2—介质出口

表 6-1　公称尺寸 DN20-DN50-PN25 柱塞阀杆一体件低压熔体取样阀性能参数

序号	项目	要求或参数
1	公称尺寸(进口短管)	DN20(DN50)
2	内管公称压力(使用压力)	PN25(≤1.5MPa)
3	外管公称压力(使用压力)	PN16(≤1.0MPa)

（续）

序号	项目	要求或参数
4	短管内管尺寸/mm	$\phi60.3\times3.0$
5	短管外管尺寸/mm	$\phi89\times4.0$
6	内管设计温度（使用温度）/℃	330（295）
7	外管设计温度（使用温度）/℃	360（330）
8	内管介质	聚合物
9	外管介质	液相或气相热媒
10	阀门所在位置	聚酯生产主要设备进出口管道
11	阀门内腔表面粗糙度值 $Ra/\mu m$	3.2
12	介质流向	顶进侧出

　　工况运行过程中，旋转手轮16，通过阀杆螺母15使柱塞阀杆一体件21与阀座接触介质通道关闭，进口短管24内的熔体介质不会排出。反方向旋转手轮，使柱塞阀杆一体件与阀座分离，介质通道开启，短管内的介质从阀座排出。伴温夹套2内的热媒使熔体介质保持在要求的温度。

　　有些取样阀在短管伴温夹套与出料管伴温夹套之间有一个连通管，可以使伴温介质更好地流通，如图6-3所示。有些取样阀的阀体中腔比较长，阀体中腔伴温夹套有热媒进出管，如图6-4所示。

图6-3　公称尺寸 DN20-DN50-PN25 短管伴温夹套
与出料管伴温夹套之间有连通管的取样阀整机外形

图6-4　公称尺寸 DN20-DN65-PN16 阀体中腔伴温
夹套有热媒进出管的取样阀整机外形

　　图6-5所示为公称尺寸 DN20-DN50-PN25 低压熔体取样阀的阀体，在图6-2中的序号是1，它是锻件粗加工后焊接在一起，然后再经过精细机械加工而成的，也就是常说的锻焊结构。短管伴温夹套与出料短管伴温夹套之间有一个连通管，可以使阀体各个部分的伴温介质与管道的伴温介质连通，整个阀体温度更均匀。阀体上部平面有一个 $\phi5mm$ 定位销孔与中法兰（图6-2中的序号23）配合加工。阀体外形如图6-6和图6-8右半部分所示。

　　图6-7所示为公称尺寸 DN20-DN50-PN25 低压熔体取样阀阀座，在图6-2中的序号是3。阀座是棒料加工件，是由经过热处理后合格的材料机械加工而成的。阀座下端面的圆弧半径与阀体短管内径相同，此圆弧面就是短管内腔表面的一部分，可以使管道内表面圆滑、无突变、无滞留物料的死腔，有利于保证聚酯熔体产品质量。阀座外形见图6-8中左侧阀体旁边。

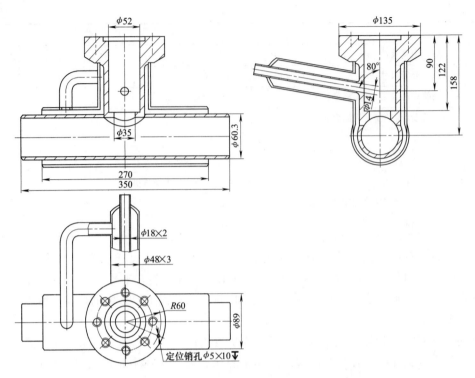

图 6-5　公称尺寸 DN20-DN50-PN25 低压熔体取样阀的阀体

图 6-6　公称尺寸 DN20-DN50-PN25 低压熔体取样阀的阀体照片

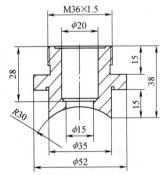

图 6-7　公称尺寸 DN20-DN50-PN25
低压熔体取样阀阀座

图 6-8　公称尺寸 DN20-DN50-PN25 低压
熔体取样阀阀体、阀座、填料箱外形

　　阀座密封圈外径 52mm、内径 36mm、厚度 0.5mm，在图 6-2 中的序号是 4，装配在阀体与阀座之间的密闭空间内，材料不会流失，考虑的主要工作条件是温度和压力。一般采用对位聚苯材料，最高工作温度不大于 350℃，可以长期工作在 300℃ 以下。制造阀座密封圈要使用新的原材料，不能使用回用料（也就是废旧零部件粉碎后的粉末料），也不能在新的原材料中掺入少量回用料，因为回用料的性能不能满足使用要求，特别是使用温度要求。

　　上密封圈外径 30mm、内径 20mm、厚度 1.5mm，在图 6-2 中的序号是 5，它装配在阀座与填料函之间，在柱塞开启状态下，上密封圈与工作介质接触，密封材料可能会流失，所以考虑的主要工作条件除温度和压力外，还要保证材料不会流失。一般采用对位聚苯与不锈钢复合材料，对位聚苯包裹在不锈钢材料内，不锈钢既可以保护对位聚苯材料不会流失，又可以满足冲刷、工作温度、工作压力等其他要求。

　　为了防止填料件被挤入间隙内，在填料下部有专用填料垫来提高密封可靠性，填料垫在图 6-2 中的序号是 6。填料密封圈在图 6-2 中的序号是 7，要使用不褪色也不掉渣的材料，不能污染熔体介质。同时要软一点，不能使用太硬的材料，常用填充聚四氟乙烯或填充对位聚苯。

　　填料箱垫片外径 70mm、内径 52mm、厚度 1.0mm，在图 6-2 中的序号是 8，一般采用石墨与不锈钢复合材料，石墨包裹在不锈钢材料内（即石墨+不锈钢复合垫）。图 6-9 所示为公称尺寸 DN20-DN50-PN25 低压熔体取样阀填料箱，在图 6-2 中的序号是 9，采用经过热处理后合格的型材机械加工而成。填料箱下部的 φ14mm 排料孔与阀体的排料孔相互对应，保证不错位且排料顺畅。填料箱上部的 φ7mm 定位销孔与中法兰（在图 6-2 中的序号是 23）对应的定位销孔配钻，中法兰 φ5mm 定位销孔与阀体上部平面的定位销孔相互对应，形成定位链，保证准确对位。

　　图 6-10 所示为公称尺寸 DN20-DN50-PN25 低压熔体取样阀填料压盖，在图 6-2 中的序号是 10，采用合格的材料经机械加工而成。顶部的 φ50mm 花形齿是用于在装配过程中拧紧的，

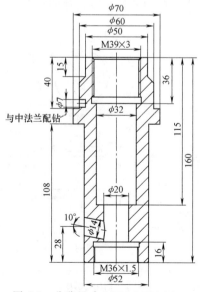

图 6-9　公称尺寸 DN20-DN50-PN25
低压熔体取样阀填料箱

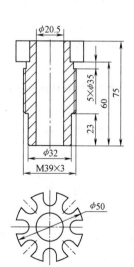

图 6-10　公称尺寸 DN20-DN50-PN25
低压熔体取样阀填料压盖

由于填料压盖拧紧部位空间比较小，这种结构比六边形操作更方便。

图 6-11 所示为公称尺寸 DN20-DN50-PN25 低压熔体取样阀导向板与柱塞开启位置指示，在图 6-2 中的序号是 11。左部的 Tr18×4LH-6H 梯形螺纹孔与阀杆的梯形螺纹配合连接，螺纹孔 M5 安装定位销，使导向板与阀杆固定在一起不能相互旋转或移位，右部的 R13.5mm 半圆弧与立柱套管配合，使柱塞只能轴向移动而不能旋转，使导向板与阀杆一起轴向移动，观察套管上的刻度标尺可以知道柱塞是处于关闭或开启位置。

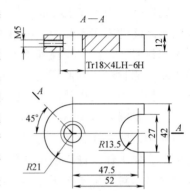

图 6-11　公称尺寸 DN20-DN50-PN25 低压熔体取样阀导向板与柱塞开启位置指示

图 6-12 所示为公称尺寸 DN20-DN50-PN25 低压熔体取样阀立柱，共有 4 根，在图 6-2 中的序号是 12。左部螺纹穿入连接板（在图 6-2 中的序号是 19）的孔内用螺母连接，右部螺纹载入阀体内，阀体上的其余四个螺纹孔载入螺柱，将中法兰与阀体固定在一起并压紧填料箱。

图 6-13 所示为公称尺寸 DN20-DN50-PN25 低压熔体取样阀套管，共有 4 根，在图 6-2 中的序号是 13，套在立柱上配合使用，用螺母压紧连接板。

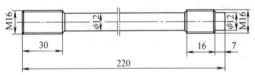

图 6-12　公称尺寸 DN20-DN50-PN25
低压熔体取样阀立柱

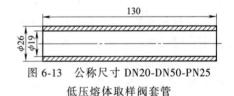

图 6-13　公称尺寸 DN20-DN50-PN25
低压熔体取样阀套管

图 6-14 所示为公称尺寸 DN20-DN50-PN25 低压熔体取样阀阀杆螺母，在图 6-2 中的序号是 15，采用铜合金或 D2 合金材料机械加工而成。左部的 Tr18×4LH 梯形螺纹孔与阀杆的梯形螺纹旋合连接，宽 10mm、长 20mm 的键槽用于安装传递手轮驱动力的平键，螺纹 M28×1.5 安装锁紧手轮的螺母。阀杆螺母旋转并驱动柱塞阀杆一体件轴向移动关闭或开启阀门。

图 6-15 所示为公称尺寸 DN20-DN50-PN25 低压熔体取样阀锁紧螺母，在图 6-2 中的序号是 17。锁紧螺母与阀杆螺母配合使用，用于压紧并固定手轮。

图 6-16 所示为公称尺寸 DN20-DN50-PN25 低压熔体取样阀轴承压盖，

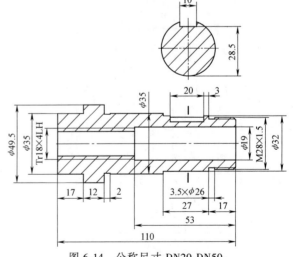

图 6-14　公称尺寸 DN20-DN50-PN25 低压熔体取样阀阀杆螺母

在图 6-2 中的序号是 18。轴承压盖外螺纹与连接板（在图 6-2 中的序号是 19）内螺纹配合安装在阀杆螺母外面，用于压紧并固定推力轴承。

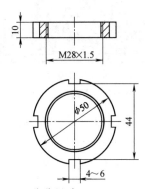

图 6-15　公称尺寸 DN20-DN50-PN25
低压熔体取样阀锁紧螺母

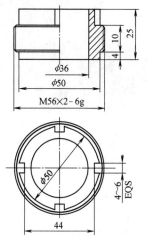

图 6-16　公称尺寸 DN20-DN50-PN25
低压熔体取样阀轴承压盖

图 6-17 所示为公称尺寸 DN20-DN50-PN25 低压熔体取样阀连接板，在图 6-2 中的序号是 19，用于安装固定阀杆螺母、推力轴承、密封圈（在图 6-2 中的序号是 20）、立柱和套管，起连接固定作用。

图 6-18 所示为公称尺寸 DN20-DN50-PN25 低压熔体取样阀柱塞阀杆一体件，在图 6-2 中的序号是 21。柱塞头部 90°圆锥面与阀座接触密封，密封面堆焊耐磨合金，耐摩擦磨损，硬度适中，表面粗糙度要求很高。$\phi20$mm 段是安装填料密封圈的，表面粗糙度要求比较高，阀杆直径比较小而长度尺寸比较大，要注意保持柱塞阀杆一体件不能弯曲。图 6-19 所示为柱塞阀杆一体件、阀座、阀体、填料箱、立柱、套管、导向板等零件照片。图 6-20 所示为柱塞阀杆、连接板、手轮等组件照片。

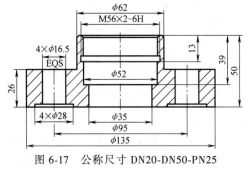

图 6-17　公称尺寸 DN20-DN50-PN25
低压熔体取样阀连接板

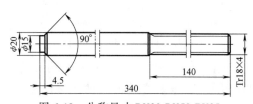

图 6-18　公称尺寸 DN20-DN50-PN25
低压熔体取样阀柱塞阀杆一体件

图 6-21 所示为公称尺寸 DN20-DN50-PN25 低压熔体取样阀定位销钉，在图 6-2 中的序号是 22。定位销钉安装在中法兰的 M12 孔内，头部 $\phi7$mm 段与填料箱的 $\phi7$mm 定位孔配合，固定填料箱的周向位置，确保填料箱的 $\phi14$mm 排料孔与阀体的排料孔准确对应。

图 6-19　公称尺寸 DN20-DN50-PN25 低压熔体
取样阀柱塞阀杆一体件、阀座等零件照片

图 6-20　公称尺寸 DN20-DN50-PN25 低压熔体
取样阀柱塞阀杆、连接板、手轮等组件照片

图 6-22 所示为公称尺寸 DN20-DN50-PN25 低压熔体取样阀中法兰，在图 6-2 中的序号是 23。中法兰的 M12 孔用于安装定位销钉，固定中法兰与填料箱之间的周向位置。中法兰的 φ5mm 定位销孔用于安装定位销，固定中法兰与阀体之间的周向位置，确保填料箱的排料孔与阀体的排料孔准确对应。

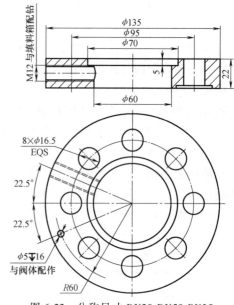

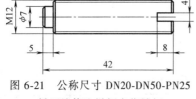

图 6-21　公称尺寸 DN20-DN50-PN25
低压熔体取样阀定位销钉

图 6-22　公称尺寸 DN20-DN50-PN25
低压熔体取样阀中法兰

以上是一种常用熔体取样阀结构及其主要零部件，是现阶段聚酯生产装置中使用最多的取样阀之一，安装在管道底部，阀杆竖直向下，工作压力在 1.0MPa 以下，属于低压取样阀。取下中法兰 23（图 6-2）以后，就可以依次取下填料箱和阀座，检修、维护和保养都比较方便。

6.2.2　中压熔体取样阀

图 6-23 所示为公称尺寸 DN40-DN50-300LB 中压熔体取样阀。DN40-DN50-300LB 是指阀座公称尺寸 DN40、进口短管公称尺寸 DN50、公称压力 300LB。其结构特点是：阀座是单独

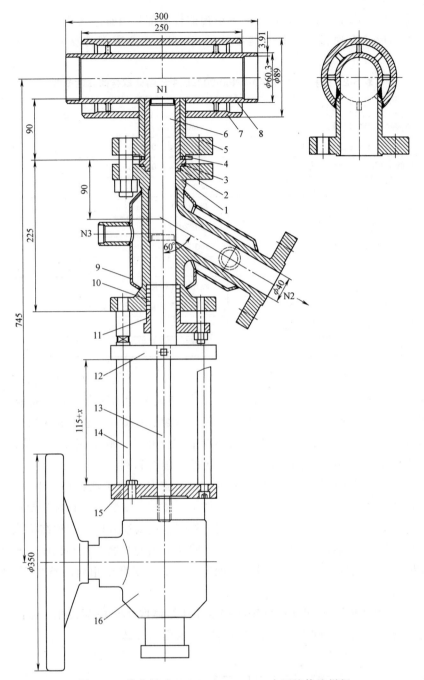

图 6-23 公称尺寸 DN40-DN50-300LB 中压熔体取样阀

1—阀体 2—阀座 3—密封圈 4—带外环缠绕垫片 5—接管法兰 6—柱塞 7—短管夹套 8—进口短管 9—伴温夹套
10—填料密封圈 11—填料压盖 12—导向板与柱塞开启位置指示 13—阀杆 14—立柱 15—连接板 16—驱动装置
N1—介质进口 N2—介质出口 N3—伴温介质进口

的零件且方便拆卸。阀体 1 不与进口短管 8 焊连接，而是接管法兰 5 与进口短管焊连接，阀座 2、密封圈 3、缠绕垫片 4 安装在阀体与接管法兰之间。取样阀安装在水平管道中，柱塞轴线垂直且手轮向下，保证取样阀介质进口 N1 在短管内腔的最低部位。在关闭位置，柱塞顶部端面与短管内表面平齐,保证任一时刻取出的样品都是当时的真实状态。为了减小手轮的操作力,采用齿轮变速机构。其性能参数见表6-2,主要零部件材料与图6-2所示阀体类似。

表 6-2 公称尺寸 DN40-DN50-300LB 中压熔体取样阀性能参数

序号	项目	要求或参数
1	公称尺寸(进口短管)	DN40(DN50)
2	内管公称压力(使用压力)	300LB(≤3.0MPa)
3	外管公称压力(使用压力)	150LB(≤1.0MPa)
4	短管内管尺寸/mm	φ60.3×3.0
5	短管外管尺寸/mm	φ89×4.0
6	内管设计温度(使用温度)/℃	330(295)
7	外管设计温度(使用温度)/℃	360(330)
8	内管介质	聚酯熔体
9	外管介质	液相或气相热媒
10	阀门所在位置	聚酯生产主要设备进出口管道
11	阀门内腔表面粗糙度值 Ra/μm	3.2
12	介质流向	顶进侧出

工况运行过程中,柱塞开启或关闭动作过程与图6-2所示低压取样阀类似,所不同的是图6-23所示中压取样阀所需的驱动力比较大,采用齿轮驱动而不是手轮直接驱动。阀座不是在阀体内而是在阀体外,当阀座与柱塞6之间的密封面有损伤、密封性能降低时,可以拆下阀体与接管法兰之间的连接螺栓,取样阀与管道就分开了,取出阀座进行检修比较方便。短管夹套和进口短管之间有多个连接筋,具有足够的强度和刚度。

与图6-2所示阀门相比较,图6-23所示阀门的优点是省去了填料箱、中法兰、定位销、套管等很多零件,结构比较简单,零部件少,加工、装配、安装和运行维护都比较方便。阀座两侧的密封圈3和带外环缠绕垫片4都在阀体外部,更换很方便。这种结构取样阀的缺点是柱塞的行程比较大,增加了接管法兰的长度,同时支架的高度、柱塞长度、阀杆梯形螺纹长度也相应增加,导致阀杆的长径比增加、稳定性降低。在直径相同的条件下,阀杆越长,越容易产生弯曲变形。

图6-24所示为公称尺寸 DN40-DN50-300LB 中压熔体取样阀柱塞阀杆一体件,头部圆弧面的半径与短管半径相同,圆弧面就是进口短管内表面的一部分。

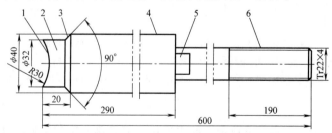

图 6-24 公称尺寸 DN40-DN50-300LB 中压熔体取样阀柱塞阀杆一体件

1—与短管内径圆弧面一致 2—柱塞头部 3—阀杆与阀座之间的密封面 4—填料密封面
5—导向板固定部位 6—梯形螺纹

6.2.3　柱塞不旋转的高压熔体取样阀

图 6-25 所示为公称尺寸 DN20-DN200-PN250 柱塞不旋转的高压熔体取样阀。DN20-DN200-PN250 是指阀座公称尺寸 DN20、进口短管公称尺寸 DN200、公称压力 PN250，即公称尺寸 DN20 的取样阀应用在 DN200-PN250 的管道中。与图 6-23 所示阀门不同的是，该阀门没有独立的阀座和接管法兰，阀座和填料函都是在阀体上直接加工的。其结构简单，零部件少，加工、装配、安装和运行维护都比较方便。但是，一旦阀座密封面损坏，修复比较困难；没有齿轮减速机构，手轮操作力比较大。

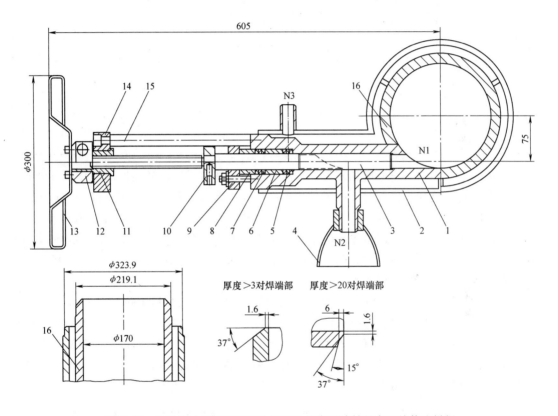

图 6-25　公称尺寸 DN20-DN200-PN250 柱塞不旋转的高压熔体取样阀

1—阀体　2—伴温夹套　3—柱塞阀杆一体件　4—防喷溅喇叭口　5—下填料密封圈　6—填料隔环
7—上填料密封圈　8—填料压套　9—填料压板　10—导向板与柱塞开启位置指示　11—阀杆螺母
12—传动块　13—手轮　14—连接板　15—立柱　16—进口短管
N1—介质进口　N2—介质出口　N3—伴温介质进口

阀体插入短管内并焊接在一起，阀体和柱塞顶部端面是短管内壁的一部分，阀体伴温夹套插入短管伴温夹套内并焊接在一起，短管与阀体形成一个整体。取样阀安装在水平管道中，同时柱塞阀杆一体件水平安装，取样阀介质进口 N1 在短管内腔最低部位，介质出口 N2 竖直向下，要保证能够将管道中的介质排除干净，同时保证任一时刻取出的样品都能代表当时的真实状态。其性能参数见表 6-3，主要零部件材料与图 6-2 所示阀门类似。

表6-3　公称尺寸 DN20-DN200-PN250 柱塞不旋转的高压熔体取样阀性能参数（11-PN250）

序号	项目	要求或参数
1	公称尺寸(进口短管)	DN20(DN200)
2	内管公称压力(使用压力)	PN250(≤16.0 MPa)
3	外管公称压力(使用压力)	PN16(≤1.0MPa)
4	短管内管尺寸/mm	ϕ219.1×22.2
5	短管外管尺寸/mm	ϕ323.9×6.3
6	内管设计温度(使用温度)/℃	330(295)
7	外管设计温度(使用温度)/℃	360(330)
8	内管介质	聚酯熔体
9	外管介质	液相或气相热媒
10	阀门所在位置	聚酯生产主要设备熔体进出口管道
11	阀门内腔表面粗糙度值 Ra/μm	3.2
12	介质流向	顶进侧出

　　高压熔体取样阀的工作温度和压力都很高，在用器皿盛接取出的高温高压介质时可能会有喷溅现象，这种喷溅现象有时会由于排放出的熔体中含有蒸发的气体而变得十分剧烈，为了防止由于喷溅而可能出现的烫伤、污染环境、浪费熔体介质等现象，特在介质出口 N2 处配置一个防喷溅喇叭口，可以有效地防止上述现象的发生。需要注意的是，防喷溅喇叭口的内腔形状和深度尺寸要合理，内腔圆弧过渡要平缓一些，深度尺寸要适当大一些，使盛接器皿与防喷溅喇叭口之间的距离小些。

　　图 6-26 所示为公称尺寸 DN20-DN200-PN250 柱塞不旋转的高压熔体取样阀柱塞阀杆一体件，在开启和关闭过程中，柱塞只做轴向移动而不旋转。柱塞阀杆一体件的轴向尺寸比较大，特别是头部有斜面的柱塞更是如此，梯形螺纹也相应加长。柱塞在短管内腔最底部，短管直径越大，柱塞头部斜面越长，柱塞就越长。图 6-27 所示为柱塞、阀杆螺母、手轮等组件照片，表面黏结了熔体结焦物。

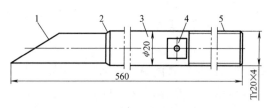

图 6-26　公称尺寸 DN20-DN200-PN250 柱塞不旋转的高压熔体取样阀柱塞阀杆一体件
1—柱塞头部斜面　2—与阀座之间的密封面
3—填料密封面　4—导向板固定部位　5—梯形螺纹

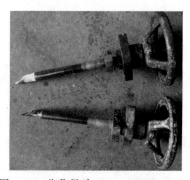

图 6-27　公称尺寸 DN20-DN200-PN250 柱塞不旋转的高压熔体取样阀柱塞、阀杆螺母、手轮等组件照片

6.2.4 柱塞旋转 180°的高压熔体取样阀

图 6-28 所示为公称尺寸 DN25-DN200-PN400 柱塞旋转 180°的高压熔体取样阀。DN25-DN200-PN400 是指阀座公称尺寸 DN25、进口短管公称尺寸 DN200、公称压力 PN400。在导向板 12 与柱塞旋转导向槽 14 的作用下，柱塞在轴向移动过程中绕自身轴线旋转 180°，柱塞头部圆弧面由向上变为向下，在保证流道过流截面积的条件下，柱塞轴向移动距离缩短，减少了柱塞阀杆一体件长度，降低了立柱高度，使取样阀总长减少了。柱塞开启或关闭由齿轮驱动。阀体与短管配合、取样阀在管道中安装、介质进口 N1 和出口 N2 在管道中的方位、柱塞和短管的安装方位、取样要求等都与图 6-25 所示阀门类似。其性能参数见表 6-4，主要零部件材料与图 6-2 所示阀门类似。

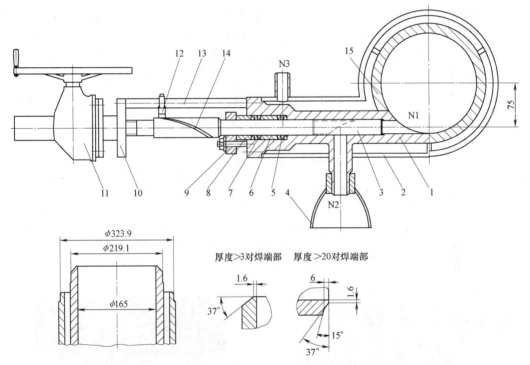

图 6-28 公称尺寸 DN25-DN200-PN400 柱塞旋转 180°的高压熔体取样阀
1—阀体 2—伴温夹套 3—柱塞阀杆一体件 4—防喷溅喇叭口 5—下填料密封圈 6—填料隔环
7—上填料密封圈 8—填料压套 9—填料支板 10—连接盘 11—齿轮驱动装置
12—导向板与柱塞开启位置指示 13—立柱 14—柱塞旋转导向槽 15—进口短管
N1—介质进口 N2—介质出口 N3—伴温介质进口

表 6-4 公称尺寸 DN25-DN200-PN400 柱塞旋转 180°的高压熔体取样阀性能参数 （16-18F01）

序号	项目	要求或参数
1	公称尺寸(进口短管)	DN20(DN200)
2	内管公称压力(使用压力)	PN400(≤20 MPa)
3	外管公称压力(使用压力)	PN16(≤1.0MPa)
4	短管内管尺寸/mm	φ219.1×26

（续）

序号	项目	要求或参数
5	短管外管尺寸/mm	$\phi323.9\times6.3$
6	内管设计温度（使用温度）/℃	330（295）
7	外管设计温度（使用温度）/℃	360（330）
8	内管介质	聚酯熔体
9	外管介质	液相热媒或气相热媒
10	阀门所在位置	聚酯生产主要设备进出口管道
11	阀门内腔表面粗糙度值 $Ra/\mu m$	3.2
12	介质流向	顶进侧出

　　图 6-29 所示为公称尺寸 DN25-DN200-PN400 柱塞旋转 180°的高压熔体取样阀柱塞阀杆一体件，在柱塞圆柱外表面对称分布的两条导向槽 4 在轴向长度 135mm 内旋转了 180°，两侧导向板在各自的导向槽内滑动，即柱塞从开启到关闭绕自身轴线旋转 180°。图 6-30 所示为带导向槽的柱塞阀杆和驱动部分组件照片，根据使用现场空间位置的要求，手轮采用加长杆。图 6-31 所示为公称尺寸 DN25-DN200-PN400 柱塞旋转 180°的高压熔体取样阀柱塞旋转导向槽照片，导向槽有一定深度，所以柱塞直径要适当增大。

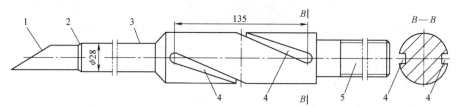

图 6-29　公称尺寸 DN25-DN200-PN400 柱塞旋转 180°的高压熔体取样阀柱塞阀杆一体件
1—柱塞头部斜面　2—与阀座之间的密封面　3—填料密封面　4—导向槽　5—梯形螺纹

图 6-30　带导向槽的柱塞阀杆和驱动部分组件照片

图 6-31　公称尺寸 DN25-DN200-PN400 柱塞旋转 180°的高压熔体取样阀柱塞旋转导向槽照片

6.3　浆料取样阀的结构

　　聚酯生产中的浆料一般是 PTA 与乙二醇的混合物，浆料取样阀的工作介质除 PTA 与乙二醇的混合物以外，还包括回用乙二醇。介质温度为 60~90℃，工作压力在 1.0MPa 以下，不带伴温夹套，应用在生产过程的前段。由于使用工况位置不同，其工作参数与管道直径也不相同，甚至连取样阀的局部结构也略有不同。

图 6-32 所示为公称尺寸 DN20-DN150-PN25 浆料取样阀。DN20-DN150-PN25 是指阀座公称尺寸 DN20、进口短管公称尺寸 DN150、公称压力 PN25。阀体与短管配合焊接、取样阀在管道中安装、介质进口 N1 和出口 N2 在管道中的方位、柱塞和短管的安装方位、取样要求等都与图 6-30 所示阀门类似。介质出口 N2 可以接软管防喷溅，也可以安装喇叭口防喷溅。其性能参数见表 6-5，主要零部件材料与图 6-2 所示阀门类似。

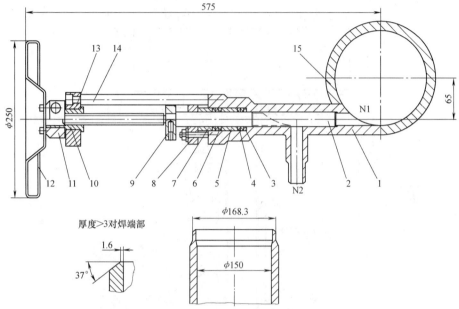

图 6-32　公称尺寸 DN20-DN150-PN25 浆料取样阀
1—阀体　2—柱塞阀杆一体件　3—填料垫　4—下填料密封圈　5—填料隔环
6—上填料密封圈　7—填料压套　8—填料压板　9—导向板与柱塞开启位置指示　10—阀杆螺母
11—传动块　12—手轮　13—连接板　14—立柱　15—进口短管
N1—介质进口　N2—介质出口

表 6-5　公称尺寸 DN20-DN150-PN25 浆料取样阀性能参数

序号	项目	要求或参数
1	公称尺寸(进口短管)	DN20(DN150)
2	公称压力(使用压力)	PN25(≤1.6MPa)
3	短管内管尺寸/mm	ϕ168.3×5.6
4	设计温度(使用温度)/℃	100(80)
5	内管介质	浆料或乙二醇
6	阀门所在位置	聚酯生产浆料管道
7	阀门内腔表面粗糙度值 Ra/μm	3.2
8	介质流向	顶进侧出

6.4　冲洗阀的结构

冲洗阀的主体结构与取样阀类似，所不同的是两者的介质流向相反，冲洗阀的介质从阀外进入阀内后经阀座进入管道中。冲洗阀有采用可拆式阀座的，也有在阀体上加工阀座的，工作压力一般在 1.6MPa 以下；有些适用于聚酯（PET），有些适用于工程塑料（PBT）；有工作温度为 100℃ 或 280℃ 的，也有工作温度为 320℃ 的。

6.4.1 可拆式阀座冲洗阀

图 6-33 所示为公称尺寸 DN40-DN80-300LB 可拆式阀座冲洗阀。适用于 PBT 装置的公称尺寸为 DN40、公称压力为 300LB 的冲洗阀应用在 DN80 管道中。该冲洗阀安装在水平管道

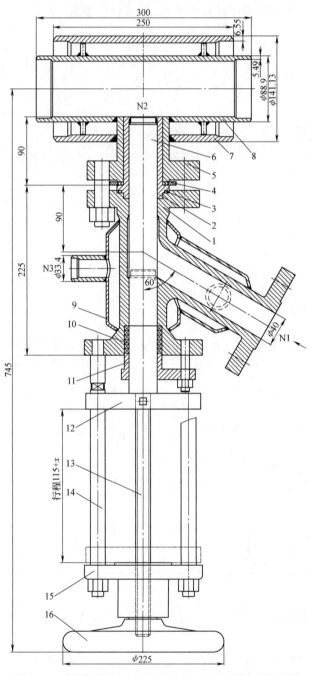

图 6-33　公称尺寸 DN40-DN80-300LB 可拆式阀座冲洗阀

1—阀体　2—阀座　3—密封圈　4—带外环缠绕垫片　5—接管法兰　6—柱塞　7—短管夹套　8—进口短管　9—伴温夹套　10—填料密封圈　11—填料压盖　12—导向板与柱塞开启位置指示　13—阀杆　14—立柱　15—连接板　16—手轮
N1—介质进口　N2—介质出口　N3—伴温介质进口

中，柱塞轴线垂直且手轮向下，即保证冲洗阀介质出口 N2 在短管内腔的最低部位，冲洗完成后要能够排出管道中的积液。该阀的主体结构与图 6-23 所示阀门基本类似，只是介质流向相反。其性能参数见表 6-6，主要零部件材料与图 6-2 所示阀门类似。

表 6-6　公称尺寸 DN40-DN80-300LB 可拆式阀座冲洗阀性能参数

序号	项目	要求或参数
1	公称尺寸(进口短管)	DN40(DN80)
2	内管公称压力(使用压力)	300LB(≤2.0MPa)
3	外管公称压力(使用压力)	150LB(≤1.0MPa)
4	短管内管尺寸/mm	$\phi 88.9 \times 5.5$
5	短管外管尺寸/mm	$\phi 141.3 \times 6.5$
6	内管设计温度(使用温度)/℃	330(295)
7	外管设计温度(使用温度)/℃	360(330)
8	内管介质	冲洗液
9	阀门所在位置	聚酯生产主要设备进出口管道
10	阀门内腔表面粗糙度值 $Ra/\mu m$	3.2
11	介质流向	顶出侧进

工况运行过程中，冲洗液从介质进口 N1 进入阀内腔，柱塞开启通道接通以后，冲洗液进入管道中，当阀座 2 与柱塞 6 之间的密封面有损伤，导致密封性能降低时，可以拆下阀体与接管法兰的连接螺栓，取出阀座进行修复，操作很方便。阀座两侧的密封圈 3 和带外环缠绕垫片 4 都在阀体外部，更换操作简便。这种结构的冲洗阀缺点是柱塞的行程比较大，增加了接管法兰的长度尺寸，同时支架的高度、柱塞长度、阀杆梯形螺纹长度也相应增加，导致阀杆的长径比增加、稳定性降低。

6.4.2　一体式阀座冲洗阀

图 6-34 所示为公称尺寸 DN15-DN50-300LB 一体式阀座冲洗阀。DN15-DN50-300LB 是指公称尺寸为 DN15 的冲洗阀应用在 DN50 的管道中，公称压力为 300LB。阀座密封面是在阀体上加工而成的，阀体与进口短管焊接在一起，可以缩短柱塞行程，减小柱塞阀杆一体件的长度，从而减小阀门外形尺寸。但是，当阀座密封面损坏需要修复时，操作比较困难。其性能参数见表 6-7，主要零部件材料与图 6-2 所示阀门类似。

工况运行过程中，冲洗液从介质进口 N1 进入阀内，柱塞开启以后冲洗液进入管道中，冲洗液通道过流截面积基本保持不变，有利于介质流通，高温高速介质有利于清除粘在内腔管壁上的异物。冲洗阀结构简单、零部件少、运行操作维护保养都比较方便、性能稳定，有利于保证生产装置的可靠运行。

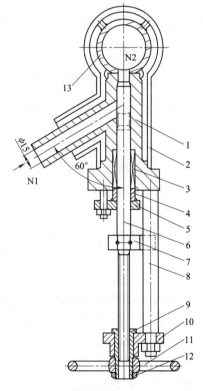

图 6-34　公称尺寸 DN15-DN50-
300LB 一体式阀座冲洗阀
1—阀体　2—伴温夹套　3—填料密封圈
4—填料压套　5—填料压板　6—柱塞阀杆
一体件　7—导向板与柱塞开启位置指示
8—立柱　9—阀杆螺母　10—连接板
11—手轮　12—锁紧螺母　13—进口短管
N1—介质进口　N2—介质出口

表 6-7　公称尺寸 DN15-DN50-300LB 一体式阀座冲洗阀性能参数

序号	项目	要求或参数
1	公称尺寸(进口短管)	DN15(DN50)
2	内管公称压力(使用压力)	300LB(≤2.0MPa)
3	外管公称压力(使用压力)	PN16(≤1.0MPa)
4	短管内管尺寸/mm	ϕ60.3×5.0
5	短管外管尺寸/mm	ϕ88.9×5.0
6	内管设计温度(使用温度)/℃	330(295)
7	外管设计温度(使用温度)/℃	360(330)
8	内管介质	清洗液
9	阀门所在位置	主要设备进出口管道
10	阀门内腔表面粗糙度值 $Ra/\mu m$	3.2
11	介质流向	侧进顶出

6.5　管道排尽阀的结构

　　排尽阀的主体结构与取样阀类似，所不同的是排尽阀是将管道或设备中的介质和气体排除干净，结构与取样阀略有不同，下面介绍其典型结构。

6.5.1　快速排放型管道排尽阀

　　图 6-35 所示为公称尺寸 DN15-DN50-300LB 快速排放型管道排尽阀。DN15-DN50-300LB 是指公称尺寸 DN15 的排尽阀应用在 DN50 的管道中，公称压力为 300LB。虽然柱塞退出介质通道的行程比较长，但是阀体内腔与柱塞之间留有环形空间通道，当柱塞头部离开阀座后，在柱塞还处于阀座与出口之间的通道中时就可以顺畅排料，可以满足特定条件下的工艺要求。阀杆螺母 9 上部有一段没有梯形螺纹，以保护阀杆的梯形螺纹不受损伤，垫环 11 的作用是在连接板 10 和手轮 12 之间进行轴向定位。排尽阀安装在水平管路中，即进口短管 14 水平、柱塞轴线垂直且手轮向下。介质进口 N1 在短管内腔的最低部位，介质出口 N2 倾斜向下。其性能参数见表 6-8，主要零部件材料与图 6-2 所示阀门类似。

　　工况运行过程中，当柱塞头部退出阀座孔以后，柱塞处于半开启状态，介质从进口 N1 进入阀座，经过柱塞周围的环形通道到达出口，这个过程需要的时间很短，有利于迅速排料。柱塞进一步轴向移动，当柱塞头部到达介质通道下止点位置时，通道完全开启，具有最大排放能力。

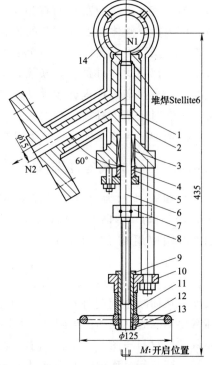

图 6-35　公称尺寸 DN15-DN50-300LB 快速排放型管道排尽阀
1—阀体　2—伴温夹套　3—填料密封圈　4—填料压套　5—填料压板　6—柱塞阀杆一体件　7—导向板与柱塞开启位置指示　8—立柱　9—阀杆螺母　10—连接板　11—垫环　12—手轮　13—锁紧螺母　14—进口短管　N1—介质进口　N2—介质出口

表 6-8 公称尺寸 DN15-DN50-300LB 快速排放型管道排尽阀性能参数 （PBT-300LB）

序号	项目	要求或参数
1	公称尺寸(进口短管)	DN20(DN50)
2	内管公称压力(使用压力)	300LB(≤1.5MPa)
3	外管公称压力(使用压力)	PN16(≤1.0MPa)
4	短管内管尺寸/mm	$\phi60.3\times5.0$
5	短管外管尺寸/mm	$\phi88.9\times5.0$
6	内管设计温度(使用温度)/℃	330(295)
7	外管设计温度(使用温度)/℃	360(330)
8	内管介质	聚合物或浆料
9	阀门所在位置	主要设备进出口管道
10	阀门内腔表面粗糙度值 $Ra/\mu m$	3.2
11	介质流向	顶进侧出

6.5.2 带密封筒的管道排尽阀

图 6-36 所示为公称尺寸 DN20-DN150-PN16 带密封筒的管道排尽阀。DN20-DN150-PN16

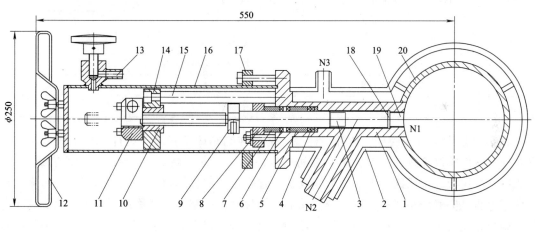

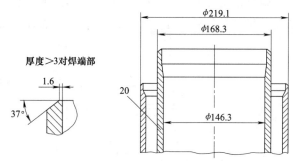

图 6-36 公称尺寸 DN20-DN150-PN16 带密封筒的管道排尽阀

1—阀体 2—伴温夹套 3—柱塞阀杆一体件 4—下填料密封圈 5—填料隔环 6—上填料密封圈 7—填料压套 8—填料压板 9—导向板与柱塞开启位置指示 10—阀杆螺母 11—传动块 12—手轮 13—抽气密封阀 14—连接板 15—立柱 16—密封筒 17—密封筒固定法兰 18—阀座密封圈 19—柱塞头部 20—进口短管

N1—介质进口 N2—介质出口 N3—伴温介质进口

是指阀座公称尺寸 DN20、进口短管公称尺寸 DN150、公称压力 PN16。从阀体中法兰到手轮下部的整个范围内用密封筒 16 罩起来，可以防护内部零部件不受污染，适用于现场环境条件比较差的场合（如粉尘污染、飞溅污染等）。通过抽气密封阀 13，检验填料的密封性能。当需要操作阀门开启或关闭的时候，首先卸去密封筒，把手轮 12 安装在传动块 11 的顶部。排尽阀操作完成以后，取下手轮把密封筒恢复原状。其余主体结构与取样阀类似，该阀安装在水平管路中，柱塞轴线垂直且手轮向下。介质进口 N1 在短管内腔的最低部位，介质出口 N2 倾斜向下，以保证把管道中的介质排除干净。其性能参数见表 6-9，主要零部件材料与图 6-2 所示阀门类似。

表 6-9 公称尺寸 DN20-DN150-PN16 带密封筒的管道排尽阀性能参数 （11-PN16）

序号	项目	要求或参数
1	公称尺寸(进口短管)	DN20(DN150)
2	内管公称压力(使用压力)	PN16(≤1.0MPa)
3	外管公称压力(使用压力)	PN16(≤1.0MPa)
4	短管内管尺寸/mm	$\phi 168.3 \times 5.6$
5	短管外管尺寸/mm	$\phi 219.1 \times 4.0$
6	内管设计温度(使用温度)/℃	330(295)
7	外管设计温度(使用温度)/℃	360(330)
8	内管介质	聚合物
9	阀门所在位置	主要设备进出口管道
10	阀门内腔表面粗糙度值 $Ra/\mu m$	3.2
11	介质流向	顶进侧出

图 6-37 所示为柱塞阀杆一体件、柱塞头部、纯铝阀瓣密封圈等组件，柱塞头部 1 与柱塞阀杆一体件螺纹连接在一起，两者之间夹紧纯铝阀瓣密封圈 2，在导向板侧面有螺纹孔，用螺钉将导向板固定在阀杆上。梯形螺纹 5 的直径小于阀杆填料密封面 3 的直径，可有效防止柱塞弯曲，同时减小了阀杆螺母等传动部件的尺寸。柱塞头部对称铣出两个平面，用于与柱塞旋合螺纹安装固定。图 6-38 所示为柱塞阀杆、阀杆螺母、纯铝阀瓣密封圈、手轮组件照片，其中不含密封筒。图 6-39 所示为柱塞头部照片。

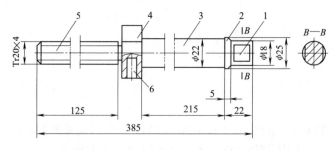

图 6-37 柱塞阀杆一体件、柱塞头部、纯铝阀瓣密封圈等组件
1—柱塞头部 2—纯铝阀瓣密封圈 3—阀杆填料密封面 4—导向板
与柱塞开启位置指示 5—梯形螺纹 6—固定螺钉

图 6-38　柱塞阀杆、阀杆螺母、纯铝
阀瓣密封圈、手轮组件照片

图 6-39　柱塞头部照片

6.5.3　低压熔体管道排尽阀

图 6-40 所示为公称尺寸 DN20-DN100-PN16 低压熔体管道排尽阀。DN20-DN100-PN16 是指阀座公称尺寸 DN20、进口短管公称尺寸 DN100、公称压力 PN16。与图 6-36 所示排尽阀不同的是，该排尽阀没有密封筒，要注意经常清洁填料函部分，检查其密封情况等。手轮 11 固定安装在传动块 10 上，进口短管 14 水平安装，柱塞轴线垂直于手轮向下。介质进口 N1 在短管内腔的最低部位，介质出口 N2 倾斜向下。该排尽阀的性能参数见表 6-10，主要零部件材料与图 6-2 所示阀门类似。

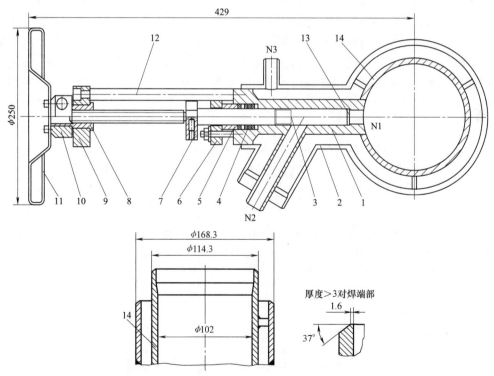

图 6-40　公称尺寸 DN20-DN100-PN16 低压熔体管道排尽阀

1—阀体　2—伴温夹套　3—柱塞阀杆一体件　4—填料密封圈　5—填料压套　6—填料压板　7—导向板与柱塞开启
位置指示　8—阀杆螺母　9—连接板　10—传动块　11—手轮　12—立柱　13—纯铝阀瓣密封圈　14—进口短管
N1—介质进口　N2—介质出口　N3—伴温介质进口

表 6-10   公称尺寸 DN20-DN100-PN16 低压熔体管道排尽阀性能参数 （11-PN16）

序号	项目	要求或参数
1	公称尺寸(进口短管)	DN20(DN100)
2	内管公称压力(使用压力)	PN16(≤1.0MPa)
3	外管公称压力(使用压力)	PN16(≤1.0MPa)
4	短管内管尺寸/mm	ϕ114.3×3.5
5	短管外管尺寸/mm	ϕ168.3×3.5
6	内管设计温度(使用温度)/℃	330(295)
7	外管设计温度(使用温度)/℃	360(330)
8	内管介质	聚合物
9	外管介质	液相热媒或气相热媒
10	阀门所在位置	主要设备进出口管道
11	阀门内腔表面粗糙度值 $Ra/\mu m$	3.2
12	介质流向	顶进侧出

图 6-41 所示为公称尺寸 DN20-DN100-PN16 低压熔体排尽阀柱塞阀杆一体件、柱塞头部、纯铝阀瓣密封圈组件，柱塞与柱塞头部是用螺纹连接在一起的，与图 6-37 所示结构不同的是，阀杆直径与柱塞直径相同，适用于阀杆柱塞长度尺寸比较小的场合。根据使用场合和工作参数不同，可以采用纯铝材料的阀瓣密封圈，也可以在柱塞本体上堆焊耐磨合金加工出密封面，此时柱塞阀杆与柱塞头部是同一个零件，如图 6-42 所示。这种堆焊密封面的柱塞阀杆一体件，抵抗结焦的能力比较强。图 6-43 所示为公称尺寸 DN20-DN100-PN16 低压熔体排尽阀柱塞阀杆、阀杆螺母、手轮组件照片，根据不同的操作要求和工作参数，可以由手轮直接驱动，也可以由锥齿轮驱动。图 6-44 所示为公称尺寸 DN40 齿轮驱动熔体排尽阀柱塞

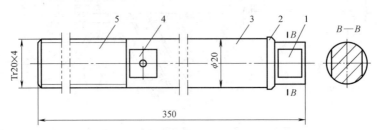

图 6-41   公称尺寸 DN20-DN100-PN16 低压熔体排尽阀柱塞阀杆一体件、柱塞头部、纯铝阀瓣密封圈组件
1—柱塞头部 2—纯铝阀瓣密封圈 3—阀杆填料密封面 4—安装导向板位置 5—梯形螺纹

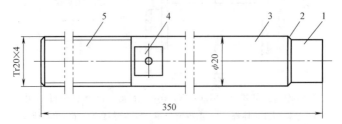

图 6-42   公称尺寸 DN20-DN100-PN16 低压熔体排尽阀柱塞阀杆一体件
1—柱塞头部 2—本体堆焊阀瓣密封面 3—阀杆填料密封面 4—安装导向板位置 5—梯形螺纹

图 6-43 公称尺寸 DN20-DN100-PN16 低压熔
体排尽阀柱塞阀杆、阀杆螺母、手轮组件照片

图 6-44 公称尺寸 DN40 齿轮驱动熔体排尽
阀柱塞阀杆一体件、齿轮箱等组件照片

阀杆一体件、齿轮箱等组件照片。采用齿轮驱动是由现场操作环境决定的,容器及相关设备之间的距离比较近,加长柱塞并采用齿轮驱动可以方便操作。

6.5.4 高压熔体管道排尽阀

高压熔体管道排尽阀应用在生产装置流程的后半段,有用手轮直接驱动的,也有用齿轮驱动的。一般情况下,应用在高压熔体泵出口的排尽阀公称尺寸要小些,应用在高压过滤器进出口的排尽阀公称尺寸要大些,下面介绍其常用结构。

(1)手轮驱动的高压熔体排尽阀 图 6-45 所示为公称尺寸 DN50-DN150-PN250 手轮驱

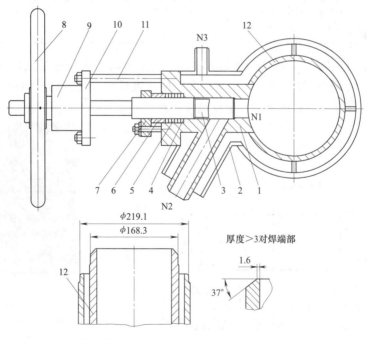

图 6-45 公称尺寸 DN50-DN150-PN250 手轮驱动的高压熔体排尽阀

1—阀体 2—伴温夹套 3—柱塞阀杆一体件 4—填料垫 5—填料密封圈 6—填料压套 7—填料压板
8—手轮 9—传动箱(含阀杆螺母、轴承等) 10—连接法兰 11—立柱 12—进口短管
N1—介质进口 N2—介质出口 N3—伴温介质进口

动的高压熔体排尽阀。DN50-DN150-PN250 是指公称尺寸 DN50 的排尽阀应用在 DN150 的管道中，公称压力为 PN250。传动部分的阀杆螺母、轴承等零部件都在传动箱 9 内。阀体与短管之间的连接、阀体伴温夹套与短管伴温夹套之间的连接与图 6-40 所示结构相同。当该阀安装在水平管路中的高压过滤器出口时，柱塞轴线垂直且手轮向上，介质进口 N1 在短管内腔的最高部位，介质出口 N2 倾斜向上，用于在生产装置起动初始阶段，排出过滤器内的气体，并且要保证将过滤器内任一部位的气体都排除干净。排尽阀的公称尺寸大，过流能力也大，其性能参数见表 6-11，主要零部件材料与图 6-2 所示阀门类似。

表 6-11 公称尺寸 DN50-DN150-PN250 手轮驱动的高压熔体排尽阀性能参数 （16-16F01）

序号	项目	要求或参数
1	公称尺寸（进口短管）	DN50（DN150）
2	内管公称压力（使用压力）	PN250（≤16 MPa）
3	外管公称压力（使用压力）	PN16（≤1.0MPa）
4	短管内管尺寸/mm	$\phi168.3\times18$
5	短管外管尺寸/mm	$\phi219.1\times5.0$
6	内管设计温度（使用温度）/℃	330（295）
7	外管设计温度（使用温度）/℃	360（330）
8	内管介质	聚合物
9	外管介质	液相热媒或气相热媒
10	阀门所在位置	过滤器进出口管道
11	阀门内腔表面粗糙度值 $Ra/\mu m$	3.2
12	介质流向	顶进侧出

图 6-46 所示为公称尺寸 DN50-DN150-PN250 手轮驱动的高压排尽阀柱塞阀杆一体件，柱塞顶部圆弧面 1 的直径与管道内径相同，由于柱塞直径比较大，梯形螺纹的直径缩小了。图 6-47 所示为柱塞阀杆、驱动部分、手轮组件照片。

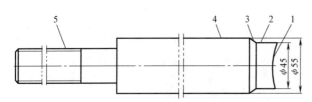

图 6-46 公称尺寸 DN50-DN150-PN250 手轮
驱动的高压排尽阀柱塞阀杆一体件
1—柱塞顶部圆弧面 2—柱塞头部 3—本体堆焊
阀瓣密封面 4—填料密封面 5—梯形螺纹

图 6-47 柱塞阀杆、驱动部
分、手轮组件照片

（2）齿轮驱动的高压熔体排尽阀 图 6-48 所示为公称尺寸 DN65-DN150-PN250 齿轮驱动的高压熔体排尽阀。除驱动方式不同外，其余结构与图 6-45 类似。选择齿轮驱动还

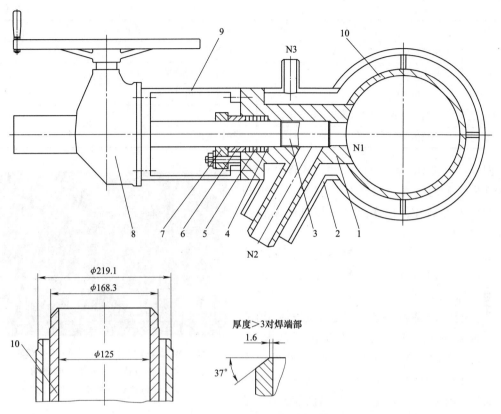

图 6-48　公称尺寸 DN65-DN150-PN250 齿轮驱动的高压熔体排尽阀
1—阀体　2—伴温夹套　3—柱塞阀杆一体件　4—填料垫　5—填料密封圈　6—填料压套　7—填料压板
8—齿轮驱动装置（含齿轮、阀杆螺母、轴承、阀杆护罩、手轮等）　9—支架　10—进口短管
N1—介质进口　N2—介质出口　N3—伴温介质进口

是手轮驱动，考虑的因素比较多，最主要的因素是要满足所需操作转矩，还要考虑操作环境、安装位置是否易于操作等。该阀可以安装在高压过滤器进口，用于排出过滤器内的积存介质，介质进口 N1 在短管内腔的最低部位，介质出口 N2 倾斜向下，以保证将过滤器和管道中的介质排除干净。其性能参数见表 6-12，主要零部件材料与图 6-2 所示阀门类似。

表 6-12　公称尺寸 DN65-DN150-PN250 齿轮驱动的高压熔体排尽阀性能参数（12-28F01）

序号	项目	要求或参数
1	公称尺寸(进口短管)	DN65(DN150)
2	内管公称压力(使用压力)	PN250(≤16 MPa)
3	外管公称压力(使用压力)	PN16(≤1.0MPa)
4	短管内管尺寸/mm	ϕ168.3×18
5	短管外管尺寸/mm	ϕ219.1×5.0
6	内管设计温度(使用温度)/℃	330(295)
7	外管设计温度(使用温度)/℃	360(330)

（续）

序号	项目	要求或参数
8	内管介质	聚合物
9	外管介质	液相或气相热媒
10	阀门所在位置	过滤器进出口管道
11	阀门内腔表面粗糙度值 $Ra/\mu m$	3.2
12	介质流向	顶进侧出

图 6-49 所示为公称尺寸 DN65-DN150-PN250 齿轮驱动的高压熔体排尽阀驱动部分与柱塞阀杆组件照片，柱塞阀杆一体件的结构与图 6-46 类似。

图 6-49　公称尺寸 DN65-DN150-PN250 齿轮驱动的高压熔体排尽阀驱动部分与柱塞阀杆组件照片

总之，不管什么结构的排尽阀，公称尺寸都比较小，特别是应用在公称尺寸比较小的管道中时，排尽阀的公称尺寸就更小。虽然工况条件和性能要求是各种各样的，而且排尽阀的结构也各有不同，但总体结构变化不是太大，变化比较多的是柱塞头部形状。图 6-50 所示为公称尺寸 DN15-DN25-PN250 高压熔体排尽阀的柱塞阀杆一体件，头部有一小段直径变小，是为了适应特定工况条件下的工作性能要求，当然，这种结构应用得不是太多。

对于大部分公称尺寸在 DN20 以上的排尽阀，柱塞阀杆一体件的柱塞部分是等直径的。对于公称尺寸小于 DN20 的取样阀，由于柱塞直径比较小，为了防止柱塞弯曲变形及固定导向板，柱塞阀杆一体件中段直径可以适当增大，如图 6-51 所示。

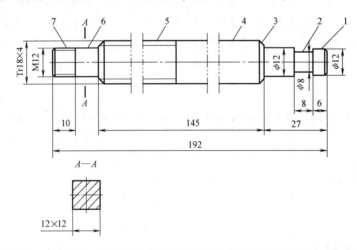

图 6-50　公称尺寸 DN15-DN25-PN250 高压熔体排尽阀的柱塞阀杆一体件

1—柱塞顶部　2—柱塞头部中段　3—柱塞密封面　4—阀杆填料密封面
5—梯形螺纹　6—安装手轮段　7—锁紧螺纹

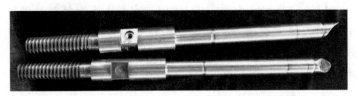

图 6-51 公称尺寸 DN15 排尽阀适当增大中段直径的柱塞阀杆一体件照片

6.6 容器排尽底阀的结构

排尽底阀也称出料底阀，开启和关闭两种工作状态，安装在工程塑料（PBT）生产装置容器底部排放物料。公称尺寸 DN100 以下较多，工作压力不高于 1.0MPa。柱塞的头部伸出阀体一段距离，安装时柱塞伸入容器与阀门的连接段内，在关闭位置柱塞顶部平面与容器内表面平齐，使容器内没有滞留物料的死腔。

图 6-52 所示为公称尺寸 DN40-DN50-PN16 带密封筒熔体排尽底阀。介质进口 N1 公称尺

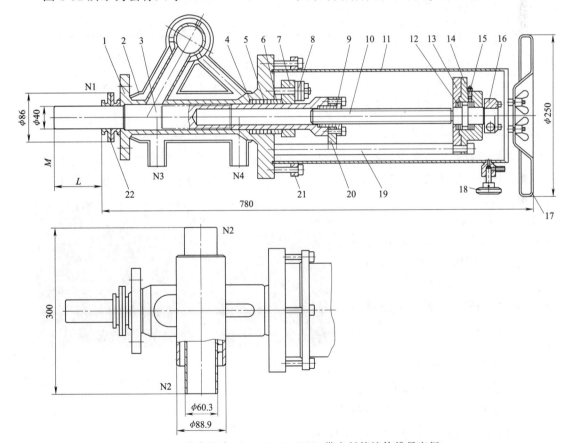

图 6-52 公称尺寸 DN40-DN50-PN16 带密封筒熔体排尽底阀

1—阀体 2—伴温夹套 3—柱塞 4—填料垫 5—填料密封圈 6—填料压套 7—填料压板 8—碟形弹簧 9—阀杆螺母 10—阀杆 11—密封筒 12—推力轴承 13—轴承座 14—轴承压盖 15—注油器 16—传动块 17—手轮 18—抽气密封阀 19—支架 20—导向板与柱塞开启位置指示 21—密封筒连接法兰 22—进口法兰焊唇密封环
N1—介质进口 N2—介质出口 N3、N4—伴温介质进出口 M—柱塞顶部平面 L—柱塞伸进容器接口内的长度

寸为 DN40，介质出口 N2 公称尺寸为 DN50。阀门与容器采用焊唇密封环与法兰焊连接。阀杆部位有密封筒 11，可以将支架部分整体罩在密封筒内，使这些零件不受外界污染，从而延长密封圈的有效工作周期。如果柱塞填料密封部位有泄漏，可以打开抽气密封阀 18，泄漏的气体会从排出口喷出。其性能参数见表 6-13，主要零部件材料与图 6-2 所示阀门类似。

表 6-13   公称尺寸 DN40-DN50-PN16 带密封筒熔体排尽底阀性能参数

序号	项目	要求或参数
1	公称尺寸	DN40
2	内管公称压力（使用压力）	PN16（≤1.0MPa）
3	外管公称压力（使用压力）	PN16（≤1.0MPa）
4	内管试验压力（阀座试验压力）/MPa	2.4（1.76）
5	外管试验压力/MPa	1.6
6	进口法兰	DN40-PN16
7	出口内外管尺寸/mm	$\phi 60.3 \times 3.0$-$\phi 88.9 \times 3.0$
8	内管设计温度（使用温度）/℃	330（290）
9	外管设计温度（使用温度）/℃	360（330）
10	内管介质	聚酯熔体
11	外管介质	液相或气相热媒
12	阀门所在位置	容器底部出料管道
13	阀门内腔表面粗糙度值 $Ra/\mu m$	3.2
14	介质流向	顶进侧出

当需要进行开启或关闭操作时，取下密封筒 11，将手轮 17 安装到传动块 16 顶部。柱塞伸出阀体外一段距离，开启时，首先要使阀体外的柱塞退回阀体内，然后继续操作柱塞离开通道，所以柱塞行程比较长。一旦操作完成，应即刻把手轮取下，将密封筒恢复原位安装。图 6-53 所示为公称尺寸 DN40-DN50-PN16 不带密封筒柱塞式熔体排尽底阀照片，图中阀门处于开启状态，进口部位柱塞凸出长度 L 段已经缩回阀体内腔中。

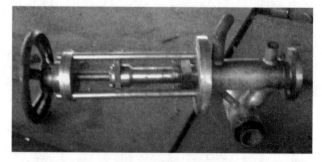

图 6-53   公称尺寸 DN40-DN50-PN16 不带密封筒柱塞式熔体排尽底阀照片

为了满足不同使用工况要求，柱塞式容器排尽底阀有多种结构，除上述柱塞伸出一段距离、带出料短管的结构外，还可以采用阀座与阀体分开的结构。

6.7   注入底阀的结构

注入底阀安装在工程塑料（PBT）生产装置反应器底部，用于向反应器内注入介质。一般情况下，主要原料是从反应器上部进入的，有些介质则需要在工艺要求的特定时间、特定位置注入适宜的量。下面介绍注入底阀的典型结构。

图6-54a所示为公称尺寸 DN15-DN40-PN40 可变孔径柱塞式注入底阀。DN15-DN40-PN40 是指阀座公称尺寸为 DN15，与容器之间的连接法兰公称尺寸为 DN40，公称压力为 PN40。阀座与阀体是两个独立的零件，根据连接容器进口部位结构确定阀座3的长度 L。阀体与容器法兰夹紧阀座，阀座 L 段伸进容器接口内，顶部平面 M 与容器内表面平齐，没有滞留物料的死腔。阀座内腔直径 $\phi30mm$ 远大于柱塞直径 $\phi15mm$，柱塞与阀座之间的环形空间就是介质通道，柱塞行程为 15mm。其性能参数见表6-14，主要零部件材料与图6-2所示阀门类似。

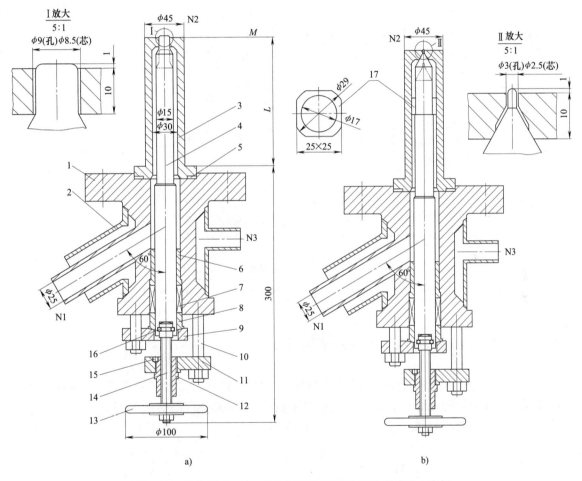

图6-54 公称尺寸 DN15-DN40-PN40 可变孔径柱塞式注入底阀

a）阀座孔径 $\phi9mm$ b）阀座孔径 $\phi3mm$

1—阀体 2—伴温夹套 3—阀座 4—柱塞 5—垫片 6—填料垫环 7—填料密封圈 8—填料压套 9—填料压板
10—支架 11—连接板 12—阀杆螺母 13—手轮 14—阀杆 15—定位螺钉 16—承力钢球 17—柱塞导向环
N1—介质进口 N2—介质出口 N3—伴温介质进出口 M—阀座顶部平面 L—阀座伸进容器接口内长度

工况运行过程中，旋转手轮13可以开启或关闭阀门，介质从进口 N1 进入阀内，经过阀体与柱塞之间的环形通道，再经过阀座密封面后，从出口 N2 喷入反应器内。生产工艺不同，对注入底阀的性能要求也不同，阀座 3 的孔径可以适当增大或缩小，柱塞 4 与阀座配合的结构和尺寸也可以相应改变。图 6-54a 中的柱塞头部伸进阀座孔内，柱塞与阀座 60°圆锥面密封，阀座孔径为 9mm，柱塞头部直径为 8.5mm。图 6-54b 中的柱塞与阀座 60°圆锥面密封，阀座孔径为 3mm，柱塞头部直径为 2.5mm。在柱塞与阀体之间的环形通道内有柱塞导向环 17，使柱塞不会偏移。柱塞前段直径较小、后段直径较大，即有一个变径台阶，使导向环 17 轴向定位在阀座内孔中。导向环外缘切掉 4 个扇形，保留 φ29mm 外径有足够长度的 4 段圆弧与阀座内壁接触，切掉的 4 个扇形部分空间就是介质通道。

表 6-14　公称尺寸 DN15-DN40-PN40 可变孔径柱塞式注入底阀性能参数

序号	项目	要求或参数
1	公称尺寸(出口法兰)	DN15(DN40)
2	阀体公称压力(使用压力)	PN40(≤1.6MPa)
3	夹套公称压力(使用压力)	PN16(≤1.0MPa)
4	阀体试验压力(阀座试验压力)/MPa	6.0(4.4)
5	阀座真空试验参数	氦气, $6.7×10^{-7}$ Pa·L/s
6	夹套试验压力/MPa	1.5
7	内管设计温度(使用温度)/℃	320(290)
8	外管设计温度(使用温度)/℃	330(300)
9	内管介质	熔体
10	外管介质	液相或气相热媒
11	阀门所在位置	反应器底部管道
12	阀门内腔表面粗糙度值 Ra/μm	3.2
13	介质流向	顶进侧出
14	阀座真空泄漏率	参照机械行业标准 JB/T 6446—2004《真空阀门》的规定

6.8　取样阀、冲洗阀和排尽阀的特点

取样阀、冲洗阀和排尽阀在聚酯生产装置中应用非常广泛，虽然三种阀门的名称和安装位置不同，详细结构也略有不同，但是主体结构类似，主要特点如下：

（1）公称尺寸比较小　一般情况下，公称尺寸在 DN50 以下。取样阀和冲洗阀公称尺寸为 DN20 或 DN25 的比较多，少数公称尺寸为 DN15 或 DN40。排尽阀公称尺寸为 DN25～DN40 的较多，DN50 以上的比较少。

（2）阀体与短管焊接成一个整体　取样阀、冲洗阀和排尽阀大部分安装在管道中，而且阀体和短管焊连接成一个整体，短管的直径与管道的直径相同，短管端部加工出对焊坡口。安装时，短管与管道对焊连接即可。这样做的好处是焊接部位不在阀体上，距离阀座密封面比较远，对阀座密封面的热影响比较小，不会因为焊接安装而造成阀门密封性能降低或阀门损坏。

（3）柱塞头部形状必须与管道内腔圆弧面一致　一般情况下，取样阀、冲洗阀和排尽阀安装在水平管道中，阀门的柱塞可以水平安装，也可以竖直安装。但是，柱塞必须在管道

内腔最低部位，而且柱塞头部形状必须与管道内腔圆弧面一致，不能有滞留物料的死腔或柱塞头部伸进管道内的情况。

（4）高压或高温取样阀有防护结构　高压或高温取样阀的出口有防止喷溅喇叭口，用于防止高压或高温介质伤害操作人员。

（5）冲洗阀介质进口端部要容易连接管道　冲洗阀介质进口端部结构形状和尺寸要方便与冲洗介质管道连接，连接形式要与相对应的管道接口一致，并且应方便迅速安装或拆下。

（6）阀座密封性能好　阀座密封是指阀座与柱塞之间的密封。取样阀和排尽阀的阀座密封有两种结构：其一是纯铝材料密封，其质地柔软，适用于低压工况；所需密封比压小，对密封表面加工尺寸精度与表面粗糙度要求也比较低。其二是柱塞本体堆焊耐摩擦磨损合金材料，其韧性好，适用于高压高温工况。阀座可以在阀体上加工，或以阀体材料为基体堆焊合适的耐磨材料。

（7）柱塞填料密封性好　柱塞填料可以是成形环，也可以是编织填料绳。根据工况要求，选取不同材料或材料组合。取样阀、冲洗阀和排尽阀的柱塞直径比较小、行程比较短，对密封件的摩擦磨损也比较少，有利于保证阀门稳定运行。

（8）工作性能稳定、可靠　阀门的结构简单、零部件少、阀座密封性能稳定，所以其工作性能可靠。阀座密封面有适宜的硬度和比较好的韧性，耐冲刷、耐冲击。现场使用的很多取样阀、冲洗阀和排尽阀可以连续工作两个检修周期而无故障，甚至可以连续工作超过五年或更长时间。

（9）适用于熔体介质　通道内平整光滑，没有死腔，聚酯熔体介质在阀门内不会产生滞留，内部通道结构对有一定黏度的聚酯熔体介质的流动阻力小。

（10）纯铝材料密封圈容易损伤　对于新建或大修后的聚酯生产装置，管道内或其他设备内部都可能残留异物，如焊渣、金属块、螺钉、螺母以及由原料 PTA 粉末带入的杂物等。这些异物随介质在管道内流动，经过阀座时极易卡住，一旦异物滞留，关闭阀门时密封圈很可能被压伤损坏，在现场工艺流程中这种情况时有发生。

6.9　容易出现的故障及其排除方法

（1）阀座密封面泄漏　内漏是常见问题，可能是滴漏，也可能是严重泄漏。可能的损伤形式有阀座或阀瓣密封面被异物压伤、磨损、裂纹、挤压变形或压痕伴有裂纹等。出现此类问题时，首先要弄清楚可能的原因，如使用时间较长造成密封面摩擦磨损严重或异物滞留在密封面上等，针对具体情况消除原因并修复密封面。

（2）不能开启或关闭　现象是手轮可以转动，但柱塞不能轴向移动，即打不开、关不死。可能的原因有阀杆梯形螺纹损坏，阀杆螺母梯形螺纹脱扣、磨损，阀杆导向板故障等。

（3）手轮不能转动　可能的原因有填料压盖螺栓过紧、新添加的填料密封圈太硬，造成填料摩擦力太大、导向板在阀杆上移动困难，导致阀杆不能轴向移动等。

（4）开关不灵活　手轮操作转矩大，可能的原因有阀杆螺母外径与支架配合面损伤，出现凹凸不平、沟痕等，阀杆梯形螺纹表面轻微损伤或黏结有脏物，导向板活动异常等。检查修复好以后装配调试，即可恢复正常。

（5）填料密封泄漏　阀杆处泄漏时，可以适当压紧填料密封圈，观察泄漏情况是否有变化，如果仍然泄漏严重，则需要更换填料密封圈。

（6）阀杆弯曲或断裂　柱塞与阀杆是一体件，长度尺寸很大且直径很小，容易产生弯曲变形，轻则手轮操作力增大，阀座关闭不严而内漏；严重时手轮无法操作，甚至柱塞阀杆一体件断成两截，此时必须立即更换阀杆。

（7）手轮损坏或丢失　必须更换或补齐。

（8）柱塞铝制密封圈损坏　更换新的密封圈即可。加工新的密封圈时，其厚度可以适当增加一些，因为原来的密封圈是旧的、使用过的，经过长期挤压，其厚度尺寸可能会减小，所以绝不能比原来的厚度尺寸小，否则可能会出现关不死的现象，即需要的柱塞行程增加了，而实际行程不够。

（9）推力轴承损坏　此时手轮操作力急剧增大，造成操作困难甚至完全不能操作。

（10）介质流不出来　对于浆料取样阀和熔体取样阀，常见的故障是阀门开启后没有介质流出。此时，一定要仔细分析，到底是阀门柱塞因故障而没有退出阀座密封面，还是取样阀出口管道被介质堵塞了（因为浆料容易凝聚结块，会把取样阀出口管堵住）。遇到这种情况，应在阀门关闭的状态下，用金属丝或细金属棒疏通取样阀出口管道。如果是熔体取样阀，则更要谨慎，因为熔体压力较高且呈高温状态，如果是取样阀出口管道被冷却的熔体堵住，一定要在头戴面罩、手戴耐高温手套的情况下疏通取样阀出口管道。这是一项非常危险的工作，在现场生产中，在疏通处理熔体取样阀出口管道堵塞时，被喷射出来的高温熔体烫伤的案例非常多。同时，还需要分析取样阀出口管道被冷却熔体堵塞的原因，确定是由于取样阀夹套循环热媒不畅，还是由于取样阀的保温情况不好。由此对症下药，制定对应的维修策略。

6.10　现场使用维护保养注意事项

（1）取样阀安装过程中的方位要求

1）水平管道中阀杆水平安装。柱塞的最低边与管道最低点水平或略低，即阀杆轴线要低于管道中心线，柱塞头部倾斜圆弧面向上，且与管道内腔圆柱面相一致，柱塞直边在下侧。否则，柱塞可能会进入管道中，而影响介质的正常流动或形成滞留物料的死腔。

2）水平管道中阀杆竖直安装。柱塞阀杆轴线与管道中心线垂直相交，手轮向下，柱塞端部向上的圆弧面与管道内腔圆弧面应完全吻合，不能凸出来或凹下去。

（2）检查阀件是否齐全　特别是小件，如手轮、手轮锁紧螺母、铭牌、位号牌、导向板固定螺钉等。

（3）检查阀杆填料密封处的密封性能是否良好　发现问题应及时处理，不要等严重泄漏以后才处理，不要让小问题发展成为大问题而影响正常生产。

（4）检查推力轴承　在开关操作过程中，应检查推力轴承是否正常、是否需要添加润滑剂、手轮操作力是否在正常范围内、空行程段的操作力大小是否均匀一致等。

（5）检查防喷溅喇叭口是否正常　取样阀防喷溅喇叭口是易损部位，要及时检查，避免伤害操作人员。

（6）其余使用维护保养注意事项　与柱塞式熔体三通阀类似。

第7章　浆料阀和热媒截止阀

聚酯生产的主要原料是乙二醇（EG）和精对苯二甲酸（PTA），在一定条件下，以一定比例将它们混合并加入适量配料，按一定程序操作生成浆料，该浆料就是浆料阀的主要工作介质。一般情况下，浆料阀用在聚酯装置的前段工艺流程中（第1酯化反应器进口阀之前）。热媒阀的工作介质是伴热介质热媒（HTM），化学名称有氢化三联苯、联苯、联苯醚（液相或气相），热媒阀用于整个聚酯生产装置所有需要伴热的流程中，如酯化、预缩聚、终缩聚、过滤、分流输送等。无论是浆料阀还是热媒阀，都属于聚酯专用阀门的范畴。

7.1　工作条件

聚酯装置中使用的各种浆料阀门，阀体端部与管道采用法兰连接的比较多。浆料阀工作介质的腐蚀性不大，工作温度一般为 $60 \sim 90^{\circ}C$，工作压力在 1.0MPa 以下，属于低压常温微腐蚀性工况。介质特性主要是浆料中或多或少地含有一些未溶解透的 PTA 细微颗粒，而且在 PTA 包装、运输、储存或输送过程中，也会带入一些极少量的外来杂物。这些杂物混入浆料中，会对运行中的阀门造成负面影响：轻则会使阀门密封面损伤；重则会将阀门卡住，导致阀门关闭不严而产生内漏。浆料阀一般采用填充聚四氟乙烯材料的密封件，也可以采用氟橡胶密封件，包括阀杆密封和阀内零件之间的密封。阀体内腔应尽可能光滑，流道过流截面积应没有明显变化、没有滞留物料的死区，因为在滞留区内可能会形成沉积物。

热媒阀工作介质的腐蚀性不大，工作温度在 $300 \sim 330^{\circ}C$ 之间，工作压力在 1.6MPa 以下。热媒介质在高温下的渗透性很强，远超过常温下的煤油，极易导致泄漏。尽管热媒在高温下具有良好的热稳定性，但长期在高温下运行会不可避免地产生裂解和热聚反应，进而生成焦炭沉积在系统中。空气和高温氢化三联苯接触时也会加速反应生成残炭，残炭会导致阀门异常磨损和泄漏。不同于一般波纹管截止阀，热媒截止阀要适应热媒介质的特性，特别是高温、高渗透性以及可能带有坚硬残炭颗粒的特性。所以热媒截止阀属于聚酯装置中的一种专用特殊阀门。

浆料阀和热媒截止阀的工作可靠性，在很大程度上取决于结构设计是否正确、材料选择是否合理、运行工况参数的稳定性、运行过程中的维护保养和操作等诸多因素。例如，浆料阀和热媒截止阀只能是开启或关闭状态，如果阀瓣处于半开半关位置，使介质流速和压降可能会导致阀件之间发生撞击，使介质对阀件产生冲击、冲刷、汽蚀等，进而逐渐降低启闭件的密封性，从微小渗漏变成大漏。

7.2 全衬塑浆料球阀

全衬塑浆料球阀是一种特殊结构的浮动式球阀，它与普通球阀的结构有所不同。所谓全衬塑，就是阀体内腔衬一层厚度不等的塑料作为阀座，除阀杆连接部位外，整个球体外表面与阀座接触密封，阀座是两个半球形衬里，阀体承受介质压力。阀体呈圆筒形，类似于一体式球阀。

全衬塑浆料球阀的结构、材料、性能都要适应浆料特性，并满足生产工艺要求，主要有两点：其一，全衬塑浆料球阀的球体旋转轴线与通道中心线之间有一个夹角，而不是与通道中心线垂直；其二，全衬塑浆料球阀的阀座类似于衬里，覆盖整个球体外表面而不是比较窄的环形带，可以防止浆料介质进入球体与阀体之间的间隙内。

7.2.1 全衬塑浆料球阀的工作原理

全衬塑浆料球阀的启闭件是一个有介质通道孔的球体，球体在阀体内旋转，球体通道与阀体通道相对应形成球阀介质通道时阀门开启，介质可以在一个方向流通；球体旋转 90°后，阀门关闭。在手柄驱动下，球体在阀体内可以任意旋转，所以球体在关闭和开启位置都要有机械限位机构，否则安装在装置中后，就不知道球阀是处于开启还是关闭状态。

在一定的接触压力下，球体与阀座紧密贴合，以较小的预紧力实现初始密封。借助介质压力，球体在阀座上施加一个附加推力，阀座局部区域产生弹塑性变形，可以补偿由球体的椭圆度和表面微观不平度造成的吻合度不足，使球体与阀座之间达到密封。在一定压力范围内，介质压力越高，密封越可靠，但操作转矩也越大。在介质压力降低或消失后，依靠阀座密封材料的弹性又恢复到原来的初始状态，以保证球阀能够长期反复使用。

7.2.2 全衬塑浆料球阀的结构

图 7-1 所示为公称尺寸 DN100-PN16 全衬塑浆料球阀。阀体 1 是一个筒形体，球体 4、左阀座 2、右阀座 3、弹簧座 6、螺旋弹簧 14、O 形密封圈 5、阀盖 7 等零件都从阀体的一端装入到位。左阀座和右阀座在球体中心线部位分开，两者之间有 1mm 左右的间隙，整个阀座内表面与球体接触密封。在阀盖推力作用下，

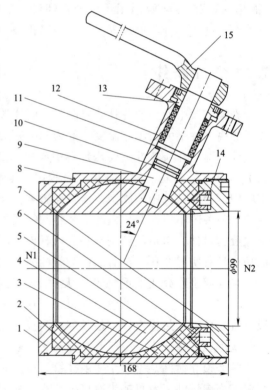

图 7-1 公称尺寸 DN100-PN16 全衬塑浆料球阀
1—阀体 2—左阀座 3—右阀座 4—球体
5、8、10—O 形密封圈 6—弹簧座 7—阀盖
9—阀杆 11—垫片 12—填料密封圈
13—填料压盖 14—螺旋弹簧 15—手柄

弹簧推力依次作用在弹簧座、右阀座、球体

和左阀座上，将阀座与球体之间的密封力控制在合适的范围内，在保证密封的条件下尽可能降低密封力，减小开关过程中的操作转矩，同时也减少阀座的摩擦磨损，延长阀座的无故障使用周期。垫片11的主体材料是聚四氟乙烯，其质地柔软，具有润滑功能，可以起到滑动轴承和密封的双重作用。该阀的性能参数见表7-1。主要零件阀体、球体、阀盖等材料是06Cr19Ni10，阀座、垫片、填料等材料是填充聚四氟乙烯。

表 7-1　公称尺寸 DN100-PN16 全衬塑浆料球阀性能参数

序号	项目	要求或参数
1	公称尺寸	DN100
2	公称压力(使用压力)	PN16(≤1.0MPa)
3	接管直径/mm	$\phi100$
4	设计温度(使用温度)/℃	100(60~90)
5	工作介质	浆料
6	阀门所在位置	PBT浆料管道
7	阀门内腔表面粗糙度值 $Ra/\mu m$	3.2
8	介质流向	从左向右

　　工况运行过程中，旋转手柄15使球体4的通道中心线与阀体通道中心线重合，球阀开启。沿顺时针方向旋转手柄90°，此时球体通道中心线与阀体通道中心线相互垂直，球阀关闭。虽然球体通道中心线不在水平面内，但由于阀座密封面积大，因此也能够保证球体与阀座之间的密封。阀门在装配过程中，要先依次把内件装配到位，然后再将阀杆从上部安装到阀体内，使阀杆的扁平头部与球体的驱动槽相配合，再装配填料密封圈、填料压盖和手柄等。采用"V"形填料摩擦阻力小，一般安装3~5圈密封圈，填料压盖与阀体之间采用螺纹连接，可以降低阀杆长度。图7-2所示为公称尺寸DN100-PN16全衬塑浆料球阀（不含手柄）照片。

图 7-2　公称尺寸 DN100-PN16 全衬塑浆料球阀（不含手柄）照片

　　图7-3所示为公称尺寸DN100-PN16全衬塑浆料球阀的阀体，采用厚壁管焊接结构，壳体壁的厚度比普通阀门小很多，适用于工作压力在1.0PMa以下的工况。在管道中采用对夹式连接，管道外套安装在左端外径 $\phi150mm$ 部位，两者之间由两个氟橡胶O形密封圈密封。

　　图7-4所示为公称尺寸DN100-PN16全衬塑浆料球阀的左阀座，内球面半径与球体半径相同，表面质量要求很高，依靠球体推力使左阀座左侧的 $\phi102mm$ 环形端平面与阀体密封，外径为102mm、内径为94mm，即环形端平面单边宽度是4mm，环形面积小于阀座与球体之间的接触面积，所以环形面的密封比压大于阀座与球体的密封比压，阀体与左阀座能够实现密封。

　　图7-5所示为公称尺寸DN100-PN16全衬塑浆料球阀的右阀座，倾斜24°的 $\phi25mm$ 孔用于安装阀杆，阀杆直径为24mm，单边有0.5mm的间隙。90°V形槽与弹簧座配合，阀座球形内表面半径 $SR74mm$ 与球体配合，由弹簧推力产生的球体与左、右阀座之间的密封力大小

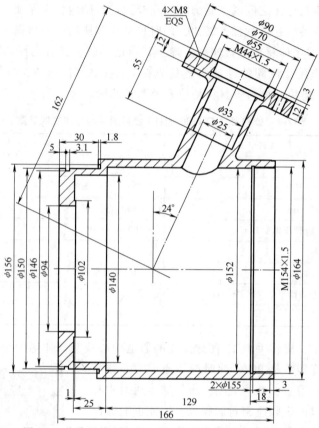

图 7-3　公称尺寸 DN100-PN16 全衬塑浆料球阀的阀体

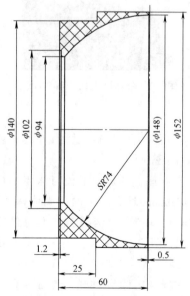

图 7-4　公称尺寸 DN100-PN16
全衬塑浆料球阀的左阀座

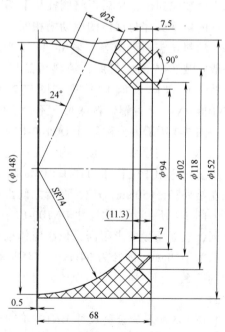

图 7-5　公称尺寸 DN100-PN16
全衬塑浆料球阀的右阀座

相等、方向相反，可以通过改变弹簧压紧力来调节密封力的大小。O 形密封圈 5（图 7-1）与阀座在 ϕ152mm 环形端平面密封，O 形密封圈的作用是保证右阀座与阀盖之间的外密封，同时保证右阀座与阀体之间的内密封。阀杆的第一道密封是两个 O 形密封圈，第二道密封是垫片 11，同时垫片可以降低阀杆与阀体之间的摩擦阻力，第三道密封是填料密封圈 12。

图 7-6 所示为公称尺寸 DN100-PN16 全衬塑浆料球阀的球体，球体通道直径 ϕ94mm 略有缩径，球体表面直径 $S\phi$148mm 与阀座内表面配合，吻合度要求比较高，所以球体表面的圆度、表面质量、几何精度等要求都很高，特别是安装阀杆的弧形槽关于其对称中心线的对称度要求，即位置公差要求比较高，否则会造成手柄驱动转矩增大。球体通道口的圆弧过渡有利于防止损伤阀座密封面。

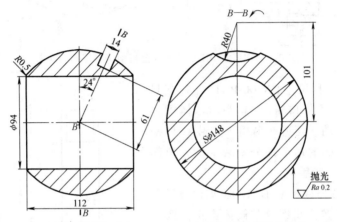

图 7-6　公称尺寸 DN100-PN16 全衬塑浆料球阀的球体

图 7-7 所示为公称尺寸 DN100-PN16 全衬塑浆料球阀的弹簧座，弹簧安装在圆柱形盲孔内，稳定性比较好；圆周均布可保证各部位的弹簧力基本一致；弹簧座与阀座之间采用"V"形配合，以保证弹簧作用力中心与球体中心基本吻合。

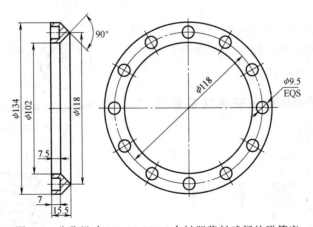

图 7-7　公称尺寸 DN100-PN16 全衬塑浆料球阀的弹簧座

图 7-8 所示为公称尺寸 DN100-PN16 全衬塑浆料球阀的阀盖，阀盖与阀体之间采用螺纹连接，并通过 8 个 ϕ8mm 盲孔进行安装与解体操作；ϕ147mm 与 ϕ151mm 之间 2mm 高的台阶用于安装 O 形密封圈。

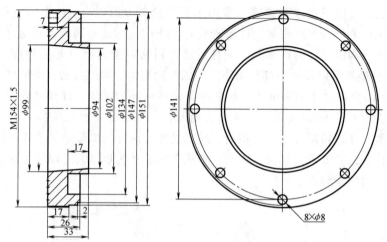

图 7-8　公称尺寸 DN100-PN16 全衬塑浆料球阀的阀盖

图 7-9 所示为公称尺寸 DN100-PN16 全衬塑浆料球阀的阀杆，厚度为 14mm 的扁头与球体配合传递转矩使球体转动，两道凹槽用于安装 O 形密封圈；厚度为 17mm 的扁形部分安装手柄，顶部的 M8 螺纹孔用于锁紧手柄。

图 7-10 所示为公称尺寸 DN100-PN16 全衬塑浆料球阀的填料压盖，用螺纹与阀体连接，两个 M8 盲孔用于装配操作，轴向厚度 13mm 全部进入填料函内。

图 7-11 所示为公称尺寸 DN100-PN16 全衬塑浆料球阀的螺旋弹簧，其力学特性按设计要求加工并验收，两端磨平。

以上介绍的是公称尺寸 DN100-PN16 全衬塑浆料球阀结构，聚酯装置中使用的其他公称尺寸的全衬塑浆料球阀结构与其类似。

7.2.3　浆料球阀的特点及安装注意要点

（1）浆料球阀的特点

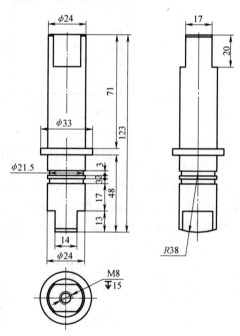

图 7-9　公称尺寸 DN100-PN16 全衬塑浆料球阀的阀杆

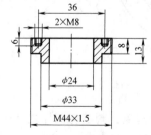

图 7-10　公称尺寸 DN100-PN16 全衬塑浆料球阀的填料压盖

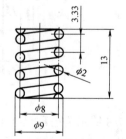

图 7-11　公称尺寸 DN100-PN16 全衬塑浆料球阀的螺旋弹簧

1）全衬塑浆料球阀是浮动球阀的一种特殊结构，阀座覆盖整个球体表面，目的是防止浆料介质进入球体与阀体之间的间隙内。而普通球阀的阀座仅是一个比较窄的环形件。

2）由于球体与阀座之间的接触面积比较大，使得阀座内表面的受力面积也大，从而使弹簧推力作用在阀座内表面单位面积上的密封力相对较小，所以弹簧推力要适当增大，以保证阀座内表面单位面积上具有必需的密封力。

3）阀杆轴线与阀体中线之间有一个角度，所以在关闭位置，球体通道两端不在同一个水平面内，这样，在浆料沉积后的情况下有利于阀门开启。

4）流体阻力小、密封可靠、维修容易、操作方便、开关迅速、快速启闭过程中介质无冲击、具有防火和防静电功能、体积小、重量轻、结构紧凑、安装尺寸小。

5）阀座与球体密封性好。阀座与球体接触面的吻合度好，密封性能稳定可靠并可降低操作转矩，所以加工精度要求很高，包括尺寸精度、几何精度、表面质量等。

（2）装配与安装注意要点

1）装配时阀座预紧力不易控制，装配精度要求高，同时操作转矩受装配精度的影响比较大。

2）阀体与阀盖之间的密封、阀体与阀杆之间的密封都是用氟橡胶材料的 O 形密封圈，装配过程中要检查安装空间是否符合要求，O 形密封圈的压缩量应在要求的范围内。

3）阀盖安装在阀体内是用螺纹连接的，在缓慢旋进过程中，要随时观察阀座与球体之间的接触力情况，当接触力满足密封要求以后，就要停止旋转阀盖并锁定。

4）阀杆安装在球体的驱动槽内要穿过右阀座孔，阀座孔的直径应比阀杆直径适当大些，使得在弹簧推力作用下阀座有一定量的轴向移动，当弹簧推力大小确定以后，右阀座的轴向位置也已经确定，此时阀杆与右阀座之间要有适当的间隙，阀杆才不会影响阀座与球体之间的密封。

7.2.4　现场操作注意事项

（1）操作中要密切注意手柄力大小　由于阀座主要材料是填充聚四氟乙烯及其他类似材料，几乎对所有介质都具有化学稳定性，具有摩擦系数小、性能稳定、不易老化、适用温度范围广及密封性能稳定等特点。但是，聚四氟乙烯有较高的膨胀系数，在受力状态下易产生冷流，热传导性不好，而且遇尖锐异物易划伤，导致密封性能降低或失去密封性能，特别是在低压差工况下更是如此。如果开启或关闭力矩超过正常值，应立即停止开关操作，检查阀内是否有异物并及时排除，防止损坏阀座。

（2）不允许用于节流目的　要确保球体是开启或关闭状态，不能处于半开半关状态，以免造成球体或阀座密封面损坏。

（3）检查手柄所指关闭位置与球体实际关闭位置是否相符　当手柄所指关闭位置与球体实际关闭位置不符时，应修理手柄与阀杆连接处，调整手柄位置，使两者位置一致。

（4）运行中阀座泄漏原因分析　可能的原因有球体关闭不到位或球体表面损伤、阀座密封面损坏、阀座密封面预紧力不足、阀座与阀体之间的 O 形密封圈损坏等。

（5）防止阀门或管道堵塞　为了便于在浆料输送系统不停车的情况下定期检修输送设备，在同一流程段都有两套相同的管道系统互为备用切换，包括泵、浆料球阀等。为避免浆料在管道系统中堵塞，正常运行时，两套系统是同时工作的。当其中一套系统出现故障需要关闭检修时，剩下一套系统在运行。关闭的一套系统中也包括其中的浆料球阀，短时间内问题不大。但当浆料球阀长时间处于关闭状态，而该阀又有轻微内漏时，在一定压差作用下，就会导致浆料中的乙二醇漏完而使得 PTA 沉积结聚，进而导致阀门或管道堵塞。此时，可适当在球阀手柄上增加转矩，通过杠杆使手柄来回反复转动，在反复搅动及压差的作用下有可能达到疏通的目的。但当球阀堵塞特别严重甚至连管道都已堵塞时，应避免强行扳动球阀手柄，以免造成阀门进一步损坏。这时，应立即停止运行该段系统，对浆料球阀进行解体、清理和维修。

7.3　衬套浆料三通换向旋塞阀

旋塞阀有截断和换向功能两大类，有金属和非金属两种密封材料，分为直通式、三通式等类型。所谓衬套浆料 T 形三通换向旋塞阀，就是介质通道呈 T 形，旋塞位置不同只能改变介质流动方向，不能截断全部介质通道，采用特殊结构和专用工艺使衬套与阀体牢固地结合在一起。阀体与衬套的结合面不会产生泄漏，旋塞与衬套能很好地吻合以满足密封性能要求，旋塞旋转过程中衬套不会旋转，旋塞旋转转矩的大小与密封面材料、加工精度、接触应力、装配质量等因素有关。最高工作温度取决于衬套材料的适用温度，填充聚四氟乙烯能够长期在 150℃ 的温度下工作，填充对位聚苯能够长期在 300℃ 的温度下工作。也可以用具有相同功能的 T 形三通换向球阀代替旋塞阀，最近几年新建的聚酯装置中用三通球阀的比较多。

7.3.1　T 形三通换向旋塞阀的结构和工作原理

图 7-12 所示为公称尺寸 DN150-PN16 衬套浆料 T 形三通换向旋塞阀。阀体 1 是一个四通型零件，衬套 3、旋塞 2、楔形垫 4、V 形密封圈 5、阀口垫 6、止推垫 7、防静电垫环 8 等零部件都从阀体上端装入。衬套和旋塞一般采用 4° 锥面配合，既可以满足密封要求，又不会由于温度波动、材料热膨胀而导致旋塞的旋转转矩过大，同时可满足密封所需要的压紧力要求。其性能参数见表 7-2，主要零件材料阀体为 CF8，阀盖、旋塞、阀口垫、止推垫、防静电垫环为 06Cr19Ni10，衬套、楔形垫、V 形密封圈为填充聚四氟乙烯。

表 7-2　公称尺寸 DN150-PN16 衬套浆料 T 形三通换向旋塞阀性能参数

序号	项目	要求或参数
1	公称尺寸	DN150
2	公称压力（使用压力）	PN16（≤1.0MPa）
3	接管直径/mm	$\phi150$
4	设计温度（使用温度）/℃	100（60~90）
5	工作介质	浆料
6	阀门所在位置	聚酯生产浆料管道
7	阀门内腔表面粗糙度值 Ra/μm	3.2
8	介质流向	底进侧出
9	旋塞旋转角度	90°、180°

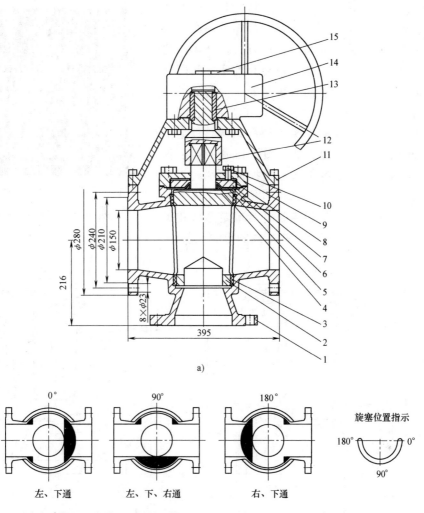

a)

旋塞在0°位置：下部进口与左侧出口接通
旋塞在90°位置：下部进口与左侧出口及右侧出口同时接通
旋塞在180°位置：下部进口与右侧出口接通

b)

图 7-12　公称尺寸 DN150-PN16 衬套浆料 T 形三通换向旋塞阀
a）阀门结构　b）旋塞位置与通道开启或关闭之间的对应关系
1—阀体　2—旋塞　3—衬套　4—楔形垫　5—V 形密封圈　6—阀口垫　7—止推垫　8—防静电垫环
9—阀盖　10—调节螺栓　11—支架　12—连接轴　13—平键　14—驱动装置　15—旋塞通道位置指针

工况运行过程中，旋转驱动装置 14 的手轮可以使旋塞 2 依次旋转 90°和 180°。在驱动装置的上部有旋塞旋转到左止点 0°、中间止点 90°和右止点 180°的定位刻线，蜗轮旋转可以带动旋塞通道位置指针 15 同步旋转，分别对应三个止点刻线，旋塞位置与通道开启或关闭之间的对应关系如图 7-12b 所示。旋塞旋转位置能够准确按要求定位，以保证旋塞与衬套之间的密封性能和通道畅通。图 7-13 所示为公称尺寸 DN150-PN16 衬套浆料 T 形三通换向旋塞阀整机照片，支架固定在阀体中法兰上，而不是端法兰上。

图 7-14 所示为公称尺寸 DN150-PN16 衬套浆料 T 形三通换向旋塞阀的阀体。它采用整

体铸造结构，壳体壁厚尺寸尽可能保持一致，法兰的厚度适当增加，适用于结构比较复杂的零件。阀门与管道采用法兰连接，检修阀门时，可以根据阀体内腔尺寸确定衬套配合尺寸，阀体、衬套和旋塞之间的密封既是介质通道的内密封，同时也是介质泄漏的外密封，所以两者之间的配合要经过特殊工艺加工处理。阀体有带伴温夹套和不带伴温夹套两种结构，根据工艺参数要求确定是否带伴温夹套。图 7-15 所示为公称尺寸 DN150-PN16 衬套浆料 T 形三通换向旋塞阀不带伴温夹套阀体照片，两端法兰和进口法兰采用国家标准尺寸，中法兰与阀盖的连接由设计者确定形状和尺寸，可以是方形的，也可以是多边形或圆形的。

图 7-13　公称尺寸 DN150-PN16 衬套浆料 T 形三通换向旋塞阀整机照片

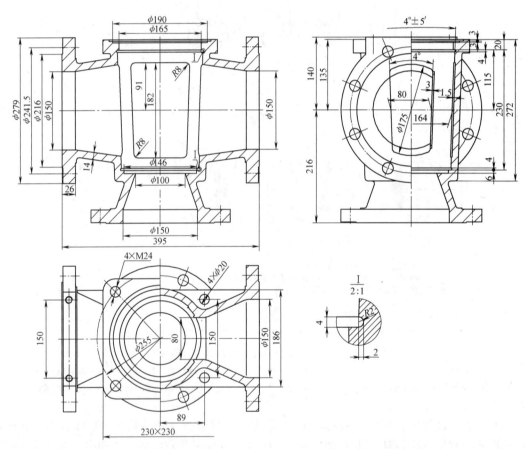

图 7-14　公称尺寸 DN150-PN16 衬套浆料 T 形三通换向旋塞阀的阀体

图 7-16 所示为公称尺寸 DN150-PN16 衬套浆料 T 形三通换向旋塞阀的旋塞。旋塞通道孔过流截面形状一般接近梯形，上宽下窄，上下分别是一段圆弧，宽度与长度之比为 1：2～2.5。旋塞在垂直于轴线的方向有三个呈"T"形分布的介质通道，所以旋塞圆锥密封表面有两部分是很窄的，一部分则很宽，无论是旋塞的窄密封部位还是宽密封部位，与衬套接触

的配合面都要满足密封性能要求。因此，旋塞与衬套配合的外表面质量要求很高，同时外表面的圆锥度形状精度要求也比较高。图 7-17 所示为旋塞照片。

　　图 7-18 所示为公称尺寸 DN150-PN16 衬套浆料 T 形三通换向旋塞阀的衬套。衬套在垂直于其中心线的方向有两个介质通道，衬套各个部位的厚度要均匀一致，内表面与旋塞圆锥面配合密封，外表面与阀体内腔圆锥面配合密封，两密封面的所有部位都不能有任何材料缺陷和加工缺陷，这样才能满足密封性能要求。衬套内、外表面质量

图 7-15　公称尺寸 DN150-PN16 衬套浆料 T 形三通换向旋塞阀不带伴温夹套阀体照片

要求比较高，同时衬套内、外表面的同轴度要求及几何精度要求也比较高，这样衬套与旋塞两部分很窄的密封面才能达到有效密封。衬套底部有对称分布的两个宽 30mm、深 20mm 的凹槽与阀体内腔凸出的台阶相配合，承受摩擦阻力产生的转矩，使衬套在阀体内腔不会产生旋转运动。上、下边各有一圈 R2mm 的凸棱与阀体内腔凹槽相配合；在阀体与衬套黏合过程

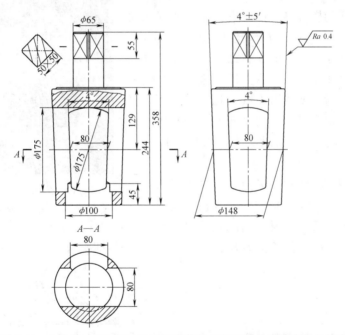

图 7-16　公称尺寸 DN150-PN16 衬套浆料 T 形三通换向旋塞阀的旋塞

图 7-17　公称尺寸 DN150-PN16 衬套浆料 T 形三通换向旋塞阀旋塞照片

中，8×ϕ8mm 孔内充入黏合剂，使衬套与阀体紧密连接得更牢固。图 7-19 所示为三通换向旋塞阀使用过的衬套照片，已经缺损了一大块。

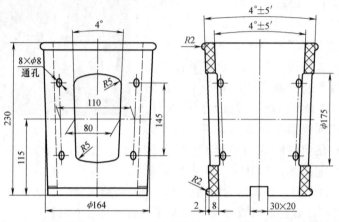

图 7-18　公称尺寸 DN150-PN16 衬套浆料 T 形三通换向旋塞阀的衬套

图 7-20 所示为公称尺寸 DN150-PN16 衬套浆料 T 形三通换向旋塞阀的楔形垫。楔形垫与 V 形密封圈配合装配使用，楔形垫安装在 V 形密封圈的 V 形槽内，V 形槽的内圆锥角是 88°，楔形垫的外圆锥角是 90°，在楔形垫的挤压作用下，V 形密封圈的密封唇口保持与阀杆紧密接触密封。调节螺栓 10（图 7-12）可以调节止推垫 7 的轴向位移量，控制 V 形密封圈与阀杆之间接触的松紧程度，避免接触应力过大而造成过快磨损。

图 7-21 所示为 DN150-PN16 衬套浆料 T 形三通换向旋塞阀的 V 形密封圈。V 形密封圈和楔形垫的主体材料都是填充聚四氟乙烯，材料组织必须致密且无有害杂质，抗拉强度和断后伸长率等力学性能应符合相关标准要求。

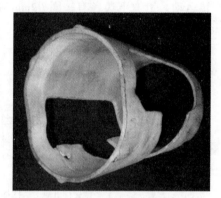

图 7-19　公称尺寸 DN150-PN16 衬套浆料 T 形三通换向旋塞阀衬套照片

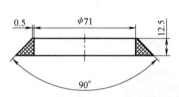

图 7-20　公称尺寸 DN150-PN16 衬套浆料 T 形三通换向旋塞阀的楔形垫

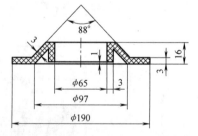

图 7-21　公称尺寸 DN150-PN16 衬套浆料 T 形三通换向旋塞阀的 V 形密封圈

图 7-22～图 7-24 所示分别为公称尺寸 DN150-PN16 衬套浆料 T 形三通换向旋塞阀的阀口垫、止推垫和防静电环，防静电环也称为静电导出环。阀口垫安装在 V 形密封圈的上部，止推垫安装在阀口垫的上部，防静电环安装在止推垫的上部，三个零件相互配合，保证 V

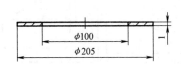

图 7-22　公称尺寸 DN150-PN16 衬套浆料
T 形三通换向旋塞阀的阀口垫

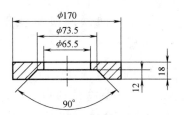

图 7-23　公称尺寸 DN150-PN16 衬套浆料
T 形三通换向旋塞阀的止推垫

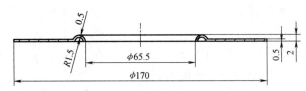

图 7-24　公称尺寸 DN150-PN16 衬套浆料 T 形三通换向旋塞阀的防静电环

形密封圈和楔形垫的正常工作。防静电环的主要作用是及时、有效地导出止推垫等内件中产生的静电荷。

图 7-25 所示为公称尺寸 DN150-PN16 衬套浆料 T 形三通换向旋塞阀的阀盖，其结构比较简单，除中心部位的旋塞孔以外，还有三个螺纹孔用于安装螺栓调节止口垫的压紧力大小。

图 7-26 所示为公称尺寸 DN150-PN16 衬套浆料 T 形三通换向旋塞阀的支架。支架固定在端法兰上，缺点是支架的尺寸比较大，优点是固定齿轮驱动装置比较稳定。也可以采用固定在中法兰上的结构，此时支架的尺寸就会小很多，各有优点和缺点。

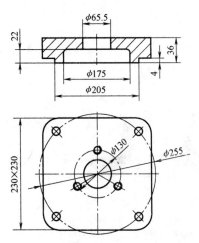

图 7-25　公称尺寸 DN150-PN16 衬套
浆料 T 形三通换向旋塞阀的阀盖

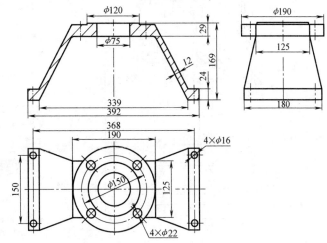

图 7-26　公称尺寸 DN150-PN16 衬套浆料
T 形三通换向旋塞阀的支架

图 7-27 所示为公称尺寸 DN150-PN16 衬套浆料 T 形三通换向旋塞阀的连接轴。其作用是把驱动装置的操作转矩传递给旋塞，旋塞旋转从而实现换向操作。双平键部分与驱动装置的输出轴连接，内四方部分与旋塞头部四方配合连接。

7.3.2 L形三通换向旋塞阀的结构和工作原理

衬套浆料 L 形三通换向旋塞阀的介质通道呈"L"形，也就是旋塞的通道呈"L"形，旋塞位置不同只能改变介质流动方向，而不能截断全部介质通道，其余部分与衬套浆料 T 形三通换向旋塞阀相同。在相同工况位置，也可以用具有相同功能的 L 形三通换向球阀代替旋塞阀，最近几年新建的装置中用球阀的比较多。

图 7-28 所示为公称尺寸 DN150-PN16 衬套浆料 L 形三通换向旋塞阀。除旋塞 2、驱动装置 14 和旋塞通道位置指针之外，其余所有零部件的结构和材料都与 T 形三通换向旋塞阀相同。该阀门的性能参数见表 7-3。

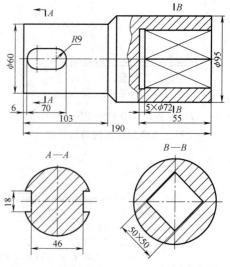

图 7-27　公称尺寸 DN150-PN16 衬套浆料 T 形三通换向旋塞阀的连接轴

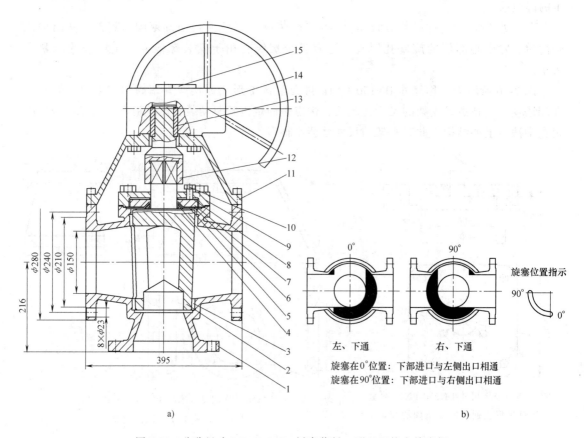

a)　　　　　　　　　　　　　　　　　　b)

图 7-28　公称尺寸 DN150-PN16 衬套浆料 L 形三通换向旋塞阀

a）阀门结构　b）旋塞位置与通道开启或关闭之间的对应关系

1—阀体　2—旋塞　3—衬套　4—楔形垫　5—V 形密封圈　6—阀口垫　7—止推垫　8—防静电环
9—阀盖　10—调节螺栓　11—支架　12—连接轴　13—平键　14—驱动装置　15—旋塞通道位置指针

表 7-3 公称尺寸 DN150-PN16 衬套浆料 L 形三通换向旋塞阀性能参数

序号	项目	要求或参数
1	公称尺寸	DN150
2	公称压力(使用压力)	PN16(≤1.0MPa)
3	接管直径/mm	$\phi150$
4	设计温度(使用温度)/℃	100(60~90)
5	工作介质	浆料
6	阀门所在位置	聚酯生产浆料管道
7	阀门内腔表面粗糙度值 $Ra/\mu m$	3.2
8	介质流向	底进侧出
9	旋塞旋转角度	90°

工况运行过程中，旋转驱动装置 14 的手轮可以使旋塞 2 从 0° 旋转到 90°。在驱动装置的上部有旋塞旋转到左止点 0° 和右止点 90° 的定位刻线，蜗轮旋转可以带动旋塞通道位置指针 15 同步旋转，分别对应两个止点刻线，旋塞位置与通道开启或关闭之间的对应关系如图 7-28b 所示。旋塞旋转位置能够准确定位，以保证旋塞与衬套之间的密封性能和通道畅通。

图 7-29 所示为支架固定在中法兰上的公称尺寸 DN150-PN16 衬套浆料 L 形三通换向旋塞阀照片。图 7-30 所示为旋塞阀安装使用现场照片，旋塞阀安装的位置比较高，驱动装置在下面，方便开关操作。

图 7-29 支架固定在中法兰上的公称尺寸 DN150-PN16 衬套浆料 L 形三通换向旋塞阀照片

图 7-30 公称尺寸 DN150-PN16 衬套浆料 L 形三通换向旋塞阀安装使用现场照片

图 7-31 所示为公称尺寸 DN150-PN16 衬套浆料 L 形三通换向旋塞阀的旋塞。介质通道呈 "L" 形，所以旋塞圆锥密封面有一部分很窄，其余部分很宽。但无论是旋塞的窄密封部位还是宽密封部位，与衬套接触的配合面都要满足密封性能要求。不但旋塞与衬套配合的表面粗糙度要求很高，而且圆锥度形状公差要求也比较高。图 7-32 所示为公称尺寸 DN150-PN16 衬套浆料 L 形三通换向旋塞阀的旋塞照片。图 7-33 所示为该 L 形三通换向旋塞阀使用过的、已经损伤的衬套照片，可以清楚地看到底部对称分布的两个长方形缺口与阀体配合，衬套在阀体内周向定位。

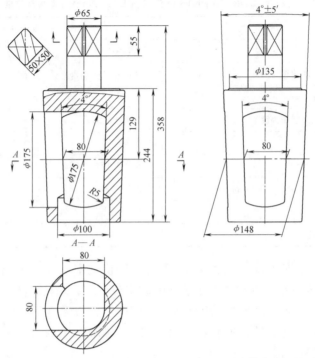

图 7-31　公称尺寸 DN150-PN16 衬套浆料 L 形三通换向旋塞阀的旋塞

图 7-32　公称尺寸 DN150-PN16 衬套浆
料 L 形三通换向旋塞阀的旋塞照片

图 7-33　公称尺寸 DN150-PN16 衬套浆
料 L 形三通换向旋塞阀的衬套照片

7.3.3　装配与安装注意事项

（1）旋塞的密封力大小应合适　要保持旋塞与衬套之间配合面的活动性和密封性以及衬套与阀体之间的密封性。旋塞阀的密封力不能过大，以免在旋塞与衬套之间的锥形面上产生过大的摩擦力而加大摩擦磨损。

（2）保证旋塞通道在适当位置　阀门正常运行的条件是能够快速开启和关闭，位置指针、定位刻线或限位机构等应准确可靠。位置指针是唯一指示旋塞通道位置的零件，如果指针指示有误，则不知道通道是开启还是关闭。在安装过程中，要确认驱动装置顶部的位置指针与旋塞通道孔的位置是一致的，以实现换向止点的准确定位。

（3）要特别注意使用现场的方位要求　聚酯生产装置中有各种容器、过滤器、泵阀等设备。衬套浆料三通换向旋塞阀周围可能会有其他设备，操作旋塞阀的手轮或手柄要在确定的安装位置，不能随意变动，避免手轮与其他设备产生干涉而不能操作。所以在检修旋塞阀之后，一定要按各零件原来的方位进行组装，这样才能确保阀门安装到现场以后能够正常运行，避免出现如下返工现象：某次旋塞阀检修好以后安装到装置中，阀门处于开启状态时手柄位置在管道内侧，而此位置有其他设备，使得阀门不能操作，手柄位置应该在管道外侧，需要调整。出现这一现象的原因是旋塞的方位装反了180°。处理方法是卸下手柄，取下阀盖及相关小件，将旋塞旋转180°，重新装配好阀盖和手柄及附属小件即可。

7.3.4 运行常见故障及其处理方法

运行过程中，这种阀的故障是多种多样的，概括起来可分为经常性故障、局部性故障和全面性故障三种。经常性故障一般是小问题，系统可以继续运行，在方便的时候修复消除故障即可；局部性故障，即故障发生后阀门仍可继续使用，但性能降低，如少量泄漏等；全面性故障，即发生故障后必须停止使用。如果已出现严重内漏，应分析确定故障原因并找出修复方法。

（1）旋塞与衬套密封面泄漏　衬套既是内密封件也是外密封件，其承受的各种压力比较大，很容易损伤。造成泄漏的主要原因有：

1）旋塞与衬套密封面之间的接触率过低。由于各种原因，旋塞与衬套之间不能完全吻合，如果吻合率过低，就会产生泄漏。

2）密封面中有小颗粒硬质异物。

3）衬套密封面有擦伤或压痕。

4）旋塞与衬套之间的密封力不足。可能的原因是调节螺栓压紧力不足、调整部件松动或损坏等。

5）旋塞通道位置与指针位置不符，即旋塞通道口与阀体通道口没有对准等。

操作时可以适当控制开启或关闭速度，利用介质流速冲洗阀内和密封面上的黏结物，并定期检查、清洗和保养，正确调整密封面压紧螺栓的压紧力，以旋转轻便而又不泄漏为宜。

（2）旋塞不能开关操作　手轮可以转动，但是旋塞不旋转。可能是蜗杆驱动装置发生故障，需要解体检修，也可能是传动部分出现故障，应仔细检查并逐一排除。

（3）手轮不能转动，或者一个方向可以转动、另一个方向不能转动　检查阀杆与阀杆螺母是否咬死，或其他小件螺栓松动造成卡阻。

（4）中法兰密封面泄漏　中法兰垫片损坏或阀体与阀盖的连接螺栓松动。

（5）阀体内腔中防止衬套旋转的挡块缺损或脱落　解决的办法是解体阀门进行检修，在阀体内腔补焊两个矩形挡块，其位置和尺寸应与聚四氟乙烯衬套相匹配。

（6）手轮损坏或丢失　补齐即可。

（7）易损件损坏　随时关注衬套、楔形垫、V形密封圈等非金属易损件和阀口垫、止推垫、防静电环等小件的工作状况是否正常，及时消除故障隐患。

（8）聚四氟乙烯衬套的修复方法　在聚酯装置阀门检修过程中，阀门的故障是各种各样的，不能像生产新阀门那样成批量地加工和装配，所以修复阀门是针对单一阀门进行操作。

1）准备所需的物品，包括适宜的强力万能密封胶、纯聚四氟乙烯粉末、与旋塞外形尺寸相同的圆锥形压具（自制，不能有像旋塞那样的介质通道孔）。

2）用填充聚四氟乙烯材料加工衬套坯料，外径按照阀体内腔大径和小径的匹配要求，内径按照旋塞外形大径和小径的匹配要求，并留出适当加工余量。衬套底部有对称分布的两个矩形防转缺口，缺口的尺寸大小和位置与阀体内腔的防转挡块相匹配。一般情况下，公称尺寸 DN150 旋塞阀的衬套矩形缺口以 18mm×36mm 左右的比较常用。衬套坯料的轴向尺寸与阀体尺寸需要配合加工，并留出适当的精加工余量。

3）将强力万能密封胶和纯聚四氟乙烯粉末按一定比例混合并拌成糊状，在聚四氟乙烯衬套坯料外表面或阀体内腔表面均匀地涂抹一层，然后将聚四氟乙烯衬套的两个矩形防转缺口对准阀体内腔的防转块并轻轻放入阀体内腔中，衬套位置合适即可。

4）将圆锥形压具放入衬套内，然将阀体、衬套、圆锥形压具整体放在框架式压力机上，使压力机的压力作用在圆锥形压具的中心点，控制压力机的输出力大小，使聚四氟乙烯衬套的受力在合理范围内。期间，压力机压力应保持基本恒定，一般以保持 12h 为宜，在阀体与聚四氟乙烯衬套之间的强力万能密封胶凝固后，就可以将阀体与衬套牢固地黏结在一起。

5）将阀体、衬套、圆锥形压具整体从压力机上搬下来，取出圆锥形压具，将旋塞放入衬套内，观察并测量衬套的位置、加工余量大小，以及是否存在偏离或其他缺陷等。

6）修复旧阀门不同于加工新阀门，要按照匹配旋塞的尺寸要求加工衬套内径尺寸，并反复检验，避免衬套内径与旋塞不匹配的现象。

7.4 进料底阀

进料底阀安装在第 1 酯化反应器底部，工作介质是浆料，也就是以乙二醇（EG）和精对苯二甲酸（PTA）为主要原料的混合物。

7.4.1 进料底阀的结构和工作原理

一般情况下，进料底阀是侧面进口、顶部出口，有带保温夹套和不带保温夹套两种类型；介质进口和介质出口的公称尺寸及公称压力可以相同，也有介质进口公称压力大于出口公称压力的；阀体上有带排尽阀的，也有不带排尽阀的。

（1）不带排尽阀的进料底阀的结构和工作原理　图 7-34 所示为公称尺寸 DN150-150LB 不带排尽阀的进料底阀。介质出口和进口的公称尺寸都是 DN150。在阀体出口部位，柱塞凸出部分高度 90mm 伸进反应器内，使柱塞顶部平面与反应器内表面平齐，在阀门关闭状态下，有利于反应器内的生产操作。在开启状态下，柱塞的一部分从阀体内移出暴露在阀体外，根据阀体外部柱塞伸出长度，可以知道进料底阀是处于开启还是关闭状态，所以驱动装置 14 的壳体外表面没有柱塞位置指示。其性能参数见表 7-4，主要零部件材料与图 7-12 所示阀门类似。

工况运行过程中，旋转驱动装置 14 的手轮可以使柱塞轴向移动一定距离，从而使顶部出口与侧面进口接通。驱动装置有两个位置止点，一个止点是当柱塞到达开启位置时，介质通道接通；另一个止点是当柱塞到达关闭位置时，柱塞顶部平面与反应器内表面平齐。柱塞的位置能够准确地按要求定位，从而保证通道畅通或有效关闭。

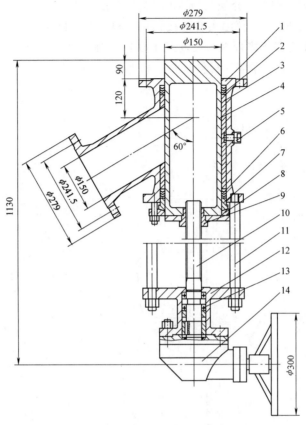

图 7-34 公称尺寸 DN150-150LB 不带排尽阀的进料底阀

1—阀体 2—上密封圈 3—导流套 4—柱塞 5—定位螺钉 6—下密封圈 7—填料压套
8—填料压板 9—阀杆螺母 10—阀杆 11—支架 12—轴承座 13—推力轴承 14—驱动装置

表 7-4 公称尺寸 DN150-150LB 不带排尽阀的进料底阀性能参数

序号	项目	要求或参数
1	公称尺寸	DN150
2	公称压力(使用压力)	150LB(≤1.0MPa)
3	接管内管直径/mm	介质进出口 ϕ150
4	设计温度(使用温度)/℃	100(60~90)
5	工作介质	浆料
6	阀门所在位置	浆料管道
7	阀门内腔表面粗糙度值 $Ra/\mu m$	3.2
8	介质流向	侧进顶出
9	柱塞运动	直行程

（2）带排尽阀的进料底阀的结构和工作原理 图 7-35 所示为进口公称尺寸 DN150-PN64、出口公称尺寸 DN150-PN16 带伴温夹套和排尽阀的进料底阀。介质进口 N1 与浆料泵

出口连接，工作压力比较高。介质出口 N2 伴温夹套没有连接到法兰根部，所以法兰公称尺寸仍是 DN150。介质进口 N1 伴温夹套连接到法兰根部，所以法兰公称尺寸增大一档，变为 DN200。柱塞伸进反应器连接管内的长度是 130mm，使柱塞顶部平面与反应器内表面平齐。其性能参数见表 7-5，主要零部件材料与图 7-12 所示阀门类似。

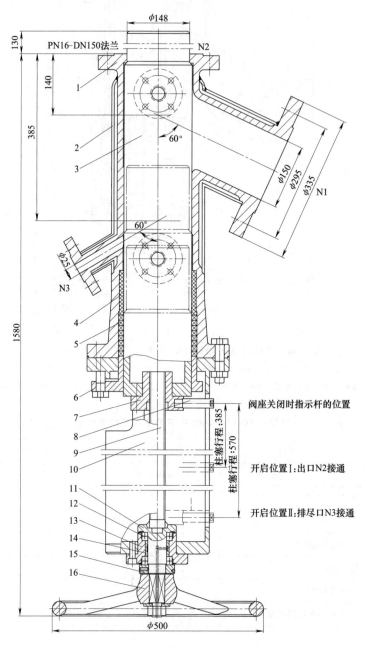

图 7-35　进口公称尺寸 DN150-PN64、出口公称尺寸 DN150-PN16 带伴温夹套和排尽阀的进料底阀
1—阀体　2—伴温夹套　3—柱塞　4—衬套　5—填料密封圈　6—填料压盖　7—阀杆螺母　8—防转与柱塞位置指示
9—阀杆　10—支架　11—轴承座　12—推力轴承　13—轴承外套　14—润滑剂存储环　15—轴承压盖　16—手轮
N1—介质进口　N2—介质出口　N3—排尽口

表 7-5　公称尺寸 DN150-PN16 带伴温夹套和排尽阀的进料底阀性能参数

序号	项目	要求或参数
1	公称尺寸	DN150
2	公称压力(使用压力)	PN16(≤1.0MPa)
3	接管内管直径/mm	介质进出口 ϕ150
4	设计温度(使用温度)/mm	100(60~90)
5	工作介质	浆料
6	阀门所在位置	浆料管道
7	阀门内腔表面粗糙度值 Ra/μm	3.2
8	介质流向	侧进顶出
9	排尽口位置	左侧下方
10	柱塞运动	直行程

工况运行过程中，柱塞有三个工作位置：其一是柱塞处于关闭位置，此时防转与柱塞位置指示 8 对准支架上的"关"刻线，即图 7-35 上部位置；其二是柱塞处于开启位置，旋转手轮 16 使柱塞轴向移动一定距离，顶部介质出口 N2 与侧面介质进口 N1 接通，此时防转与柱塞位置指示对准支架上的"开"刻线，即图 7-35 中间位置；其三是柱塞处于排尽位置，继续旋转手轮使侧面介质进口 N1 与排尽口 N3 接通，此时防转与柱塞位置指示对准支架上的"排尽"刻线，即图 7-35 下部位置。

图 7-36 所示为公称尺寸 DN150-PN16 带伴温夹套和排尽阀的进料底阀整机平放照片，柱塞顶部与出口法兰面基本平齐，两个大法兰分别是介质进口和出口。图 7-37 所示为该进料底阀整机站立照片，介质出口法兰平放在地面上，支架上有防转与柱塞位置指示 8 滑动所需的槽形开口。图 7-38 所示为该进料底阀阀体照片，介质出口法兰平放在地面上，侧面是介质进口，上面是安装支架的中法兰，小法兰是伴温介质进口。图 7-39 所示为该进料底阀的柱塞与阀杆螺母组件，柱塞头部 1 伸进反应器连接管内，锥形环面 2 是柱塞与阀座之间的

图 7-36　公称尺寸 DN150-PN16 带伴温夹套和排尽阀的进料底阀整机平放照片

图 7-37　公称尺寸 DN150-PN16 带伴温夹套和排尽阀的进料底阀整机站立照片

图 7-38 公称尺寸 DN150-PN16
带伴温夹套和排尽阀的
进料底阀阀体照片

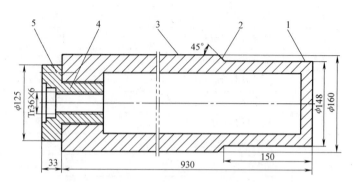

图 7-39 公称尺寸 DN150-PN16 带伴温夹套和
排尽阀的进料底阀柱塞与阀杆螺母组件
1—柱塞头部 2—柱塞与阀座之间的密封面
3—填料密封面 4—阀杆螺母 5—固定螺栓

密封面，圆柱面 3 是填料密封面，阀杆螺母 4 与柱塞螺纹连接，固定螺栓 5 用于防松脱。图 7-40 所示为该进料底阀的支架与驱动部分，图 7-35 中的柱塞 3、阀杆螺母 7、阀杆 9、填料压盖 6、防转与柱塞位置指示 8 及其传动零件都在罩内。

7.4.2 进料底阀的装配与安装注意要点

进料底阀安装在反应器底部，由于阀体与反应器的连接部位比较高，拆卸与安装操作很不方便，在阀体没有损伤的情况下，其解体检修是在使用现场进行的，除阀体以外的零部件则运回检修车间进行检修。将除阀体以外的零部件检修完成以后组装在一起，此时无法检验阀门性能是否符合要求，只有在零部件检修合格并运回使用现场与阀体装配以后，才能进行压力试验，检验阀门各部位是否泄漏、操作是否灵活、是否满足使用要求。因为在使用现场修复是很不方便的，所以在检修车间一定要认真检查，尽可能保证阀门到使用现场不出任何问题。如果在检修之前阀座泄漏严重，解体后发现是由阀座密封面损

图 7-40 公称尺寸 DN150-PN16 带伴温夹套和排尽阀的进料底阀支架与驱动部分

伤造成的，则只能将整台阀门拆下来运回检修车间。修复好以后，经过装配、调试、压力试验合格后即可运回使用现场。

值得注意的是：如果阀体不能与其他零部件一起运回检修车间，一定要在使用现场检查阀体的阀座密封面是否完好，测量阀座密封面的形状和尺寸，用于加工相匹配的阀芯密封面的形状和尺寸，确保检修后性能良好，保证阀门正常运行。

7.4.3 进料底阀的常见故障与现场操作注意事项

进料底阀最常见的故障是填料密封部位泄漏，可能的原因是柱塞表面有拉痕损伤，拉出

沟壑。由于柱塞直径（φ160mm）比较大，除了所需要的填料压套轴向压紧力很大以外，外部环境中的细小硬质异物进入密封面的概率增大；或因现场环境条件限制造成填料僵硬、使用保养不到位、操作不当等，造成填料压套与柱塞表面刮蹭，导致柱塞表面拉伤或咬伤，从而失去密封性能。

这种情况下最好的修复方法就是更换填料密封件，在取出旧的填料密封件以后，认真检查柱塞表面是否完好，如有损伤应及时修复，并检查新的填料密封件材质、硬度、尺寸是否符合要求。要随时注意检查填料压盖与柱塞之间各方位的间隙是否均匀、压紧力是否合适等。

进料底阀的另一种故障是柱塞被咬死、卡住。由于是在反应器底部进料，浆料中可能含有金属异物或容器在停车检修清洗后残留的异物（如焊渣、金属粒或细金属丝等），这些异物很容易进入柱塞与阀体之间的微小间隙中，进而使进料底阀在操作时被卡住。如果柱塞被卡住的情况不是十分严重，则可以使用加力杠杆反复双向转动手轮，柱塞可能会上下移动。如果怎么努力柱塞都纹丝不动、不能进退，则只能局部停车，中断流程，更换一台新的进料底阀。使用现场曾多次出现这种情况，少数能通过使用加力杠杆解决问题，多数都是更换了阀门。

7.5 热媒截止阀

热媒截止阀就是适用于热媒介质的波纹管截止阀，聚酯生产装置中使用的数量很多，本节将详细介绍其结构并进行剖析。一般情况下，二次热媒系统的热媒截止阀公称尺寸在DN150以下，而一次热媒系统的热媒截止阀公称尺寸有DN200、DN250、DN300或更大。热媒截止阀的公称尺寸有DN25、DN40、DN50、DN65、DN80、DN100、DN125、DN150、DN200、DN250、DN300等，公称压力为PN25，实际工作压力≤1.6MPa，工作介质温度为300~330℃。

热媒截止阀的阀瓣沿阀杆轴线做直线运动而不能旋转，只适用于开启和关闭功能，不能用于节流或调节。热媒截止阀的显著优点是阀瓣行程短，理论上仅为阀座直径的1/4，有利于阀杆密封采用波纹管。但是，波纹管的循环寿命比较短，使得波纹管截止阀的使用寿命受到限制。截止阀的关闭密封性能可靠、结构简单、检修简便迅速。但直通式截止阀有滞留区，清洗比较困难。而热媒介质流动性好，内壁表面少量积炭不会影响使用性能，同时介质纯度比较高、杂质含量少，适合采用波纹管截止阀。

阀体由碳钢铸造而成，阀杆密封的波纹管材料是双层奥氏体不锈钢。阀瓣与阀座之间是60°~90°圆锥面密封。阀体密封面加工成宽度为0.5~1.5mm的圆锥角，公称尺寸大的宽些、公称尺寸小的窄些。由于热媒极易渗漏，因此阀瓣和阀体密封面的加工精度要求很高，包括圆锥面几何公差、表面硬度、两个表面之间的硬度差、表面粗糙度等，阀座和阀瓣密封面都要研磨抛光。

热媒截止阀的阀杆密封主要依赖于波纹管，波纹管的两端分别与阀杆台肩和填料函凸台焊接连接，为了防止波纹管突然破坏而造成介质外漏，将填料密封作为波纹管密封的备用密封。有时也可以在阀盖上安装密封罩，主要用于防尘。热媒截止阀不带伴温夹套，阀体端部与管道对焊连接，一般用手轮驱动。

7.5.1 热媒截止阀的结构和工作原理

热媒截止阀的介质作用力和关闭力都直接作用在阀杆上，公称尺寸小的和公称尺寸大的相比较，阀杆推力相差悬殊。为了使手轮操作力不至于太大，需要采用不同的结构。公称尺寸 DN125 以下的阀瓣行程为阀座直径的 31%~35%，公称尺寸 DN150~DN200 的阀瓣行程为阀座直径的 28%~30%，公称尺寸 DN250~DN300 的阀瓣行程约为阀座直径的 27%。支架部分两侧分别有导轨与导向板配合，使阀杆只能轴向移动而不能旋转，保证波纹管不承受除介质压力之外的作用力。

（1）公称尺寸 DN150 以下的热媒截止阀　阀座直径比较小，阀瓣关闭力比较小，只有一个主阀瓣，没有缓冲小阀瓣。

图 7-41 所示为公称尺寸 DN150-PN25 热媒截止阀。一般情况下，DN150 以下的热媒截止阀介质从阀瓣底部进入，从阀座上部流出到达阀体出口。阀瓣与阀座之间是 90°圆锥面密封。阀体与阀盖法兰螺柱连接。其性能参数见表 7-6，主要零部件材料阀体、阀盖、阀瓣是碳素钢 WCB，波纹管是奥氏体型不锈钢 06Cr19Ni10。

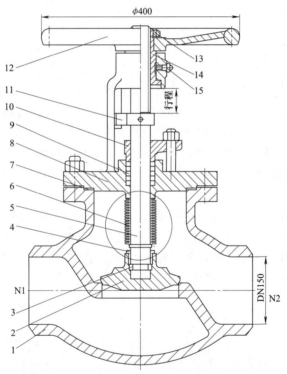

图 7-41　公称尺寸 DN150-PN25 热媒截止阀

1—阀体　2—阀瓣　3—承力对开环　4—阀瓣压盖　5—阀杆　6—波纹管　7—中法兰垫片　8—阀盖
9—填料密封圈　10—填料压盖　11—导向板　12—手轮　13—锁紧螺母　14—阀杆螺母　15—注油嘴
N1—介质进口　N2—介质出口

工况运行过程中，旋转手轮可以使阀杆轴向移动，带动阀瓣开启或关闭阀门，在阀杆轴向移动过程中，波纹管被压缩或伸长一定距离，此距离必须控制在波纹管的有效行程范围内，一旦超出这个范围，波纹管可能会损坏。导向板 11 与阀杆 5 固定在一起同步轴向移动，

表 7-6 公称尺寸 DN150-PN25 热媒截止阀性能参数

序号	项目	要求或参数
1	公称尺寸	DN150
2	公称压力(使用压力)	PN25(≤1.6MPa)
3	接管直径/mm	介质进出口 φ150
4	设计温度(使用温度)/℃	360(330)
5	工作介质	氢化三联苯(HTM)
6	阀门所在位置	热媒管道
7	介质流向	底进上出(介质从阀瓣底部进、从上部出)
8	波纹管承压	外压
9	阀瓣运动	直行程

导向板与上部接触以后即停止移动,使波纹管不受损伤,此时是阀瓣最大开度。

(2)公称尺寸 DN200～DN300 的热媒截止阀 公称尺寸 DN200 以上的热媒截止阀阀座直径比较大,介质作用在阀瓣上的面积比较大,阀瓣上的介质总作用力很大,阀杆的轴向推力也就很大。为了将阀杆的轴向推力控制在一定范围内,手轮操作力和阀杆直径不会太大,除了有一个主阀瓣以外,还可以有一个缓冲小阀瓣。

图 7-42 所示为公称尺寸 DN250-PN25带缓冲小阀瓣热媒截止阀。阀座直径比较大,主阀瓣上有一个缓冲小阀瓣,主阀瓣中心部分的圆孔就是缓冲小阀瓣的阀座,小阀座密封面上部有径向均布的八个介质排出孔,可以降低关闭阀瓣所需要的阀杆轴向推力。阀体与阀盖中法兰之间夹紧独立的填料函,并有缠绕垫片密封,填料函不在阀盖上,填料函直径比阀盖直径小很多,有利于波纹管与填料函及阀杆的焊接。当波纹管损坏泄漏需要更换时,可将波纹管与填料函及阀杆分割开,再将新波纹管与填料函及阀杆焊接好。整个过程都是热加工,对金属铸件的热影响很大,可能会因内部缺陷(如疏松、夹砂等)而产生泄漏。此时,更换填料函要比更换阀盖容易些。其性能参数除公称尺寸和接管直径不同外,其余与表 7-6 所列参数相同。

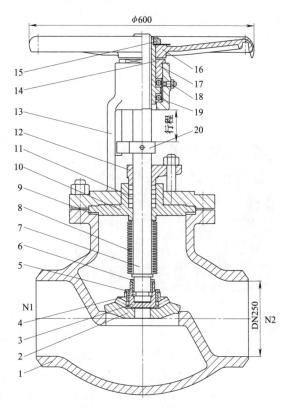

图 7-42 公称尺寸 DN250-PN25 带缓冲小阀瓣热媒截止阀

1—阀体 2—主阀瓣 3—缓冲小阀瓣 4—承力对开环 5—阀瓣压盖 6—阀杆压盖 7—阀杆 8—波纹管 9—中法兰垫片 10—填料函 11—填料密封圈 12—填料压盖 13—阀盖 14—阀杆螺母 15—锁紧螺母 16—手轮 17—轴承压盖 18—注油嘴 19—推力轴承 20—导向板 N1—介质进口 N2—介质出口

工况运行过程中，阀门操作过程、波纹管特性、阀瓣行程控制、阀杆防转等与图 7-41 所示阀门相同。对于带缓冲小阀瓣的热媒截止阀，必需的阀杆行程由两部分组成：其一是必需的阀瓣离开阀座的距离，公称尺寸 DN200~DN300 的阀瓣有效行程约为阀座直径的 27% 为宜；其二是小阀瓣的空行程，在阀杆轴向移动初始阶段，小阀瓣一起移动而主阀瓣不动，小阀瓣空行程结束以后才带动主阀瓣一起移动。两者之和就是所必需的波纹管有效行程，即阀杆有效行程。在阀瓣有缓冲小阀瓣的情况下，介质从进口 N1 进入阀体内，从出口 N2 排出。

公称尺寸 DN200 以上的热媒截止阀，介质流向也可以相反，在阀瓣没有缓冲小阀瓣的情况下，介质可以从阀瓣上部流入阀座，介质的作用力有助于阀瓣的关闭，同样可以减小关闭阀瓣所需的阀杆轴向推力。

对于不带缓冲小阀瓣的、公称尺寸比较大的热媒截止阀，有时是在从主阀前到主阀后的管道上安装专门的旁通管道和旁通阀，旁通阀的公称尺寸一般在 DN25 左右。在主阀开启（介质上进下出时）或关闭（介质下进上出时）前，先打开旁通阀，让小部分热媒从主阀前流至主阀后，当主阀后面的管道中充满热媒并达到主阀前后的压力比较接近时，再手动打开或关闭主阀。这时主阀前后的压力差很小，从而使操作阀杆的轴向推力大大减小。主阀操作完毕后，必须及时关闭旁通阀。

图 7-43 所示为公称压力 PN25 热媒截止阀整机照片，左侧是公称尺寸 DN250 直通式带缓冲小阀瓣波纹管热媒截止阀，右侧是公称尺寸 DN200Y 型波纹管热媒截止阀。图 7-44 所示为公称尺寸 DN250-PN25 热媒截止阀阀体照片，可以看到主阀座密封面很窄，有利于与阀瓣的密封。

图 7-43　公称压力 PN25 热媒
截止阀整机照片

图 7-44　公称尺寸 DN250-PN25
热媒截止阀阀体照片

图 7-45 所示为公称尺寸 DN250-PN25 带缓冲小阀瓣热媒截止阀的阀瓣与阀杆组件。主阀瓣 1 与阀杆 3 之间有缓冲小阀瓣 2，阀瓣压盖 6 与主阀瓣螺纹连接并固定，缓冲小阀瓣在阀瓣压盖内可以随阀杆一起轴向滑动一定距离，此距离就是阀瓣开启过程中的空行程。阀杆压盖 4 与缓冲小阀瓣通过螺纹连接并固定，缓冲小阀瓣内有承力对开环 5，使主阀瓣与阀杆连接为一个组合体。承力对开环承受阀杆与主阀瓣之间的轴向推力或拉力。

阀瓣关闭过程中，在阀杆轴向推力的作用下，主阀瓣克服介质向上的推力逐渐向下移动并靠近主阀座，当主阀瓣与阀座间的距离很小时，介质向上的推力会急剧增大，此时介质推力顶开缓冲小阀瓣，部分介质从缓冲小阀瓣的阀座孔 N3 进入、从排出孔 N4 排出。当主阀瓣与阀座接触并到达预定位置以后，继续移动阀杆使缓冲小阀瓣与小阀座接触并关闭阀门，手轮的操作力要克服零件之间的摩擦力和介质顶推力。由于小阀瓣直径远小于主阀瓣直径，可以减小介质对阀瓣的顶推力，也就减小了手轮操作力。在阀瓣开启过程中，在阀杆和介质向上推力的共同作用下，阀瓣离开主阀座，手轮操作力远小于关闭力。

图 7-46 所示为公称尺寸 DN250-PN25 带缓冲小阀瓣热媒截止阀的主阀瓣，图中环形平面 1 是缓冲小阀瓣与主阀瓣之间的密封面，其平面度和表面粗糙度要求都很高。环形圆锥面 2 是主阀瓣与主阀座之间的密封面。侧面 3 承受介质推力，部分介质可以从阀座孔 N3 进入、从均布的八个介质排出孔 N4 排出。图 7-47 所示为公称尺寸 DN250-PN25 带缓冲小阀瓣热媒截止阀的主阀瓣、阀瓣压盖、阀杆压盖组件照片，可以直观地看到阀瓣外形结构和八个

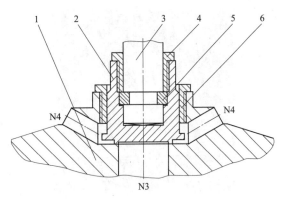

图 7-45　公称尺寸 DN250-PN25 带缓冲小阀瓣热媒截止阀的阀瓣与阀杆组件
1—主阀瓣　2—缓冲小阀瓣　3—阀杆　4—阀杆压盖　5—承力对开环　6—阀瓣压盖
N3—缓冲小阀瓣的阀座孔　N4—介质排出孔

排出孔，阀瓣压盖放在主阀瓣的上部阶梯孔内，阀杆压盖放在中心部位。图 7-48 所示为公称尺寸 DN250-PN25 带缓冲小阀瓣热媒截止阀的主阀座结构，阀座与阀瓣之间的密封面是60°圆锥面，窄密封面都可以适当减小阀座密封所必需的阀杆轴向推力。图 7-49 所示为公称尺寸 DN250-PN25 带缓冲小阀瓣热媒截止阀的承力对开环，为了便于安装，两个半圆环之间保留 1mm 的间隙。

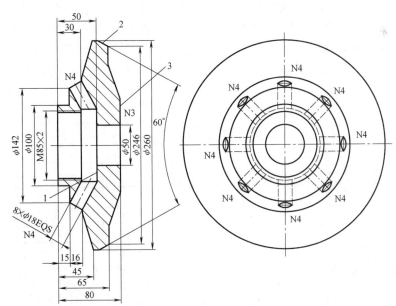

图 7-46　公称尺寸 DN250-PN25 带缓冲小阀瓣热媒截止阀的主阀瓣
1—缓冲小阀瓣与主阀瓣之间的密封面（平面）　2—主阀瓣与阀座之间的密封面（圆锥面）
3—介质推力承受面　N3—缓冲小阀瓣的阀座孔　N4—介质排出孔（八个均布）

图 7-50 所示为公称尺寸 DN250-PN25 带缓冲小阀瓣热媒截止阀的缓冲小阀瓣，内径

图 7-47　公称尺寸 DN250-PN25 带缓冲小阀瓣热
媒截止阀的主阀瓣、阀瓣压盖、阀杆压盖组件照片

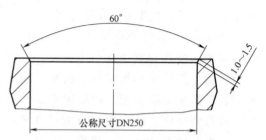

图 7-48　公称尺寸 DN250-PN25 带缓冲
小阀瓣热媒截止阀的主阀座结构

$\phi50$mm、外径 $\phi58$mm 的环形端面是缓冲小阀瓣与阀座之间的密封面，其平面度和表面粗糙度要求都很高，以保证密封性能可靠。$\phi72$mm 圆柱段对边铣平面用于安装，$\phi82$mm 圆柱段承受阀杆拉力。图 7-51 所示为公称尺寸 DN250-PN25 带缓冲小阀瓣热媒截止阀的阀瓣压盖，M85×2 螺纹与主阀瓣配合，$\phi95$mm 圆柱段对边铣平面用于安装。图 7-52 所示为公称尺寸 DN250-PN25 带缓冲小阀瓣热媒截止阀的阀杆压盖，M52×1.5 螺纹与缓冲小阀瓣配合，$\phi62$mm 圆柱段对边铣平面用于安装。图 7-53 所示为公称尺寸 DN250-PN25 带缓冲小阀瓣热媒截止阀的阀杆，梯形螺纹应有足够的长度，以保证阀瓣开启高度，使阀瓣与阀座之间的流通面积不小于阀座孔面积。两个铣平的对称面及螺纹孔 2 用于安装导向板，使阀杆能轴向移动而不旋转。填料密封表面粗糙度要求很高，焊接波纹管台肩 4 的结构尺寸和外径按波纹管的要求确定，为了便于安装，安装承力对开环槽 5 的宽度是正公差。阀杆头部球形面 6 承受轴向推力，以保证传递到主阀瓣的推力作用在中心点位置。阀杆与主阀瓣连接后，阀杆头部能够在缓冲小阀瓣内腔中自由转动，以减少关闭或开启时密封面间的磨损。

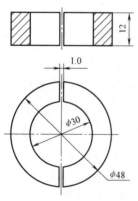

图 7-49　公称尺寸 DN250-PN25 带
缓冲小阀瓣热媒截止阀的承力对开环

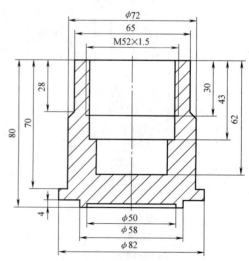

图 7-50　公称尺寸 DN250-PN25 带
缓冲小阀瓣热媒截止阀的缓冲小阀瓣

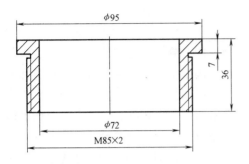

图 7-51　公称尺寸 DN250-PN25 带缓冲
小阀瓣热媒截止阀的阀瓣压盖

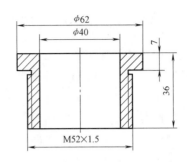

图 7-52　公称尺寸 DN250-PN25 带缓冲
小阀瓣热媒截止阀的阀杆压盖

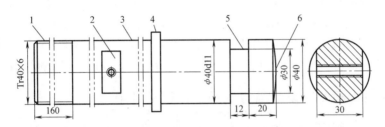

图 7-53　公称尺寸 DN250-PN25 带缓冲小阀瓣热媒截止阀的阀杆
1—梯形螺纹　2—安装导向板平面及螺纹孔　3—与填料密封圈配合面
4—焊接波纹管台肩　5—安装承力对开环槽　6—阀杆头部球形面

图 7-54 所示为公称尺寸 DN200-PN25 带缓冲小阀瓣热媒截止阀的阀盖、阀杆、波纹管、
手轮等组件照片。波纹管的内径稍大于阀杆直径，其外径也比较小，即波纹管的波高比较
小、外径与内径之差也比较小，这样的波纹管，其每波的有效轴向伸缩距离比较小，对于特
定公称尺寸的热媒截止阀来说，需要的波纹管波数比较多，轴向尺寸比较大。图 7-55 所示
为公称尺寸 DN250-PN25 不带缓冲小阀瓣热媒截止阀的阀瓣、阀杆、波纹管组件照片。波纹
管的内径稍大于阀杆直径，但其外径比较大，即波纹管的波高比较大、外径与内径之差也比
较大，这样的波纹管，其每波的有效轴向伸缩距离比较大，对于特定公称尺寸的热媒阀来
说，需要的波纹管波数比较少，轴向尺寸比较小。

图 7-54　公称尺寸 DN200-PN25 带
缓冲小阀瓣热媒截止阀的阀盖、阀
杆、波纹管、手轮等组件照片

图 7-55　公称尺寸 DN250-PN25 热媒截止
阀的阀瓣、阀杆、波纹管组件照片

7.5.2　热媒截止阀的特点及安装注意要点

热媒截止阀是强制密封阀门，在关闭阀门时，必须向阀瓣施加足够大的轴向推力，以保证阀座密封面间有足够的密封比压而不会泄漏。当介质由阀瓣下部进入阀座时，阀杆施加的力和介质作用力都是直接作用在主阀瓣上且方向相反，所以阀杆施加的力要大于介质作用力与必需的密封力之和。关闭阀瓣比开启阀瓣所需的力大很多，所以阀杆直径要大，否则可能会顶弯阀杆。当介质由阀瓣上部进入阀座时，介质作用力有利于阀瓣的关闭，阀杆力和介质力同时作用在阀瓣上部，所以阀杆轴向推力小很多。在安装公称尺寸比较大的热媒截止阀时，在从主阀前到主阀后的管道上，可以安装专门的旁通管道和旁通阀，以减小阀杆的轴向操作力。

由于高温热媒的渗透性很强，所以热媒截止阀基本上都采用对焊连接。安装前，需要对所有阀门逐个进行强度试验和密封性能检验，合格后才能使用。焊接时，阀门应处于半开启状态，并在阀门两端交叉焊接，以减少焊接热应力和热变形。焊后需要进行无损探伤。安装时阀杆垂直且手轮向上，避免手轮向下。如果需要其他安装方位，订货时应在合同中说明。

7.5.3　热媒截止阀的常见故障与现场操作注意事项

为了使热媒截止阀能够长期稳定运行，应定期检查、维护阀门，及时发现并排除可能出现的故障隐患。操作人员要充分了解阀门的结构特点、零件材料、日常注意事项、易损件特点、易损件出现问题后的紧急处理措施、容易出现的故障等。

（1）波纹管损坏泄漏　波纹管是薄壁件，承受压力的能力比较差，出现损伤的概率比较高。一旦波纹管损坏泄漏，就要更换新的波纹管。

（2）阀座密封面裂纹　裂纹是造成泄漏的主要原因，是长期使用中暴露出来的阀体铸件材料缺陷，检修过程中经常遇到。裂纹从表面延伸到深层，延伸的部位可能超出密封圈范围，最深处可能超过15mm或更深。首先必须清除掉裂纹部分的基体，无论如何一定要清除干净，否则将不能达到修复的目的。然后在基体上堆焊奥氏体超低碳不锈钢焊材，粗加工后再堆焊硬质合金，最终尺寸合金厚度不小于2mm。

（3）密封面损伤　表面压痕或磨损是造成泄漏的另一原因。可能是阀座密封面损伤，也可能是阀瓣密封面损伤。造成这种现象的主要原因是密封面之间夹有硬质异物（如螺钉、螺母、焊渣等），也可能是手轮操作力过大或使用年限过长造成的。

（4）开关不灵活或开不动　可能的原因有梯形螺纹损坏、阀杆与阀杆螺母咬死、传动部分异常等。一般情况下，阀杆螺母的材料比较软，梯形螺纹损坏的可能性比较大，阀杆梯形螺纹损坏的可能性比较小。轻微损伤可以进行修复，损伤严重的要更换阀杆螺母。

（5）阀杆填料密封泄漏　一旦填料密封泄漏，说明波纹管已经损坏，无论泄漏量大小，都必须立即更换波纹管。如果由于生产需要不能立刻拆下阀门，也要寻找尽快更换的时机，否则，一旦波纹管泄漏加重，热媒介质泄漏到环境中将是非常严重的。

（6）中法兰垫片泄漏　可能的原因有垫片损坏或中法兰螺栓拧紧力不足，现场检查可能的原因，如果需要，则更换中法兰垫片。

（7）手轮损坏或丢失　更换或补齐。

（8）阀杆弯曲变形　由于阀杆是细长杆，加上梯形螺纹的尾部有退刀槽，因此直径更小，操作不当可能会造成阀杆弯曲变形，甚至偶尔有阀杆断裂的情况。此时应更换新阀杆，阀杆弯曲后校直使用，会在很短的时间内再次弯曲，从而影响正常生产。

使用不当也可能造成阀门故障，例如，手轮操作力要控制在一定范围内，超过一定限度时，可能会损伤阀门密封面，规定一人操作的阀门不能两人同时操作，也不能用加长杆扳动手轮。螺栓拧紧力要在一定范围内，既不能过大也不能太小。阀座密封面、阀瓣密封面、填料密封圈、垫片等都是需要注意保养的零件或部位。

第8章 聚酯装置专用阀门的驱动

驱动装置和阀门是一个整体，在安装使用、运行过程中的维护保养、设备的检修、检验等过程中，必须同时保持驱动装置和阀门都处于良好状态，否则就不能正常工作。驱动装置是保证阀门使用性能的关键因素之一，所以了解驱动装置的结构特点、性能参数、运行过程中容易出现的故障及其排除方法是很重要的。

驱动装置是操作阀门并与阀门相连接的一种机械传动装置。可以用手动、电动、气动、液动或其组合形式作为动力，由转矩或轴向推力开启、关闭或控制阀瓣开度。每一种阀门都需要驱动装置以适当的方式把动力转变成阀瓣、阀芯或柱塞的运动，及时、准确地改变阀瓣、阀芯或柱塞的位置或方位，使阀门满足相应工况的开启或关闭、调节流量大小及改变介质流通方向等工艺要求。聚酯装置专用阀门一般采用手动、气动或电动驱动这三种方式。

按阀杆的运动形式，阀门驱动装置可以分为多回转阀门驱动装置和部分回转阀门驱动装置，多回转阀门驱动装置输出轴旋转大于1圈，如热媒截止阀、进出料阀用的驱动装置；部分回转阀门驱动装置输出轴旋转小于1圈，如浆料球阀、浆料旋塞阀的驱动装置。部分回转阀门驱动装置的特点是输出转矩大、转速低，且一般要求自锁。

GB/T 12222—2005《多回转阀门驱动装置的连接》规定了多回转阀门驱动装置的术语和定义、法兰代号和与其相对应的最大转矩及最大推力、与阀门连接的法兰尺寸、驱动件的结构形式和尺寸。该标准适用于双阀瓣三通换向阀、熔体出料阀、多通阀、反应器底部排料阀等与驱动装置的连接尺寸，该尺寸也适用于驱动装置与齿轮箱、齿轮箱与阀门的连接。

GB/T 12223—2005《部分回转阀门驱动装置的连接》规定了部分回转阀门驱动装置的术语和定义、法兰代号和与其相对应的最大转矩、与阀门连接的法兰尺寸、驱动件的结构形式和尺寸。该标准适用于浆料球阀、浆料旋塞阀与驱动装置的连接尺寸，该尺寸也适用于驱动装置与齿轮箱、齿轮箱与阀门的连接。

8.1 阀门与驱动装置的相互匹配

阀门和驱动装置都是独立、完整的机械部件，分别有特定的工作参数和功能，两者组合到一起形成一个新的具有特定工作参数和功能的机械部件，所以阀门和驱动装置要相互匹配。

8.1.1 阀门对驱动装置的要求

为了使驱动装置和阀门之间的配合协调一致，组成一个完好的阀门整体，必须保证驱动装置的技术特性能够完全满足阀门的操作特性要求。下面分别从阀门的操作特性和使用条件等方面，分析阀门对驱动装置的技术要求。

（1）应满足阀门可靠工作所需要的转矩或推力　只有驱动装置的最大输出转矩或推力与配用阀门所需的最大操作转矩或推力相适应，才能保证阀门操作可靠。如果驱动装置的输出转矩低于阀门的最大操作转矩，则会出现阀门拒动故障。如果驱动装置的输出转矩比阀门所需要的操作转矩大很多，就会出现大材小用、大马拉小车的问题。这不仅会造成材料和能源的浪费，更重要的是有可能会损坏阀门零部件。因此，合理地选定驱动装置的输出转矩是保证阀门可靠工作的重要前提。考虑到阀门零部件加工、装配和安装条件等都会影响阀门所需要的操作转矩值，特别是当工作介质是高温高压状态、环境是高温多尘，而操作间隔时间又较长时，都会使阀门的操作转矩发生较大的变化。因此，在为阀门选用驱动装置时，应使驱动装置的最大输出转矩有适当的余量，以保证在任何情况下都能可靠地操作阀门，而又不会损坏阀门的零部件。一般是以阀门实际需要最大负荷的 1.2~1.5 倍为宜，而且不应超过阀门零部件的许用极限。

（2）应能够保证启闭阀门具有不同的操作转矩　对于绝大多数阀门来说，阀门关闭密封后再次开启时所需的操作转矩比关闭阀门所需的操作转矩要大。因此，为了可靠地开启已关闭的阀门，驱动装置应具有足够的开启阀门操作转矩。在阀内结焦的情况下，阀门关闭后再次开启所需的操作转矩应比关闭阀门的操作转矩大 50%以上，这样才能保证可靠地开启关闭的阀门。在某些情况下，这个操作转矩值有可能会更大。

（3）能够提供关阀所需要的密封力　对于强制密封的阀门，关闭时，在阀门的关闭件和阀座接触后，为了保证密封面的密封性，必须继续向阀座施加一个大小合适的密封力，这个密封力也是阀门的操作转矩通过阀杆提供的。但是，这时的操作转矩施加方式与阀门开启和关闭过程中的操作转矩施加方式是完全不同的。在阀门开启和关闭过程的中间位置，阀门关闭件以一定的速度位移，阀杆也运动，根据阀门启闭件受力的变化而产生不同的阻转矩。这时，阀门关闭件的位移较大而转矩的变化不大。当阀门关闭件和阀座密封面接触以后，由于阀门启闭件被阀座抵住不能再位移，加在阀杆上的转矩就会迅速增加，并通过阀杆形成阀门密封面之间的密封力，使阀门零件产生弹性变形。由于驱动装置有自锁功能，这个密封力会继续保持下去。也就是说，在阀门关闭的瞬间，阀门关闭件的位移很小而转矩的变化却很大。为了保护阀门零件不致因超过材料强度极限而损坏，阀门关闭瞬间的操作转矩值必须严格地控制在规定值以内。

（4）应能保证操作阀门所要求的有效行程　对于非强制密封式（自动密封式）阀门，在关阀时要求阀门关闭件能停止在规定的位置。这时，如果阀门关闭件的行程过大，会使阀杆被卡住而损坏；而行程过小，又会因阀门关闭不严而泄漏，还会使阀门的关闭件受到介质冲刷腐蚀。

阀门的开启高度随阀门的公称尺寸、密封面和阀门种类不同而异。一般情况下，对柱塞阀来说，开启高度大于阀门公称尺寸的 1.2 倍；而热媒截止阀的开启高度约为阀门公称尺寸的 30%。

对于驱动装置来说，要满足在阀门操作过程中，阀瓣能够准确地停止在任何规定位置的要求。一般情况下，阀瓣停止位置的误差不应超过阀门全行程的 0.5%。当用行程控制柱塞阀的关闭位置时，对阀瓣停止位置的要求更高。

（5）应具有合适的操作速度　阀门的使用工况是各种各样的，要求阀门的开启或关闭速度也有很大不同。为了保证工业生产的协调性，驱动装置的运行速度要根据具体要求确定。

在处理事故的过程中，希望阀门的操作速度快一些，因为阀门的快速动作对于保证设备的安全具有重要意义。但是，阀门的操作速度提高后，如果阀门的开启和关闭时间过短，又会在管道中产生水击，这是安全运行所不能允许的。此外，阀门的操作速度提高，也会使驱动装置的动力消耗增加（电动机功率加大）。由此可见，阀门的操作速度应适当。为了避免出现水击现象，在空行程段，柱塞阀的操作速度以 4~5mm/s 为宜。所以对于和柱塞阀公称尺寸相同的热媒截止阀，全行程操作时间要短。对于阀杆做旋转运动的部分回转阀门，如旋塞阀等，由于其本身的结构特性有利于减少水击，因此允许以较快的速度操作，一般来说，操作速度以 0.5rad/s 左右为宜。当用于调节介质流量时，不宜用高速度操作。相配的驱动装置应能满足上述速度要求。

（6）应配备附设机构　为了保证阀门正常稳定地运行，应配备下列主要的附设机构：

1）手动操作机构，以备事故状况下或能源停供时的临时操作。

2）转矩超载保护和行程限位功能，以保证驱动装置或阀门在超载或越位时不致损坏。

3）阀门开度位置指示，能够进行远距离信号传送，以便正确掌握阀门工作位置和实现远距离控制。

8.1.2　驱动装置对阀门的要求

性能优异的各种阀门整体，不仅需要配备技术特性好、工作可靠的驱动装置，同时阀门部件本身的技术水平应与驱动装置相匹配。驱动装置对阀门的要求如下：

（1）操作特性应适用驱动要求　阀门应该工作可靠、效率高、消耗低。消耗包括金属材料消耗和工作过程中的能源消耗，即重量轻和能耗少。操作负荷和操作速度相同的驱动装置，其重量和能耗也是有差别的。为了减轻阀门整体重量和减少能耗，必须降低阀门操作转矩，可以从阀门本身的结构考虑，也可以从连接阀门的管道系统考虑。

从阀门本身的结构来看，不同结构的阀门具有不同的操作特性。为了保证阀门性能良好，应根据工业生产过程的使用条件，选用组成最佳性能的阀门结构。对于同一公称尺寸的阀门，暗杆阀门比明杆阀门的操作转矩要大 50% 左右。由此可见，阀门的结构对其性能有很大影响，应予以足够重视。

从连接阀门的管道系统来看，应尽可能减少阀门的数量。对于公称尺寸大、工作参数高的阀门，可以采用旁通阀使主阀瓣前后的压差减小，从而大大降低阀门的操作转矩、改善阀门的性能。而且这两个阀门可以采用联动操作。

（2）结构应适应驱动操作　当阀门关闭后，阀内介质温度变化和环境温度变化都会使阀瓣、阀杆和阀体之间产生温度差，阀体各部位的温度也可能是不均匀的。温度差导致各零件的热膨胀量不同，由于阀杆螺母和阀杆之间有自锁功能，会使阀杆的轴向推力增大，进而使阀杆螺母和阀杆锁得更紧，当这个推力增大到一定程度时，就会出现阀杆螺母和阀杆咬死的情况。这时，开启阀门所需的转矩比关闭阀门大得多，如果问题不太严重，则人工增加操作力矩可以开启阀门。如果采用电动阀门，就要在程序控制部分设定最大转矩来开启阀门。此时，驱动装置的操作转矩不能比阀门需要的转矩大太多，否则容易损坏阀门。

由此可见，为了使阀门的性能优异，除了驱动装置外，阀门结构设计也应考虑如何进一步适应驱动操作要求。

8.1.3 选择驱动装置的原则

在化工生产过程中，各主要设备之间依靠管道相互连接，而阀门则是管道中的主要部件。有些阀门用于检修时隔离，在生产过程中一般不需要操作，只有在局部系统发生故障需要切断时才进行操作，这些阀门要根据工艺流程自动控制需要确定是否配备驱动装置。有些阀门在生产过程中需要经常操作，这些阀门原则上应配备驱动装置。选择驱动装置时，考虑的基本原则主要有：

（1）手动操作的旋转方向和速度 阀门的最基本操作手段是手轮驱动。对于大型阀门，当加大手轮直径其操作力仍超过 360N 时，可以在阀杆上附加齿轮或蜗杆减速机构，降低操作速度，减小操作转矩，以适应人工操作的需要。

在配用了驱动装置以后，为了保证阀门操作的可靠性，在驱动装置发生故障时，应有后备操作手段。同时，在调整驱动装置时，也需要有人工操作手段，所以驱动装置应配有手动操作机构。手动操作机构的操作转矩应与手动阀门的操作转矩一致。在保证人工操作的前提下，减速比应尽可能选得大一些，以提高手动操作速度。

在各种形式的手动机构中，世界各国的规定是一致的，手轮沿顺时针方向转动时阀门关闭，手轮沿逆时针方向转动时阀门开启。驱动阀杆螺母或驱动阀杆的旋转方向是相同的。

（2）应能适应生产过程的环境条件 每个化工装置的环境条件都有各自的特点。例如，有些环境温度高、振动大、粉尘多，有些环境有腐蚀性、辐射等，在露天工作的阀门还会受到日晒雨淋。可见，阀门的工作条件是比较恶劣的。驱动装置是和阀门配套工作的，所以也应能够承受阀门工作的恶劣环境条件。

（3）能够方便阀门操作 为了满足工艺要求并尽可能减少能源消耗，生产过程的管道应尽可能短。因此，很多生产装置的设备都是密集、立体安装的。厂房内部管道纵横交错，阀门的安装位置也会受到一定限制，有些阀门不能安装在主要操作层。为了方便操作阀门，最好采用气动或电动驱动。

（4）减轻劳动强度 公称尺寸大的阀门，其操作转矩比较大，特别是当管道中介质压力较高时，操作转矩更大。当阀门的操作力达到 360N 以上时，一个人操作相当困难，有时甚至无法操作。为了减轻人工操作的劳动强度，对于公称尺寸大的阀门，应采用合适的驱动装置。

（5）实现远传操作 为了提高操作水平，改善劳动条件，聚酯生产装置大多采用自动化集中控制。为了在控制室内进行监视和操作，必须为相应阀门配备驱动装置，以达到远传操作的目的。由于阀门的数量很多，在控制室内操作的阀门数量是有限的。因此，只能为运行过程中操作频繁的和重要的阀门，特别是事故处理所必需的阀门配备远传驱动装置。

（6）正确选择能源 为了保证阀门操作的可靠性，驱动装置的选用应根据阀门的安装地点、使用条件、启闭速度、驱动力大小及开启高度、使用现场能源条件等确定动力源（人力、电力、压缩空气、液压等）。一般选择原则为：不重要的或者不需要自动控制的阀门采用人力驱动；快速启闭的阀门可以采用气动驱动，不仅简单可靠，而且可以防爆。

8.2 人力驱动装置

常用的阀门人力驱动装置主要包括手轮、手柄、齿轮减速装置和蜗杆减速装置等。在聚酯生产装置中，无论是部分回转阀门（如浆料球阀、浆料旋塞阀）还是多回转阀门（如三通柱塞阀、熔体出料阀、多通阀、反应器底部出料阀、冲洗阀、排尽阀、取样阀等），很多都是采用人力驱动的。人力驱动装置是最基本的操作机构，它的显著特点是一个人就可以操作，受其他因素的影响小。

8.2.1 手轮或手柄驱动

在满足驱动力要求的条件下，应尽可能采用结构最简单的手轮或手柄直接操作阀门。无论是手轮还是手柄操作，都应保证一个人能够用不大于360N的轮缘力轻松操作阀门。

一般情况下，手柄操作适用于旋塞阀、球阀等，即部分回转阀门，开关过程中，阀瓣运行是角行程。对于两通球阀，球体旋转90°；而三通旋塞阀和三通球阀的阀瓣旋转角度是90°或180°。手柄头部应有指示阀瓣通道移动方向的箭头和字样，阀瓣通道移动方向与手柄旋转方向应一致。阀门的相应部位要有指示阀瓣通道位置的标示线和字样。

手轮操作适用于阀瓣运行是直行程的多回转阀门，如三通柱塞阀、熔体出料阀、多通阀、排尽阀、取样阀、热媒截止阀等。手轮的轮缘上应有明显的指示阀瓣"开"或"关"方向的箭头和字样，阀杆的适当位置要有对应阀瓣"开启"或"关闭"的标示线，阀门支架的对应部位要有"开启"或"关闭"位置的标示线和字样。

聚酯生产装置中的高压（熔体压力一般为10~20MPa）熔体三通阀需要的操作转矩比较大，熔体介质结焦也会增加操作转矩，所以公称尺寸比较大的阀门可以采用齿轮减速机构驱动。例如，终缩聚反应器后的熔体过滤器进出口三通柱塞阀有些是用手轮操作的，阀门启闭时手轮的操作力很大，尤其是在柱塞被拉毛、熔体结焦时，其操作将更加困难。所以这些阀门最好采用齿轮传动机构驱动。

手轮或手柄采用正方、锥方、普通平键和螺纹等形式直接固定在阀杆或阀杆螺母上，阀瓣的启闭是通过手轮转动阀杆或阀杆螺母来实现的。阀杆与阀杆螺母之间有梯形螺纹，螺纹的方向按手轮沿顺时针方向旋转时阀门关闭的原则来确定。当手轮固定在阀杆螺母上时，手轮带动阀杆螺母转动，阀杆仅做直线运动而不旋转。当手轮固定在阀杆上时，手轮带动阀杆转动，阀杆做旋转运动的同时伴有直线运动。

手轮直径根据阀杆所需的转矩按式（8-1）计算

$$\frac{2M}{Q}=D \tag{8-1}$$

式中，D 是手轮直径（mm）；M 是转动阀杆所需的最大转矩（N·mm）；Q 是手轮圆周操作力（N）。

手柄的有效长度根据阀杆所需的转矩按式（8-2）计算

$$\frac{M}{Q}=L \tag{8-2}$$

式中，L 是手柄长度（mm）；M 是转动阀杆所需的最大转矩（N·mm）；Q 是手柄端部操作力（N）。

手轮或手柄的形状和尺寸可以按照标准来选取，材料可以是碳钢、球墨铸铁、铝合金等，公称尺寸小的阀门也可以用塑料材料的手轮。为了增加手轮或手柄与阀杆连接部位的强度，轮毂安装孔的轴向尺寸可以适当大一些。

8.2.2　部分回转手动驱动装置

当手轮的驱动力不能满足阀门要求时，为了提高驱动装置的输出力矩，可以采用蜗杆传动或其他适合的传动方式。蜗杆传动驱动装置的传动比大，输出转矩增加的倍数大，输出轴转速比较低。

（1）90°回转手动驱动装置　一般情况下，90°回转手动驱动装置采用蜗杆副结构，适用于阀瓣旋转90°角行程的阀门，如两通旋塞阀、两通球阀等。

图8-1所示为90°回转手动驱动装置主体结构。旋转手轮6带动蜗杆3旋转，依次带动蜗轮4和输出轴5旋转，驱动相连接的阀瓣旋转90°，从而实现阀门的开启或关闭。阀瓣90°角行程需要蜗轮旋转90°，加上蜗杆与蜗轮配合所需的角度和相应余量，蜗轮应是一个圆心角大于90°且小于180°的扇形结构，而不是完整的圆形。壳体1的结构应满足蜗轮旋转的需要，并满足其他方面的要求，所以壳体是一个圆心角大于180°且小于270°的扇形结构，也不是完整的圆形。

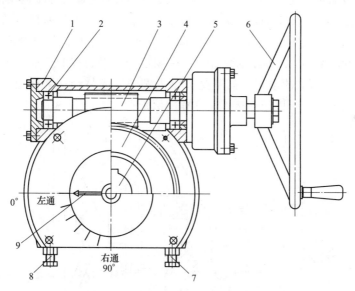

图8-1　90°回转手动驱动装置主体结构

1—壳体　2—轴承　3—蜗杆　4—蜗轮　5—输出轴　6—手轮　7—右定位螺栓　8—左定位螺栓　9—位置指针

在90°回转手动驱动装置与截断阀门的装配调试过程中，蜗轮旋转的止点应满足阀瓣位置要求，用右定位螺栓7和左定位螺栓8进行微调，当阀瓣处于全开位置时，使左定位螺栓与蜗轮左定位面接触，此时位置指针9处于0°位置，标志为"关"；当阀瓣处于全关位置时，使右定位螺栓与蜗轮右定位面接触，此时位置指针处于90°位置，标志为"开"。

在90°回转手动驱动装置与换向型阀门的装配调试过程中，当阀瓣左侧通道开启时，左定位螺栓与蜗轮左定位面接触，此时位置指针处于"左通"位置；当阀瓣右侧通道开启时，右定位螺栓与蜗轮右定位面接触，此时位置指针处于"右通"位置。这种蜗杆传动驱动装置具有以下特点：

1）体积小、承载转矩大、传动比大。输出转矩比较小的，传动比通常为 40~100；输出转矩比较大的，传动比以 80~200 居多。

2）结构简单，具有自锁功能。即蜗杆可以带动蜗轮旋转，但蜗轮不可以带动蜗杆旋转。也就是说，操作手轮带动蜗杆旋转，蜗轮随之驱动阀瓣转动，在阀瓣到达开启或关闭位置以后，阀瓣就被固定在此位置，不会因为介质作用力或其他因素而自动改变位置。

3）壳体密封性好，可以防止灰尘或异物进入，润滑脂的使用周期比较长。

4）装有两个位置调整螺钉，在阀瓣的全关或全开位置可以在一定范围内进行调整，同时具有机械限位功能。

5）阀瓣在全关或全开位置时，输出轴有指示关或开的指示线，在壳体的相应部位有对应的刻线，标示出阀瓣的当前位置。

6）对工作环境的适应性比较强，如环境温度、海拔高度、空气相对湿度、防护等级等。但是，要求工作环境无易燃、易爆及腐蚀性介质。

（2）180°回转手动驱动装置 适用于三通换向阀的部分回转手动驱动装置，与普通球阀或蝶阀所使用的驱动装置类似，驱动装置输出的是角行程。根据所需操作力矩的大小选择蜗杆传动驱动装置的传动比，使一个人能用不大于 360N 的轮缘力轻松地操作阀门。

图 8-2 所示为 180°回转手动驱动装置主体结构。其结构和工作原理与图 8-1 所示装置类似，所不同的是蜗轮的最大输出角度是 180°而不是 90°。三通换向旋塞阀或三通换向球阀的阀瓣旋转角度是 90°或 180°，即驱动装置输出轴满足 180°角行程的要求，所以蜗轮是一个中心角大于 180°且小于 270°的扇形，而不是完整的圆形。壳体结构要满足蜗轮旋转的需要，并满足其他方面的要求，所以壳体接近于完整的圆形。

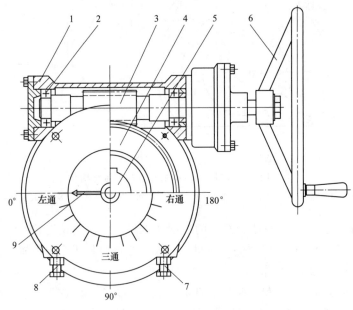

图 8-2 180°回转手动驱动装置主体结构

1—壳体 2—轴承 3—蜗杆 4—蜗轮 5—输出轴 6—手轮

7—右定位螺栓 8—左定位螺栓 9—位置指针

在 180°回转手动驱动装置与三通换向旋塞阀或三通换向球阀的装配调试过程中，当阀瓣左侧通道开启时，左定位螺栓 8 与蜗轮左定位面接触，此时位置指针 9 处于"左通"位置；当阀瓣右侧通道开启时，右定位螺栓 7 与蜗轮右定位面接触，此时位置指针处于"右通"位置；当阀瓣的左、下、右三个通道同时接通时，位置指针处于"三通"位置。这种蜗杆传动驱动装置具有以下特点：

1）与上述 1）、2）、3）、6）项相同。

2）阀瓣有三个工作位置，即输出轴在 0°、90°、180°位置，阀瓣分别接通或关闭不同的介质通道。输出轴在 0°和 180°是工作止点位置，输出轴在 90°是中点工作位置。由于蜗轮旋转角行程大于 180°，所以驱动装置的壳体接近于完整的圆形，蜗轮的中点工作位置没有调整螺钉，也没有机械限位。

3）阀瓣在两个工作止点位置或中点工作位置时，输出轴上有指示通道接通或关闭的指针，在壳体的相应部位有对应的刻线，标示出阀瓣当前位置的通道开启或关闭状态。

（3）部分回转手动驱动装置的安装　手轮沿顺时针方向旋转时阀门关闭，蜗轮驱动轴内孔中有阀杆螺母，两者之间采用花键连接。阀杆螺母可以取出，方便加工阀杆螺母与阀杆的配合孔和键槽。大部分手动蜗杆传动驱动装置的安装程序类似，常用步骤如下：

1）安装驱动装置与阀门时，应使阀瓣处于全关闭位置。

2）取出驱动轴内孔中的阀杆螺母，按阀杆的尺寸加工好配合孔和键槽。

3）将阀杆螺母与阀杆装配好。

4）首先使阀门处于全关闭位置，旋转手轮使蜗杆副位置满足阀门要求。

5）把蜗轮轴往回转一点，使蜗轮驱动轴的花键孔与阀杆螺母的花键对准后装配在一起，并将驱动装置的法兰螺栓孔与阀门支架的法兰螺栓孔对齐，用螺栓紧固好即可。

（4）部分回转手动驱动装置的调整

1）一般情况下，驱动装置的两个限位螺钉已调整好并紧固，到用户使用现场根据具体情况确定是否需要调整。

2）当有位置误差需要调整时，应确认阀门在开、关位置时分别对应哪个调整螺钉，并确认调整量是否在可调范围内。

3）对适用于开、关阀门的极限位置调整好以后，使调整螺钉与驱动轮上的限位面接触，然后将调整螺钉退回 0.5~1 圈，以保证阀门关闭到位，再拧紧外部的防松螺母，机械限位调整完毕。

对适用于三通换向阀的极限位置调整好以后，使调整螺钉与驱动轮上的限位面接触，然后拧紧外部防松螺母，机械限位调整完毕。

4）手动操作阀门开关一次，观察驱动轴上的指针与壳体盖上的标记是否正好对准，如果对准，则说明阀门关闭位置和开启位置分别满足要求。

（5）部分回转手动驱动装置使用注意事项

1）使用现场应有足够的操作和维护保养空间。

2）手轮上允许使用增力杆，但是，应保证输出转矩不超过允许值。

3）当驱动装置用于振动较大的场合时，应定期检查紧固件有无松动现象。

4）应定期检查润滑脂情况，并应根据使用要求定期更换润滑脂。

5）定期检查易损件、密封件的完好情况，如有需要应及时更换。

8.2.3 多回转手动驱动装置

当手轮的驱动力不能满足阀门要求时，为了提高驱动装置的输出转矩，可以采用多回转手动驱动装置。常采用锥齿轮结构，其传动比是主动齿轮与被动齿轮的齿数比，即驱动装置输出转矩增加的倍数，可以根据需要选择输出轴的转速比，使手轮操作力不大于360N。

（1）多回转手动驱动装置的典型结构　常用锥齿轮多回转手动驱动装置，适用于开关过程中阀瓣做轴向直线运动的阀门，如柱塞式三通换向阀、阀瓣式三通换向阀、柱塞式多通阀、阀瓣式多通阀、排尽阀、取样阀、热媒截止阀、进料阀等。其典型结构如图8-3所示。

操作手轮3使主动齿轮1旋转，带动被动齿轮2旋转，依靠键连接驱动空心轴7和阀杆螺母8旋转，进而驱动阀杆5做轴向直线运动，开启或关闭阀门。

（2）多回转手动驱动装置的结构特点

1）体积小、结构简单，整机传动效率高于90%，承载转矩大。

2）输出轴的减速比选择性好。输出转矩比较小的，传动比为3~10；输出转矩比较大的，传动比为6~20；输出转矩很大的，传动比更大。根据阀门所需转矩的大小，合理确定主动齿轮和被动齿轮的齿数，从而在满足手轮操作力不大于360N的条件下确定合理的输出转速。

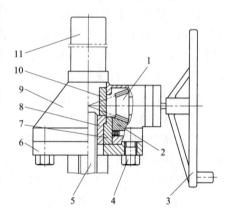

图8-3　多回转手动驱动装置
1—主动齿轮　2—被动齿轮　3—手轮
4—连接螺栓　5—阀杆　6—阀门支架
7—空心轴　8—阀杆螺母　9—壳体
10—锁紧螺套　11—护罩

多回转手动驱动装置的输出轴转速要合理，既不能太快，也不能太慢。在聚酯生产装置中，有些柱塞式熔体三通阀的传动比很大。例如，某企业聚酯直送短纤生产线中终缩聚熔体泵出口的三通柱塞阀，该阀由德国吉玛公司提供，为人工操作且比较省力。由于驱动装置减速比很大（为了省力），且柱塞的行程很长，导致启闭阀门时，手轮回转圈数太多，从而使工艺切换非常麻烦，好在该阀的操作频率很低，一年不会超过十次。

3）传递动力的是锥齿轮，不具有自锁性能。也就是说，操作手轮带动主动齿轮旋转，被动齿轮随之驱动阀杆螺母转动，使阀瓣到达开启或关闭位置，阀瓣被固定在此位置是依靠阀杆与阀杆螺母之间梯形螺纹的自锁功能，而不是依靠驱动装置。

4）壳体密封性好，可以防止灰尘或异物进入，润滑脂的使用周期比较长。

5）锥齿轮多回转手动驱动装置输出轴的回转圈数不受限制，阀瓣在全关或全开位置都是由阀门结构确定的，在阀门的阀杆上有指示"关"或"开"的指针，同时在支架的相应部位有与指针对应的刻线。

6）对工作环境的适应性比较强，如环境温度、海拔高度、空气相对湿度、防护等级等。但是，要求工作环境无易燃、易爆及腐蚀性介质。

（3）多回转手动驱动装置的安装

大部分多回转手动驱动装置都是齿轮减速结构，手轮沿顺时针方向旋转时阀门关闭。齿轮驱动轴内孔与阀杆螺母之间采用花键连接，阀杆螺母可以取出，方便加工阀杆螺母与阀杆

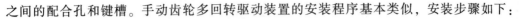

之间的配合孔和键槽。手动齿轮多回转驱动装置的安装程序基本类似，安装步骤如下：

1）安装驱动装置与阀门时，应使阀瓣处于全关闭位置。

2）打开阀杆罩，取出驱动轴内孔中的锁紧螺母和阀杆螺母，按阀杆尺寸加工好配合孔和键槽。

3）如果阀杆与阀杆螺母采用螺纹连接，则将阀杆螺母装在阀杆上旋下。当阀杆螺母上的花键嵌入驱动空心轴花键时，摇动手轮（此时装置不可转动）使阀杆螺母旋入到底，拧紧锁紧螺母，安装好阀杆罩，用螺栓将驱动装置和阀门紧固好，安装完毕。这种情况适用于明杆阀门，即阀杆不旋转，只做轴向直线运动。

4）如果阀杆与阀杆螺母采用键连接或牙嵌式连接，可直接从装置下部将阀杆装入，用螺栓将装置和阀门紧固好，安装完毕。这种情况适用于暗杆阀门，即阀杆只旋转，没有轴向直线运动。

（4）多回转手动驱动装置的调整

1）一般情况下，不需要另行调整。

2）手动操作阀门开关一次，观察驱动装置和阀门的各部位是否正常，确认阀门关闭位置和开启位置是否满足要求。

（5）多回转手动驱动装置使用注意事项　与8.2.2节的相应内容类似。

8.3　电动驱动装置

阀门行业应用的电动驱动装置，机械减速主体部分是蜗杆传动机构。2000年以前产品的大部分功能参数都是以机械控制为主，最近20年来，电动驱动装置技术有了很大进步，主体结构部分仍然是蜗杆传动结构，控制部分有普通型和智能型两种，普通型的各种功能参数是机械元件控制实现的，智能型的各种功能参数是电气元件控制实现的。

GB/T 28270—2012《智能型阀门电动装置》规定了智能型阀门电动装置的术语、技术要求、试验方法、检验规则、标志、包装、运输和贮存条件等，适用于以电动机直接驱动的开关型、调节型智能电动装置。智能型阀门电动装置内嵌微处理器控制单元，同时具有人机交互界面、运行数据记录、参数组态、故障自诊断和保护等功能，还具有数字通信接口。

8.3.1　电动驱动装置的结构

阀门电动驱动装置的结构有很多种，不同厂家生产的电动驱动装置各不相同，输出参数要求各不相同，其中包含的各个零部件也不同。这里只介绍常用典型结构的功能。

阀门电动驱动装置主要由电动机、减速传动机构、控制单元（包括就地控制和远传控制）、行程控制机构、转矩控制机构、手动/电动切换机构、阀位测量机构、阀位开度就地显示机构、阀位开度远传指示机构、转矩/推力转换机构、二次减速机构（用于部分回转阀门）、手轮等。

阀门电动驱动装置使用电动机作为原动机，通常采用专门设计的三相异步电动机。电动机按短时工作制设计，没有散热设备，具有适合阀门操作的机械特性。对于某些特定场合，可以采用直流电动机。对于要求改变转速的场合，可以采用变速三相异步电动机。

电动机通过主传动机构减速后带动阀门的启闭件。主传动机构的结构形式比较多，主要的传动方式有蜗杆传动、正齿轮传动、行星齿轮传动等。

常用的主传动机构是蜗杆传动和正齿轮传动的组合。主传动机构输出的转矩通过梯形螺纹转换为推力，带动阀杆做轴向运动，实现阀瓣的关闭和开启，如三通换向阀、熔体出料阀、多通阀等。阀杆螺母通常安装在阀杆上作为阀门的一个零件，电动装置输出转矩带动阀杆螺母旋转。也有阀杆螺母安装在电动装置内的，使电动装置直接输出推力。

对于启闭件做旋转运动的阀门（如浆料球阀和浆料旋塞阀），主传动机构的输出轴还要通过二次减速器才能带动阀门启闭件。常用的二次减速器有行星齿轮传动、蜗杆传动和螺杆摇臂传动。二次减速器通常是独立部件与电动装置的组合。

在主传动机构内，设有转矩限制机构、行程控制机构和阀位测量机构。转矩限制机构可以限制驱动装置的输出转矩，当主传动机构输出的转矩达到转矩限制机构的设定值时，转矩限制机构发出信号给控制单元，立即切断电动机电源。行程控制机构不仅可以切断电动机电源，还可以固定阀瓣的启闭位置。当主传动机构的行程（阀瓣开度）达到行程控制机构的设定值时，行程控制机构给控制单元发出信号，可以切断电源或按设定的程序要求固定阀瓣位置。普通型电动装置用行程限位开关调整阀瓣行程，智能型电动装置用电子开关调整阀瓣行程。阀位测量机构能够提供阀瓣的位置信号，可以就地显示阀瓣开度，也可以用于远程监控阀瓣开度。

为了在必要时手动操作阀门，在主传动机构内侧，还装有手动/电动切换机构和手轮。人工切换到手动侧就可以使用手轮操作阀门；电动机起动时，切换机构则会自动切换到电动侧，由电动机操作阀瓣开启或关闭，即电动优先原则。对于操作转矩比较小的阀门，手轮可以直接与输出轴连接；对于操作转矩比较大的阀门，手轮通过减速后与输出轴连接，手动操作时具有一定的减速比。

8.3.2 电动驱动装置的优点

电动驱动装置是通过电动机来操作阀门的装置，采用电动装置驱动的阀门称为电动阀门。电动阀门有以下优点：

（1）节省操作时间 电动驱动操作快，可以大大缩短启闭阀门需要的操作时间。

（2）带有保护机构 有行程控制、转矩限制等措施，可以保证阀门的安全稳定运行。

（3）安装位置不受限制 阀门可以安装在不能手动操作的、难以接近的，或距离很远的任何场合。

（4）减少运行人员 有利于实现工艺系统的自动化操作，从而可以减少运行人员。

8.3.3 电动驱动装置的技术特性

电动驱动装置的技术特性是根据使用参数、使用环境、阀门操作要求等确定的，不同制造厂生产的电动驱动装置，其技术特性不完全一致。技术参数不同、考虑的因素不同，名词术语也不尽相同，无法统一说明。下面叙述一下常用电动驱动装置的技术参数及其范围。

（1）输出转矩 电动驱动装置输出转矩是由电动机输出转矩、传动机构减速比和传动效率决定的。电动驱动装置的电动机和传动机构已经确定了，最大输出转矩是固定值。

为了使同一规格的电动驱动装置能够用于操作不同转矩的阀门，可以合理利用电动驱动装置输出转矩的调整范围。目前，常用电动驱动装置输出转矩的调整范围为50%～75%，转矩系列公比数为 1.5~2.5，使输出转矩相互衔接，用较少的规格满足各种阀门的配套要求。

GB/T 12222—2005《多回转阀门驱动装置的连接》规定的通过驱动装置法兰和驱动件所能传递的最大转矩和最大推力值见表 8-1。

表 8-1 法兰代号-最大转矩和最大推力值

法兰代号	F07	F10	F12	F14	F16	F25	F30	F35	F40
转矩/N·m	40	100	250	400	700	1200	2500	5000	10000
推力/kN	20	40	70	100	150	200	325	700	1100

注：1. 表中的转矩和推力来自以下的假定：螺栓的力学性能等级为 8.8 级，屈服强度为 628N/mm²，许用应力为 200N/mm²；螺栓只承受拉力，不考虑拧紧螺栓时引起的附加应力；法兰面之间的摩擦系数为 0.3。

2. 以上计算参数的变化将导致可传递转矩和止推力值的变化。

3. 具体应用时，法兰代号的选择应考虑因惯性或其他类似因素而在阀杆上产生的附加转矩。

GB/T 12222—2005 规定了适用于三通阀、熔体出料阀、多通阀的多回转驱动装置的 9 个不同尺寸机座，主系列有 9 档输出转矩或输出推力。为了使同一个尺寸机座的电动驱动装置能够用于较小转矩，可以改用小功率电动机和刚度小的转矩弹簧，以减轻重量和减少电耗并提高转矩限制机构的调整精度。除了以上九档主系列外，还可以通过更换电动机和转矩弹簧派生出副系列。副系列的输出转矩是相邻两个主系列转矩值的平均值。

GB/T 28270—2012《智能型阀门电动装置》规定的多回转电动装置公称转矩和公称推力值见表 8-2。

表 8-2 多回转电动装置公称转矩和公称推力值

法兰代号	F07	F10	F12	F14	F16		F25		F30		F35		F40	
公称转矩/N·m	40	100	250	400	600	700	900	1200	1800	2500	3500	5000	8000	10000
公称推力/kN	20	40	70	100	130	150	175	200	260	325	520	700	900	1100

GB/T 12223—2005《部分回转阀门驱动装置的连接》规定的通过驱动装置法兰和驱动件所能传递的最大转矩见表 8-3。

表 8-3 法兰代号-最大转矩值

法兰代号	F03	F04	F05	F07	F10	F12	F14	F16	F25	F30	F35	F40	F48	F60
最大转矩/N·m	32	63	125	250	500	1000	2000	4000	8000	16000	32000	63000	125000	250000

注：1. 表中规定的转矩值是按照螺栓承受的拉力为 290N/mm²、法兰面之间的摩擦系数为 0.2 来确定的。

2. 具体应用时，法兰代号的选择应考虑因惯性或其他类似因素而在阀杆上产生的附加转矩。

GB/T 12223—2005 规定了适用于旋塞阀、球阀的部分回转驱动装置的 14 个不同尺寸机座，主系列有 14 档输出转矩，其输出转矩系列是按公比 2 排列的。为了使同一个尺寸机座的电动驱动装置能够用于较小转矩，可以改用小功率电动机和刚度小的转矩弹簧，以减轻重量、减少电耗并提高转矩限制机构的调整精度。

GB/T 28270—2012《智能型阀门电动装置》规定的部分回转电动装置公称转矩值见表 8-4。

（2）输出推力 对于阀杆做直线运动而不旋转的阀门，驱动装置输出的转矩必须通过梯形螺纹转换为阀杆推力。阀杆螺母在阀门的支架内时，驱动装置仅提供转矩；阀杆螺母在驱动装置的输出轴上时，驱动装置提供推力。驱动装置输出推力大小与阀杆螺母的螺距、螺纹升角和螺纹之间的摩擦系数有关。

表 8-4　部分回转电动装置公称转矩值

法兰代号	F03	F04	F05	F07	F10		F12		F14		F16	
公称转矩/N·m	32	63	125	250	350	500	800	1000	1500	2000	3000	4000
法兰代号	F25		F30		F35		F40		F48		F60	
公称转矩/N·m	6000	8000	12000	16000	24000	32000	50000	63000	80000	125000	160000	250000

（3）输出转速　电动驱动装置输出轴转速取定于阀门要求的操作转速，输出轴转速在 12~60r/min 之间，能够满足各类阀门的操作转速要求。为了适应快速动作等特殊情况，电动驱动装置有 2~3 种输出转速。电动驱动装置输出轴转速常用的有 12r/min、24r/min、18r/min、36r/min 和 48r/min 五种。

（4）总转圈数　总转圈数是指阀门从全关到全开过程中，阀杆螺纹的总转圈数，和螺纹螺矩、阀门公称尺寸有关。常用阀门的总转圈数一般为 2~150。电动过程中，装置输出轴的总转圈数应在 2~150 范围内连续可调。不同输出转矩的电动驱动装置，其最大转圈数也不相同。一般输出转矩小的，最大转圈数也小；输出转矩大的，最大转圈数也大。

（5）允许通过的阀杆直径　对于阀杆旋转并做轴向运动的阀门，阀杆要伸入电动驱动装置内。为此，电动驱动装置的输出空心轴内径应大于阀杆直径，使阀杆能够通过电动驱动装置输出轴内孔。同一输出转矩的电动驱动装置配用的阀门不同，阀杆直径也不同。

（6）阀杆最大行程　阀门的开启高度决定了阀杆最大行程。当阀门的开启高度大于电动驱动装置输出轴长度时，阀杆就会伸到电动驱动装置体外。为了避免异物进入阀杆螺纹，应根据电动驱动装置配用阀门的阀杆最大行程配备阀杆保护套。

（7）转矩限制机构　既要限制电动驱动装置的输出转矩，又要满足开阀和关阀方向的转矩差，所以应该具有足够的调整范围。转矩限制机构有机械式和电子式两种，2000 年以前使用机械式的比较多，现在主要使用电子控制式转矩限制机构，方便调整输出转矩值，精度高、重复性好。

GB/T 28270—2012《智能型阀门电动装置》规定：智能电动装置的转矩控制应灵敏可靠，要求的转矩重复精度见表 8-5。

表 8-5　转矩重复精度

	公称转矩/N·m	转矩重复精度（%）
多回转	≤100	≤±10
	>100~1200	≤±7
	>1200	≤±5
部分回转		≤±10

（8）行程控制机构　行程控制机构用于控制大部分阀门的开启位置和部分阀门（如浆料球阀等）的关闭位置。智能型电动驱动装置是电子式控制，工作可靠、微调量小、重复偏差小。GB/T 28270—2012《智能型阀门电动装置》规定：智能电动装置行程控制应灵敏可靠，控制输出轴的允许位置重复偏差见表 8-6。

表 8-6　位置重复偏差

智能型电动装置类型	位置重复偏差
多回转	≤±5°
部分回转	≤±1°

（9）手动操作机构 为了在需要的时候可以手动操作阀门，电动驱动装置都备有手动操作机构。手动操作机构包括手动/电动切换机构和手轮。手动/电动切换机构设计为电动优先，当电动机转动时，可以从手动状态自动切换到电动状态。而当电动机断电时，可以操作切换手柄调整到手动状态，然后旋转手轮操作阀门。输出转矩比较小的电动驱动装置，手轮可以直接带动输出轴，手动速比为 1∶1；输出转矩比较大的电动驱动装置，手轮通过减速器带动输出轴，一般手动减速比为 2~30；输出转矩特别大的电动驱动装置，手动减速比可以达到 30~90。

（10）智能电动装置的工作条件

1）环境条件。

① 海拔 ≤1000m。

② 工作环境温度为 -20~60℃。

③ 工作环境相对湿度 ≤90%（25℃时）。

④ 工作环境中不含有强腐蚀性气体。

2）电源条件。

① 电压额定值：三相，AC 380V，允许误差为 ±10%；单相，AC 220V，允许误差为 -15%~10%。

② 频率值为（50±1%）Hz。

③ 谐波含量 ≤5%。

3）工作制式。

① 开关型智能电动装置电动机为短时工作制，连续工作时间定额为 10min、15min、30min。

② 调节型智能电动装置电动机为间歇工作制，负载持续率为 10%~80%，动作频率为 100 次/h、320 次/h、630 次/h、1200 次/h。

4）智能电动装置的防护等级不低于 IP67。

8.3.4 电动驱动装置的防爆与防护

石油化工类企业的代表性气体是乙烯，属于ⅡB类。聚酯生产装置现场使用的电气设备防爆与防护等级各不相同，有些区域是隔爆型的，有些区域是增安型的。隔爆型电气设备使用比较多的防爆等级为 dⅡBT4，防护等级有 IP55，也有 IP67。增安型电气设备使用比较多的防爆等级为 EexeⅡT3，防护等级有 IP55，也有 IP54。

GB 3836.1—2010《爆炸性环境 第1部分：设备 通用要求》规定的Ⅱ类电气设备的最高表面温度分组见表 8-7。

表 8-7 Ⅱ类电气设备的最高表面温度分组

温度组别	最高表面温度/℃	温度组别	最高表面温度/℃
T1	450	T4	135
T2	300	T5	100
T3	200	T6	85

按照 GB 3836.1—2010 的规定，防爆等级 dⅡBT4 的电动机外壳的最高表面温度是

135℃，防爆等级比较高。防爆等级 Eexe Ⅱ T3 的电动机外壳的最高表面温度是 200℃，防爆等级稍低些。

8.3.5 电动驱动装置的选择

在选用电动阀门时，要特别注意阀门与电动驱动装置是否匹配，电动驱动装置的操作特性与阀门的操作特性要相互适应，具体要求以下：

（1）操作转矩 电动驱动装置的输出转矩应大于操作阀门所需的最大转矩，一般操作阀门的最大转矩出现在阀门刚开启或完全关闭的瞬间。由于阀门的操作转矩会随运行和维护条件的不同而改变，所以选择电动驱动装置时应留有适当余量。一般情况下，电动驱动装置的输出转矩应等于操作阀门所需最大转矩的 1.2~1.5 倍。

（2）总转圈数 电动驱动装置的总转圈数应满足阀门需要的总圈数，全行程的总转圈数与阀门开启高度和阀杆梯形螺纹螺距的关系按式（8-3）计算

$$\frac{H}{zP} = N \qquad (8-3)$$

式中，N 是阀门总转圈数；H 是阀门开启高度（mm），即阀门启闭件的全行程；P 是阀杆梯形螺纹的螺距（mm）；z 是阀杆梯形螺纹的线数，多数情况下采用单线梯形螺纹，即 $z=1$。

阀门结构不同、公称尺寸不同，总转圈数变化范围很大。一般情况下，阀门总转圈数为 2~160 圈。对于阀杆只旋转而不做轴向运动的阀门，可以不考虑总转圈数。

（3）操作转速 操作转速决定了阀门的全程操作时间。一般情况下，为了避免产生水击，公称尺寸 ≤DN150 的阀门，其全程操作时间应为 30~10s；公称尺寸 ≥DN800 的阀门，其全程操作时间为 140~200s。阀门电动驱动装置的操作转速按式（8-4）计算

$$\frac{N}{T} = v \qquad (8-4)$$

式中，N 是阀门总转圈数；v 是阀杆的操作转速（r/min）；T 是阀门启闭的全程操作时间（min）。

（4）阀杆直径 电动驱动装置允许通过的最大阀杆直径应大于阀门的阀杆直径。

总之，电动驱动装置的技术特性与阀门的要求不一定完全一致，应选取综合技术特性与阀门的要求最接近的电动驱动装置，并根据不同的使用要求确定应配备的辅件。

8.3.6 电动驱动装置常见故障及其排除方法

（1）电动机运转但阀门不动 可能的原因有传动部分故障、离合器故障或零件磨损等，如阀杆螺母梯形螺纹磨损。此时应解体检查，根据具体情况对症处理。

（2）手动/电动切换失灵或过紧 可能的原因有切换部位零件损坏、传动部位有异物或润滑不良，或操作不当造成卡阻。此时应按产品使用说明书的要求，认真检查密封件、传动部位等是否异常。

（3）转矩限制器不动作 可能的原因有转矩限定值设定不准确或限定值过大，或转矩开关触点接触不良。逐一检查并排除故障。

（4）电动机不起动 可能的原因有电源不通或电动机断相，或电源电压过低，此时应检查电源电压和电动机，消除故障；阀门的阀瓣已处于极端位置，但电动机仍向该方向驱

动，此时应手动将阀瓣调至中间位置，然后再起动电动机。

（5）开启或关闭指示灯不亮 转矩开关动作后，阀瓣没有到达开启或关闭位置，或限位开关调整不当。此时应重新调整转矩开关或限位开关，使其满足阀门动作要求。

（6）电动机在开关运转中停止 可能的原因有负载过大、转矩开关动作、阀门内有杂质、阀杆梯形螺纹部位有杂质、填料压紧力过大等。应逐项检查，调整转矩开关设定值，调整填料压紧力，清除阀内杂质和异物。

（7）现场开度指针不动 指针紧固螺钉松动或位置不对。应紧固指针螺钉或调整指针位置。

（8）阀杆振动 锁紧螺母松动或紧固不当。应卸下阀杆罩或管堵，检查处理。

（9）齿轮箱漏油 常见情况是输出轴部位漏油。应检查 O 形密封圈是否异常，如有则更换新的 O 形密封圈。

8.4 气力驱动装置

在长期工况运行中，如果每间隔一定时间就要反复操作阀门或阀门的安装位置不适合手动操作，可以选用气力驱动方式。气力驱动装置有部分回转（角行程 90°或 180°）和多回转（直行程）两种类型，分别适用于角行程阀门和推力驱动的直行程阀门。例如，三通换向旋塞阀、球阀等是角行程，柱塞三通换向阀、熔体出料阀、多通阀等是直行程。

一般气力驱动装置的气源压力为 0.40~0.70MPa，工作环境温度为−20~80℃。无论是转矩比较大的角行程阀门还是推力驱动的直行程阀门，都可以采用外形尺寸很小的气力驱动装置。一般情况下，气源采用清洁、干燥的空气，不得含有腐蚀性气体。在环境温度比较低的场合，气源采用高纯度氮气，不应含有影响驱动性能的杂质及水分。

8.4.1 部分回转气力驱动装置

部分回转气力驱动装置有很多种结构类型，每种结构的特点、输出转矩范围和适用场合都有所不同。根据聚酯装置阀门的特点，角行程阀门的公称尺寸≤DN300，需要的驱动转矩比较小，需要输出角行程 90°或 180°。广泛使用的是双作用、双活塞、双齿条结构的气缸，活塞向两个方向运动都是由压缩空气驱动的，活塞行程可以根据实际换向角度的需要确定，活塞正、反方向的两个进气内腔容积相等，所以活塞的双向作用力和运动速度都相等。这种驱动装置的输出转矩大，应尽可能减小气缸直径。

（1）部分回转气力驱动装置的典型结构 图 8-4 所示为双作用、双活塞、双齿条气力驱动装置结构示意图。两个活塞 3 的结构和尺寸完全相同，并且同轴安装，在同一个圆柱形缸体内前后移动。两个齿条 6 对称布置在带输出轴齿轮 5 的两侧，齿条背面靠缸体 1 的内壁导向。活塞的行程由调节螺钉 4 控制，活塞同轴布置，结构紧凑、工艺性好。

对于双作用气力驱动装置，当压缩气体从 A 口进入两个活塞的外部腔体时，在气体压力作用下，两个活塞向中间移动，由齿条带动齿轮和输出轴旋转，阀瓣的通道口逐渐靠近并最终对准阀体的另一个通道口。当压缩气体从 B 口进入两个活塞中间部位的内腔时，在气体压力作用下，两个活塞向两端移动，由齿条带动齿轮和输出轴旋转，阀瓣的通道口逐渐靠近并最终对准阀体的第一个通道口。按照运行工况的要求，实现阀门的换向、接通或关闭通道。

当阀门所需要的驱动力矩比较大，用角行程气缸驱动所需的缸径比较大时，应采用直行程气缸驱动，可以选择合适的驱动力臂长度，从而选择合理的气缸直径。当然，驱动力臂越长，气缸行程就越大，而气缸推力乘以驱动力臂长度等于输出转矩，因此应合理控制驱动力臂长度和气缸直径。

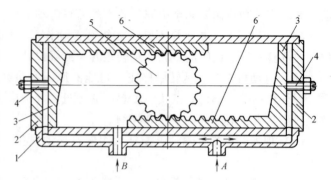

图 8-4 双作用、双活塞、双齿条气力驱动装置结构示意图
1—缸体 2—缸盖 3—带齿条活塞 4—行程
调节螺钉 5—带输出轴齿轮 6—齿条
A—外腔进出气口 B—内腔进出气口

（2）部分回转气力驱动装置的输出转矩 活塞同轴布置的双齿条气力驱动装置适用于中小型气缸，气体压力为 0.40～0.60MPa 或 0.60～0.80MPa，最大瞬时工作压力为 1.0MPa，工作过程中不允许超过最大工作压力（包括瞬时状态），计算输出转矩时应按最低气体工作压力。同轴双活塞、双齿条气力驱动装置的输出转矩按式（8-5）计算

$$M = 0.785D^2Pd\eta \tag{8-5}$$

式中，D 是活塞直径（mm）；P 是气缸内工作介质的压力（MPa）；d 是齿轮分度圆直径（mm）；η 是气力驱动装置的整机效率（%）；M 是计算的输出转矩（N·mm）。

不同的气力驱动装置，其整机效率不同，整机效率与加工精度（包括尺寸精度、表面粗糙度和几何公差等）的关系很大。有些生产厂的产品样本中给出了气力驱动装置的输出转矩实测值，可供选用时参考。

现在使用比较多的是将压铸铝合金材料经过阳极氧化处理后作为主体材料。密封件材料选用适合工况要求的橡胶，导向套采用低摩擦系数的聚合物材料，螺栓、螺母等标准件材料选用不锈钢。

（3）部分回转气力驱动装置的主要性能参数 部分回转阀门适用的双作用、双活塞、双齿条结构的驱动气缸，其主要性能参数如下：

1）气缸内径：可以按式（8-5）计算输出转矩，也可以按生产厂家产品样本的输出转矩表查取，然后按气缸的输出转矩值稍大于所需要的驱动转矩值确定气缸内径。

2）输出轴的输出角度：应大于阀门所需要的阀瓣旋转角度。

3）输出角度的可调范围：部分回转阀门所需要的旋转角度与输出轴的输出角度之差，就是输出角度可调范围的最大极限值，实际可调范围要小些。

4）输出转矩：气源工作压力下限值对应的输出转矩，应大于所需要的驱动转矩。

5）适用工作压力：正常工作时，气体压力一般为 0.40～0.60MPa；如有需要，可以与制造厂协商确定的工作压力是 0.60～0.80MPa，定购工作压力为 0.60～0.80MPa 的驱动装置要有相匹配的气源压力。

6）最大允许气体压力：气缸体能够承受的最大气体压力，一般是 1.0MPa。

7）工作温度：工作气体温度或环境温度。

8）动作时间：在规定的条件下，一个行程所需的时间。

9）安装形式：气缸体与固定部分的连接方式。

10）主体材料：缸体、端盖和活塞的材料。

11）连接端口形式及标准：气体连接管的连接形式（如卡套式、螺纹式等）及加工尺寸所依据的标准。

8.4.2　直行程气力驱动装置

多回转阀门适用的直行程气力驱动装置有多种结构类型，其结构特点不同，输出推力或转矩范围不同，适用场合也不同。聚酯装置阀门适用的气缸行程长，开启或关闭瞬间需要的推力大，其余行程内需要的推力比较小。广泛使用的单活塞杆、双作用气力驱动装置，活塞向两个方向运动都是由压缩空气驱动的，活塞行程可以根据实际阀门开启高度确定，活塞正、反两个方向的进气内腔直径相同，输出推力相近。

（1）直行程气力驱动装置的典型结构图 8-5 所示。压缩空气驱动活塞 5 向两个方向运动，由于在气缸体 4 内活塞的一侧有活塞杆 2，另一侧没有活塞杆，因此，双向作用力的大小和活塞运动速度不完全相同。

当气体从上腔进出气口 A 进入气缸的上部内腔时，活塞从上向下运动，带动活塞杆并驱动阀瓣向下运动，将阀门关闭。当气体从下腔进出气口 B 进入气缸的下部内腔时，活塞从下向上运动，带动活塞杆并驱动阀瓣向上运动，将阀门开启。

单活塞杆、双作用气力驱动装置结构示意图如

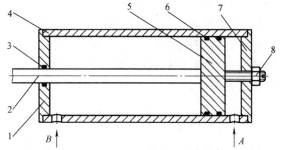

图 8-5　单活塞杆、双作用气力驱动装置结构示意图
1—下缸盖　2—活塞杆　3—活塞杆密封圈　4—气缸体
5—活塞　6—活塞密封圈　7—上缸盖　8—行程调节螺栓
A—上腔进出气口　B—下腔进出气口

（2）直行程气力驱动装置的输出推力

单活塞杆、双作用气力驱动装置的气缸行程可以根据阀门的开启高度确定，驱动气体的工作压力一般为 0.40~0.60MPa，气缸体的最大瞬时工作压力为 1.0MPa，工作过程中不允许超过最大工作压力（包括瞬时状态）。在计算活塞杆的输出推力时，按最低气体工作压力选取 0.40MPa。单活塞杆、双作用气力驱动装置的输出推力按式（8-6）和式（8-7）计算

$$T_1 = 0.785(D^2 - d^2)P\eta \tag{8-6}$$

$$T_2 = 0.785D^2 P\eta \tag{8-7}$$

式中，D 是活塞直径（mm）；d 是活塞杆直径（mm）；P 是气缸内工作气体压力（MPa）；η 是气力驱动装置的整机效率（%）；T_1 是有活塞杆一侧的气缸输出推力（MN）；T_2 是无活塞杆一侧的气缸输出推力（MN）。

活塞杆与阀杆相互连接并驱动阀瓣运动，所以对于三通换向阀、熔体出料阀、多通阀、排料阀等来说，有活塞杆一侧的气缸输出推力驱动阀瓣开启，无活塞杆一侧的气缸输出推力驱动阀瓣关闭。气缸输出推力 T_1 和 T_2 相差活塞杆截面积上的气体推力，在输出推力中所占的比例比较小，所以可以按有活塞杆一侧的气缸输出推力进行选型计算。气力驱动装置的整机效率与活塞密封圈的材料和结构关系很大，整机效率还与加工精度（包括尺寸精度、缸

体内腔表面粗糙度和几何公差等）有关系。有些生产厂家的产品样本中给出了输出推力实测值，可供选用时参考。

（3）直行程气力驱动装置的主要性能参数　三通换向阀、熔体出料阀、多通阀、排料阀等使用的单活塞杆、双作用驱动气缸的主要性能参数有：

1）气缸内径：按驱动阀门所需的推力选取，可以按式（8-6）和式（8-7）计算输出推力，也可以按产品样本中的输出推力表查取，然后按气缸的输出推力值应大于所需要的驱动推力值来确定气缸内径。

2）活塞杆的有效输出长度：应大于阀门的开启高度。

3）适用工作压力：正常工作时的气体工作压力，一般是 0.40~0.60MPa。

4）最大工作压力：气缸体能够承受的最大气体压力，一般是 1.0MPa。

5）输出推力：气源工作压力下限值对应的输出推力，应大于所需要的驱动推力。

6）工作温度：工作气体温度或环境温度。

7）动作时间：在规定的条件下，一个单行程所需要的时间。

8）安装形式：气缸体与固定部分的连接方式。

9）主体材料，缸体、端盖和活塞的材料。

10）连接端口形式及标准：气体连接管的连接形式（如卡套式、螺纹式等）及加工尺寸所依据的标准。

8.4.3　气力驱动装置的优点

1）结构简单、紧凑，传动平稳，可以获得很大的输出转矩或推力。

2）动作快、工作可靠、控制简便。

3）通过控制进气压力，可以精确地调整最大输出转矩。在阀门开启和关闭需要不同转矩时，还可对驱动装置的开启和关闭输出转矩进行单独调整，而且输出转矩的数值可以通过电子屏显示出来。

4）调整方便、调节范围大，并且是无级调节。

5）能够适应各种方式的自动控制需要。可以通过反映管道介质参数变化或阀门关闭件位置变化的电、液、气信号进行单独或集中控制。

6）无故障工作周期长，正常工作条件下的维护保养工作量小。

8.4.4　双作用气力驱动装置的控制

无论是适用于部分回转阀门的角行程气力驱动装置，还是适用于多回转阀门的直行程气力驱动装置，都是在气体压力作用下驱动阀瓣轴向移动或旋转，从而实现阀门的开启或关闭。两种类型气缸的气源管道和控制部分基本类似。

（1）双作用气力驱动装置气源管道　气源管道控制系统中有各种气体处理元器件，主要包括电磁换向阀、电磁通断阀、减压阀、流量调节阀、过滤器、压力传感器等。因此，对气源的纯度和含水量都提出了非常严格的要求。当任何一种微粒进入上述元器件的结合面或密封面时，都会引起故障或使整个装置的密封性能遭到破坏。所以，气源管道进口内的过滤网孔径应不大于 5μm。

由于气源不同，某个特定气源管道系统中的元器件也不同，可能减少其中的某些元器件，随着气力控制技术的发展和进步，也可能增加具有某种特定功能的元器件。图 8-6 所示为双作用气力驱动装置气源管道示意图。

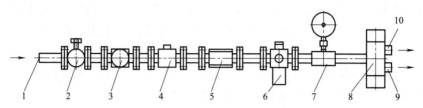

图 8-6　双作用气力驱动装置气源管道示意图

1—气源进口　2—手动截断阀　3—气体流量调节阀　4—压力安全阀　5—电磁通断阀
6—过滤减压阀　7—压力传感器　8—电磁换向阀　9、10—换向阀气体出口

气体由气源进口 1 进入气源管道，经过各元器件后进入电磁换向阀 8 的内腔，从电磁换向阀的气体出口 9 和 10 分别进入气缸的上部内腔与下部内腔。

用于驱动气缸的气体湿度大小也会影响控制系统的正常工作，当压缩气体通过控制系统中有缩径的管道元器件时，由于会产生局部节流，温度和压力会降低，气体中所含的液体可能结霜或结冰，特别是在冬季气候寒冷时，如果气体湿度较大，就特别容易结冰。结冰后会使元器件的密封性能下降或完全失去密封性能，也可能会将运动件冻住而使气缸无法动作。空气的湿度允许值可以由露点来确定，实践表明，对于这类控制系统，以空气露点不高于55℃为宜。

减压阀用于控制气源压力，由于生产装置中的气源是公用的，不一定适用于某一台特定用气设备，所以要通过减压阀使气源压力符合某一台特定三通换向阀、熔体出料阀、多通阀、排料阀等的使用要求。流量调节阀用于控制进入气力驱动装置内腔的气体流量，从而控制气力驱动装置的动作速度。电磁换向阀用于控制进气方向，从而改变活塞的运动方向，带动阀瓣实现开启或关闭，是双作用气力驱动装置必须配置的附件。压力传感器的作用是适时监控气源压力，当气源压力实测值不在要求的范围内时，通过电信号告知中心控制室，以适当的方式及时调控工作压力使其保持正常。

（2）气路元器件的主要性能参数　双作用气力驱动装置气源管道中各种气源处理元器件和控制元器件的主要性能参数如下：

1）电磁换向阀。一般情况下，电磁换向阀安装在驱动气缸的侧面，在气源管道中控制驱动气缸的进气方向，可以改变活塞的运动方向，从而改变阀瓣实现接通或关闭，并可以使阀瓣保持在相应的位置，即实现三通换向阀、熔体出料阀、多通阀、排料阀等的开启或关闭。

① 型号。参照确定的产品样本，按气源管道的需要选择二位三通或二位五通电磁换向阀。

② 接管方式。有管接式和板接式两种结构，现场使用板接式结构的比较多。

③ 控制方式。有双线圈电控和单线圈电控弹簧复位两种，选用双线圈电控的比较多。

④ 控制电压。常用的是 DC 24V，也有少部分用 AC 220V 或 110V。

⑤ 接线型式。按确定的产品样本选择。

⑥ 防爆等级。分为标准型、隔爆型、增安型或其他类型，按生产装置区域的要求确定。

2）感应式位置开关。位置开关有适用于角行程的和直行程的两种结构类型。一般情况下，位置开关安装在角行程驱动气缸的顶部，现场指示旋塞阀或球阀的阀瓣通道位置，即指示哪个通道处于开启或关闭状态。位置开关安装在直行程驱动气缸活塞杆的侧面，现场指示三通换向阀、熔体出料阀、多通阀、排料阀等阀门的阀瓣处于开启或关闭位置，并将信号传送给控制中心。

① 型号。各生产厂家的型号不同，参照产品样本和相配合的气缸连接端口选择。

② 接线端子。根据实际需要选择，满足系统的要求即可。

③ 接线形式。按确定的产品样本要求选择。

④ 电流输出信号。一般是4~20mA。

⑤ 微型开关。可以是机械式、感应式或磁性开关。

⑥ 防护等级。按生产装置区域的统一要求确定。

⑦ 防爆等级。按国家相关标准的规定和生产装置区域的统一要求确定。

⑧ 角行程位置指示。主要有90°和180°两种行程，通道开启用绿灯表示，通道关闭用红灯表示。

⑨ 直行程位置指示。根据阀门开启高度确定行程的止点位置，阀门开启止点用绿灯表示，阀门关闭止点用红灯表示。

⑩ 适用温度范围。是指环境温度范围，一般为-20~50℃，有些产品为-50~90℃。

3）流量调节阀。流量调节阀的主要功能是控制进入气缸内腔的气体流量和气缸活塞的运动速度，从而控制阀瓣的换向或启闭操作时间。气体流量调节阀的主要参数有结构形式、结构长度、适用法兰标准或连接螺纹标准及规格、阀芯行程、主体材料、驱动方式等。在安装使用流量调节阀前，还要认真检查并确认下列内容符合要求：

① 公称压力，即壳体耐压试验压力。

② 公称尺寸，即公称配管连接尺寸。

③ 工作压力范围，是指调节的压力范围，即气体进口和气体出口的压力范围。

④ 额定流量调节范围，是指在0℃和101.325kPa基准状态条件下的体积流量。

⑤ 流量调节特性，一般有线性、对数曲线和双曲线三种类型，最常用的是线性流量特性。

⑥ 适用工作介质，一般是干燥纯净的空气或氮气。

⑦ 适用电源参数，按产品样本和设计规范要求。

⑧ 压力损失，是指流量调节阀的内部压力损失，压力损失越小越好。

⑨ 适用环境条件，如防护等级、适用温度范围、耐振动、耐冲击、耐噪声等。

4）过滤减压阀。使用的过滤减压阀可以是减压阀和过滤器两个元器件，也可以是两个合为一体的过滤减压阀，不管是两个部件，还是合为一体的部件，其功能和参数大致相当。过滤减压阀的主要参数有公称尺寸（DN）、公称压力（PN）、结构长度、安装方位要求、适用法兰标准或连接螺纹标准及规格、主体材料、调节方式、工作压力（OP）、适用工作介质等。除此以外，还要确认下列内容：

① 进口压力适用范围，与气源压力、安全阀压力相匹配，进口压力要高于出口压力的1.2倍以上。

② 出口压力调节范围与要求的一致。

③ 出口流量适用范围与要求的一致。

④ 过滤气体能够达到的洁净程度与要求的一致。

⑤ 适用工作介质的温度与要求的一致。

⑥ 主要零部件材料采用奥氏体型不锈钢或其他符合要求的材料。

⑦ 一般不适合在高温、高湿等环境下安装使用。

⑧ 按照产品使用说明书的要求安装，包括安装前的准备工作及各参数要求、方位要求、方向要求等。

⑨ 按照产品使用说明书的要求进行操作，包括操作顺序、操作量、操作注意事项等。

⑩ 出口压力的输出电子信号与要求的一致。

5）压力表。压力表的主要参数有适用工作介质、最大量程、精度等级、表盘外径等。

① 适用工作介质的特性与要求的一致。

② 适用工作介质的温度与要求的一致。

③ 适用工作介质的压力与要求的一致，一般情况下，工作介质的实际压力在压力表最大量程的 $1/3 \sim 2/3$ 范围内。

④ 表盘的规格尺寸与要求的一致。

⑤ 连接方式和规格与要求的一致。

6）气体压力安全阀。气体压力安全阀的主要参数有结构形式、公称压力（PN）、排放压力、公称尺寸（DN）、结构长度、适用法兰标准或连接螺纹标准及规格、主体材料、适用工作介质等。在安装使用气体压力安全阀前，还要认真检查并确认下列内容符合要求：

① 适用工作介质的特性与要求的一致。

② 适用工作介质的温度与要求的一致。

③ 适用工作介质的压力与要求的一致，包括起跳压力范围和精度。

④ 适用工作介质的最大排放流量与要求的一致。

⑤ 主要零部件材料要求采用奥氏体型不锈钢。

⑥ 主体结构形式与要求的一致。

⑦ 连接方式与规格与要求的一致。

7）电磁通断阀和截断阀。

① 适用工作介质与要求的一致。

② 适用工作介质的温度与要求的一致。

③ 适用工作介质的压力与要求的一致。

④ 适用驱动方式与要求的一致。

⑤ 要求截断阀可以现场控制。

⑥ 要求可以在中央控制室进行远程控制。

⑦ 主要零部件材料要求用奥氏体型不锈钢。

8）进气活接头。

① 公称直径要与连接管道相匹配。

② 适用工作介质、工作温度、工作压力与要求的一致。

③ 与端盖连接采用密封管螺纹，可以按 GB/T 7306.1—2000《55°密封管螺纹　第 1 部分：圆柱内螺纹与圆锥外螺纹》或 GB/T 7306.2—2000）《55°密封管螺纹　第 2 部分：圆锥

内螺纹与圆锥外螺纹》的规定，也可以按 GB/T 12716—2011《60°密封管螺纹》的规定。

9）连接管道。连接管道的材料可以选用奥氏体型不锈钢，也可以选用合适材料的软管。连接管道的直径选取原则是，在保证所需要的流量并且不会有很大压力降的条件下，尽可能选取直径小一些的管道。一般情况下，选取与元器件公称尺寸相同的连接管道，例如，若选用 DN10 的元器件，则选用 DN10 的连接管道。

8.4.5　气力驱动装置工作环境注意事项

应特别注意气力驱动装置的工作环境条件，因为有些元器件的工作性能受工作环境的影响很大。一般情况下，要考虑的环境因素有：

1）安装使用位置在室内的，是否有其他影响因素。

2）户外露天安装的，有风、砂、雨、雾、阳光等侵蚀。

3）具有易燃、易爆气体或粉尘的环境。

4）湿热带、干热带地区环境。

5）环境温度低于-20℃。

6）易遭水淹或浸水中。

7）具有放射性物质的环境。

8）具有剧烈振动的场合。

9）易于发生火灾的场合。

对于以上工作环境中的控制元器件，特别是电气元件（如电磁换向阀等），其结构、材料和防护措施应根据具体环境要求进行选择。

8.4.6　双作用气力驱动装置安装注意事项

1）安装前认真检查元器件在运输过程中是否有损坏、连接部位是否松动，并检查各元器件及其连接管的内部和外表面是否有金属细颗粒、粉末、油污等。

2）安装前认真检查元器件的性能参数是否与要求的一致，并认真阅读各元器件的使用说明书和注意事项等，确认无误后方可进行下一步工作。

3）元器件的进出口、连接管或连接件如有缩径，元器件的流量将会相应减小；过滤器滤网的过滤精度每提高一级，流量将会相应减小。

4）带防护罩的元器件使用前一定要将防护罩固定好，避免发生危险。

5）确认各元器件是否有安装方位要求或其他要求。

第9章　聚酯装置专用阀门的材料

阀门是聚酯生产装置中十分重要的设备。为了保证不同的阀门能够分别实现接通或截断流体通道、改变流体方向、调节流体流量或压力、阻止流体倒流等功能，必须满足许多条件，如选择合适的阀门结构和材料等。选择合适的材料对保证阀门使用性能来说至关重要，检修过程中修复阀门零件时材料的选择同样重要。

9.1　概述

材料的选择原则有三个方面：满足工况使用要求；有良好的冷、热加工工艺性；有很好的经济性，经济性是指用尽可能低的成本制造出满足使用要求的阀门产品。在以上三个原则中，满足使用工况要求是主要的，也就是说，加工工艺性和经济性要服从使用功能，在保证使用功能的前提下，力求有良好的加工工艺性和经济性。没有十全十美的材料，应综合考虑工况条件选择适宜的材料。

密封面材料和阀杆材料应适用于阀门的工作介质，具有抗擦伤、抗咬合性能。传递运动或操作力的零件称为传动件，如阀杆螺母、螺纹衬套、齿轮等，这些零件的材料应当具有一定的强度和韧性、良好的抗擦伤性、低的摩擦系数，以适应工作环境。

合格的材料必须是化学成分合格，力学性能也合格，二者缺一不可。材料标准中规定的化学元素含量没有标明范围或最小值的都是允许的最大含量，必须严格控制。加工工艺和热处理工艺对材料性能影响很大，选择材料时，必须考虑介质温度、浓度以及材料的热处理工艺等因素。

聚酯生产装置的工作介质对阀门的腐蚀性不强，但工作介质不能受到污染，与介质接触的材料都是不锈钢的，只有热媒系统的阀门材料使用碳钢。阀门零件材料，特别是密封件材料不能掉色，有些黑色材料密封件不能与工作介质直接接触，以免污染工作介质，影响聚酯产品质量。

9.2　阀门主体材料

阀门主体是指承受介质压力的阀体、阀盖、关闭件（如旋塞、柱塞、阀瓣、球体）等。其中，阀体和阀盖是承受介质压力的承压件，关闭件是控制介质流动的零件。承压件一旦失效，所包容的介质会释放到大气中。因此，在规定的温度和压力条件下，承压件材料必须满足相应的力学性能和耐蚀性要求。

阀门的阀体、阀盖、阀瓣和阀杆直接与工作介质接触，其工作温度与阀内介质相同。温度是确定阀门工作条件和选择材料的重要影响因素之一。GB/T 12224—2015《钢制阀门 一般要求》中的表 1A 和表 1B 给出了钢制阀门承压件常用材料，以及不同温度下的最高工作压力。承压件材料在工作温度范围内应有足够的强度和韧性。一般来说，阀门壳体材料应与相连接的管道材料相当。

大多数聚酯装置阀门的阀体、阀盖形状比较复杂，因此采用铸件的比较多；某些公称尺寸比较小的取样阀、冲洗阀和排尽阀及一些球阀采用锻钢件，也有采用焊接结构的。

9.2.1 碳素钢

碳素钢适用于非腐蚀性介质，在一些特定条件下，某些有腐蚀性的介质在一定温度和浓度下也可以采用碳素钢，热媒截止阀的主体材料就是碳素钢。

碳素钢的适用温度范围为 -29~425℃。用 GB/T 12224—2015《钢制阀门一般要求》表 1A 中的材料，如 WCB、WCC 钢制作阀体、阀盖、关闭件（阀瓣、旋塞、球体、柱塞）、支架时，适用温度下限为 -29℃。化学成分和力学性能按相应材料标准要求。碳素钢制阀门承压件常用材料见表 9-1。

表 9-1　碳素钢制阀门承压件常用材料

材料类别	板材		锻件		铸件	
	钢号	标准号	钢号	标准号	钢号	标准号
C-Si	Q345R	GB 713—2014	—	—	WCA	GB/T 12229—2005
	20	GB/T 711—2017	20	NB/T 47008—2017		
	—	—	A105	GB/T 12228—2006	WCB	GB/T 12229—2005
	—	—	A105	ASTM A105—2018	WCB	ASTM A216—2016

注：1. 铸件 WCA 允许的最大含碳量（质量分数，下同）每下降 0.01%，最大含锰量可增加 0.04%，直至最大含量达到 1.10% 为止。

2. 铸件 WCB 允许的最大含碳量每下降 0.01%，最大含锰量可增加 0.04%，直至最大含量达到 1.28% 为止。

3. 铸件 WCC 允许的最大含碳量每下降 0.01%，最大含锰量可增加 0.04%，直至最大含量达到 1.40% 为止。

4. 钢中不可避免地含有一些杂质元素，为了获得良好的焊接质量，必须遵守表中的限制。关于这些杂质元素的分析报告，只有在订货合同中明确规定时，才予提供。

5. 当订单中要求碳当量时，碳当量按 CE = C+Mn/6+(Cr+Mo+V)/5+(Ni+Cu)/15 计算，最大碳当量见表 9-2。

表 9-2　碳素铸钢的最大碳当量

牌号	WCA	WCB	WCC
最大碳当量	0.50	0.50	0.55

注：1. 表中 WCA、WCB、WCC 是按美国标准表示的牌号，欧洲标准 EN1503-1 中的 1.0619、1.0621 分别对应于 WCB、WCC。

2. 表中最常用的是 WCB（1.0619）钢，其标准碳质量分数 ≤0.30%，但为了获得优良的焊接性能和力学性能，碳的质量分数应控制在 0.25% 左右。

3. 残余元素 Cu、Ni、Cr、Mo、V 也必须控制并达到标准要求，残余元素质量分数总和应不大于 1.0%，但有碳当量（CE）要求时此条不适用。

4. 表 9-1 中的数据摘自 GB/T 12224—2015《钢制阀门　一般要求》。

5. 表 9-2 中的数据摘自 GB/T 12229—2005《通用阀门　碳素钢铸件技术条件》。

9.2.2 不锈钢

不锈钢包括奥氏体型不锈钢、马氏体型不锈钢、奥氏体-铁素体双相不锈钢、铁素体型不锈钢、沉淀硬化型不锈钢。

奥氏体型不锈钢包括 Ni-Cr 奥氏体型不锈钢和 Ni-Cr-Mo 奥氏体型不锈钢两大系列。Ni-Cr 奥氏体型不锈钢包括超低碳奥氏体型不锈钢，Ni-Cr 系列 +Ti、Nb、Cu、Si 奥氏体型不锈钢等。聚酯装置阀门的材料主要是 Ni-Cr 奥氏体型不锈钢。

Ni-Cr 奥氏体型不锈钢的适用温度范围很广，低温可达到 -269℃ （液氨），高温可达到 816℃ ，常用温度范围是 -30~500℃ 。它具有良好的耐蚀性、高温抗氧化性和耐低温性能。

Ni-Cr 奥氏体型不锈钢 18Cr-8Ni、25Cr-20Ni 的高温强度高，特别是在 18Cr-8NiTi、18Cr-8NiNb 等合金元素的影响下，耐高温性能更为优越。在没有腐蚀性介质的条件下，在规定范围内，含碳量高的材料，其高温强度一般也高。若在 18Cr-8Ni 钢内添加 Nb、Ti 等元素，可强化基体，Nb、Ti 则形成碳化物，可以改善高温强度。不锈钢制聚酯装置阀门承压件常用材料见表 9-3。

表 9-3 不锈钢制聚酯装置阀门承压件常用材料

材料类别	板材		锻件		铸件	
	钢号	标准号	钢号	标准号	钢号	标准号
18Cr-8Ni	—	—	—	—	CF3	GB/T 12230—2005
	06Cr19Ni10	GB/T 24511—2017	06Cr19Ni10	NB/T 47010—2017	CF8	GB/T 12230—2005
	304、304H	ASTM A240—2018	F304、F304H	ASTM A182—2018	CF10	ASTM A351—2018
	—	—	—	—	CF3A	ASTM A351—2018
	022Cr19Ni10	GB/T 24511—2017	022Cr19Ni10	NB/T 47010—2017	—	
	304L	ASTM A240—2018	F304L	ASTM A182—2018	—	
18Cr-10Ni-Ti	06Cr18Ni11Ti	GB/T 24511—2017	06Cr18Ni11Ti	NB/T 47010—2017	ZG08Cr18Ni9Ti	GB/T 12230—2005
	321、321H	ASTM A240—2018	F321、F321H	ASTM A182—2018	ZG12Cr18Ni9Ti	
18Cr-10Ni-Cb	06Cr18Ni11Nb	GB/T 4237—2015	06Cr18Ni11Nb	GB/T 1220—2007	—	
	347、347H	ASTM A240—2018	F347、F347H	ASTM A182—2018	—	
23Cr-12Ni	06Cr23Ni13	GB/T 4237—2015	—	—	—	
	309H	ASTM A240—2018	—	—	—	
25Cr-20Ni	06Cr25Ni20	GB/T 24511—2017	06Cr25Ni20	NB/T 47010—2017	—	
	310H	ASTM A240—2018	F310H	ASTM A182—2018	—	

注：1. 表中数据摘自 GB/T 12224—2015 《钢制阀门 一般要求》。
　　2. 与熔体介质接触部分都使用不含钼的不锈钢。

9.3 阀门内件的材料

内件主要是指阀门的阀座、阀杆、上密封座等。内件材料的选用要根据主体材料、介质特性、结构特点及零件受力情况等综合考虑。通用阀门标准已规定了内件材料，或规定了几种材料由设计者根据具体情况选用。对于有特殊要求的阀门，如高温、高压、腐蚀性介质等工况条件，按具体工况条件要求选择内件材料。

阀座、上密封座和阀杆的共同特点是直接与介质接触，既要适应介质的特性和工况参数（如温度、腐蚀性）要求，同时还要承受各种外力（如阀座和上密封座承受的关闭件挤压力及关闭瞬间摩擦力、阀杆承受的拉力和填料摩擦力等），所以阀座和上密封座都是在基体上堆焊某种材料，阀杆填料密封面则要进行适当（如镀铬）处理。

JB/T 5300—2008《工业用阀门材料　选用导则》中给出了与特定壳体材料相适应的其他零件材料，如阀杆、填料、垫片、紧固件等的材料。

9.3.1　阀门密封面材料

不同的阀门其阀瓣结构不同，例如，柱塞阀的阀瓣是圆柱，球阀的阀瓣是带介质通道的球体，旋塞阀的阀瓣是圆锥体，有些多通阀的阀瓣也是圆柱形的。阀座是阀体上的密封部位，阀瓣和阀座之间的密封面是阀门的主要工作面之一。有阀瓣和阀座接触密封的，也有阀瓣和阀座之间有专用密封圈的，阀瓣和阀座形成密封副以保证阀门密封。密封面材料的选择是否合理、质量如何直接影响阀门性能和使用寿命。

（1）阀门对密封面材料的要求　理想的密封面应耐蚀、抗冲蚀、耐擦伤、抗压强度高、高温抗氧化性和抗热疲劳性好、与阀门本体材料的热膨胀系数相近、焊接性和加工性好。这些要求只是理想状态，不可能有这种十全十美的材料，要根据具体工况条件选择合适的密封面材料。

（2）非金属密封面材料　常用材料有橡胶、尼龙、氟塑料、对位聚苯等，见表9-4。

表 9-4　聚酯装置阀门密封面常用非金属材料

序号	名称	代号	适用温度/℃	适用介质和性能说明
1	氟橡胶	FKM（viton）	−23～200	耐介质腐蚀性能优于其他橡胶，抗辐射、耐酸
2	增强聚四氟乙烯	RPTFE	−196～200	耐热、耐寒性优，耐化学品溶剂和几乎所有液体
3	聚全氟乙丙烯	FEP（F46）	≤150	高温下有极好的耐化学品性、耐阳光性、耐候性
4	聚醚醚酮	PEEK	−46～300	是一种有优异力学性能和耐化学品的高强度耐高温树脂，有出色的耐磨性和尺寸稳定性
5	对位聚苯	PPL	≤300	与增强聚四氟乙烯基本相同
6	尼龙（聚酰胺）	NYLON	≤80	耐碱、氨

注：1. 表中的适用温度是推荐性的安全使用温度，根据密封面结构和受力的不同，适用温度也不尽相同。

2. 表中的适用温度范围是这类产品的一般范围。每种产品都有多种牌号，适用温度也不尽相同。此外，使用场合不同，推荐的适用温度范围也不同。

3. 表中的名称是这类材料的统称，每种都有多个牌号，性能也不一样，如尼龙就有尼龙1010、尼龙6、尼龙66等。

4. 氟塑料具有冷流倾向，即当应力达到一定值时开始流动。例如，聚四氟乙烯如果在结构上没有保护措施，在一定应力下即会发生冷流而失效。

5. 表中的推荐适用介质也是笼统的，应用时要根据特定材料与某种介质的相溶性数据确定适用工作温度。

（3）金属密封面材料　聚酯装置阀门密封面常用以下金属材料。

1）纯铝。纯铝是聚酯装置阀门密封面的常用材料，其质地软、强度低，容易保证阀座密封，适用于工作压力比较低的工况。纯铝多用于熔体介质阀门，如熔体过滤器三通阀、熔体取样阀、熔体排尽阀、熔体出料阀等。

2）奥氏体型不锈钢。即基体表面经过处理后做密封面，奥氏体型不锈钢密封面有些是以阀体（瓣）材料为密封面，即阀体在其阀座部位直接加工出密封面。常用材料牌号有CF8、CF3、CF10等。

3）硬质合金。聚酯装置阀门常用的是镍基硬质合金，其耐蚀、耐磨、抗擦伤，在高温下也能保持足够的硬度。喷焊镍基硬质合金粉末有许多优点，喷焊后密封面较平整，可以直接进行磨削加工，省材料、质量好、硬度均匀，焊层硬度为40~50HRC。

（4）常用密封面材料的许用比压　即材料单位面积上允许承载的最大正压力。阀座密封面常用材料的许用比压 [q] 见表9-5。

表9-5　阀座密封面常用材料的许用比压 [q]

密封面材料		材料硬度	[q]/MPa	
			密封面间无滑动	密封面间有滑动
奥氏体型不锈钢	06Cr18Ni9、06Cr18Ni11Ti	≤187HBW	150	40
堆焊硬质合金	CoCr-A	38~42HRC	250	80
马氏体型不锈钢	20Cr13	200~300HBW	250	45
聚四氟乙烯	SFB-1、SFB-2、SFB-3	—	20	15
尼龙	—	—	40	30

9.3.2　阀杆材料与阀瓣/阀座密封面材料组合

阀杆材料的选择要根据阀体材料确定，常用阀杆材料与阀瓣/阀座密封面材料组合见表9-6。

表9-6　阀杆材料与阀瓣/阀座密封面材料组合

序号	阀杆材料	阀瓣密封面材料	阀座密封面材料	序号	阀杆材料	阀瓣密封面材料	阀座密封面材料
1	Cr13	Cr13	司太立合金	6	321	06Cr18Ni11Ti	司太立合金
2	Cr13	司太立合金	司太立合金	7	321	05Cr17Ni4Cu4Nb	司太立合金
3	17-4PH	司太立合金	司太立合金	8	321	05Cr17Ni4Cu4Nb	06Cr18Ni11Ti
4	17-4PH	06Cr18Ni11Ti	司太立合金	9	321	05Cr17Ni4Cu4Nb	司太立合金
5	17-4PH	06Cr18Ni11Ti	06Cr18Ni11Ti	10	06Cr19Ni10	06Cr19Ni10	06Cr19Ni10

注：与熔体介质物料接触部分都使用不含钼的不锈钢。

9.4　垫片的材料

常用垫片有非金属垫片、半金属垫片和金属垫片。非金属垫片是由单一非金属材料或复合非金属材料制成的，如聚四氟乙烯垫片、柔性石墨垫片、聚四氟乙烯包覆垫片等，适用于工作温度和工作压力比较低的工况。

半金属垫片是由金属材料和非金属材料组合制成的，如金属缠绕垫片、金属增强柔性石墨复合垫片、金属包覆垫片等。半金属垫片比非金属垫片适用的工作温度和工作压力范围广。

金属垫片有金属平垫片、金属齿形垫片、金属O形环、椭圆形金属环垫、八角形金属环垫等。金属垫片适用于高温、高压工况。

聚酯装置阀门在检修过程中选用垫片时应考虑的问题，首先是垫片的适用工作温度要高于介质实际温度；其次是垫片的压缩率和回弹率要适中，在一定范围内，压缩率高的垫片填充密封表面不平度的能力强，但压得过紧会影响垫片的使用寿命。由于温度波动等原因，当密封面之间的压紧力减小时，回弹率高的垫片可以使密封面之间的压紧力保持在能够密封的程度，在一定范围内密封性能好。在安装阀门的过程中，不要将垫片压得过紧，不泄漏即可，否则会使垫片在短时间内失去密封性能。

9.4.1 非金属垫片

（1）非金属平垫片　根据 SH/T 3401—2013《石油化工钢制管法兰用非金属平垫片》的规定，非金属平垫片适用于公称压力 PN2.5～PN63 和 150BL～600BL 的全平面、突面、凹凸面和榫槽面法兰密封面。

非金属平垫片比较柔软，保证密封所需的密封比压比较小。非金属平垫片的代号及适用工况条件见表 9-7。

表 9-7　非金属平垫片的代号及适用工况条件

材料类别	名称	代号	公称压力	适用温度/℃	持续使用最高温度/℃
橡胶	氟橡胶	FKM	≤150LB	−20～250	200
柔性石墨	柔性石墨复合增强板	RSB	≤600LB	−240～650	650（用于氧化性介质时:450）
无石棉纤维	碳纤维无石棉纤维板	CNAS	≤300LB	−40～350	300
	有机纤维无石棉纤维板	ANAS	≤300LB	−40～250	200
聚四氟乙烯	聚四氟乙烯板材	PTFE	≤150LB	−50～200	150
	膨胀聚四氟乙烯板材	EPTFE	≤150LB	−200～260	200
	填充改性聚四氟乙烯板材	RPTFE	≤300LB	−200～260	200

注：1. 本表内容摘自 SH/T 3401—2013《石油化工钢制管法兰用非金属平垫片》。
　　2. 按照国家标准 GB/T 1048—2019 的规定，取消了 PN20、PN50、PN110 等公称压力，所以表中数据为对应的150LB、300LB 和 600LB，与现行标准的规定一致。

（2）聚四氟乙烯包覆垫片　根据 SH/T 3402—2013《石油化工钢制管法兰用聚四氟乙烯包覆垫片》的规定，聚四氟乙烯包覆垫片可用于公称压力小于或等于 300BL、工作温度小于或等于 150℃的突面钢制管法兰密封面。

聚四氟乙烯包覆垫片是以软质非金属材料为芯材，外面用聚四氟乙烯包覆组成的复合垫片，应用非常广泛。聚四氟乙烯包覆垫片分为剖切型和折包型，剖切型用代号 GFS 表示，折包型用代号 GFL 表示。聚四氟乙烯包覆垫片的压缩率、回弹率试验条件和指标见表 9-8。

表 9-8　聚四氟乙烯包覆垫片的压缩率、回弹率试验条件和指标

试验条件		压缩率（%）	回弹率（%）
试样尺寸/mm	包覆层内径 D_1×垫片外径 D_4×厚度（89×136×3）	≥10	≥30
预紧压力/MPa	35		
试验温度/℃	18～28		

注：本表内容摘自 SH/T 3402—2013《石油化工钢制管法兰用聚四氟乙烯包覆垫片》。

9.4.2 半金属垫片

半金属垫片的硬度比较适中，保证密封所需的密封比压也比较适中。半金属垫片比非金

属垫片能够承受的温度和压力范围都大。

非金属材料的柔软性和可压缩性好，垫片预紧比压小，容易贴合法兰表面等。其主要缺点是强度低、回弹性差，不适用于高温、高压条件。所以结合金属材料强度高、弹性好、耐高温的特点，通过合理选择金属、非金属材料和垫片结构，可以制成回弹性好、强度高、耐蚀、耐高温、密封可靠的金属-非金属组合垫片。金属骨架增强柔性石墨复合垫片、缠绕式垫片、金属包覆垫片等在聚酯装置阀门中应用广泛。

（1）缠绕式垫片　根据 SH/T 3407—2013《石油化工钢制管法兰用缠绕式垫片》的规定，缠绕式垫片可用于 Class150BL～Class2500BL 的管法兰密封面。

缠绕式垫片是由金属带和非金属带螺旋复合绕制而成的一种半金属垫片。其特点是压缩、回弹性能好；具有多道密封和一定的自紧功能，对于法兰密封面的缺陷不太敏感，不粘连法兰密封面，容易对中，因而拆装便捷；可部分消除压力、温度变化和机械振动的影响；在高温、低温、高真空、冲击振动等循环交变的苛刻条件下，仍能保持优良的密封性能。

国内外大多采用 V 形金属带，它具有夹持非金属填料的作用，能够保证非金属材料处于稳定的受压状态以防止流失，从而使垫片对法兰密封面始终保持足够的压紧力。金属带的厚度为 0.15～0.23mm，聚酯装置阀门采用奥氏体型不锈钢金属带。

缠绕式垫片的非金属材料起密封作用，必须具有耐高温、高压的性能及稳定的化学性质。非金属材料主要有柔性石墨、聚四氟乙烯等，非金属填充材料的厚度为 0.4～0.8mm。

内加强环材料与金属带材料相同；外加强环在安装过程中具有定位的作用，因此也称作定心环，通常用碳素钢并经过防锈处理制成。内、外加强环能提高垫片密封性能的稳定性，保证垫片有足够的强度，在螺栓载荷过载时不被压溃。

缠绕式垫片是应用最广泛的垫片之一，分为基本型、带外环型、带内环型和带内外环型。不同类型的缠绕式垫片适用的密封面形式见表 9-9。

表 9-9　缠绕式垫片形式代号及适用的密封面形式

垫片形式	SH/T 3407—2013 规定的代号	适用的密封面形式
基本型	A	榫槽面
带外环型	B	全平面、突面
带内环型	C	凹凸面
带内外环型	D	全平面、突面

注：本表内容摘自 SH/T 3407—2013《石油化工钢制管法兰用缠绕式垫片》。

非金属带材料及其适用温度范围见表 9-10。

表 9-10　非金属带材料及其适用温度范围

非金属带材料	SH/T 3407—2013 规定的材料代号	适用温度/℃
柔性石墨带	2	−196～800（用于氧化性介质时不高于 450）
无石棉纤维带	3	−50～200
聚四氟乙烯带	4	−196～200

注：本表内容摘自 SH/T 3407—2013《石油化工钢制管法兰用缠绕式垫片》。

（2）金属包覆垫片　根据 GB/T 15601—2013《管法兰用金属包覆垫片》的规定，金属包覆垫片适用于公称压力不大于 PN63、公称尺寸不大于 DN4000 和公称压力不大于 Class 600、公称尺寸不大于 DN1500（NSP60）的管法兰密封面。

金属包覆垫片是以非金属材料为芯材，外面包以厚度为 0.25～0.5mm 的金属材料组成的复合垫片。金属薄板材料选用奥氏体型不锈钢。包覆垫片中的芯材一般有石棉纸板、柔性石墨板、柔性石墨复合增强板、石棉橡胶板、非石棉纤维橡胶板、聚四氟乙烯板、耐油石棉橡胶板等。聚酯装置阀门采用奥氏体型不锈钢包覆材料的垫片，大部分填充芯材都能满足使用要求。

9.4.3 金属垫片

金属垫片主要包括金属平垫片、金属环形垫片（金属环垫）、金属波形垫片、金属齿形垫片及高压透镜垫片。金属环垫又可以细分为金属八角形环垫、椭圆形环垫以及 RX 型和 BX 型自紧环垫等。金属垫片用于高温、高压工况条件。

金属垫片适用于高温、高压及载荷变化频繁等工况条件，保证密封的必需密封比压比较大。金属垫片的硬度应低于法兰密封面的硬度，以保证密封过程中金属垫片在压紧力作用下有良好的变形，能够更好地填补泄漏通道，同时又不损坏法兰密封面。

由于各种金属材料的耐温性能及柔软性不同，选用时要充分考虑材料对工况的适用性，材料的物理和化学性质决定了垫片的密封性及工作稳定性。

（1）金属环垫　根据 SH/T 3403—2013《石油化工钢制管法兰用金属环垫》的规定，金属环垫适用于公称压力 PN2.5～PN400 和 150BL～2500BL 的管法兰密封面。

金属环垫是将截面形状加工成八角形或椭圆形的实体金属垫，具有径向自紧密封作用。金属环垫是靠垫片与法兰梯形槽的内外侧面（主要是外侧面）接触，并通过压紧而实现密封的。

八角形环垫与法兰槽相配主要为面接触，同椭圆形环垫相比，虽然不易与法兰槽达到密合，但却不需要二次拧紧，能够重复使用，并且密封面是由直线构成的平面，容易加工。椭圆形环垫与法兰槽是线接触，密封性较好，但加工精度要求高，因而增加了制造成本；另外，椭圆形环垫在使用一段时间后需要二次拧紧，而且不能重复使用。金属环垫用材料及其使用条件见表 9-11。

表 9-11　金属环垫用材料及其使用条件

材料			硬度值		使用温度/℃
数字代号	材料牌号	标准编号	HBW	HRB	
S41008	06Cr13(0Cr13)	GB/T 1220—2007、NB/T 47010—2017	≤170	≤86	≤540
S30408	06Cr19Ni10(0Cr18Ni9)		≤160	≤83	≤700
S30403	022Cr19Ni10(00Cr19Ni10)		≤150	≤80	≤450
S32168	06Cr18Ni11Ti(0Cr18Ni10Ti)		≤160	≤83	≤700
S34778	06Cr18Ni11Nb(0Cr18Ni11Nb)		≤160	≤83	≤700

注：1. 本表内容摘自 SH/T 3403—2013《石油化工钢制管法兰用金属环垫》。
　　2. 金属环垫的硬度值一般比法兰材料的硬度值低 30～40HBW，以保证紧密连接。
　　3. 括号中为相对应的旧牌号。

（2）高压透镜垫　根据 JB/T 2776—2010《阀门零部件　高压透镜垫》的规定，高压透镜垫适用于公称压力 PN160~PN320、公称尺寸 DN3~DN200、使用温度为-30~200℃的管法兰密封面。

高压管道连接中广泛使用高压透镜垫密封结构。其密封面为球面，与管道的锥形密封面相接触，初始状态为一环线。在预紧力作用下，高压透镜垫在接触处产生塑性变形，环线变成环带，密封性能较好。接触面是由球面和锥形密封面自然形成的，垫片易于对中。高压透镜垫密封属于强制密封，球面与锥面接触易出现压痕，零件的互换性较差。此外，高压透镜垫加工比较困难，制造成本比较高。

（3）金属齿形垫片　根据 JB/T 88—2014《管路法兰用金属齿形垫片》的规定，金属齿形垫片适用于公称压力 PN16~PN200 的管法兰密封面。金属齿形垫片的代号及适用的密封面形式见表 9-12。

表 9-12　金属齿形垫片代号及适用的密封面形式

垫片形式	JB/T 88—2014 规定的代号	适用的密封面形式
基本型	A	榫槽面、凹凸面
整体带定位环型	B	全平面、突面
带活动定位环型	C	全平面、突面

注：本表内容摘自 JB/T 88—2014《管路法兰用金属齿形垫片》。

9.5　填料的材料

填料密封是阀门的关键部位之一，填料是动密封填充材料，用来填充阀杆（或柱塞）和阀盖之间的空间，防止介质从空隙中泄漏。一方面，填料材料和结构要适应介质的工况需要；另一方面，填料函结构和安装方式要合理，以保证密封性能的可靠性。

9.5.1　对填料的要求

填料应满足使用工况的工作温度、工作压力、工作介质等要求，填料与阀杆之间的摩擦力应尽可能小，填料对阀杆和填料函不能有腐蚀性，填料的物理和化学性质（如压缩率、回弹率、应力松弛率、摩擦系数、径向比压系数、耐介质腐蚀性等）应适应工况需要。

9.5.2　常用填料

常用填料主要有编织填料和成形填料两大类。编织填料主要包括纯纤维编织填料、带金属丝增强编织填料和有填充物编织填料等。成形填料即压制成形或机械加工成形的填料，其材料有氟橡胶（FKM）、聚四氟乙烯（PTFE）、增强聚四氟乙烯（RPTFE）、柔性石墨环和对位聚苯（PPL）等。

（1）编织填料（或称盘根）

1）聚四氟乙烯（PTFE）编织填料（盘根）。聚四氟乙烯编织填料的规格型号、技术要求、试验方法和检验规则按 JB/T 6626—2011《聚四氟乙烯编织盘根》的规定。最高工作温度是 250℃，适用介质为各种腐蚀性介质。产品代号由聚四氟乙烯（简写 F_4）及编织填料材料的大写汉语拼音字母组成，含油编织填料在代号后加"Y"。聚四氟乙烯编织填料名称及代号见表 9-13。

表 9-13 聚四氟乙烯编织填料名称及代号

名称	代号	名称	代号	名称	代号
聚四氟乙烯生料带填料	F_4SD	聚四氟乙烯割裂丝填料	F_4GS	聚四氟乙烯填充石墨填料	F_4SM
含油聚四氟乙烯生料带填料	F_4SD/Y	含油聚四氟乙烯割裂丝填料	F_4GS/Y	含油聚四氟乙烯填充石墨填料	F_4SM/Y

注：本表内容摘自 JB/T 6626—2011《聚四氟乙烯编织盘根》。

2）柔性石墨编织填料。柔性石墨编织填料的规格型号、技术要求、试验方法和检验规则按 JB/T 7370—2014《柔性石墨编织填料》的规定。柔性石墨编织填料用柔性石墨的各项技术指标应符合 JB/T 7758.2—2005《柔性石墨板 技术条件》的要求，其中氯含量应不大于 50ppm（1ppm = 0.001‰）。柔性石墨编织填料用其他辅料的性能应符合有关标准的规定。在制造过程中如果加入缓蚀剂，应标明缓蚀剂的类型。柔性石墨与金属材料复合编织填料的最高工作温度是 450℃，柔性石墨与非金属材料复合编织填料的最高工作温度根据具体复合材料确定。

柔性石墨编织填料分为四类，表示方法由柔性石墨编织填料大写汉语拼音字母组成：

RBT——非金属纤维增强型柔性石墨编织填料。

RBTN——内部非金属和金属增强型柔性石墨编织填料。

RBTW——外部金属增强型柔性石墨编织填料。

RBTH——柔性石墨编织填料模压环。

柔性石墨编织填料的技术性能指标应符合表 9-14 的规定。

表 9-14 柔性石墨编织填料的技术性能指标

性能指标	RBT	RBTN	RBTW	RBTH
压缩率（%）	≥25	≥20	≥20	≤10
回弹率（%）	≥10	≥12	≥15	≥20

注：本表内容摘自 JB/T 7370—2014《柔性石墨编织填料》。

3）碳（化）纤维浸渍聚四氟乙烯编织填料。碳纤维、碳化纤维Ⅰ型和Ⅱ型浸渍聚四氟乙烯或浸润滑油类编织及模压成形填料的型号、技术要求、试验方法、检验规则等按 JB/T 6627—2008《碳（化）纤维浸渍聚四氟乙烯 编织填料》的规定。碳（化）纤维材料代号见表 9-15，浸渍材料代号见表 9-16，填充材料代号见表 9-17。

表 9-15 碳（化）纤维材料代号

材料	碳纤维	碳（化）纤维Ⅰ型	碳（化）纤维Ⅱ型
代号	1	2	3

注：本表内容摘自 JB/T 6627—2008《碳（化）纤维浸渍聚四氟乙烯 编织填料》。

表 9-16 浸渍材料代号

浸渍或涂敷材料	不含浸渍材料	聚四氟乙烯乳液	润滑油	石墨	二硫化钼
代号	0	1	2	3	4

注：本表内容摘自 JB/T 6627—2008《碳（化）纤维浸渍聚四氟乙烯 编织填料》。

表 9-17 填充材料代号

填充材料	不含填充材料	聚四氟乙烯纤维	柔性石墨
代号	0	1	2

注：本表内容摘自 JB/T 6627—2008《碳（化）纤维浸渍聚四氟乙烯 编织填料》。

型号示例：碳纤维浸渍润滑油编织填料为 T1201。

碳（化）纤维浸渍聚四氟乙烯编织填料或模压成形填料分为六种类型，其技术性能指标见表 9-18。

表 9-18 碳（化）纤维浸渍聚四氟乙烯编织填料或模压成形填料的技术性能指标

性能指标	T1101	T1102	T2101	T2102	T3101	T3102
压缩率(%)	20~45	10~25	25~45	10~25	25~45	10~25
回弹率(%)	≥30	≥30	≥30	≥30	≥25	≥30
最高使用温度/℃	≤345	≤345	≤300	≤300	≤260	≤260

注：本表内容摘自 JB/T 6627—2008《碳（化）纤维浸渍聚四氟乙烯 编织填料》。

4）碳化纤维/聚四氟乙烯编织填料。碳化纤维与聚四氟乙烯割裂丝、生料带混合编织并浸渍聚四氟乙烯乳液和润滑油的编织填料的分类、技术要求、检验、标志、包装和储存等，按 JB/T 8560—2013《碳化纤维/聚四氟乙烯编织填料》的规定。碳化纤维与聚四氟乙烯混合编织，可以更有效地阻止气体或液体的渗漏；加入特殊的润滑剂，自润滑性良好，寿命更长；耐化学腐蚀性好，抗冲刷等。这种编织填料适用于各种结构类型的阀杆、柱塞等，适合于高温、低温、高压、含颗粒流体介质。

碳化纤维/聚四氟乙烯编织填料分为两类，表示方法由编织填料材料的大写汉语拼音字母和聚四氟乙烯代号（简写 F_4）组成：

TF_4S——碳化纤维/聚四氟乙烯割裂丝编织填料。

TF_4D——碳化纤维/聚四氟乙烯生料带编织填料。

碳化纤维/聚四氟乙烯编织填料的性能参数应符合表 9-19 的规定。

表 9-19 碳化纤维/聚四氟乙烯编织填料的性能参数

性能	TF_4S	TF_4D
体积密度/(g/cm³)	≥1.30	≥1.10
摩擦系数	≤0.15	≤0.15
磨耗量/g	≤0.25	≤0.30
压缩率(%)	15~40	15~45
回弹率(%)	≥20	≥15

注：本表内容摘自 JB/T 8560—2013《碳化纤维/聚四氟乙烯编织填料》。

5）芳纶纤维或酚醛纤维浸渍聚四氟乙烯乳液及润滑剂编织填料。芳纶纤维、酚醛纤维编织填料的规格型号、技术要求、试验方法和检验规则按 JB/T 7759—2008《芳纶纤维、酚醛纤维编织填料 技术条件》的规定。芳纶纤维编织填料的最高工作温度是 200℃，酚醛纤维编织填料的最高工作温度是 120℃。它们具有强度高、耐磨损、抗冲刷和防渗漏等特点，适用于各种结构类型的阀门、往复杆和柱塞等。

芳纶纤维或酚醛纤维浸渍聚四氟乙烯乳液及润滑剂编织填料的型号由大写汉语拼音字母和阿拉伯数字组成。表示方法如下：

FL（芳纶纤维的基本代号）/□（生产厂注明的使用温度数字）℃，如 FL/200℃

FQ（酚醛纤维的基本代号）/□（生产厂注明的使用温度数字）℃，如 FQ/120℃

芳纶纤维或酚醛纤维编织填料的性能应符合表 9-20 的规定。

表 9-20　芳纶纤维或酚醛纤维编织填料的性能

性能	FL/□℃	FQ/□℃
体积密度/(g/cm³)	≥1.30	≥1.30
耐温失量(%)	≤6.0	≤9.0
摩擦系数	≤0.15	≤0.14
磨耗量/g	≤0.05	≤0.06
压缩率(%)	≥20	≥15
回弹率(%)	≥20	≥20

注：本表内容摘自 JB/T 7759—2008《芳纶纤维、酚醛纤维编织填料　技术条件》。

6）石棉密封填料。包括橡胶石棉密封填料、油浸石棉密封填料、聚四氟乙烯石棉密封填料，适用于工作压力比较低的工况条件。石棉密封填料有两种结构形式：编织（A）和卷制（B）。橡胶石棉密封填料的适用工作压力和工作温度见表 9-21。

表 9-21　橡胶石棉密封填料的适用工作压力和工作温度

牌号	适用工作温度/℃	适用工作压力/MPa	牌号	适用工作温度/℃	适用工作压力/MPa
XS 550 A	≤550	≤8	XS 350 A	≤350	≤4.5
XS 550 B	≤550	≤8	XS 350 B	≤350	≤4.5
XS 450 A	≤450	≤6	XS 250 A	≤250	≤4.5
XS 450 B	≤450	≤6	XS 250 B	≤250	≤4.5

注：本表内容摘自 JC/T 1019—2006《石棉密封填料》。

油浸石棉密封填料的适用工作压力和工作温度见表 9-22。

表 9-22　油浸石棉密封填料的适用工作压力和工作温度

牌号	适用工作温度/℃	适用工作压力/MPa	牌号	适用工作温度/℃	适用工作压力/MPa
YS 350 F	≤350	≤4.5	YS 250 F	≤250	≤4.5
YS 350 Y	≤350	≤4.5	YS 250 Y	≤250	≤4.5
YS 350 N	≤350	≤4.5	YS 250 N	≤250	≤4.5

注：本表内容摘自 JC/T 1019—2006《石棉密封填料》。

聚四氟乙烯石棉密封填料的牌号按规格分，由大写汉语拼音字母和阿拉伯数字及英文字母组成，牌号示例如下：聚四氟乙烯石棉密封填料，规格 10×10，牌号为 FS-10。

橡胶石棉密封填料的性能指标见表 9-23。

表 9-23　橡胶石棉密封填料的性能指标

项目	牌号							
	XS 550 A	XS 550 B	XS 450 A	XS 450 B	XS 350 A	XS 350 B	XS 250 A	XS 250 B
摩擦系数	≤0.50							
磨耗量 g	≤0.30							
压缩率(%)	20~45							
回弹率(%)	≥30							

注：本表内容摘自 JC/T 1019—2006《石棉密封填料》。

油浸石棉密封填料的性能指标见表 9-24。

表 9-24 油浸石棉密封填料的性能指标

项目	牌号					
	YS 350 F	YS 350 Y	YS 350 N	YS 250 F	YS 250 Y	YS 250 N
所用润滑油闪点/℃	300			240		
浸渍剂含量(%)	25~45					

注：本表内容摘自 JC/T 1019—2006《石棉密封填料》。

聚四氟乙烯石棉密封填料的性能指标见表 9-25。

表 9-25 聚四氟乙烯石棉密封填料的性能指标

项目	性能指标	项目	性能指标
体积密度/(g/cm^3)	≥1.1	压缩率(%)	15~45
摩擦系数	≤0.40	回弹率(%)	≥25
磨耗量/g	≤0.10		

注：本表内容摘自 JC/T 1019—2006《石棉密封填料》。

（2）成形填料

1）聚四氟乙烯 V 形填料环或填充聚四氟乙烯 V 形填料环。聚四氟乙烯 V 形填料环采用纯聚四氟乙烯粉制造，不能添加回用料。填充聚四氟乙烯 V 形填料环是在聚四氟乙烯材料中填充玻璃纤维或其他合适材料制造的，但不能填充深色成分（如柔性石墨），因为填充深色成分的聚四氟乙烯密封环会褪色，磨损后其深色微粒会污染熔体介质，这是贯穿于全过程的注意要点。聚四氟乙烯材料具有下列优异特性：

① 适用温度范围广，为-200~260℃；对于受压密封件，适用温度为-200~150℃。

② 耐蚀性能优异，能耐包括王水在内的一切强腐蚀性介质，不溶于任何有机溶剂。

③ 摩擦系数小，约为 0.05，并有良好的自润滑性能。

④ 塑性好且具有一定的弹性，在密封面间只需要施加比较小的力即能达到密封效果。

⑤ 几乎不吸水和不溶胀。以聚四氟乙烯为基体的材料可以做成各种各样的密封件，如各种阀门 V 形密封圈、阀座密封圈、O 形密封圈、平垫密封圈、生料密封带等。

聚四氟乙烯材料具有下列缺点：

① 在载荷作用下有冷流倾向，容易产生永久变形和压塌现象。

② 机械强度低，耐摩擦磨损性和刚性差。

③ 导热性差、线胀系数大，在温度急剧变化时不能保持尺寸稳定。

为了改善聚四氟乙烯材料的力学性能以满足各种工况需要，大多数情况下，需要在聚四氟乙烯中添加各种填充材料，如玻璃粉末、玻璃纤维、青铜粉末、二硫化钼等。一般来说，聚四氟乙烯中添加二硫化钼可以提高自润滑性能；添加青铜粉末或其他金属粉末可以提高导电性能，适合在易燃、易爆工况介质中使用；加入 40%以上的青铜粉末时，可以提高耐磨性能；加入玻璃粉末或二氧化硅时，可以改善零件的尺寸稳定性和耐磨性能；当需要同时改善几种性能时，可以同时加入几种填充材料。

大量试验表明，适宜的密封件材料有：①聚四氟乙烯填充玻璃纤维 15%~25%，②聚四氟乙烯填充二氧化硅或玻璃粉末 10%~25%；③聚四氟乙烯填充青铜粉末 40%以上；④聚四氟乙烯添加两种以上的填充材料时，用于改善耐磨性和润滑性的填充材料之比宜为 4:1。聚四氟乙烯添加一定比例的填充材料后，其性能得到很大改善。聚酯装置阀门常用密封件材料就是由聚四氟乙烯添加一定比例的其他材料制成的。工况不同，所适用的密封件材料配方各不相同。

2）对位聚苯 V 形填料环或填充对位聚苯 V 形填料环。对位聚苯 V 形填料环采用对位聚苯粉料制造，不能添加回用料。填充对位聚苯 V 形填料环一般是以对位聚苯为基体材料，填充玻璃纤维或其他合适材料的成形密封环，但不能填充深色成分（如柔性石墨），因填充深色成分的对位聚苯 V 形填料环会褪色，磨损后其深色微粒会污染熔体介质，这是贯穿于全过程的注意要点。对位聚苯材料具有下列优异特性：

① 耐高温性好，在高温炉中，聚苯粉末于 520℃ 开始分解，在 450℃ 长期加热灼烧稍有失重，是一种可以在 300℃ 以下长期使用的工程塑料。

② 热稳定性好，可以用于制造阀座密封圈、柱塞和阀杆密封圈等。

③ 耐蚀性好，可用于制造在腐蚀性环境中或恶劣条件下工作的轴套和阀门密封零部件。至今为止，尚未找到能使对位聚苯溶解的溶剂，硫酸氢、氟酸等强酸及强碱均不能使其腐蚀。

④ 自润滑性能优良，优于二硫化钼和石墨，可以用来制作无油润滑密封环、填料密封圈等。

⑤ 对位聚苯的分子链有很大的刚性和规整性，使其呈不熔性和不溶性。对位聚苯可以填充其他材料混合使用，可以将对位聚苯与聚四氟乙烯混合加工，制造成密封轴套、填料密封环等，使用效果很好。

3）柔性石墨填料环。柔性石墨填料环的规格型号、技术要求、外观质量、物理和力学性能指标、试验方法和检验规则等按 JB/T 6617—2016《柔性石墨填料环技术条件》的规定。柔性石墨填料环的工作温度越高，在一定时间内的耐温失量就越大，单一材料的柔性石墨填料环在工作温度为 600℃ 的条件下，其耐温失量比较稳定。复合石墨填料环的最高工作温度根据添加材料的种类、比例不同按实际要求确定。

9.5.3 常用填料密封件材料及标准代号

阀杆密封件材料的选取依据主要是满足密封性能要求和使用工况要求。聚酯装置阀门阀杆的常用填料密封件材料及相关标准号见表 9-26。

表 9-26 常用填料密封件材料及相关标准号

填料类型	材料种类	材料品种	适用温度/℃	耐蚀性	标准号
编织填料	聚四氟乙烯编织填料	—	≤250	耐酸、耐碱	JB/T 6626—2011
	柔性石墨编织填料	—	≤450	耐酸、耐碱	JB/T 7370—2014
	芳纶纤维编织填料	—	≤200	耐酸、耐碱	JB/T 7759—2008
	酚醛纤维编织填料	—	≤120	耐酸、耐碱	JB/T 7759—2008
	碳（化）纤维浸聚四氟乙烯编织填料	—	≤250	耐酸、耐碱	JB/T 6627—2008
	碳化纤维/聚四氟乙烯编织填料	—	≤250	耐酸、耐碱	JB/T 8560—2013
	石棉密封填料	—	—	耐酸、耐碱	JC/T 1019—2006
成形填料	聚四氟乙烯	—	≤150	耐酸、耐碱	JB/T 1712—2008
	填充聚四氟乙烯	SFT-1、SFT-2、SFT-3	≤180	耐酸、耐碱	JB/T 1712—2008
	对位聚苯	—	≤350	耐酸、耐碱	JB/T 1712—2008
填料环	柔性石墨填料环	—	≤600	耐酸、耐碱	JB/T 6617—2016
O 形橡胶密封圈	氟橡胶	—	≤220	耐酸、耐碱	GB/T 3452.1—2005

9.6 紧固件的材料

阀门产品上使用的紧固件主要是指阀体和阀盖之间的连接件，即中法兰连接螺柱和螺母；或左阀体和右阀体之间的连接件。

9.6.1 紧固件材料的选用原则

紧固件材料首先根据阀门产品标准的规定选择。没有相关产品标准的，可以参考相近产品标准，或参考 GB 150.2—2011《压力容器 第2部分：材料》规定的常用螺柱和螺母材料，也可以参照有关管道法兰用紧固件材料及对紧固件的要求确定。

9.6.2 常用紧固件材料

GB 150.2—2011《压力容器 第2部分：材料》规定的常用螺柱和螺母材料见表9-27。阀门行业常用螺柱和螺母材料见表9-28。

表9-27 GB 150.2—2011《压力容器 第2部分：材料》规定的常用螺柱和螺母材料

螺柱用钢	螺母用钢			
新钢号	钢号	钢材标准	使用状态	使用温度/℃
20	10、15	GB/T 699—2015	正火	−20～350
35	20、25	GB/T 699—2015	正火	0～350
40MnB	40Mn、45	GB/T 699—2015	正火	0～400
40MnVB	40Mn、45	GB/T 699—2015	正火	0～400
40Cr	40Mn、45	GB/T 699—2015	正火	0～400
30CrMoA	40Mn、45	GB/T 699—2015	正火	−10～400
	30CrMoA	GB/T 3077—2015	调质	−100～500
35CrMoA	40Mn、45	GB/T 699—2015	正火	−10～400
	30CrMoA、35CrMoA	GB/T 3077—2015	调质	−70～500
35CrMoVA	35CrMoA、35CrMoVA	GB/T 3077—2015	调质	−20～425
25Cr2MoVA	30CrMoA、35CrMoA	GB/T 3077—2015	调质	−20～500
	25Cr2MoVA	GB/T 3077—2015	调质	−20～550
40CrNiMoA	35CrMoA、40CrNiMoA	GB/T 3077—2015	调质	−50～350
12Cr5Mo(1Cr5Mo)	12Cr5Mo	GB/T 1221—2007	调质	−20～600
20Cr13(2Cr13)	20Cr13	GB/T 1220—2016	调质	0～400
06Cr19Ni10(0Cr18Ni9)	06Cr19Ni10	GB/T 1220—2016	固溶	−253～700
06Cr25Ni20(0Cr25Ni20)	06Cr25Ni20	GB/T 1220—2016	固溶	−253～800
06Cr17Ni12Mo2(0Cr17Ni12Mo2)	06Cr17Ni12Mo2	GB/T 1220—2016	固溶	−253～700
06Cr18Ni11Ti(0Cr18Ni10Ti)	06Cr18Ni11Ti	GB/T 1220—2016	固溶	−253～700

注：括号中为旧牌号。

表 9-28　阀门行业常用螺柱和螺母材料

阀体材料			螺柱用钢		螺母用钢	
材料类型	牌号示例	使用温度/℃	ASTM 标准	GB 标准	ASTM 标准	GB 标准
高温碳钢	WCB、A105	−29~425	A193 B7	35CrMoA	A194 2H	45
低温碳钢	LCB、A515	−46~345	A193 B7	35CrMoA	A194 2H	45
C-½Mo	WC1	−29~455	A193 B7	35CrMoA	A194 2H	45
	LC1	−59~−45	A320-L7	42CrMo	A194-4	20CrMo
		−45~343	A193 B7	35CrMoA	A194 2H	45
2½Ni	LC2	−73~−45	A320-L7	42CrMo	A194-4	20CrMo
		−45~343	A193 B7	35CrMoA	A194 2H	45
3½Ni	LC3	−101~−45	A320-L7	42CrMo	A194-4	20CrMo
		−45~343	A193 B7	35CrMoA	A194 2H	45
1¼Cr-½Mo	WC6 F11	−29~427	A193 B7	35CrMoA	A194 2H	45
		427~538	A193 B7	35CrMoA	A194-7	20CrMo
2¼Cr-1Mo	WC9 F22	−29~427	A193 B7	35CrMoA	A194 2H	45
		427~538	A193 B7	35CrMoA	A194-7	20CrMo
		538~566	A193 B16	15CrMo1V	A194-7	20CrMo
5Cr-½Mo	1Cr5Mo F5、C5 F5a	−29~427	A193 B7	35CrMoA	A194 2H	45
		427~538	A193 B7	35CrMoA	A194-7	20CrMo
		538~593	A193 B16	15CrMo1V	A194-7	20CrMo
9Cr-1Mo	C12、F9 C12A、F91	−29~427	A193 B7	35CrMoA	A194 2H	45
		427~538	A193 B7	35CrMoA	A194-7	20CrMo
		538~593	A193 B16	35CrMoA	A194-7	20CrMo
Cr-Ni 系列 奥氏体型 不锈钢	304、347 304L、CF8 CF3、CF10	—	—	06Cr19Ni10	—	06Cr19Ni10
		−254~38	A320-88	14Cr17Ni2	A194-8	20CrMo
		38~800	A320-88	06Cr19Ni10	A194-8	06Cr19Ni10
Cr-Ni-Mo 系列 奥氏体型 不锈钢	316、316L CF8M、CF3M 20 合金	−198~38	A320-88	06Cr19Ni10	A194-8	06Cr19Ni10
				14Cr17Ni2		20Cr13
		38~816	A193 B8M	06Cr17Ni12Mo2	A194-8M	06Cr17Ni12Mo2

注：表中内容摘自 1992 年机械工业出版社出版的、杨源泉主编的《阀门设计手册》。

9.6.3　紧固件的强度等级

选用紧固件（螺栓、螺母、螺柱）时，除了需要选择材料以外，还要确定紧固件的强度等级，它主要与材料的热处理方式有关。例如：终缩聚反应器后段的熔体阀门，其螺栓强度等级基本都应达到 12.9 级；用于高温场合的不锈钢螺栓，均要求进行冷作硬化，使强度等级达到 8.8 级。

（1）碳素钢与合金钢螺栓、螺钉和螺柱　GB/T 3098.1—2010《紧固件机械性能　螺栓、螺钉和螺柱》规定，螺柱、螺栓的性能等级分为 4.6~12.9 级（含 12.9 级），其中 4.6~6.8 级适用于低转矩的工作条件，8.8 级及其以上等级适用于高强度、高转矩的工作条件。性能等级的代号由 "·" 隔开的两部分数字组成，"·" 左边的数字表示公称抗拉强度（$R_{m,公称}$）的 1/100，以 MPa 计；"·" 右边的数字表示公称屈服强度（下屈服强度）（$R_{eL,公称}$）或规定非比例延伸 0.2% 的公称应力（$R_{P0.2,公称}$）或规定非比例延伸 0.0048d 的公称应力（$R_{Pf,公称}$）与公称抗拉强度（$R_{m,公称}$）比值的 10 倍。除上述内容以外，GB/T 3098.1—2010 还有以下规定：

1）硼的质量分数可达 0.005%，非有效硼可由添加钛和/或铝控制。

2）在 4.6~6.8 级的紧固件材料中，微量元素硫、磷、铅的最大质量分数分别为 0.34%、0.11%、0.35%。

3）为了保证良好的淬透性，8.8 级、螺纹直径超过 20mm 的紧固件，应采用对 10.9 级规定的材料。

4）对于碳的质量分数低于 0.25% 的低碳硼合金，锰的最低质量分数分别为：8.8 级为 0.6%，9.8 级和 10.9 级为 0.7%。

5）10.9 级的材料应具有良好的淬透性，以保证紧固件螺纹截面的心部在淬火后、回火前获得约 90% 的马氏体组织。

6）合金钢材料至少应含有以下元素中的一种元素，其最低质量分数为：铬 0.30%、镍 0.30%、钼 0.20%、钒 0.10%。当含有 2~4 种合金成分时，合金元素的质量分数不能低于单个合金元素质量分数之和的 70%。

7）考虑到承受抗拉应力，12.9 级和 12.9 级表面不允许有金相能测出的白色磷化物聚集层。去除磷化物聚集层应在热处理前进行。

（2）不锈钢螺栓、螺钉和螺柱　GB/T 3098.6—2014《紧固件机械性能　不锈钢螺栓、螺钉和螺柱》规定了不锈钢螺栓、螺钉和螺柱的组别与性能等级的标记。材料标记由短横线隔开的两部分组成，第一部分标记钢的组别，第二部分标记性能等级。钢的组别（第一部分）标记由一个字母和数字组成：字母表示钢的类别，A 为奥氏体钢、C 为马氏体钢、F 为铁素体钢；数字表示该类钢的化学成分范围。

性能等级（第二部分）标记由两个或三个数字组成，表示紧固件抗拉强度的 1/10。例如：A2-70 表示奥氏体钢，冷加工，最小抗拉强度为 700MPa；C4-70 表示马氏体钢，淬火并回火，最小抗拉强度为 700MPa。

9.7　焊接材料的选用

焊接材料的选用与其工艺方法有关，焊条电弧焊、埋弧焊、二氧化碳气体保护焊、等离子弧焊、埋弧自动焊、氩弧焊、摩擦焊等所用的材料各不相同。

聚酯装置专用阀门的检修过程涉及阀座密封面堆焊、中法兰焊唇密封环焊接、阀体端部与管道焊接、伴温夹套连接管道焊接、零件损坏修复焊接、更换零件时的结构焊接等。应根据焊接主体的材料，采用适宜的焊接方法，选择合适的焊接材料。常用钢号推荐选用的焊接材料见表 9-29。

表 9-29　常用钢号推荐选用的焊接材料

钢号	焊条电弧焊		埋弧焊		CO₂气保焊	氩弧焊
	焊条型号	焊条牌号示例	焊剂型号	焊剂牌号及焊丝牌号示例	焊丝型号	焊丝牌号
10（管） 20（管）	E4303 E4316 E4315	J422 J426 J427	F4A0-H08A	HJ431-H08A	—	—
Q235B Q235C 20G、20（锻）	E4316 E4315	J426 J427	F4A2-H08MnA	HJ431-H08MnA	—	—
09MnD	E5015-G	W607	—	—	—	—
09MnNiD 09MnNiDR	E5015-C1L	—	—	—	—	—
Q345	E5016 E5015 E5003	J506 J507 J502	F5A0-H10Mn2 F5A2-H10Mn2	HJ431-H10Mn2 HJ350-H10Mn2 HJ101-H10Mn2	ER49-1 ER50-6	—
16MnD 16MnDR	E5016-G E5015-G	J506RH J507RH	—	—	—	—
15MnNiDR	E5015-G	W607	—	—	—	—
Q370R	E5516-G E5515-G	J556RH J557	—	—	—	—
20MnMo	E5015 E5515-G	J507 J557	F5A0-H10Mn2A F55A0-H08MnMoA	HJ431-H10Mn2A HJ350-H08MnMoA	—	—
20MnMoD	E5016-G E5015-G E5516-G	J506RH J507RH J556RH	—	—	—	—
13MnNiMoR 18MnMoNbR 20MnMoNb	E6016-D1 E6015-D1	J606 J607	F62A2-H08Mn2MoA F62A2-H08Mn2MoVA	HJ350-H08Mn2MoA HJ350-H08Mn2MoVA SJ101-H08Mn2MoA SJ101-H08Mn2MoVA	—	—
07MnMoVR 08MnNiMoVD 07MnNiMoDR	E6015-G	J607RH	—	—	—	—

母材	焊条（GB）	焊条（牌号）	埋弧焊丝-焊剂	埋弧焊焊剂-焊丝	氩弧焊丝	焊丝
10Ni3MoVD	E6015-G	J607RH	—	—	—	—
12CrMo 12CrMoG	E5515-B1	R207	F48A0-H08CrMoA	HJ350-H08CrMoA SJ101-H08CrMoA	ER55-B2	H08CrMoA
15CrMo 15CrMoG 15CrMoR	E5515-B2	R307	F48P0-H08CrMoA	HJ350-H08CrMoA SJ101-H08CrMoA	ER55-B2	H08CrMoA
14Cr1MoR 14Cr1Mo	E5515-B2	R307H	—	—	—	—
12Cr1MoVR 12Cr1MoVG	E5515-B2-V	R317	F48P0-H08CrMoVA	HJ350-H08CrMoVA	ER55-B2-MnV	H08CrMoVA
12Cr2Mo 12Cr2Mo1 12Cr2MoG 12Cr2Mo1R	E6015-B3	R407	—	—	—	—
1Cr5Mo	E5MoV-15	R507	—	—	—	—
06Cr19Ni10	E308-16 E308-15	A102 A107	F308-H08Cr21Ni10	SJ601-H08Cr21Ni10 HJ260-H08Cr21Ni10	—	H08Cr21Ni10
06Cr18Ni11Ti	E347-16 E347-15	A132 A137	F347-H08Cr20Ni10Nb	SJ641-H08Cr20Ni10Nb	—	H08Cr19Ni10Ti
06Cr17Ni12Mo2	E316-16 E316-15	A202 A207	F316-H06Cr19Ni12Mo2	SJ601-H06Cr19Ni12Mo2 HJ260-H06Cr19Ni12Mo2	—	H06Cr19Ni12Mo2
06Cr17Ni12Mo2Ti	E316L-16 E318-16	A022 A212	F316L-H03Cr19Ni12Mo2	SJ601-H03Cr19Ni12Mo2 HJ260-H03Cr19Ni12Mo2	—	H03Cr19Ni12Mo2
06Cr19Ni13Mo3	E317-16	A242	F317-H08Cr19Ni14Mo3	SJ601-H08Cr19Ni14Mo3 HJ260-H08Cr19Ni14Mo3	—	H08Cr19Ni14Mo3
022Cr19Ni10	E308L-16	A002	F308L-H03Cr21Ni10	SJ601-H03Cr21Ni10 HJ260-H03Cr21Ni10	—	H03Cr21Ni10
022Cr17Ni12Mo2	E316L-16	A022	F316L-H03Cr19Ni12Mo2	SJ601-H03Cr19Ni12Mo2	—	H03Cr19Ni12Mo2
022Cr19Ni13Mo3	E317L-16	—	—	—	—	H03Cr19Ni14Mo3
06Cr13	E410-16 E410-15	G202 G207	—	—	—	—

注：本表摘自 NB/T 47015—2011《压力容器焊接规程》。

表 9-30　不锈钢和耐热钢　牌号近似对照表

序号	GB/T 20878—2007 统一数字代号	GB/T 20878—2007 新牌号	GB/T 20878—2007 旧牌号	美国 ASTM A959	日本 JIS G4303、JIS G4311、JIS G4305	德国、欧洲 DIN EN10088-1、EN10095	国际 ISO 4955、ISO 15510
1	S35350	12Cr17Mn6Ni5N	1Cr17Mn6Ni5N	201/S20100	SUS201	X12CrMnNiN17-7-5/1.4372	X12CrMnNiN17-7-5
2	S35950	10Cr17Mn9Ni4N	—	—	—	—	—
3	S35450	12Cr18Mn9Ni5N	1Cr18Mn8Ni5N	202/S20200	SUS202	X12CrMnNiN18-9-5/1.4373	—
4	S35020	20Cr13Mn9Ni4	2Cr13Mn9Ni4	—	—	—	—
5	S35550	20Cr15Mn15Ni2N	2Cr15Mn15Ni2N	—	—	—	—
6	S35650	53Cr21Mn9Ni4N	5Cr21Mn9Ni4N	S63008	SUH35	X53CrMnNiN21-9-4/1.4871	X53CrMnNiN21-9
7	S35750	26Cr18Mn12Si2N	3Cr18Mn12Si2N	—	—	—	—
8	S35850	22Cr20Mn10Ni3Si2N	2Cr20Mn9Ni3Si2N	—	—	—	—
9	S30110	12Cr17Ni7	1Cr17Ni7	301/S30100	SUS301	X5CrNi17-7/1.4319	X5CrNi17-7
10	S30103	022Cr17Ni7	—	301L/S30103	SUS301L	—	—
11	S30153	022Cr17Ni7N	—	301LN/S30153	—	X2CrNiN18-7/1.4318	X2CrNiN18-7
12	S30220	17Cr18Ni9	2Cr18Ni9	—	—	—	—
13	S30210	12Cr18Ni9	1Cr18Ni9	302/S30200	SUS302	X10CrNi18-8/1.4310	X10CrNi18-8
14	S30240	12Cr18Ni9Si3	1Cr18Ni9Si3	302B/S30215	SUS302B	X8CrNiSi18-9/1.4305	X12CrNiSi18-9-3
15	S30317	Y12Cr18Ni9	Y1Cr18Ni9	303/S30300	SUS303		X10CrNiSi18-9
16	S30327	Y12Cr18Ni9Se	Y1Cr18Ni9Se	303Se/S30323	SUS303Se		
17	S30408	06Cr19Ni10	0Cr18Ni9	304/S30400	SUS304	X5CrNi18-10/1.4301	X5CrNi18-10
18	S30403	022Cr19Ni10	00Cr19Ni10	304L/S30403	SUS304L	X2CrNi18-9/1.4307 X2CrNiN19-11/1.4306	X2CrNi18-9 X2CrNi19-11
19	S30409	07Cr19Ni10	—	304H/S30409	SUH304H	X6CrNi18-10/1.4948	X7CrNi18-9
20	S30450	05Cr19Ni10Si2CeN	—	S30415	—	X6CrNiSiNCe19-10/1.4818	X6CrNiSiNCe19-10

序号	统一数字代号	新牌号	旧牌号	ASTM	JIS	EN（材料号）	EN
21	S30480	06Cr18Ni9Cu2	0Cr18Ni9Cu2	—	SUS30J3	—	—
22	S30488	06Cr18Ni9Cu3	0Cr18Ni9Cu3	—	SUSXM7	X3CrNiCu18-9-4/1.4567	X3CrNiCu18-9-4
23	S30458	06Cr19Ni10N	0Cr19Ni9N	304N/S30451	SUS304N1	X5CrNiN19-9/1.4315	X5CrNiN19-9
24	S30478	06Cr19Ni9NbN	0Cr19Ni10NbN	XM-21/S30452	SUS304N2	—	—
25	S30453	022Cr19Ni10N	00Cr18Ni10N	304LN/S30453	SUS304LN	X2CrNiN18-10/1.4311	X2CrNiN18-9
26	S30510	10Cr18Ni12	1Cr18Ni12	305/S30500	SUS305	X4CrNi18-12/1.4303	X6CrNi18-12
27	S30508	06Cr18Ni12	0Cr18Ni12	—	SUS305J1	—	—
28	S38108	06Cr16Ni18	0Cr16Ni18	S38400	SUS384	—	X6CrNi18-16E
29	S30808	06Cr20Ni11	—	308/S30800	SUS308	—	—
30	S30850	22Cr21Ni12N	2Cr21Ni12N	S63017	SUH37	—	—
31	S30920	16Cr23Ni13	2Cr23Ni13	309/S30900	SUH309	X15CrNiSi20-12/1.4828	—
32	S30908	06Cr23Ni13	0Cr23Ni13	309S/S30908	SUS309S	X12CrNi23-13/1.4833	X12CrNi23-13
33	S31010	14Cr23Ni18	1Cr23Ni18			—	—
34	S31020	20Cr25Ni20	2Cr25Ni20	310/S31000	SUH310	X15CrNi25-21/1.4821	X15CrNi25-21
35	S31008	06Cr25Ni20	0Cr25Ni20	310S/S31008	SUS310S	X8CrNi25-21/1.4845	X12CrNi23-12
36	S31053	022Cr25Ni22Mo2N	—	310MoLN/S31050	—	X1CrNiMoN25-22-2/1.4466	X1CrNiMoN25-22-2
37	S31252	015Cr20Ni18Mo6CuN	—	S31254	SUS312L	X1CrNiMoN20-18-7/1.4547	X1CrNiMoN20-18-7
38	S31608	06Cr17Ni12Mo2	0Cr17Ni12Mo2	316/S31600	SUS316	X5CrNiMo17-12-2/1.4401	X5CrNiMo17-12-2
39	S31603	022Cr17Ni12Mo2	00Cr17Ni14Mo2	316L/S31603	SUS316L	X2CrNiMo17-12-2/1.4404	X2CrNiMo17-12-2
40	S31609	07Cr17Ni12Mo2	1Cr17Ni12Mo2	316H/S31609	—	X6CrNiMo17-13-2/1.4918 X3CrNiMo17-13-3/1.4436	—
41	S31668	06Cr17Ni12Mo3Ti	0Cr18Ni12Mo3Ti	316Ti/S31635	SUS316Ti	X6CrNiMoTi17-12-2/1.4571	X6CrNiMoTi17-12-2
42	S31678	06Cr17Ni12Mo2Nb	—	316Nb/S31640	—	X6CrNiMoNb17-12-2/1.4580	X6CrNiMoNb17-12-2
43	S31658	06Cr17Ni12Mo2N	0Cr17Ni12Mo2N	316N/S31651	SUS316N	X2CrNiMoN17-11-2/1.4406	X2CrNiMoN17-12-2
44	S31653	022Cr17Ni12Mo2N	00Cr17Ni13Mo2N	316LN/S31653	SUS316LN	X2CrNiMoN17-13-3/1.4429	—

（续）

序号	统一数字代号	GB/T 20878—2007 新牌号	GB/T 20878—2007 旧牌号	美国 ASTM A959	日本 JIS G4303、JIS G4311、JIS G4305	德国、欧洲 DIN EN10088-1、EN10095	国际 ISO 4955、ISO15510
45	S31688	06Cr18Ni12Mo2Cu2	0Cr18Ni12Mo2Cu2	—	SUS316J1	—	—
46	S31683	022Cr18Ni14Mo2Cu2	00Cr18Ni14Mo2Cu2	—	SUS316J1L	—	—
47	S31693	022Cr18Ni15Mo3N	00Cr18Ni15Mo3N	—	—	—	—
48	S31782	015Cr21Ni26Mo5Cu2	—	904L/N08904	SUS890L	X1NiCrMoCu25-20-5/1.4539	X1NiCrMoCu25-20-5
49	S31708	06Cr19Ni13Mo3	0Cr19Ni13Mo3	317/S31700	SUS317	—	—
50	S31703	022Cr19Ni13Mo3	00Cr19Ni13Mo3	317L/S31703	SUS317L	X2CrNiMo18-15-4/1.4438	X2CrNiMo19-14-4
51	S31793	022Cr18Ni14Mo3	00Cr18Ni14Mo3	—	—	—	—
52	S31794	03Cr18Ni16Mo5	0Cr18Ni16Mo5	—	SUS317J1	—	—
53	S31723	022Cr19Ni16Mo5N	—	317LMN/S31726	SUS317LN	X2CrNiMoN17-13-5/1.4439	X2CrNiMoN18-15-5
54	S31753	022Cr19Ni13Mo4N	—	317LN/S31753	SUS317LN	X2CrNiMoN18-12-4/1.4434	X2CrNiMoN18-12-4
55	S32168	06Cr18Ni11Ti	0Cr18Ni10Ti	321/S32100	SUS321	X6CrNiTi18-10/1.4541	X6CrNiTi18-10
56	S32169	07Cr19Ni11Ti	1Cr18Ni11Ti	321H/S32109	SUS321H	X7CrNiTi18-10/1.4940	X7CrNiTi18-10
57	S32590	45Cr14Ni14W2Mo	4Cr14Ni14W2Mo	—	—	—	—
58	S32652	015Cr24Ni22Mo8Mn3CuN	—	S32654	—	X1CrNiMoCuN24-22-8/1.4652	X1CrNiMoCuN24-22-8
59	S32720	24Cr18Ni8W2	2Cr18Ni8W2	—	—	—	—
60	S33010	12Cr16Ni35	1Cr16Ni35	330/N08330	SUH330	X12CrNiSi35-16/1.4864	X12CrNiSi35-16
61	S34553	022Cr24Ni17Mo5Mn6CbN	—	S34565	—	X2CrNiMnMoN25-18-6-5/1.4565	X2CrNiMnMoN25-18-6-5
62	S34778	06Cr18Ni11Nb	0Cr18Ni11Nb	347/S34700	SUS347	X6CrNiNb18-10/1.4550	X6CrNiNb18-10
63	S34779	07Cr18Ni11Nb	1Cr19Ni11Nb	347H/S34709	SUS347H	X7CrNiNb18-10/1.4912	X7CrNiNb18-10
64	S38148	06Cr18Ni13Si4	0Cr18Ni13Si4	—	SUSXM15J1	—	S38100/XM-15
65	S38240	16Cr20Ni14Si2	1Cr20Ni14Si2	—	—	X15CrNiSi20-12/1.4828	X15CrNiSi20-12
66	S38340	16Cr25Ni20Si2	1Cr25Ni20Si2	—	—	X15CrNiSi25-21/1.4841	X15CrNiSi25-21

序号							
—	S30859	08Cr21Ni11Si2CeN	—	S30815	—	—	—
—	S38926	015Cr20Ni25Mo7CuN	—	N08926	—	X1NiCrMoCuN25-20-7/1.4529	—
—	S38367	022Cr21Ni25Mo7N	—	N08367	—	—	—
67	S21860	14Cr18Ni11Si4AlTi	1Cr18Ni11Si4AlTi	—	—	—	—
68	S21953	022Cr19Ni5Mo3Si2N	00Cr19Ni5Mo3Si2	S31500	—	—	—
69	S22160	12Cr21Ni5Ti	1Cr21Ni5Ti	—	—	—	—
70	S22253	022Cr22Ni5Mo3N	—	S31803	SUS329J3L	X2CrNiMoN22-5-3/1.4462	X2CrNiMoN22-5-3
71	S22053	022Cr23Ni5Mo3N	—	2205/S32205	—	—	—
72	S23043	022Cr23Ni4MoCuN	—	2304/S32304	—	X2CrNiN23-4/1.4362	X2CrNiN23-4
73	S22553	022Cr25Ni6Mo2N	—	S31200	—	X3CrNiMoN27-5-2/1.4460	X3CrNiMoN27-5-2
74	S22583	022Cr25Ni7Mo3WCuN	—	S31260	SUS329J21	—	—
75	S25554	03Cr25Ni6Mo3Cu2N	—	255/S32550	SUS329J4L	X2CrNiMoCuN25-6-3/1.4507	X2CrNiMoCuN25-6-3
76	S25073	022Cr25Ni7Mo4N	—	2507/S32750	—	X2CrNiMoN25-7-4/1.4410	X2CrNiMoN25-7-4
77	S27603	022Cr25Ni7Mo4WCuN	—	S32760	—	X2CrNiMoCuWN25-7-4/1.4501	X2CrNiMoCuWN25-7-4
—	S22153	022Cr21Ni3Mo2N	—	S32003	—	—	—
—	S22294	03Cr22Mn5Ni2MoCuN	—	S32101	—	X2CrMnNiN21-5-1/1.4162	X2CrMnNiN21-5-1
—	S22152	022Cr21Mn5Ni2N	—	S32001	—	—	—
—	S22193	022Cr21Mn3Ni3Mo2N	—	S81921	—	—	—
—	S22253	022Cr22Mn3Ni2MoN	—	S82011	—	—	X2CrMnNiN21-5-1
—	S22353	022Cr23Ni2N	—	S32202	—	—	—
—	S22493	022Cr24Ni4Mn3Mo2CuN	—	S82441	—	—	—
78	S11348	06Cr13Al	0Cr13Al	405/S40500	SUS405	X6CrAl13/1.4002	X6CrAl13
79	S11168	06Cr11Ti	0Cr11Ti	S40900	SUH409	—	X6CrTi12
80	S11163	022Cr11Ti	—	S40920	SUH409L	X2CrTi12/1.4512	X2CrTi12
81	S11173	022Cr11NbTi	—	S40930	—	—	—
82	S11213	022Cr12Ni	—	S40977	—	X2CrNi12/1.4003	X2CrNi12

（续）

序号	GB/T 20878—2007 统一数字代号	新牌号	旧牌号	美国 ASTM A959	日本 JIS G4303、JIS G4311、JIS G4305	德国、欧洲 DIN EN10088-1、EN10095	国际 ISO 4955、ISO15510
83	S11203	022Cr12	00Cr12	—	SUS410L	—	—
84	S11510	10Cr15	1Cr15	429/S42900	SUS429	—	—
85	S11710	10Cr17	1Cr17	430/S43000	SUS430	X6Cr17/1.4016	X6Cr17
86	S11717	Y10Cr17	Y1Cr17	430F/S43020	SUS430F	X14CrMoS17/1.4104	X7CrS17
87	S11863	022Cr18Ti	00Cr17	439/S43035	SUS430LX	X3CrTi17/1.4510	X3CrTi17
88	S11790	10Cr17Mo	1Cr17Mo	434/S43400	SUS434	X6CrMo17-1/1.4113	X6CrMo17-1
89	S11770	10Cr17MoNb	—	436/S43600	—	X6CrMoNb17-1/1.4526	X6CrMoNb17-1
90	S11862	019Cr18MoTi	—	—	SUS436	—	—
91	S11873	022Cr18NbTi	—	S43940	—	X2CrTiNb18/1.4509	X2CrTiNb18
92	S11972	019Cr19Mo2NbTi	00Cr18Mo2	444/S44400	SUS444	X2CrMoTi18-2/1.4521	X2CrMoTi18-2
93	S12550	16Cr25N	2Cr25N	446/S44600	SUS446	—	—
94	S12791	008Cr27Mo	00Cr27Mo	XM-27/S44627	SUSXM27	—	—
95	S13091	008Cr30Mo2	00Cr30Mo2	—	SUS447J1	—	—
—	S12182	019Cr21CuTi	—	—	SUS443J1	—	—
—	S11973	022Cr18NbTi	—	S43932	—	—	—
—	S11863	022Cr18Ti	—	439/S43035	SUS430LX	X3CrTi17/1.4510	X3CrTi17
—	S12362	019Cr23MoTi	—	—	SUS445J1	—	—
—	S12361	019Cr23Mo2Ti	—	—	SUS445J2	—	—
—	S12763	022Cr27Ni2Mo4NbTi	—	S44660	—	—	—
—	S12963	022Cr29Mo4NbTi	—	S44735	—	—	—
—	S11573	022Cr15NbTi	—	S42900	SUS429	X1CrNb15/1.4595	—
—	S11882	019Cr18CuNb	—	—	SUS430J1L	—	—

96	S40310	12Cr12	1Cr12	403/S40300	SUS403	—	—
97	S41008	06Cr13	0Cr13	410S/S41008	SUS410S	X6Cr13/1.4000	X6Cr13
98	S41010	12Cr13	1Cr13	410/S41000	SUS410	X12Cr13/1.4006	X12Cr13
99	S41595	04Cr13Ni5Mo	—	S41500	SUSF6NM	X3CrNiMo13-4/1.4313	X3CrNiMo13-4
100	S41617	Y12Cr13	Y1Cr13	416/S41600	SUS416	X12CrS13/1.4005	X12CrS13
101	S42020	20Cr13	2Cr13	420/S42000	SUS420J1	X20Cr13/1.4021	X20Cr13
102	S42030	30Cr13	3Cr13	420/S42000	SUS420J2	X30Cr13/1.4028	X30Cr13
103	S42037	Y30Cr13	Y3Cr13	420F/S42020	SUS420F	X29CrS13/1.4029	X29CrS13
104	S42040	40Cr13	4Cr13	—	—	X39Cr13/1.4031	X39Cr13
105	S41427	Y25Cr13Ni2	Y2Cr13Ni2	—	—	—	—
106	S43110	14Cr17Ni2	1Cr17Ni2	—	—	—	—
107	S43120	17Cr16Ni2	—	431/S43100	SUS431	X17CrNi16-2/1.4057	X17CrNi16-2
108	S44070	68Cr17	7Cr17	440A/S44002	SUS440A	—	—
109	S44080	85Cr17	8Cr17	440B/S44003	SUS440B	—	—
110	S44096	108Cr17	11Cr17	440C/S44004	SUS440C	X105CrMo17/1.4125	X105CrMo17
111	S44097	Y108Cr17	Y11Cr17	440F/S44020	SUS440F	—	—
112	S44090	95Cr18	9Cr18	—	—	—	—
113	S45110	12Cr5Mo	1Cr5Mo	502/S50200	STBA25	—	TS37
114	S45610	12Cr12Mo	1Cr12Mo	—	—	—	—
115	S45710	13Cr13Mo	1Cr13Mo	—	SUS410J1	—	—
116	S45830	32Cr13Mo	3Cr13Mo	—	—	—	—
117	S45990	102Cr17Mo	9Cr18Mo	440C/S44004	SUS440C	X105CrMo17/1.4125	X105CrMo17
118	S46990	90Cr18MoV	9Cr18MoV	440B/S44003	SUS440B	X90CrMoV18/1.4112	—
119	S46010	14Cr11MoV	1Cr11MoV	—	—	—	—
120	S46110	158Cr12MoV	1Cr12MoV	—	—	—	—
121	S46020	21Cr12MoV	2Cr12MoV	—	—	—	—

（续）

序号	统一数字代号	GB/T 20878—2007 新牌号	旧牌号	美国 ASTM A959	日本 JIS G4303、JIS G4311、JIS G4305	德国、欧洲 DIN EN10088-1、EN10095	国际 ISO 4955、ISO15510
122	S46250	18Cr12MoVNbN	2Cr12MoVNbN	—	SUH600	—	—
123	S47010	15Cr12WMoV	1Cr12WMoV	—	—	—	—
124	S47220	22Cr12NiWMoV	2Cr12NiWMoV	—	SUH616	—	—
125	S47310	13Cr11Ni2W2MoV	1Cr11Ni2W2MoV	—	—	—	—
126	S47410	14Cr12Ni2W2MoVNb	1Cr12Ni2W2MoVNb	—	—	—	—
127	S47250	10Cr12Ni3Mo2VN	—	—	—	—	—
128	S47450	18Cr11NiMoNbVN	2Cr11MoNbVN	—	—	—	—
129	S47710	13Cr14Ni3W2VB	1Cr14Ni3W2VB	—	—	—	—
130	S48040	42Cr9Si2	4Cr9Si2	—	—	—	—
131	S48045	45Cr9Si3	—	—	SUH1	X45CrSi3/1.4718	—
132	S48140	40Cr10Si2Mo	4Cr10Si2Mo	—	SUH3	X40CrSiMo10/1.4731	—
133	S48380	80Cr20Si2Ni	8Cr20Si2Ni	—	SUH4	X80CrSiNi20/1.4747	—
—	S46050	50Cr15MoV	—	—	—	X50CrMoV15/1.4116	X50CrMoV15
134	S51380	04Cr13Ni8Mo2Al	—	XM-13/S31800	—	—	—
135	S51290	022Cr12Ni9Cu2NbTi	—	XM-16/S45500	—	—	—
136	S51550	05Cr15Ni5Cu4Nb	—	XM-12/S15500	—	—	—
137	S51740	05Cr17Ni4Cu4Nb	0Cr17Ni4Cu4Nb	630/S17400	SUS630	X5CrNiCuNb16-4/1.4542	X5CrNiCuNb16-4
138	S51770	07Cr17Ni7Al	0Cr17Ni7Al	631/S17700	SUS631	X7CrNi17-7/1.4568	X7CrNi17-7
139	S51570	07Cr15Ni7Mo2Al	0Cr15Ni7Mo2Al	632/S15700	—	X8CrNiMoAl15-7-2/1.4532	X8CrNiMoAl15-7-2
140	S51240	07Cr12Ni4Mn5Mo3Al	0Cr12Ni4Mn5Mo3Al	—	—	—	—
141	S51750	09Cr17Ni5Mo3N	—	633/S35000	—	—	—
142	S51778	06Cr17Ni7AlTi	0Cr17Ni7AlTi	635/S17600	—	—	—
143	S51525	06Cr15Ni25Ti2MoAlVB	0Cr15Ni25Ti2MoAlVB	660/S66286	SUH660	—	X6NiCrTiMoVB25-15-2

注：本表内容分别摘抄自 GB/T 20878—2007《不锈钢和耐热钢 牌号及化学成分》附录 B 和 GB/T 3280—2015《不锈钢冷轧钢板和钢带》附录 A。

9.8　国内外不锈钢牌号对照

聚酯装置专用阀门有很多是与主要设备一起从国外采购的，在检修过程中需要修复或更换损坏的零件，如旋塞阀的旋塞、球阀的球体、柱塞阀的柱塞等。有些零件时常需要更换，如取样阀的柱塞阀杆一体件由于又细又长而容易产生弯曲变形。对于国外阀门需要更换的零件，选择怎样的材料是经常遇到的现实问题。根据聚酯装置专用阀门多年来的检修情况，节选国家标准中有关的部分内容供参考。GB/T 20878—2007《不锈钢和耐热钢　牌号及化学成分》和 GB/T 3280—2015《不锈钢冷轧钢板和钢带》给出的各国不锈钢钢号近似对照见表 9-30。

第10章　聚酯装置专用阀门的检修

聚酯装置专用阀门是生产装置中的重要设备，其停车检修的时间与周期必须结合整个装置的检修计划进行。按照国内大部分聚酯企业的规定，聚酯生产装置的检修周期至少要大于一年，有些装置是两年，或者三年、四年甚至更长。在大修期间，对于仅是单台即没有在线备台切换的阀门，只能随装置的大修一起进行检修。对于有在线切换阀门备台的生产系统，则可以视阀门自身运行状况确定具体检修周期。当整套生产装置停车大修时，阀门可以随装置一起进行大修，也可以只做有针对性的项目修理，或者仅做一般性检查修理。聚酯装置专用阀门的应用场合很多，如聚酯（PET）切片生产装置、瓶级切片（经过增黏的聚酯切片）生产装置前段工序、聚酯纤维生产装置前段工序、PBT产品生产装置等。由于这些装置的生产规模都比较大，因此对阀门的检修要特别慎重，检修质量要有保障，绝对不能因为阀门的检修质量而影响整套装置的正常生产。一般情况下，阀门的检修分为四种类型。

（1）小修　在阀门主体部分不解体的情况下，在生产装置使用现场进行，检修内容主要包括清洗加油嘴和加油杯、更换损坏的紧固件、配齐缺损的小零件（如弹簧、垫圈、专用紧固件、专用密封件等）、清除杂物、清洗阀杆、更换填料密封件；检查调整驱动手轮、定位部分、导向部分；清除结焦、清洗、补加润滑脂、更换连接法兰垫片等。

（2）中修　包括小修的所有项目，除此之外，还应在阀门的主体部分解体以后，清洗所有需要清洗的零部件，检查或更换轴承，更换密封件，修整阀杆密封部位，手工修整或修复阀体或阀盖损伤部位、阀座密封面或阀瓣（包括柱塞、旋塞、球体、截止阀阀瓣）密封表面损伤部位等。

（3）大修　包括中修的所有项目，除此之外，还应将阀门从聚酯装置使用现场整体取出，搬运到适合的检修场地，将阀门主体部分解体以后，利用各种机械加工、热加工设备，采用物理和化学方法及其他手段，修复阀体损伤部位、修复阀瓣损伤部位或更换阀瓣、修复阀盖损伤部位、修复或更换阀座衬套等零部件，并检查或更换电动驱动装置或气动驱动装置的配套管道、管件、进气阀门、电气仪表元件等。同时，还应对蜗杆副、齿轮箱进行解体检修，更换油封，检查齿轮磨损情况，检查或更换轴承，检查电动机的完好情况等。

（4）视情检修　即在工艺正常运行时，由于阀门突发故障或经巡检发现阀门可能快要出故障而进行的检修。这种情况下的检修多半都是抢修性质的，要求检修时间短、速度快。阀门哪里出现问题修哪里，以尽快修好阀门、解决问题，对工艺流程的影响最小为目的。

一般来说，阀门的小修、中修和大修都是有计划进行的，而视情检修往往都是在突发情况下，没有预先的检修计划。

阀门的小修和中修可以在聚酯装置使用现场进行，比较容易实现，占用的时间也比较短。特别是小修，在生产装置临时停车的十几个小时或几个小时的时间段内就可以完成，所以小修的次数比较多。从某种程度上来讲，小修做得好、做得及时，中修的次数就可以减少。同理，中修做得好、做得及时，大修的次数就可以减少，整个生产装置的安全稳定运行周期就可以适当延长。

10.1 阀门检修的必备条件

阀门检修的必备条件主要包括检修过程中必需的场地条件、设备条件、工具条件、熟练的操作者、各种检修工序的操作规程及相关的管理与程序。

10.1.1 阀门检修的必备场地条件

阀门检修的必备场地分为在生产装置使用现场区域内进行检修的场地，以及将阀门从生产装置现场整体取出并搬运到专业检修车间进行检修的场地。

在生产装置使用现场区域内进行检修的场地，一般是进行小修或中修的场所。要求具有用于检修的比较简单的设备，如用于起重的简易电动葫芦或手动葫芦，起吊重量大于阀门的重量即可。对于中小规格的阀门，一般起吊重量在1000kg左右；对于大规格的阀门，起吊重量一般为1500~2000kg，特殊情况下可以使用起吊重量为3000kg的葫芦。操作人员可以在地面操作行车进行横向和纵向的吊装移动，起吊场地内各部位的零部件或工器具等。

在检修现场，应有一定数量的适用于检修项目的设备和工具，要有符合要求的检修作业钳工工作台，钳工工作台上要有台虎钳和小型研磨平板，还要有必要的简单设备，如台式钻床、各种手工作业工具、存放工具和各种易损件、备件的柜子等。

专业检修场地一般是指阀门制造车间或专业机械加工装配场所，可以进行各种类型的大修或中修。要求具有比较完善的检修设备，除了应具有限重大于阀门重量的起重设备外，还要有各种机械加工设备（如机械加工中心、数控车床、普通镗床、铣床、线切割机床等）、热加工设备（如电弧焊机、氩弧焊机、等离子堆焊设备、气体焊接设备、热处理所需的各种设备等）、必需的物理和化学加工设备（如镀层或刷镀设备等）、零部件后处理设备（如研磨机、抛光机、整形机械等）、装配工序所需的工具（如工件手推车、钳工工作台、台虎钳、钳工工具等）、整机性能检验设备（如压力试验机、电动机驱动装置通电所需的电源和各参数测量工具等）及其他专用工具。对于专业性很强的修复性加工，如热喷涂、电刷镀、精密磨削等可以外协加工。

除此以外，检修现场应有一定数量的零部件质量检验设备和工具（包括各种规格的外径测量工具、内径测量工具、辅助测量工具等），要有符合检修作业要求的测量平板和尺寸大小符合要求的研磨平板。

另外，检修现场应有加工各主要零部件所需的材料以及修复所需的材料，特别是重新制作在各种工作温度下使用的密封件（如阀杆密封组件、阀瓣密封专用密封件、高温工况条件下的阀杆密封件等）所需的材料。应及时核对材料的牌号和工况参数范围，如果发现材料牌号和所检修阀门的工况参数范围不符或材料数量不够，应及时采购订货，有些材料不一

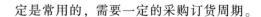

定是常用的，需要一定的采购订货周期。

10.1.2　阀门检修的必备工具

阀门检修的工具包括拆卸和装配工具、清洁工具、修复工具、零部件加工质量检验和测量工具、整理外形工具、整机检验工具、吊装和搬运工具等。

阀门损坏的零部件不同、各零部件损坏的部位和程度不同，其修复的方法和手段就不同，进而所需使用的设备和工具也不同。但不管专用设备和工具如何不同，所使用的手动工具基本是相同或相近的。

10.1.3　拆卸和装配使用的手动工具

（1）常用手动工具　包括螺钉旋具、钢丝钳、活扳手、钳工锉、锤子、手锯等。

（2）固定扳手　又称呆扳手，只能操作一种规格的螺母或螺栓。这类扳手与活扳手相比，操作对象单一，可以作用较大的力，既不易损坏螺母和螺栓，又比较安全（在有些生产企业，为安全起见，在生产线上往往不允许使用活扳手）。固定扳手又可以细分为开口单头扳手、开口双头扳手、整体六角扳手、歪头整体六角扳手和梅花扳手五种类型。其中开口单头扳手和开口双头扳手适用于螺母附近单边有异物的场合；整体六角扳手、歪头整体六角扳手和梅花扳手适用于螺母附近有一定空间的场合。

（3）套筒扳手　套筒扳手是由大小尺寸不等的梅花形内十二角套筒及杠杆组成的，用于操作其他扳手难以操作部位的螺母或螺栓，如拧紧螺母或螺栓的平面比周围其他部位平面低的场合，即螺母或螺栓凹嵌在周围平面内的情况。

（4）锁紧扳手　可以细分为固定钩头扳手、活钩头扳手和 U 形锁紧扳手。锁紧扳手主要用于操作开槽的圆螺母或小圆螺母。

（5）特种扳手　使用比较多的有棘轮扳手和指示式扭力扳手。棘轮扳手在扳动螺母、螺栓时，扳头不需要离开螺母调整角度，只要回转一定角度，便可向前继续操作。指示式扭力扳手通常分为手动指示式扭力扳手和气动指示式扭力扳手等，用这种扳手除了能保证各个被拧紧的螺栓有相同的拧紧转矩外，还可以避免对螺母或螺栓施加太大的载荷，以免损坏零件。

（6）拉马　拉马又称拉出器，它有很多种结构形式，常用的有可张式、螺杆式、液压式等。可张式拉马一般由三个钩爪、螺杆、螺母及横臂等组成，用于拆卸阀门驱动部分的齿轮、轴承等零部件。

（7）管子钳及套管　管子钳适用于表面粗糙的圆杆零部件和管子的拆卸与组装，是修理和拆装阀门的常用工具。

为了使管子钳或其他扳手具有更大的操作转矩，常常配有套管。套管是有一定长度和直径的无缝钢管，套在管子钳或扳手上以增长力臂，增大管子钳或扳手的转矩，使操作省力、轻快。在不同的情况下，无缝钢管的长度和直径不同。

（8）千斤顶　有些阀门的拆卸需要使用千斤顶。

（9）砂轮切割机　拆卸阀门中法兰的焊唇密封环时，必须使用砂轮切割机。

10.1.4　清洗和清洁使用的手动工具

阀门解体以后，首先要清除结焦、去除油渍和污物、清洁与清洗零部件，然后才能分析判断零部件是否存在缺陷。当存在缺陷的零部件修复完成并检验合格以后，在装配之前同样要对所有零部件进行清洗与清洁。清洗与清洁使用的手动工具主要有：

（1）刷子和油盘　刷子有毛刷和金属丝刷两大类，毛刷用于清洁机械加工零件表面，金属丝刷用于清除零部件表面的锈斑和清理刷洗非机械加工表面。油盘用于盛装清洗用的洗涤剂，如柴油、煤油及化学清洗剂等。

（2）气吹工具　包括输送压缩空气或低压蒸汽的橡胶帆布管子或其他有机合成材料的管子以及装于其上的喷管等工具，用于吹扫零部件。

10.1.5　阀门检修的吊装和搬运

阀门的型号、规格不同，其整机重量和零部件重量也各不相同，最小规格的整机重量不到 10kg，较大规格的整机重量可达到 800kg。目前使用的最大规格的裤衩阀连同焊接在一起的短管整机重量达到 2000kg，其中的单腿（即单侧阀座及短管）重量达到了 875kg。有些阀门与相邻管道焊接在一起，检修时需要一起搬运的情况比较普遍；比较大的零部件在检修过程中人工搬不动，必须使用辅助吊装与搬运工具，如行车、电动葫芦、手动葫芦、叉车等，起吊索具有套环、卸扣、钢丝绳、钢丝扎头等。

在吊装与搬运过程中，无论是使用钢丝绳还是其他绳索，固定均应牢固、不会脱落、安全可靠。双结和单环结是使用绳索吊装时最常用的固定方式，操作很方便。

阀门的吊装，正确的方法是将绳索捆牢固定在阀体的中腔部分。也可以用钢钎穿进阀体端法兰螺栓孔内，绳索穿在钢钎下部内侧，但用这种方法起吊时，不宜摆晃，适合直起直落。无论是用阀体中腔部位起吊，还是用阀体端法兰螺栓孔起吊，都要严格掌握和控制平衡，使阀门整机保持平稳状态。需要注意的是，以下几个部位不允许用于起吊：

（1）手轮和驱动部分的吊环不能用于起吊阀门整机　驱动部分的吊环只能用于起吊单独的驱动部分，电动机的吊环只能用于起吊单独的电动机。这是因为驱动部分与阀门装配为一个整体以后，驱动部分的重量和电动机的重量只占整机重量的很小一部分，其吊环远远不能够承受阀门整机的重量。

（2）阀杆不能够承受整机起吊重量　阀门有很多种结构类型，有些结构的整机其阀杆在支架内部，只有安装手轮的一段在外面；也有些结构的整机其阀杆暴露在外部。无论阀杆是否暴露在外部，都不能用于起吊阀门整机。

（3）起吊点位置不允许在驱动部分的任何部位　起吊点位置必须在主机阀体或端法兰上。

在阀门起吊、搬运或移动过程中，要充分保护好进出口端法兰密封面，不能使其受到损伤。不允许直接将阀门法兰面放置在水泥地面上，更不允许在粗糙的地面上直接对阀门进行拖拽。

10.1.6　阀门检修的其他必备条件

阀门检修的过程是一个系统过程，它包括整机解体、零部件清洗、判断零部件是否有缺陷、零部件缺陷修复或重新下料加工、零部件质量检测、零部件整形与清洗、整机装配与调试、整机性能检验等一系列操作过程。在整个检修过程中，各种设备和工具是很重要的硬性条件。但是，比这些设备和工具更重要的是要有各个工作过程所需要的软件，具体如下：

（1）检修方案　要在详细了解阀门整机运行情况、认真分析各零部件详细情况的基础上，制定完整、全面、系统、切实可行的检修方案，然后依据此方案设计出详细、完整的施工图样和各个加工过程的加工工艺详细文件资料。

（2）熟练的操作者　要有从事阀门修理、加工生产相关工作（如车工、磨工、焊工、装配工、钳工、性能试验工等）多年的熟练操作者。这是最重要的，也是最基本和最核心的必备条件。如果没有熟练的操作者，其他条件再好，也不会有很好的结果。因为修复零部件与加工新零件不同，加工新零件只要按图样加工就可以了，而修复零部件则需要很多专业技巧与经验。

（3）操作规程　要有检修相关专业工种的操作规程或工艺守则，如车工操作规程、磨工操作规程、钳工操作规程、钴基硬质合金堆焊操作规程、不锈钢铸件热处理操作规程、奥氏体型不锈钢焊接操作规程、零部件焊缝及堆焊返修操作规程、阀门整机性能试验操作规程等。

（4）加工图样及资料　如果能够找到阀门原设计加工生产的图样和资料，则对检修工作有极大帮助。所以要尽最大努力在原生产加工单位存档部门和加工车间查找原加工图样及加工工艺过程资料。

（5）程序控制与管理　检修的必备条件还包括检修过程中必需的程序控制与管理，各种检修工序之间的相互衔接和技术资料的管理与使用等。

10.2　连接件与紧固件的解体拆卸和装配

连接件与紧固件是任何机械装备中都不可缺少的，同样，阀门也要大量使用连接件与紧固件，常用于阀盖与阀体之间的中法兰密封连接、阀瓣密封件的固定与压紧、零部件之间的紧定、阀门的安装定位等。最常用的阀门连接件与紧固件有螺栓、螺柱、螺钉、螺母、垫圈、销、键、挡圈、卡簧等。

10.2.1　螺纹连接的识别

阀门上最常用的螺纹连接主要有三种基本类型：普通螺纹、密封管螺纹和梯形螺纹。

（1）普通螺纹　普通螺纹是应用最广泛的一种螺纹，生产和生活中所使用的螺栓、螺母、螺钉等标准紧固件都属于这一类螺纹。有关普通螺纹的国家标准主要有 GB/T 193—2003《普通螺纹　直径与螺距系列》、GB/T 196—2003《普通螺纹　基本尺寸》和 GB/T 197—2018《普通螺纹　公差》等。

同一公称直径的普通螺纹，按螺距 P 的大小可以分为粗牙螺纹和细牙螺纹。细牙螺纹的螺距 P 小、螺纹升角小、小径 d_1 大，螺纹的杆身截面积大、强度高、自锁性能较好，但是不耐磨、易脱扣。在小径 d_1 一定时，可以减小螺纹大径 d 的尺寸，使凸缘尺寸减小，从而使结构紧凑、重量变轻。

普通螺纹有左旋和右旋两种旋向，采购的常用标准件一般是右旋的。内螺纹和外螺纹的标记方法是相同的，只是加工精度符号有一定区别，内螺纹的加工精度符号用大写字母表示，外螺纹的加工精度符号用小写字母表示。例如：M80×2-6H-LH 表示内螺纹的公称直径是 80mm，螺距是 2mm，细牙螺纹（粗牙螺纹不标注螺距），中径和顶径公差带为 6H，旋向为左旋（右旋螺纹不标注旋向代号）；M10×1-5g6g 表示外螺纹的直径是 10mm，螺距是 1mm，细牙螺纹，中径公差带为 5g、顶径公差带为 6g，旋向为右旋。

（2）密封管螺纹　密封管螺纹主要用于气体管道的连接，如连接驱动气缸的进气管与气缸端盖的密封管螺纹接头等。

密封管螺纹又分为 55°密封管螺纹和 60°密封管螺纹，55°密封管螺纹的螺距、牙型及尺寸应符合 GB/T 7306.1—2000《55°密封管螺纹　第 1 部分：圆柱内螺纹与圆锥外螺纹》或 GB/T 7306.2—2000《55°密封管螺纹　第 2 部分：圆锥内螺纹与圆锥外螺纹》的规定。60° 密封管螺纹的螺距、牙型及尺寸应符合 GB/T 12716—2011《60°密封管螺纹》的规定。

密封管螺纹有左旋和右旋两种旋向，管接头与基体之间的连接一般是右旋的。55°密封管螺纹的标记方法：Rp 表示圆柱内螺纹，Rc 表示圆锥内螺纹，R_1 表示与圆柱内螺纹相配合的圆锥外螺纹，R_2 表示与圆锥内螺纹相配合的圆锥外螺纹。例如，Rp 3/4 表示尺寸代号为 3/4 的右旋圆柱内螺纹，Rc 3/4 表示尺寸代号为 3/4 的右旋圆锥内螺纹，R_1 3 表示尺寸代号为 3 的右旋与圆柱内螺纹相配合的圆锥外螺纹，R_2 3 表示尺寸代号为 3 的右旋与圆锥内螺纹相配合的圆锥外螺纹。

60°密封管螺纹的标记由螺纹特征代号、螺纹尺寸代号和螺纹牙数组成。螺纹特征代号 NPT 表示圆锥管螺纹、NPSC 表示圆柱内螺纹；左旋螺纹在尺寸代号后加注"LH"；标准螺纹允许省略螺纹牙数项。例如：NPT 14-LH 表示尺寸代号为 14 的左旋圆锥内螺纹或圆锥外螺纹；NPSC 3/4-14 或 NPSC 3/4 表示尺寸代号为 3/4、14 牙的右旋圆柱内螺纹。

（3）梯形螺纹　梯形螺纹的牙根强度高，主要用于传递动力，如用于熔体阀、出料阀、热媒截止阀等的阀杆与阀杆螺母之间的连接，以驱动阀瓣实现阀门的开启或关闭。有关梯形螺纹的国家标准主要有 GB/T 5796.1—2005《梯形螺纹　第 1 部分：牙型》、GB/T 5796.2—2005《梯形螺纹　第 2 部分：直径与螺距系列》、GB/T 5796.3—2005《梯形螺纹　第 3 部分：基本尺寸》和 GB/T 5796.4—2005《梯形螺纹　第 4 部分：公差》。

梯形螺纹有左旋和右旋两种旋向，阀杆与阀杆螺母之间的连接一般采用左旋。完整的梯形螺纹标记应包括螺纹特征代号、尺寸代号、公差带代号和旋合长度代号。其中公差带代号仅包含中径公差带代号，公差带代号由公差等级数字和公差带位置字母（内螺纹用大写字母，外螺纹用小写字母）组成。尺寸代号与公差带代号之间用"-"分开。对于长旋合长度的螺纹，应在公差带代号后标注"L"；中等旋合长度不标注代号"N"。左旋螺纹在尺寸代号后标注"LH"。例如：Tr40×8LH-7H 表示直径 40mm、螺距 8mm、中径公差带代号为 7H 的左旋内螺纹；Tr40×8-7e 表示直径 40mm、螺距 8mm、中径公差带代号为 7e 的右旋外螺纹。

正确识别螺纹的旋向是拆装阀门的基础，大部分阀门的法兰连接螺栓为右旋，如阀盖与阀体之间的中法兰连接螺栓、阀盖与支架之间的连接螺栓、阀体进出口法兰连接螺栓等。机械零件的连接和传动螺纹有右旋的也有左旋的，操作前应正确判断旋向，否则轻者会造成螺纹滑扣或螺栓断裂，重者将损坏零部件。

有些阀门的螺纹外露得较少，不易看清旋向，此时切勿乱拧螺栓。在有资料的情况下，应尽量参阅相应的图样或有关文件，也可根据零部件的结构形式、传动方式进行微量试探，避免因误操作而损坏零部件。

10.2.2 螺纹连接形式

零部件的结构、安装位置不同，螺纹连接的形式也是不一样的。图 10-1 所示为阀门常用螺栓连接形式示意图。例如：支架与阀盖的连接一般采用六角头螺栓螺母连接形式，如图 10-1a 所示；压紧填料密封件压盖的螺纹连接等采用双头螺柱螺母本体栽丝连接形式，如图 10-1c 所示；阀盖与阀体之间的中法兰连接、阀体进出口与配对法兰的连接一般采用双头螺柱双螺母连接形式，如图 10-1d 所示。

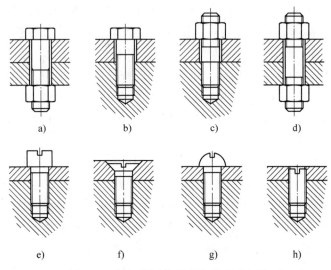

图 10-1　阀门常用螺栓连接形式示意图

a）六角头螺栓螺母连接　b）六角头螺栓本体连接　c）双头螺柱螺母本体栽丝连接　d）双头螺柱双螺母连接
e）圆柱头螺钉连接　f）沉头螺钉连接　g）半圆头螺钉连接　h）无头紧定螺钉连接

公称直径在 M6 以下的螺栓常用于传动部分护罩的连接，头部开出一字形或十字形凹槽，用螺钉旋具装拆，这种螺栓称作螺钉，包括圆柱头螺钉、沉头螺钉、半圆头螺钉和无头紧定螺钉等，如图 10-1e～h 所示。螺钉主要用在阀门的驱动部分或阀门的指示机构上，用来连接受力不大或一些体形较小的零部件。其中紧定螺钉一般用于挡圈定位。

10.2.3 螺纹连接装配的技术要求

螺纹连接装配的技术要求主要包括装配前的准备工作、各紧固件的质量检查以及装配技巧等方面的要求。

1）认真检查所使用的螺栓、螺柱、螺钉、螺母的材质、形式、尺寸和精度是否符合有关标准的技术要求。尤其是用于高温、高压和重要场合的，材料是合金钢或奥氏体型不锈钢的螺栓、螺母等，要特别仔细、认真地进行检查，确认强度等级是否符合要求。

2）按照设计图样和技术规范的规定，工况条件相同的所有法兰面上使用的螺栓和螺母的材质及规格应一致并符合相关标准和技术规范的要求。

3）螺栓、螺母不允许有裂纹、皱折、弯曲、乱扣、磨损和腐蚀等缺陷。双头螺柱拧到阀体端法兰或螺母拧到螺柱上时，应无明显异常现象和卡阻现象。

4）利用解体时卸下来的旧螺栓、螺母时应认真清洗，除去油污和锈斑等异物，并认真检查紧固件的表面质量，发现有严重缺陷的，应及时更换新的螺栓、螺母。装配前，应在螺纹部分涂敷鳞片状石墨粉末或二硫化钼润滑脂，以减小拧紧力和便于以后拆卸。

5）配对使用的螺栓和螺母材料强度等级应有所不同，一般的选用原则是螺母材料强度等级比螺栓材料低一级。

6）对于自行车制或滚制的螺栓和螺柱，以及其他无识别钢号的螺栓和螺母，应打上材质标记钢号。钢号应打在螺栓的光杆部位或头部，螺母打在侧面，以便于检查鉴别。

10.2.4　紧固件的防松方法

阀门在工况运行过程中始终伴随有不同程度的振动，如果紧固件在使用过程中松弛，将会影响整机的性能，甚至会影响生产装置的正常运行。所以在装配过程中，紧固件的防松是非常重要的。双头螺柱栽丝及各种螺钉的防松一般采用涂抹防松胶的方法，即在装配双头螺柱栽丝或旋入螺钉前，先在待拧入螺柱的螺纹处涂抹适量的防松胶，而后再拧入螺柱或螺钉。当随螺纹拧入的防松胶干燥固化后，就可以达到对螺柱或螺钉的防松目的。螺母防松的常用方法有双螺母锁紧、弹簧垫圈锁紧、止动垫圈锁紧、带翅垫圈锁紧和开口销锁紧等，如图10-2所示。

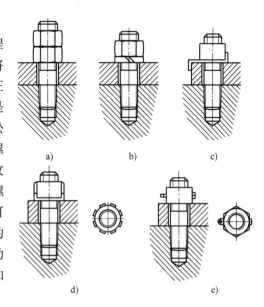

图 10-2　螺母防松的常用方法
a）双螺母锁紧　b）弹簧垫圈锁紧　c）止动垫圈锁紧
d）带翅垫圈锁紧　e）开口销锁紧

（1）双螺母锁紧　利用螺母拧紧后的对顶作用锁紧，如图10-2a所示，其特点是尺寸增大，占用空间大，一般用于检修现场没有其他合适防松条件的情况。

（2）弹簧垫圈锁紧　靠垫圈压平后产生的反弹力锁紧，如图10-2b所示，其结构简单，使用非常广泛，阀体与阀盖的连接、阀体进出口法兰的配对连接一般都采用弹簧垫圈锁紧。其缺点是弹力不均匀，可靠性不如其他某些防松方式。

（3）止动垫圈锁紧　利用单耳或双耳止动垫圈锁住螺母或螺钉的头部，如图10-2c所示，防松可靠性高。

（4）带翅垫圈锁紧　带翅垫圈的内翅卡在螺杆的纵向槽内，圆螺母拧紧后，将对应的外齿锁在螺母的槽口内，如图10-2d所示，其防松可靠，一般用于滚动轴承的锁紧。

（5）开口销锁紧　普通螺母借助开口销进行锁紧，如图10-2e所示，开口销的销孔是待螺母拧紧后再配钻的，这种锁紧方法在检修现场使用较少。

10.2.5　螺母拧紧顺序

对于聚酯装置阀门，特别是公称尺寸比较大的高温阀门，阀体的连接法兰尺寸比较大，特别是阀体与阀盖之间的连接中法兰直径比较大，而且阀体与阀盖之间的装配定位精度要求很高，螺栓的拧紧程度和顺序对阀门装配质量及法兰密封性能有着十分重要的影响。

无论是设备内部的圆形连接法兰，还是与其他设备连接的任何形状的法兰，确定螺母拧紧顺序的一般原则是对称均匀、轮流拧紧、逐渐到位。按照图10-3所示的顺序，当每根螺栓都初步上紧有一定的力以后，应该立即检查法兰之间密封垫片的位置是否合适、各装配件之间的相互位置是否正确、阀瓣或阀杆的填料压盖是否歪斜，测量法兰圆周各部位两配合法兰之间的间隙是否均匀一致，并及时调整确认无误。然后对称轮流拧紧螺栓，拧紧量不得过大，每次以 1/4～1/2 圈为宜，一直拧到所需要的预紧力为止。要特别注意不得拧得过紧，以免压坏垫片，拧断螺栓。最好用指示式扭力扳手按

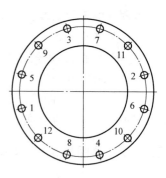

图 10-3　螺母拧紧顺序

设计计算的预紧力拧紧，检修过程中，一般以拧紧到法兰密封面不泄漏为原则。再次检查法兰间隙应一致，并应保持与设计要求的法兰间隙一致。

10.2.6　螺栓的拆卸和装配方法

螺栓的拆卸和装配是阀门检修过程中的重要工作内容，具体拆卸和装配方法与螺纹的连接形式、螺栓或螺钉的损坏或锈死程度等因素有关。双头螺柱和螺钉是最难拆卸和装配的螺纹连接件。拆卸和装配螺纹连接件时，应按要求选用合适的扳手，尽可能选用固定扳手，少用活扳手，以免损坏螺母。

（1）双头螺柱的拆卸和装配方法　在不同的情况下，双头螺柱的拆卸和装配需要采用不同的方法，特别是在阀门检修解体过程中，可能会出现各种各样的情况。

1）双螺母拆装法。图10-4a 所示为将双螺母并紧在一起，用于拆卸和装配双头螺柱的方法。拆卸双头螺柱时，上面的扳手将上螺母拧紧在下螺母上，下面的扳手用力，将下螺母按逆时针方向转动拧出螺柱。如果双头螺栓为反扣（左旋），则应将两个螺母并紧后，用下面的扳手将下螺母按顺时针方向拧动旋出。将双头螺柱装配在壳体上时，则用扳手将两个螺母并紧，同时用上面的扳手使上螺母按顺时针方向旋转，直至将双头螺柱安装于壳体上且达到合适的深度后，再松开两个螺母并将其旋出，双头螺柱装配完毕。如为左旋，则将两个螺母并紧后，按逆时针方向拧动上面的螺母，直至将螺栓装于壳件上并达到合适的深度为止。这种方法简单易行，无论是在专业工厂的装配车间，还是在聚酯装置的检修现场或检修车间都可以采用，并且不会损坏螺纹连接的相关零部件或螺柱。

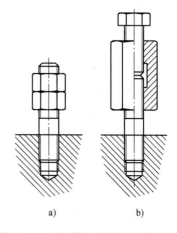

a)　　　　　b)

图 10-4　双头螺柱的拆卸和装配方法
a) 双螺母拆装法　b) 螺母拧紧拆装法

2）螺母拧紧法拆装法。如图10-4b 所示，首先将螺母旋合到螺柱上并达到适当的位置，然后用六角头螺栓并紧，用扳手使螺母按顺时针方向旋转，直至将双头螺柱安装于壳件上且达到合适的深度后，再松开六角头螺栓并将其旋出，双头螺柱装配完毕。拆卸时，用扳手使螺母按逆时针方向旋转，即可将双头螺柱旋出。

3）利用管子钳进行拆卸和装配。对于公称尺寸比较大的高压阀门，压紧填料密封件压

盖的螺纹连接件直径比较大，可以用小型的管子钳夹在螺柱光杆部分，先将双头螺柱栽入阀盖内或将双头螺柱旋出阀盖，从而可以实现拆卸和装配。

（2）锈死螺栓螺母的拆卸　在现场检修过程中，经常会有一些螺栓和螺母生锈甚至锈死或腐蚀损坏。对于已锈死或腐蚀的不易松动的螺栓、螺母或螺钉，在拆卸前应用煤油浸透或喷洒罐装松锈液，弄清螺纹旋向后缓慢地拧动 1/4 圈左右，然后回拧，反复拧动几次，逐渐拧出螺栓或螺钉。也可以用锤子敲击，振动螺栓、螺母四周，将螺纹振松后，再慢慢拧出螺母、螺钉或螺栓。注意：在敲击螺栓时不要损坏螺纹。对于用敲击法难以拆卸的螺母，可以用喷灯或氧乙炔焰加热，使螺母快速受热膨胀，然后迅速将螺母拧出。对于难以拆卸的螺栓或螺柱，可以先用煤油浸透或喷洒罐装松锈液后，再用规格尺寸合适的管子钳卡住螺栓中间光杆部位拧出。

（3）断头螺栓的拆卸　聚酯装置阀门检修解体过程中，经常会遇到螺钉或螺栓折断在基体螺纹孔中的情况，这是拆卸工作中比较麻烦的事情。此时，首先要对断头螺钉或螺栓做一些必要的处理。例如，可以采用煤油浸透松动法、表面清除锈蚀法、局部加热松动法、局部涂化学腐蚀剂松动法等促使断头螺栓尽快拧出，然后根据不同的情况或现场条件，采用以下几种常用方法。

1）锉方榫拧出法。适用于螺栓在螺纹孔外尚有 5mm 以上的高度，而且断头螺栓的直径尺寸比较大的情况。具体操作步骤是用合适的锉刀将断头螺栓在螺纹孔外的部分锉成方榫形状或扁长矩形，然后用扳手将其慢慢拧出。如果螺栓的直径尺寸不够大，锉出的方榫部分承受力的能力不足，则很容易在旋转时使其楞角损坏，进而导致无法拧出。

2）管子钳拧出法。适用于螺栓在螺纹孔外尚有 5mm 以上高度的断头螺栓，无论断头螺栓的直径尺寸是多少，都可以采用这种方法，只要检修现场有合适规格尺寸的管子钳即可。操作过程中一定要掌握好管子钳的开口大小，不要使管子钳滑动，动作要慢、稳，将断头螺栓慢慢拧出。

3）点焊拧出法。适用于断头螺栓露出螺纹孔外少许或与螺纹孔平齐的情况。将一块钻有孔的扁钢，用塞焊法与断头螺栓焊牢，扁钢孔的直径比螺纹的内径稍小即可，然后慢慢拧出。

4）方孔楔拧出法。适用于断在螺纹孔内的、规格尺寸比较大的螺钉或螺栓。先在螺栓中间钻一个小孔，将方形锥具敲入小孔中，然后扳动方形锥具将断头螺钉或螺栓拧出。

5）钻孔攻螺纹恢复法。适用于不能用其他方法拧出的断头螺钉或螺栓。先将断头螺栓端部锉平整，然后尽可能在中心打一样冲孔，用比螺纹小径稍小的钻头钻孔至断头螺栓全部钻通，然后用原螺纹丝锥攻出螺纹即可。

10.2.7　键连接的拆装方法

键连接的形式有很多种，根据不同的连接要求和零部件结构，可以使用平键、楔键、半圆键和花键。阀门中应用最多的是平键，图 10-5a 所示为平键外形结构，图 10-5b 所示为平键连接形式，主要应用于阀杆与手轮的连接、减速齿轮箱输出轴与阀杆螺母的连接等。有特殊要求的大直径阀门的手轮与阀杆螺母之间的连接有时采用花键，并将花键的配合间隙加大，此时称为撞击手轮。其他类型的键连接形式在阀门中应用得比较少。

（1）平键　平键的横截面形状有正方形和长方形两种，其中长方形横截面在阀门中应

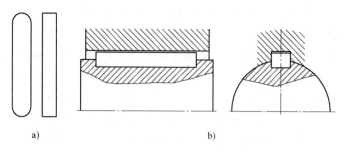

图 10-5　阀门中常用平键连接的装配形式

a）平键外形结构　b）平键连接形式

用较为普遍。装配前应清理键槽、修整键的棱边、修正键的配合尺寸，使键与键槽两侧为过盈配合，键的顶面与齿轮的键槽底面间应有适当间隙。修正好键两端的半圆头后，用手将键轻打或以垫有铜片的台虎钳将键压入槽中，并使键槽底部密合。

拆卸平键前，应先卸下轮类零部件，然后用螺钉旋具等工具取出平键。也可用薄铜片相隔，用台虎钳或钢丝钳夹持着将键拉出。有些平键的中心部位有一个尺寸合适的螺纹孔，卸下齿轮以后，将尺寸规格合适的六角头螺栓或螺钉拧入其中，即可将键顶出。

（2）花键　花键分为矩形花键和渐开线花键，阀门的撞击手轮所使用的主要是矩形花键。渐开线花键主要用于机床、汽车等的变速机构中，在阀门中应用得比较少。

10.3　通用件的拆卸和装配

通用件是指在几种类型的阀门中都适用的零部件，主要包括轴类件、传动部件（如手轮等）、定位组件、阀杆螺母、填料压板、套类件（如填料压套等）和连接件等。

10.3.1　轴类件的拆卸和装配

阀门中的轴类件主要包括驱动部分的轴、阀杆、杆件等。正确地装配轴类件能保证阀门的运转平稳，减少轴及轴承的磨损，延长整机安全稳定运行的使用寿命。

装配前，应对轴类件及与其相配的孔进行检查、清理和校正，使其符合技术要求，然后方可进行装配。

装配的关键是校正轴类件通过两孔或多孔的公共轴线，具体方法有目测、装配过程中旋转轴类件靠手感判断、用工具校正等。

10.3.2　套类件的拆卸和装配

阀门中使用的套类件主要有滑动轴承、气缸套、密封圈、导向套等，也常用套类件修复被磨损了的轴和孔。根据使用要求，套类件的装配有过盈配合、过渡配合以及间隙配合。

（1）套类件的装配　装配前，应对套类件及与其配合的轴或孔进行清洗、清除倒角、清除锈斑与污物，接触面上应涂抹全损耗系统用油或石墨粉。

根据不同的配合关系，装配方法有锤击法、静压法和温差法等。锤击法简单、方便，装配时将套类件对准孔，套端垫以硬木或软金属制成的垫板，用锤子敲击，敲击点要对准套的中心，如图 10-6a 所示，锤击力大小要适当。对于容易变形的薄壁套，可以用导管做引导，以上述方法压入，如图 10-6b 所示。对于装配精度要求较高的套类件，应采用静压法压入或温差法装配，以保证装配后的套类件质量及使用性能。

有些阀门的阀座密封面在修复过程中往往制成阀座套的形式。如果阀座套采用过盈配合或过渡配合，可以采用滚压机、液压试压台等设备压入。

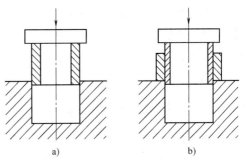

图 10-6　套类件压入方法示意图

a）锤击时垫缓冲物　b）薄壁套用导向管引入

温差法又可分为两种情况：其一是将套筒冷却收缩或将与其配合的孔零件加热膨胀；其二是把套类件加热或将与其配合的轴冷却收缩，然后迅速装配。温差法装配可靠、质量较高，但应掌握好零件的加热温度范围，以免使零件退火，改变材料的力学性能，造成零部件的质量隐患。

（2）套类件的固定　为了防止套类件在装配后松动，应以适当的方式加以固定。对于要求不高和传递动力不大的轴套，仅靠过盈配合固定即可，不需要另行加装固定零件，如驱动装置中的轴套。对于需要固定的套类件，可以采用以下一种固定方法，也可以同时采用两种固定方法：

1）侧面螺钉固定法，如图 10-7a 所示。适用于与套类件配合的零件外侧壁厚尺寸不是很大的场合，固定可靠，可以随时拆卸，可操作性好。

2）端面螺钉固定法，如图 10-7b 所示。适用于套类件端部挡肩有一定厚度和宽度的场合，其固定可靠，可以随时拆卸，可操作性好。

3）骑缝螺钉固定法，如图 10-7c 所示。适用于套类件有一定壁厚尺寸的场合，套类件端部不占用空间，固定可靠，可以随时拆卸，可操作性好。

4）配合缝黏接固定法，如图 10-7d 所示。适用于套类件的壁厚尺寸比较小，而且不需要传递太大力或转矩的场合，可操作性好。

5）配合缝焊接固定法，如图 10-7e 所示。适用于套类件的壁厚尺寸比较小，而且不需要经常拆卸的场合，固定非常可靠，但不适用于需要经常拆卸的场合。

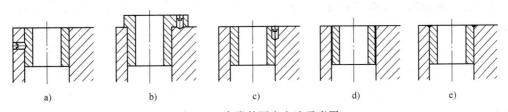

图 10-7　套类件固定方法示意图

a）侧面螺钉固定法　b）端面螺钉固定法　c）骑缝螺钉固定法　d）配合缝黏接固定法　e）配合缝焊接固定法

（3）套类件的拆卸　拆卸前，应仔细检查套类件的结构类型和固定方式，采取相应的拆卸措施。拆卸有紧定螺钉的套类件时，应先卸掉螺钉；以点焊固定的，应先用适当的方法切除焊点；通过黏接固定的，则视胶黏剂的品种选用溶剂或加热法拆卸。

套类件的一般拆卸方法：先在套类件的装配缝中以煤油浸润，并用锤子敲击零件，使煤油快速渗入套类件的装配缝中，视结构不同，可以用工具将套类件打出或拉出，对于难以拆卸的套类件，可用机床切削去除。如果没有切削设备或对于不适合切削加工的套类件，可用锯或其他合适的方法除掉套类件。

10.3.3　黏接处的拆卸和装配

在阀件的修复作业中，有时需要进行黏接件残胶的清除和黏接处的拆卸。装配时黏接方便，拆卸却很困难。这里介绍水浸法、水煮法、火烤法、化学处理法和机械加工法。

（1）水浸法　有些胶黏剂遇水会溶解，如 501、502 等，拆卸用这类胶黏剂黏接的零件或清理这类残胶时，可将待拆卸或清理的零件在水中浸透，直至胶黏剂溶解，黏接处脱离为止。

（2）水煮法　以低分子量环氧树脂（如 101 等）和其他类型的胶黏剂（乙二胺、多乙烯多胺）为固定剂进行冷固化的黏接件，可在沸水中煮约 10min，视工件大小适当调整水煮时间，胶黏剂受热后软化，趁热把黏接处拆开。

（3）火烤法　采用苯二甲酸酐等热固化剂时，无论是环氧树脂，还是其他耐温性能在 300℃ 左右的胶黏剂，都无法用水煮法拆卸，可采用火烤法使其受热软化，趁热清理残胶或用工具迅速撬开接头。采用这种方法时，应注意加热温度不能过高，以免黏接零件受热退火或烧损。

（4）化学处理法　利用某些胶黏剂不耐酸、不耐碱、不耐溶剂等的特性，将残胶或待拆卸部位或零件置于化学物质中来清除残胶或拆卸黏接接头。例如：有些胶黏剂用火烤不起作用，但不耐碱，可以用碱液浸泡，使黏接处脱开；溶剂型胶黏剂不耐溶剂，如聚氯乙烯、聚苯乙烯等都溶于丙酮。

（5）机械加工法　不适合采用上述方法的，可以利用磨削、刮削、车削、钻削等机械方法清除残胶和拆卸接头。

10.4　静密封件的拆卸和装配

静密封是依靠两连接件之间夹持密封件来实现密封的。密封件的结构形式很多，有平垫片、梯形（或椭圆形）垫、透镜垫、锥面垫、O 形密封圈以及各种自密封垫圈等。阀门的工作压力有高有低，范围比较广，使用的垫片种类比较多，主要是平垫片和 O 形密封圈。使用的平垫片主要有聚四氟乙烯板平垫片、带内环和外环的不锈钢石墨缠绕式垫片和复合材料垫片；使用的 O 形密封圈一般是氟橡胶材料的。对于压力比较大或温度比较高的场合，也可以使用金属垫。无论是阀门的零部件装配，还是阀门与各相关设备之间的连接，都需要有垫片密封。垫片的安装质量好与不好，直接关系到阀门的密封性能。所以，垫片的安装是非常重要的环节。

10.4.1　垫片密封的预紧力

垫片密封预紧力的确定是一个复杂的问题，它与密封形式、介质压力、垫片材料、垫片尺寸、连接螺纹表面粗糙度以及螺栓和螺母旋合面有无润滑等因素有关。例如，旋合面有润滑和无润滑时差别很大，两者的摩擦系数可相差几倍乃至十几倍。

阀门上使用最多的垫片是带内环缠绕式垫片或带内环和外环的缠绕式垫片，SH/T 3407—2013《石油化工钢制管法兰用缠绕式垫片》中规定了缠绕式垫片的密封性能参数，详见第9章。这些参数是在试验室条件下测量得到的，与实际使用情况相比有较大的区别，在现场使用时要考虑到这些因素。

在阀门零部件装配过程中或阀门与相关设备之间的安装过程中，具体情况是多种多样的。工作密封压力、连接面的表面粗糙度、工作介质的特性等不同，密封效果就不同。因此，没有确切的螺栓预紧力数值来保证密封可靠。实际操作过程中，可参照第9章规定的特定垫片的性能参数，对于工作压力比较低的工况，螺栓的预紧力可以适当小些；对于工作压力比较高的工况，螺栓的预紧力则可以适当大些。在阀门初次使用的起始阶段，当工作介质温度升高到一定程度以后，应对密封垫片的连接螺栓进行热把紧，即将各安装有密封垫片部位的螺栓逐个再拧紧，以保证密封垫片的预紧力在要求的范围内。

聚四氟乙烯板平垫片或聚四氟包覆石棉板等非金属垫片也是使用比较多的垫片，这些软质材料垫片的密封预紧力可以适当小些，其拧紧力的确定原则类似于缠绕式垫片，即根据工况参数不同，在保证密封的条件下，有一定的附加密封力即可，不宜拧得过紧，但也不能太松，要保证密封性能。

10.4.2　O形密封圈的选择与黏接

O形密封圈的尺寸及公差按GB/T 3452.1—2005《液压气动用O形橡胶密封圈　第1部分：尺寸系列与公差》的规定，阀门主体结构中的密封也可以使用橡胶O形密封圈，适用于220℃以下各种工况参数条件下介质的密封，现行的O形密封圈国家标准与国际标准基本一致，也适用于国外生产的阀门。检修时，按原有O形密封圈或沟槽的尺寸选定即可。聚酯生产中的介质选用氟橡胶材料的O形密封圈。

在检修现场，不一定有直径大小合适的橡胶O形密封圈，在要求不高的情况下，可以按使用要求选用适当材料和所需截面直径的橡胶密封条，按照所需内径进行制作，操作十分方便，能够满足现场需要，可以大量降低备件量。其制作方法如下：选用黏接强度高，而且能够快速黏接的胶黏剂，如502胶黏剂等，在黏接前，首先按所需长度截取橡胶条，长度应等于O形密封圈的中径乘以π再加2倍的橡胶条截面直径，切口45°斜面，橡胶条两端的斜口要平行，然后对接黏合即可。

10.4.3　密封件安装前的准备

（1）垫片的基本情况核对　所选用密封件的名称、规格、型号、材质应与阀门的工况条件（如工作压力、工作温度、耐蚀性等）相适应，并符合有关标准的规定。

（2）密封件的质量检查　聚四氟乙烯板平垫片或聚四氟包覆石棉板等非金属垫片的表面应平整、致密，不允许有裂纹、折痕、皱纹、剥落、毛边、厚薄不匀等缺陷；金属垫片的表面应光滑、平整，不允许有裂纹、凹痕、径向划痕、毛刺、厚薄不匀及腐蚀产生的缺陷等；O形密封圈应无缺损、断裂、变形等缺陷，所选用材料及规格尺寸应符合要求。

（3）紧固件的检查　在检修现场条件有限的情况下，装配时可以使用一部分解体下来的紧固件，螺栓和螺母的质量应符合国家标准的有关规定。螺栓和螺母的形式、尺寸、材质应与工况条件相适应，符合有关技术要求，不允许有乱扣、弯曲、滑扣、材质不一、裂纹和腐蚀等现象。新螺栓和螺母应有材质证明，重要的螺栓和螺母应进行化验与探伤检查。

（4）连接密封面的检查　连接密封面应平整、宽窄一致、光洁，无残渣、凹痕、径向划痕、严重腐蚀损伤、裂纹等缺陷，符合设计技术要求。

（5）连接件的清洗　清除所有密封连接件上的油污、旧垫残渣、锈痕；清洗螺栓、螺母、静密封面，并在其上涂以石墨等润滑剂。

10.4.4　密封垫片与 O 形密封圈的安装

在所有连接件、密封面和垫片经检查无误，其他零部件经修复完好并经检验合格的情况下，方可安装密封件。

1）垫片安装前，应在密封面、垫片、螺纹及螺栓、螺母的旋合部位涂上一薄层合适的密封剂。涂密封剂后的连接件应保持干净，不得沾污，以便随用随取。

2）垫片安放在密封面上的位置要正确、适中，不能偏斜，不能伸入内腔或搁置在台肩上。垫片内径要略大于密封面内孔直径，其外径应比密封面外径稍小，这样才能保证受压均匀。

3）用密封胶密封。密封胶应与工况条件相适应，粘结操作应符合相应的粘结规程。要认真清理密封面或进行表面处理。平面密封面应进行研磨以达到足够的吻合度，涂胶要均匀，并尽量排除空气，胶层厚度以 0.1~0.2mm 为宜；螺纹密封与平面密封一样，相接触两个面都要涂密封胶，旋入时应取立式姿态，以利于空气的排除。密封胶不宜过多，以免其溢出污染其他零部件。

4）用聚四氟乙烯生料带密封螺纹。先将生料带起始处拉薄一些，贴在螺纹面上，然后将起始处多余的生料带去掉，使贴在螺纹上的薄膜形成楔形。视螺纹间隙，一般缠绕 2~3 圈，缠绕方向应与螺纹旋向一致。当终端将要与起始处重合时，渐渐拉断生料带，使其呈楔形，这样可以保证缠绕的厚度均匀。旋入前，把螺纹端部的薄膜压合一下，以便使生料带随螺纹一起旋入螺孔中，旋入速度要慢、用力要均匀适当，旋紧后不要再松动，应避免回旋，否则容易造成泄漏。

5）每个密封副间只允许安装一层垫片，不允许在密封面间安装两层或多层垫片来弥补密封面间多余的间隙。

6）O 形密封圈的预压缩率要适当。除了圈和槽应符合设计要求外，阀杆密封中氟橡胶 O 形密封圈的预压缩率按表 2-2 选取。对于 O 形密封圈来说，压缩变形率越小，使用寿命就越长。

7）拧紧螺栓时，应对称、轮流、均匀地拧紧，并分 2~4 次进行，螺栓应满扣、整齐无松动，拧紧以后的螺栓应露出螺母 3~5mm。

8）密封垫片压紧后，应保证两个连接件间留有适当的间隙，以备垫片泄漏时有压紧的余地。

9）在高温工况条件下，螺栓会产生应力松弛，变形增大，致使密封副间产生泄漏，这时应在热态下适当拧紧连接螺栓。

10.4.5　密封垫片安装中的注意事项

在密封垫片安装工作中，检修人员有时会忽视对密封面缺陷的修复工作，也有可能对密封面和垫片的清理或清洁不够彻底,从而造成密封副泄漏的现象。出现这些问题以后,有些检修人员不是采取从根本上解决问题的办法,而是通过施加过大的预紧力压紧垫片,来强制垫片达到密封的目的。这样做会使垫片的回弹能力变差甚至遭到破坏,从而降低垫片的使用寿命。除此之外,在垫片的安装过程中,还有许多问题需要引起重视,下面是垫片安装中常见的缺陷,应注意避免和纠正。

(1) 法兰连接面间产生偏口　即法兰连接面间一圈之内各个方向的间隙不均匀。在装配过程中,产生偏口的原因主要是拧紧螺栓时,没有按对称、均匀、轮流的原则操作,事后又没有检查法兰对称四点的间隙是否一致。

(2) 法兰连接面间产生错口　即密封连接的两法兰孔中心不在同一条轴线上。在装配过程中,产生错口的主要原因可能是螺栓孔错位,也可能是安装不正或螺栓直径偏小而造成互相位移。

(3) 法兰连接面间采用双垫　产生这种缺陷的原因往往是法兰连接处预留间隙不合适,用垫片填充空间,结果造成新的隐患。

(4) 法兰连接面间的垫片位置偏移　该缺陷主要是由安装不正引起的,垫片伸入内腔中,会影响介质的流动。这种缺陷使垫片受力不均匀而产生泄漏,应引起注意。

(5) 法兰连接面间咬垫片　该缺陷是由垫片内径太小或外径太大引起的,垫片内径太小,将伸入壳体腔内;垫片外径太大,则会使垫片边缘夹持在两密封面的台肩上,使垫片压不严密而造成泄漏。

化工生产企业的设备检修技术人员在长期工作实践中,为了保证垫片安装质量,将检修密封面装配过程总结为选得对、查得细、清得净、装得正、上得均。

10.4.6　垫片的拆卸

拆卸垫片的顺序:①拆下固定密封副的紧固件,最常见的就是法兰连接的螺栓和螺母,消除垫片上的预紧力,②使组成垫片密封副的零部件分开,依次取下密封垫片,清除垫片附带的残渣及污物。具体拆卸方法如下:

(1) 除锈法　在螺栓与螺母旋合处浸透煤油或除锈液,清除污物与锈迹,以便进行零件的拆卸。

(2) 匀卸法　对称、均匀、轮流回松法兰螺栓1/4~1/2圈,然后正式卸下螺栓。

(3) 胀松法　用楔铁等工具插入两配对法兰之间,胀松待卸法兰。

(4) 顶杆法　对锈死、黏接的垫片,先卸下螺栓,然后用合适的工具顶开两法兰。

(5) 敲击法　利用铜棒、锤子等工具敲打机件,将零件和垫片振松后拆卸。

(6) 浸湿法　用溶剂、煤油等浸湿垫片,使其软化或剥离密封面后拆卸。

(7) 铲刮法　利用铲刀斜刃紧贴密封面,铲除垫片及其残渣。此方法特别适用于橡胶垫片。也可以用其他合适的方法拆卸垫片或其他密封件。

10.5　填料密封件的拆卸和装配

填料密封是将填料密封环或编织填料绳安装在阀杆或柱塞的填料函内,防止介质向外泄漏或渗漏的一种动密封结构。阀门中使用较多的填料密封件有编织填料绳和成形密封圈两大类。压盖式填料密封结构广泛应用于阀门的柱塞密封和阀杆密封，根据使用的材料不同，填料可分为纯非金属填料和金属丝加强填料。根据使用条件的不同要求，把各种材料组合起来制成编织绳状或环状的密封件。柔性石墨成形填料环、对位聚苯成形填料环、填充聚四氟乙烯成形填料环、芳纶编织填料和膨胀聚四氟乙烯填料等具有非常优异的性能，被广泛应用在柱塞和阀杆的填料密封中。如果说选用合适的填料是满足各种不同工况条件的重要因素，那么，填料的正确安装则是保证这一因素充分发挥能力的决定性因素，所以说安装质量是保证密封性能的重要一环。

10.5.1 填料安装前的准备工作

（1）填料的核对　所选用填料的名称、规格、型号、材质应与阀门工况条件（如压力、温度、介质适用性和腐蚀性等）相适应，与填料函结构和尺寸相符合，与有关标准和规定相符合。对于三通阀或多通阀的柱塞密封填料、排尽阀等的阀杆密封填料，一般需要两种软、硬材料的填料组合使用。对于熔体介质密封的填料，一般可以选用碳纤维或碳（化）纤维浸聚四氟乙烯编织填料或模压成型填料，或对位聚苯成形填料环，有些选用芳纶材料的编织填料绳。

（2）填料的检查　编织填料应编制得松紧程度一致、表面平整干净，应无背股外露线头、损伤、跳线、夹丝外露、填充料剥落和变质等缺陷，尺寸应符合要求，不允许切口有松散的线头。编织填料的开口搭角要一致，且应为 45°，如图 10-8a 所示。图 10-8b 所示的齐口和图 10-8c 所示的张口填料不符合要求，不能使用。

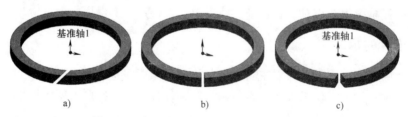

图 10-8　编织填料绳的预制结构形状示意图
a）45°切口　b）齐口　c）张口

柔性石墨填料为成形填料环，适用于工作温度比较高的熔体排放阀、取样阀等，表面应光滑平整，不得有毛边、松裂、划痕等缺陷。对于编织填料绳，不得有明显的断头和加强金属丝外露等现象。填料圈或编织绳应粗细一致，表面匀称有光泽，不得有老化、扭曲、划痕等缺陷。

对位聚苯材料的成形密封填料适用于工作温度在 300℃ 以下、聚四氟乙烯材料的成形密封填料适用于工作温度在 150℃ 以下的取样阀、熔体三通换向阀等操作频次比较少的工况条件，填料的截面尺寸和精度按 JB/T 1712—2008《阀门零部件　填料和填料垫》的规定。V形填料应着重检查内圈的尺寸精度，各密封表面的表面粗糙度值不低于 3.2μm，一般凸角为 100° 且顶部有小圆角 R_2，凹角为 90° 且底部有小圆角 R_1，如图 2-4 所示，外圆半径 R_2 应是内圆半径 R_1 的 3~4 倍，其表面应光滑无划痕、无裂纹、无其他异常或缺陷。

一般情况下，成形密封填料是整圈的，是完整的成形环，对于阀门解体以后重新装配的情况比较容易操作。在聚酯装置现场进行保养或检修时，很多时候不解体阀门，阀杆与支架在一起，成形填料环不能套在阀杆（或柱塞）上。在这种情况下，最好采用填料绳预制的密封环代替成形填料环，如果现场的填料与工况条件不允许，也可以用刀片把成形填料环斜向切开，使其成为一个开口环，然后将填料环套在阀杆（或柱塞）上，这样可以解决现场的实际问题，维持生产装置的正常生产，等到阀门解体检修时再更换新的成形填料环。

（3）填料部件的清理与检查　填料部件主要有填料函、填料压盖、填料压套、阀杆或柱塞、填料垫、紧固件等，经检查应完好，无裂纹、毛刺、严重腐蚀等。应将填料函内残存的异物或污物彻底清除干净，并清洗、检查和修整全部零件，以保证装置的完好。

（4）阀杆或柱塞的检查　阀杆或柱塞的表面粗糙度、圆柱度、直线度以及阀杆或柱塞与压盖、压套配合间隙应符合使用要求，不允许表面有划痕、蚀点、压痕、裂纹等缺陷。

（5）填料装置同轴度的检查　阀杆或柱塞、填料压盖、填料压套和填料函应在同一轴线上，相互之间的间隙要适当，一般情况下，当阀杆直径在 50mm 以下时，柱塞轴或阀杆与填料压套之间的单边间隙为 0.20~0.25mm；当柱塞直径为 50~120mm，柱塞或阀杆与填料压套之间的单边间隙为 0.25~0.30mm。填料压套与填料函之间的间隙要小于柱塞或阀杆与填料压套之间的间隙，以保证柱塞或阀杆与填料压套之间不产生摩擦。

10.5.2　填料的安装和拆卸工具

无论是柱塞还是阀杆填料密封，填料的安装及拆卸都是在很窄的填料函沟槽中进行的，其安装与拆卸比垫片的安装和拆卸要困难得多。特别是拆卸填料函内靠近底部的填料时，极易损伤阀杆的动密封面。不允许用螺钉旋具安装和拆卸填料，因为螺钉旋具的硬度较高，容易划伤阀杆或柱塞密封面，从而影响填料密封性能。

填料的装拆工具可根据需要制成各种形式，但工具的硬度不能高于阀杆或柱塞的硬度。装拆工具应用硬度低而强度较高的材料制作，如黄铜、低碳钢或奥氏体型不锈钢等，其端部和刃口应比较钝，以保证不会捣碎填料环或损伤编织填料绳。

（1）拆取填料的工具　在可能的情况下，无论是柱塞的密封填料，还是阀杆的密封填料，最理想的拆取填料的方法是将阀门全部解体，使阀体、阀盖、阀杆、支架等零部件分离，将柱塞或阀杆从填料函中取出，然后清理填料压套部位，尽可能完整地将填料逐个取出。在检修现场条件下，有些完好的填料还可以再利用。在不能解体阀门的情况下，可以用专用工具拆取填料。图 10-9 所示为最常用的拆取填料工具，其中图 10-9a 所示为铲具，用于将填料函内的填料铲起；如图 10-9b 所示为钩具，用于将填料函内已被铲起的填料钩出。当填料在填料函中放置得不平整时，可以用铲具拨正压平，也可用它拨出填料。这里仅列举两种最常用的简单工具，为基本形式，根据具体的阀

a)　　　　　　　　　　　b)

图 10-9　最常用的拆取填料工具
a）铲具　b）钩具

杆或柱塞的填料密封情况，检修人员可以根据经验制作其他样式的工具。

（2）安装填料的工具　对于阀杆或柱塞的填料密封，无论是新生产的阀门，还是在安装使用现场检修阀门，填料密封件都是所有装配工作中最后装配的一组零部件。整台阀门装配好以后，需要调试所有零部件的位置，如三通换向阀的柱塞或阀瓣在换向过程中动作是否灵活可靠、换向是否完全到位、流道是否顺畅等，不能有卡阻或操作转矩不均等现象。当装

配工作达到这种程度以后，才可以装配填料密封件，所以安装填料的工具不能太复杂，因为不管是哪种阀门，其安装的操作空间都是很有限的。一般情况下，装配填料密封件时最简单的工具是填料压套，和与之配合使用的双半压圈，如图 10-10 所示。双半压圈是两个半圆形状的钢制工具，其内径和外径分别与填料压套的内径和外径相同，长度要大于填料

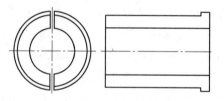

图 10-10　装配时预压填料的
双半压圈结构示意图

函深度，以避免放进去后不易取出。为了方便使用，也可以加工长度不等的一组，或采用带有台肩的形式。装配填料时，每装配一圈，就将双半压圈放入填料函内，把填料下压到填料函的底部，直到装满为止。应保证每圈填料都装配到位，没有歪斜、拱起、空心等现象。

（3）用压套压紧填料　在装配填料密封件的过程中，为了避免填料函底部的填料装配位置不正确，一定要逐圈压实压平，当装配到只剩最后几圈时，可以用填料压套直接压紧填料密封件，此时填料压套就是一个压装填料的工具。利用填料压套就套在阀杆上的便利，可先手持压套压紧填料，待装满填料函以后，再用活节螺栓或双头螺柱压紧填料。

10.5.3　填料的装配形式

填料的装配形式有很多种，具体到阀门中使用的填料密封，其装配形式主要依据密封性能和工况参数的要求来确定。根据聚酯装置阀门的工况参数要求，其特点之一是工作介质不能受到污染；特点之二是系统的工作压力大部分不大于 1.6MPa，熔体介质的工作压力不大于 20.0MPa，阀门的实际工作压力以公称压力的 70% 左右为宜，即阀门的公称压力大部分是 GB/T 1048—2019《管道元件　公称压力的定义和选用》规定的 PN25、PN250 或 PN320 熔体部分，公称尺寸则是 GB/T 1047—2019《管道元件　公称尺寸的定义和选用》规定的 DN250 或 DN300。工作介质物料的腐蚀性不强，部分物料的工作温度是 60~90℃，大部分物料的工作温度为 260~330℃。

根据以上特点，密封填料要选择不褪色的材料，如碳（化）纤维、芳纶编织填料或用聚四氟乙烯浸渍的材料，也可以采用组合装配形式，让带颜色的材料不接触物料。根据这些特点和材料选用原则，常用密封填料的装配形式一般有以下几种：

（1）浆料球阀的密封填料　其工作温度不大于 90℃、工作压力在 1.0MPa 以下，每次操作阀杆仅转 1/4 圈。所以填料函的深度比较浅，一般只有数圈的空间，即上填料、下填料各一圈，中填料数圈。阀杆的下半部有两个 O 形密封圈，形成组合密封。要求 O 形密封圈是氟橡胶材料的，填料圈应耐摩擦磨损，使用有效密封周期长。一般选择填充聚四氟乙烯材料，其特点是不褪色，不会污染物料，耐摩擦磨损性能好，一次装配后的无故障运行周期很长，可以达到 2~3 年甚至更长。

（2）阀瓣式熔体三通（或多通）阀的密封填料　其工况特点是阀杆的直径比较小，工作温度比较高，高温下熔融的熔体介质可能会浸入填料密封副内，当温度下降到常温以后，浸入熔体的填料密封件将变得很硬，甚至会失去密封性能。所以一般选择组合填料密封形式，可以用浸渍聚四氟乙烯的编织填料，也可以用碳纤维或芳纶材料编织填料做最底部的 2~3 圈与物料接触；中间部分是密封性好的石墨环，填料函深度中部是金属隔环，再加几圈石墨环填料；最外面用碳纤维编织填料的密封结构。金属隔环的作用是注入一定量的润滑

剂，有利于阀杆密封和减少摩擦磨损。

（3）柱塞式熔体三通（或多通）阀的密封填料　其工况特点是柱塞的直径远大于阀杆直径，工作温度很高，高温下熔融的熔体介质可能会浸入填料密封副内，即填料与柱塞表面之间的微小缝隙中和填料圈的微孔中，当温度下降到常温以后，浸入熔体介质的填料密封件将变得很硬，从而导致柱塞的操作力矩变得很大。为了减小柱塞的操作力矩，一般选择成形V形填料密封形式，这种填料是模压成形的材料，其致密性好，从而使熔体介质浸入填料微孔中的概率大大减小。柱塞的操作频率比较低，换向时间间隔短的超过24h，有些工况换向一次的时间间隔超过96h甚至更长时间，所以能够满足现场使用要求。

（4）热媒阀阀杆的密封填料　热媒阀是有特殊要求的截止阀，所不同的是热媒阀的工作介质是伴热介质热媒，化学名称是氢化三联苯（HTM）。热媒的渗透性非常强，极易产生泄漏，为了确保阀杆密封的可靠性、减小阀瓣启闭的操作转矩，热媒阀的阀杆密封采用波纹管密封与填料密封相结合的结构。正常工作条件下是波纹管密封，一旦波纹管密封失效，还有外部的填料密封，热媒泄漏的可能性比较小，不会导致大量热媒介质外泄。热媒阀阀杆的密封填料一般采用柔性石墨环与编织填料绳的组合（图10-11），这样既保证了阀杆密封的可靠性，阀杆的操作转矩也比较小。

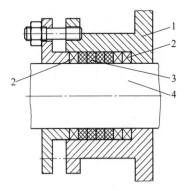

图10-11　阀杆密封填料的组合形式示意图

1—阀盖　2—浸渍聚四氟乙烯填料
3—柔性密封环　4—阀杆

（5）取样阀的密封填料　其工况特点是柱塞的直径很小，操作频次也比较低，不同的工况点取样的频次不同，不同的生产装置取样的频次也不同，很多工况点是每8h取样一次，有些工况点取样一次的时间间隔超过24h，每次取样时，取样阀的开关行程都比较短。一般选择用对位聚苯或聚四氟乙烯加工成形的V形密封填料，填料的截面尺寸和精度按JB/T 1712—2008《阀门零部件　填料和填料垫》的规定。最底部用一圈下填料，中间部分可以用2~3圈中填料，也可以用3~5圈中填料，最外面用一圈上填料。其密封性能好，密封圈强度适中，不会褪色污染介质，耐摩擦磨损性能好，一次装配后的无故障运行周期可以达到2~3年。

密封填料的装配形式有很多种，特别是随着新材料、新技术的不断发展，填料密封件的品种也在不断更新，其装配组合形式也随之发生变化。不管是怎样的结构和怎样的装配组合形式，只要能够满足工况参数的性能要求和保证生产装置的正常运行，就是可以采用的结构和装配组合形式。

10.5.4　填料的装配

装配填料前，必须做好必要的准备工作，包括清洗所有相关零部件、将阀杆装配到填料函内、填料压套和填料压板备好待用、各零部件的位置符合相关规定的要求、填料件预制成形、安装工具准备就绪等，然后才能进行装配。

（1）阀瓣式熔体三通（或多通）阀密封填料的装配　密封填料装配质量的好坏将直接影响阀杆的密封性能，而填料的第一圈（底圈）是最关键的。要认真检查填料是否会褪色，具体方法是用手握紧填料捋一下，如果手上有填料的颜色，则说明填料褪色，不能用在底部。应检查填料函底面是否清洁、平整、无异物，填料垫是否装妥，确认底面平整、无异物以后，将第一圈填料用压具轻轻地压进底面；然后抽出压具，检查填料是否平整、有无偏斜、搭接吻合是否良好，若符合要求，再用压具将第一圈填料压紧，并注意用力要适当，要保持一圈的各个部位是均匀的，不能偏斜。完成第一圈填料的装配后，用同样的方法依次装配第 2~6 圈填料。然后测量填料函的剩余深度，计算填料隔环的位置是否在填料函的中部，即隔环上部和下部的填料高度应该大致相等，不能相差太多，隔环的外环面凹槽要对准填料函的润滑剂注入孔，否则润滑剂将不能进入环槽内。如果发现隔环安装后不在润滑剂注入孔的位置，则应适当调整隔环的位置，以保证润滑剂能够注入隔环的槽内。

（2）热媒阀阀杆密封填料的装配　热媒阀阀杆密封填料的装配与普通阀门密封填料的装配类似。密封填料的规格尺寸要与填料函的单边宽度相一致，不允许选择规格小的填料用于尺寸大的填料函内，在生产装置的检修现场，如果没有宽度合适的编织填料绳，允许用比填料函槽宽 1~2mm 的填料绳代替。装配时，应用平板或碾子均匀地压扁填料，不允许用锤子打扁。压制后的填料绳如发现有质量问题应停止使用。

对于成形填料，如柔性石墨环成形填料，应在将阀杆装入阀杆安装孔内以后、装配支架前装配填料，这样可以将填料环从阀杆上端套到阀杆上。要求在将填料环套到阀杆上以后，并在装配到填料函内之前，将支架和上部的阀杆螺母等零部件装配好，然后再将填料环装配到填料函内。最底部的两圈和最上部的一圈要选用不容易碎的编织填料绳。

对于使用编织填料绳的情况，如编织石墨填料绳是不需要从阀杆上部套入的，装配时不允许使用多圈连成一条绕入填料函中，如图 10-12a 所示。应按图 10-8 的要求将编织填料绳切成搭接形式备好，搭接填料的单圈装入方法：将斜切的搭接口上下错开，倾斜后把填料套在阀杆上，然后上下复原，使切口吻合，轻轻地嵌入填料函中，这是目前普遍采用的填料装配方法。

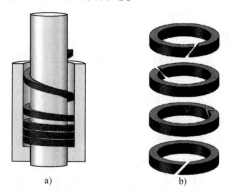

图 10-12　阀杆编织密封填料装配示意图

a）绕阀杆装配（错误）

b）分圈装配且搭口位置错开（正确）

阀杆密封填料的多圈装入方法：装配时要一圈一圈地将填料装入填料函中，各圈填料的切口搭接位置要相互错开 120°，即第二圈填料的切口搭接位置与第一圈填料的切口搭接位置错开 120°，第三圈填料的切口搭接位置与第二圈填料的切口搭接位置错开 120°，第四圈填料的切口搭接位置与第三圈填料的切口搭接位置错开 120°，如图 10-12b 所示；每装一圈就要压紧一次，不能连装几圈之后再压紧；每装 1~2 圈应旋转一下阀杆，以检查阀杆与填料之间是否有卡涩、阻滞现象，以免影响阀门启闭操作的灵活性。

填料函基本装满以后，应用压盖压紧填料。操作时，两侧螺栓应对称拧紧，用力要均匀，不得将压盖压歪斜，以避免因填料压偏或压盖接触阀杆，而增加阀杆的摩擦阻力，甚至使阀杆与压套产生摩擦。压套压入填料函内的深度要合适，如果填料函的剩余深度大于一圈填料的高度，则可以再放一圈填料，否则不允许再放入填料。一般情况下，压套压入填料函内的深度不得小于 5mm。并且要随时检查阀杆与压盖、填料压套及填料函三者之间的间隙，这些间隙在圆周各部位要均匀一致，转动阀杆时，应受力均匀、操作灵活和无卡阻现象。如果手感操作转矩过大，可适当放松压盖，减小填料对阀杆的摩擦阻力。

填料的压紧力应根据介质的工作压力和填料的性能等因素来确定，一般在同等条件下，聚四氟乙烯和柔性石墨填料比较软，所以用比较小的压紧力就可以实现密封；而编织石墨填料绳等比较硬，需要用比较大的压紧力。填料的压紧力越大，阀杆与填料之间的摩擦力越大，操作阀门所需要的力就越大，阀杆密封面越容易损伤，填料越容易失效，填料密封副的使用寿命就越短。相反，填料的压紧力越小，阀杆与填料之间的摩擦力越小，操作阀门所需要的力就越小，填料密封副的使用寿命也就越长。所以，在保证密封的前提下，填料的压紧力应尽量减小。由于热媒阀的工作压力比较低，因此应尽量选用比较软的填料材料。

（3）柱塞式熔体三通（或多通）阀和取样阀密封填料的装配　柱塞式熔体三通（或多通）阀和取样阀的密封填料一般是用对位聚苯或聚四氟乙烯粉末压制成形的 V 形填料。在安装使用现场检修时，如果临时需要某种规格的 V 形填料，可以用对位聚苯或聚四氟乙烯棒料经机械加工而成，无论是压制成形还是机械加工而成，都是整圈的成形填料。装配过程中，应从阀杆上端慢慢套入，套装时要注意防止填料内圈密封面被阀杆的螺纹划伤。成形 V 形填料的下填料也称作填料垫，其凸角应向上安放在填料函底部；中填料凹角向下、凸角向上，安放于填料垫上部，不同的熔体阀，其中填料的圈数不同，一般 6~10 圈的比较多，也有超过 10 圈的；上填料凹角向下、平面向上，安放在填料组合件的最上部。

（4）浆料球阀密封填料的装配　浆料球阀采用 O 形密封圈与聚四氟乙烯 V 形填料组合密封，其中聚四氟乙烯 V 形填料部分的装配与取样阀的密封填料相同。浆料球阀所用 O 形密封圈采用动密封形式。浆料球阀的阀杆凹槽和阀盖孔的进口都要有大小合适的倒角，一般 25°~30° 的倒角比较常用，阀杆与 O 形密封圈接触部分和填料密封部分表面应光滑，并要涂抹润滑剂，以便使 O 形密封圈尽快滑入阀杆的安装槽内，不能使其长时间处于拉伸状态下。装配到位的 O 形密封圈应无扭曲、松弛、划痕等缺陷。一般情况下，将 O 形密封圈装配到阀杆安装槽内以后要稍等片刻，待伸张的 O 形密封圈恢复原状后，方可将阀盖的安装孔与阀杆装配好。用于动密封的工况场合时，O 形密封圈必须是完整的，禁止使用将 O 形密封橡胶条黏接搭成圈的结构。一般 O 形密封圈的预压缩率以 15%~20% 为宜。O 形密封圈安装不当时，容易产生扭曲、划痕、拉伸变形等缺陷。

10.5.5　装配填料过程中容易出现的问题

装配填料时，操作人员对填料密封的重要性要有足够的认识，并应在检修过程中认真遵守操作规程，不能贪图省事和怕麻烦。否则会影响装配质量，并可能给阀门操作性能和密封性能留下隐患。特别是在聚酯装置现场检修柱塞式三通阀、阀瓣式三通阀、热媒阀、浆料球阀、取样阀等时，由于受到现场操作条件的限制，很容易产生以下问题：

（1）未按规程操作　具体表现为没有正确清洗阀杆、填料压盖和填料函，甚至填料函内尚留有残存填料；不按顺序操作，乱用填料，随地放置填料，使填料上沾有脏物；不用专用工具，随便使用锤子等敲断填料绳、用螺钉旋具安装填料等。这样会大大降低填料安装质量，容易引起阀杆动密封泄漏和降低填料使用寿命，甚至会损伤阀杆。

（2）填料选用不当　包括填料的材料选择以劣代优，填料的尺寸选择以窄代宽，将一般填料用于高温熔体介质工况等。

（3）填料开口搭接不正确　不符合 45° 切口的要求，填料开口是用锤子敲断的不规整平口；装配到填料函中，放置不平整、接口不严密。

（4）未逐圈压紧 许多圈一次放入填料函内，或整条填料缠绕装配并一次压紧，使填料函内的填料不均匀、有空隙，压紧后填料的上部紧、下部松，密封性能差，短时间内就会泄漏。

（5）填料装配圈数太多 填料装配圈数太多，甚至高出填料函，使压盖不能进入填料函内，容易造成压盖位移或压偏，很容易擦伤阀杆。

（6）填料装填圈数太少 填料压盖与填料函平面之间的预留间隙过小，当填料在使用过程中泄漏以后，无法再压紧填料。

（7）填料压盖压紧力太大 增加了填料对阀杆的摩擦力，增大了阀门的启闭操作转矩，加快了填料和阀杆的磨损，很快就会产生泄漏。

（8）填料压盖歪斜 即两侧松紧不一，导致阀杆与填料压盖之间的一侧间隙过大，另一侧间隙过小，容易引起填料泄漏和擦伤阀杆。

从上述问题可以看出，在很多情况下，装配质量问题往往不是由于技术方面的原因造成的，而是由于思想上重视程度不够造成的，因此装配时必须给予足够的重视。

10.5.6 密封填料的拆卸

在工况运行过程中，密封填料的性能在逐渐下降，使用一定的时间以后，填料的密封性能将不能满足使用工况的要求，此时就需要对阀门进行检修，而更换密封填料是最基本的检修内容之一。从填料函内取出的旧填料原则上不再使用，这给拆卸带来了方便，但由于填料函的宽度比较小而深度比较大，不便进行操作，还要防止划擦阀杆，因此填料的拆卸实际上比安装更困难。

拆卸填料时，首先拧松压盖上的压紧螺母，用手转动填料压盖，将填料压盖或填料压套提起并取出，也可以用绳索或夹具把这些元件固定在阀杆上部，以便于拆卸填料。如果可能的话，可以先将阀杆从填料函中抽出，这样拆卸填料时不仅会方便很多，对成形填料环的破坏程度也将大大减轻。

在聚酯装置使用现场检修设备时，应首先检查并判断哪圈填料已经失去密封性能，是必须拆卸掉的，哪圈填料是具有密封性能的，还能继续使用。对于还能继续使用的填料，如果这些填料圈的下部没有已经损坏的、必须取出的填料，则可以不将其取出。如果这些密封填料的底部有需要取出的填料圈，则必须全部取出。

对于搭接的编织填料绳，可以使用辅助工具进行拆卸，如图 10-13 所示。在拆卸过程中，要尽量避免工具与阀杆碰撞，以免损伤阀杆。拆卸后的密封填料圈有些还可以继续使用，因此，拆卸时要特别小心。拆卸填料函内的密封填料圈时，应先找到填料绳的搭接处，用铲具或其他工具将填料圈接头铲起，如图 10-13a 所示，然后用钩具将填料移动到填料函外并将其取出，如图 10-13b 所示。

成形密封填料圈包括 V 形填料圈、成形石墨填

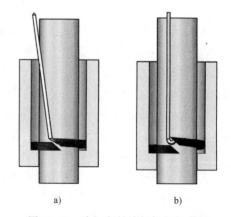

a)   b)

图 10-13 编织密封填料拆卸示意图

a）用铲具将搭接处铲起 b）用钩具钩出填料

料环等。如果密封填料已经失去密封性能，可以使用辅助工具先将填料环破坏，然后再取出。如果密封填料仍然有良好的密封性能，还可以继续使用，最好的办法是先将阀杆取出，然后将填料环依次向外推移并取出。

10.6　阀体和阀盖基体破损修复

熔体阀阀体和阀盖的基体材料一般是奥氏体型不锈钢，它具有良好的耐蚀性、耐热性和延展性，同时具有优越的焊接性。如果阀体和阀盖局部破损，可以采用多种方法进行补焊修复，如焊条电弧焊、气焊、埋弧焊和氩弧焊，使用最多的是焊条电弧焊和氩弧焊。无论采用何种修复方法，都要按照 GB/T 12224—2015《钢制阀门　一般要求》的相关规定进行。

10.6.1　阀体和阀盖基体小孔泄漏的修复

阀体和阀盖在铸造时容易产生夹渣、气孔和组织疏松等缺陷，在工况运行过程中，受到介质的腐蚀和各种外力的综合作用，这些缺陷可能会形成微孔或小孔，产生渗漏或泄漏现象。

当阀体和阀盖的缺陷不大，而孔型基本上为直孔时，可以先用钻头钻除缺陷，然后用螺钉或销钉堵塞孔洞，再进行铆接或焊接固定，如图 10-14 所示。所选用堵塞孔洞的螺钉必须是奥氏体型不锈钢材料的。

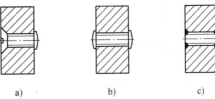

图 10-14　阀体和阀盖小孔的螺钉修复示意图
a) 螺钉拧入单头铆接　b) 螺钉拧入双头铆接
c) 螺钉拧入双头焊接

10.6.2　阀体和阀盖基体微渗漏的修复

如果阀体和阀盖的缺陷不明显，当壳体内有气体压力时，这些缺陷处可能会有微量或少量介质泄漏的现象。在金属基体内部，这些泄漏孔洞的形式可能是砂眼、直孔、斜孔、弯孔、复合型孔或组织疏松等。

对于这种类型的基体缺陷，最常用也是最有效的方法，是用密封胶修补，将密封胶填充到缺陷孔洞内，将孔洞堵塞，以消除泄漏。具体操作过程根据具体情况而有所不同，大致操作步骤如下。

（1）选择合适的密封胶种类　选择密封胶种类的主要依据是工作温度和适用介质，市面上能够买到的各种类型的密封胶不一定适用于壳体补漏，一定要认真核对使用说明书，选择那些能够在工况参数及工作介质条件下长期使用的密封胶。另外，还应确定所选密封胶能够比较容易地进入产生泄漏的孔洞内。使用比较多的是一种叫作"铸工胶"的糊状密封胶，其使用温度比较高。除此之外，这类密封胶的产品研发周期比较短，新产品在不断出现，只要能够满足使用要求、能够有效堵塞泄漏孔洞，都可以使用。

（2）渗漏胶补方法

1）胶补前的准备工作。要认真做好胶补前的准备工作，否则，最后的结果可能无法令人满意。待修复零部件的处理是一项重要的准备工作。如果工作介质是熔体或热媒，首先应停止阀门运行，然后切断熔体或热媒源，当阀门的壳体温度降低到常温以后，检查泄漏孔洞内是否有其他异物，可以用水蒸气吹扫或采用其他能够去除油渍，同时又能在检修现场实现的方法。

在确认孔洞内清洁、无油渍、无污物的条件下，就可以按照使用说明书的要求进行修复。

2）注入密封胶。胶补的具体操作方法和步骤可以参照所选择密封胶的使用说明书。在所有准备工作完成以后，胶补时要用相应工具将密封胶注入泄漏孔洞内，务必填满整个孔洞，当孔洞口处有密封胶，而没有进入必要的深度时，是假满现象，不能消除泄漏孔洞。一定要避免修复完成而没有达到修复效果的情况发生。

3）后续工作要求。按照密封胶使用说明书的要求，在适当的时间间隔以后，进行必要的后续工作，并在满足检修要求的条件下恢复阀门工况运行。

10.6.3　阀体和阀盖基体的其他修复

需要指出的是，阀体和阀盖是承受各种力（如内腔介质压力、系统安装应力、各零部件之间的装配应力、运行作用力等）的主体零部件，其加工精度和尺寸稳定性要求非常高，对局部微小缺陷可以进行修补修复。但是，对于超过一定范围的缺陷，则不允许进行修复，如壳体上比较大的裂纹或孔洞。因为当铸件上出现比较大的孔洞或裂纹时，说明铸件的内在质量不符合要求，同时其尺寸稳定性也不能保证整机的性能稳定性和质量可靠性。

10.7　阀瓣的修复

聚酯装置中不同的阀门，其主体结构不同、工作介质不同、工作方式不同，阀瓣损伤的部位和方式也不同，下面介绍几种阀门阀瓣的损伤类型及其修复方法。

值得注意的是：无论是纯铝材料密封圈还是阀瓣的硬质合金密封面，都是磨损以后的形状和尺寸，可能有损伤和变形，与原始零件的形状和尺寸不一定相同。所以修复阀瓣密封面之前，首先要仔细测量阀座密封面的形状和尺寸，按照阀座的形状和尺寸要求确定修复阀瓣的形状和尺寸，绝对不能按已损坏的阀瓣形状和尺寸进行修复，以避免修复完成以后不能正常运行的情况出现。

10.7.1　阀瓣修复或更换的基本原则

阀瓣修复或更换的依据是阀瓣的损坏部位和损坏程度，或者说是阀瓣的损坏对阀门整机性能的影响程度，具体内容可以根据下列原则进行确定。

（1）密封部位的表面粗糙度降低　当阀瓣密封部位的表面粗糙度值大于原设计一个等级或在 $1.6\ \mu m$ 以上时，应进行表面粗糙度修复。阀瓣密封部位损伤后，其表面硬度层受到损伤，影响整机工作性能的，应进行表面硬度层修复。

（2）密封性能降低　密封面损伤比较严重，使阀瓣与阀座之间的密封性能变差，导致介质泄漏量超过允许值，而不能满足阀门整机性能要求的，应进行阀瓣密封面修复。

（3）配合尺寸损伤　阀瓣与驱动件之间的安装配合段之间存在摩擦磨损，其尺寸发生变化，不能满足使用要求的，应该修复阀瓣，使其达到要求的尺寸公差。

（4）结构损伤　当阀瓣的某一部位发生结构损伤时，如柱塞弯曲变形，应进行校直修复，如果损伤情况严重，修复困难或修复后不能满足整机性能要求的，应更换整个柱塞。

（5）损伤严重　当损伤程度很严重，修复后的阀瓣不能达到最初的设计性能要求，或修复程序非常复杂、成本很高时，就要更换新的阀瓣。

10.7.2　浆料三通换向旋塞阀旋塞体的修复

浆料三通换向旋塞阀的阀瓣是旋塞体，比较常见的是圆锥形结构。工况条件下旋塞体在阀体内旋转的过程中，在阀座密封套完好的情况下，密封套镶嵌在旋塞体与阀体之间，且有一定厚度，所以旋塞体与阀体并不能相互接触，也不会擦伤。而当阀座密封套磨损到一定程度或破损时，旋塞体圆锥形表面与阀体内表面之间将发生相互接触并形成磨损或擦伤。所以旋塞体损伤的概率比较低，即使有损伤也是比较轻的。旋塞体的密封面很窄，比较轻的损伤对密封性能也有影响。根据具体情况，可以采用人工修复的办法，也可以采用阀门业常用的加工方法和加工设备，如等离子喷焊、电刷镀、热喷涂等。

旋塞体下部是圆锥形阀瓣，中部是安装密封填料的部分，上部是驱动轴，当驱动轴与驱动套之间的安装配合段损坏，尺寸发生变化，不能满足使用要求时，应该修复驱动轴，使其达到要求的尺寸和公差。

修复开始之前，要认真做好准备工作，明确旋塞体基体材料的化学成分和类型，以选择合适的修复材料，包括损坏件重新加工材料和损伤件修复材料，做到从根本上掌握修复工作的正确方法，不能盲目操作。

10.7.3　浆料球阀阀瓣的修复

浆料球阀的阀瓣是带有介质通道的球体，阀瓣表面擦伤缺损实际上就是球体外表面的金属被拉伤而缺损，球体表面部位是连续的不完整球面。球形阀瓣的密封面一般会有某种耐磨材料的堆焊层或镀层，当密封面损伤时，可以根据原样机图样的要求，堆焊与原要求相同的耐磨金属（如司太立合金）。如果密封面的损伤比较轻，且只是局部损伤，可以在对损伤部位进行适当处理后，进行局部手工堆焊。如果密封面的损伤比较严重，密封面的大部分或全部已损伤，最好采用更换球体的方法。因为球体加工有专用设备，加工效率高、质量好、节省时间，检修周期有保障。

修复球体外表面时，可以采用阀门专业制造厂常用的加工方法和加工设备，如等离子喷焊、气体保护焊、电刷镀、热喷涂等，也可以采用手工操作修复。考虑到焊补过程中的热影响及飞溅物影响，一般情况下，应尽可能采用电刷镀、热喷涂等方法进行补焊。焊丝的选用、焊前工件的预处理、工具及其他工作准备、补焊过程注意事项、补焊完成后的后续工作要求等可以按相关标准规范的要求。

10.7.4　阀瓣式熔体阀阀瓣的修复

阀瓣式熔体阀的阀瓣是圆盘式的，而圆盘式阀瓣分为一体式和组合式两种结构，一体式阀瓣是硬质合金密封面，组合式阀瓣是纯铝密封圈。开关操作方式有上行关闭式和下行关闭式。无论是哪种结构的阀瓣，其损伤修复都是最基本的结构形式修复，即更换损坏的纯铝密封圈或修复圆盘式阀瓣的圆锥形密封面。

组合式阀瓣由阀瓣主体、纯铝阀瓣密封圈、密封圈压板、承力对开环、防转定位板、导向板、连接螺栓等零件组成。阀瓣修复包括上述所有零件的修复，其中纯铝密封圈容易损伤、缺损、变形，而且损伤会很严重，所以一般不能修复，只能更换新的。其他零件的尺寸比较小，都有损坏的可能，应根据具体情况进行修复或更换。无论修复或更换，都要弄清楚原零件的材料牌号，选取合适的修复材料，如焊接材料、更换零件下料加工的材料。

圆盘式阀瓣的圆锥形密封面上一般会有某种耐磨材料堆焊层，密封面损伤时，可以根据原样机图样的要求，堆焊与原要求相同的耐磨金属（如司太立合金）。如果密封面的损伤比较轻微，可以采用简单的机械精细加工去掉很小的量；如果是密封面局部损伤，可以在对损伤部位进行适当处理后，局部手工堆焊相同的材料，以恢复阀瓣圆锥面的形状和尺寸、表面粗糙度及其与阀座之间的密封性能。

如果密封面的损伤比较严重，密封面的大部分或全部已损伤，可以对密封面金属进行适当的机械加工，然后在整个密封面上堆焊耐磨金属，堆焊后进行必要的消除应力处理（如静置最少24h），最后进行机械加工，使加工后的堆焊层厚度不小于2.0mm。

如果阀瓣的损伤很严重，损伤的深度和面积很大或阀瓣已变形，且要恢复阀瓣的原有形状、尺寸、表面粗糙度，需要添加很多的金属。在这种情况下，就要考虑重新换一个新的阀瓣，这样既能保证阀瓣的质量和性能，修复工作周期又不会很长。

10.7.5　柱塞式熔体阀阀芯的修复

柱塞式熔体阀包括柱塞式熔体三通阀、多通阀、取样阀、冲洗阀、排尽阀等。柱塞式熔体阀的阀芯就是柱塞，如果柱塞与填料之间密封不好，就会有介质泄漏到阀外，所以柱塞与填料之间的密封是外密封。如果柱塞端部与阀座之间的密封不好，则会有介质泄漏到阀内，所以柱塞与阀座之间的密封是内密封。柱塞与阀座之间的密封有不锈钢和纯铝两种密封面材料。下面分别介绍针对不同情况可能采取的修复方法。

（1）柱塞阀杆一体件弯曲　对于直径尺寸比较小、长度尺寸比较大的柱塞，如果操作不当会造成柱塞弯曲。对于常用的取样阀，柱塞和阀杆是一体件，即由一根材料加工而成，其直径很小而轴向尺寸却很大，所以很容易产生弯曲现象。一般情况下，柱塞阀杆一体件是阀杆部分弯曲，如果有轻微弯曲可以采用适当的方法校直，如果弯曲严重就要换新柱塞。

（2）填料密封部位损伤　损伤形式主要是沿柱塞移动方向的拉伤和划痕，拉伤的深度和面积随拉伤的不同程度及方式而各不相同。由于柱塞的材料是奥氏体型不锈钢，硬度比较低，耐摩擦磨损性能不是很突出，在长期的工况运行过程中，可能会损伤柱塞密封面。如果选用的填料材料不合适，则更容易造成柱塞密封面损伤。

损伤轻微的可以采用简单的机械精细加工去掉很小的量，以恢复柱塞表面尺寸精度、表面粗糙度及密封性能。对于损伤程度较轻的情况，可以采用相对复杂的处理方法，在局部添加很少量的金属，也可以恢复柱塞的原有尺寸精度、表面粗糙度及密封性能。

如果柱塞损伤比较严重，例如，当柱塞与阀体之间进入金属异物而导致柱塞与阀体发生咬合时，拉伤的深度和面积将比较大。要恢复柱塞的原有尺寸和形状、表面粗糙度，需要添加比较多的金属量。在这种情况下，最好换一个新的柱塞，这样既能保证柱塞的质量和性能，又可以控制修复成本，最重要的是保证了阀门的整机性能。

（3）与阀座接触的密封部位损伤　柱塞与阀座接触密封部位有两种结构，一种结构是柱塞端部为90°或60°锥形密封面，表面堆焊司太立硬质合金，损伤后会出现沟槽或凹坑。如果密封面损伤比较轻微，可以对损伤部位进行适当处理，局部手工修复或机械修复均可。如果密封面损伤比较严重，可以采用局部补焊的方法或更换新的柱塞。另一种结构是在柱塞端部固定纯铝材料密封圈，其厚度一般为8~18mm，纯铝的硬度比较低，容易产生变形、损坏。最常用的方法是用相同的材料重新加工，更换新的柱塞密封件。

确定铝制阀瓣密封圈尺寸时，不能按已经损坏的旧零件的尺寸，因为损坏的密封圈已经变形，不能确定其是否与阀座尺寸相匹配，而是要首先清除阀座密封面上的结焦和异物，测量阀座密封面尺寸，以便确定相匹配的铝制密封圈尺寸。如果按损坏的密封圈尺寸加工新的密封圈，很可能会造成密封圈外径小于要求尺寸，密封圈与阀座不匹配而泄漏。一旦出现这种情况，唯一的解决方法就是按阀座尺寸重新加工符合要求的铝制密封圈。

10.7.6　热媒截止阀阀瓣的修复

热媒截止阀的阀瓣是圆盘式的，公称尺寸比较小的做成整体阀瓣，公称尺寸比较大的有整体阀瓣，也有带缓冲小阀瓣的组合阀瓣。无论是整体阀瓣还是组合阀瓣，阀瓣与阀座之间都是90°或60°锥形密封面，密封面堆焊不同牌号的耐摩擦磨损材料配对。其损伤修复都是最基本的结构修复，即修复圆盘式阀瓣锥形密封面和缓冲小阀瓣与主阀瓣之间的密封面。

组合式阀瓣由主阀瓣、缓冲小阀瓣、承力对开环、阀瓣压盖、阀杆压盖等零件组成。阀瓣修复包括上述所有零件的修复，其中缓冲小阀瓣与主阀瓣之间的密封面承受阀杆轴向推力，主阀瓣与阀座密封所需要的力和介质作用在主阀瓣上的推力都是由缓冲小阀瓣传递给阀杆的，缓冲小阀瓣与主阀瓣之间的受力面积远小于主阀瓣与阀座之间密封面的面积，所以缓冲小阀瓣与主阀瓣之间密封面的损伤几率比较高。整体阀瓣损伤主要是锥形密封面出现沟槽、裂纹或凹坑。

如果密封面损伤比较轻，可以对损伤部位进行适当处理，局部手工修复或机械修复均可。如果密封面损伤比较严重，可以采用局部补焊的方法修复。热媒截止阀的阀体、阀瓣和阀盖三个承压件是碳素钢材料，阀瓣密封面堆焊硬质合金，在堆焊层与阀瓣本体接合区域会形成一定厚度的混合层，即硬质合金与碳素钢的不均匀混合物层。按照阀门标准的规定，密封面纯硬质合金层的厚度不小于2.0mm，为了节省硬质合金材料，在堆焊硬质合金之前可以对阀瓣进行必要的处理或加工，然后在缺陷比较严重的部位用奥氏体型不锈钢焊条或焊丝堆焊，当阀瓣的形状和尺寸与要求的尺寸比较接近时，再堆焊选用牌号的硬质合金并达到要求的形状和尺寸。

阀瓣的堆焊工作完成以后不能立即进行机械加工，应根据阀瓣的结构形状和尺寸大小、堆焊金属层的厚度、堆焊面积大小等多种因素，待阀瓣自然冷却并静置一定时间后先粗加工一刀，看堆焊的金属层是否能够满足加工要求。如果堆焊量不足，应及时补焊至符合要求，确认堆焊层满足加工要求以后，为了减少堆焊对阀瓣尺寸稳定性的影响，一般静置不少于24h以后再进行机械加工，先粗加工，再精加工，然后配对研磨。

10.8　阀座密封面的修复

不同结构的阀门，其阀座密封件结构不同、材料不同，损伤形式也有所不同。因而修复的方法也大不相同。下面分别介绍不同结构阀门阀座密封面的修复。

10.8.1　浆料三通换向旋塞阀阀座密封件的修复

旋塞换向阀的关闭件是旋塞体，一般情况下，其阀座密封套都是采用填充聚四氟乙烯、对位聚苯或其他新型材料。如果密封件损坏，最常用的方法是更换新的阀座密封套，找到原设计资料按原图加工是最理想的情况，也可以根据旋塞和阀体上的安装沟槽及阀座密封副的配合结构尺寸绘制相应的阀座密封套加工图。浆料旋塞阀的衬套修复方法见 7.3.4 节。

10.8.2 浆料球阀阀座密封面的修复

浆料球阀的阀座密封面是采用填充聚四氟乙烯或其他新型材料加工的球形密封件，承受力的面积比较大，密封比压比较小，不易损伤。如果介质中有金属异物，可能会损伤阀座密封面，损伤轻微的可以人工修复，损伤严重的要更换新的密封件。

10.8.3 熔体阀阀座密封面的修复

柱塞式熔体三通阀、柱塞式熔体多通阀、取样阀、阀瓣式熔体阀的阀座结构相似，大多有 90°锥形密封面结构，即柱塞端部 90°锥形密封面与锥形阀座配合，其他锥形角度或平面密封结构比较少。

对于基体材料加工的阀座，其损坏的一般性修理方法是在奥氏体型不锈钢基体上堆焊耐磨金属，然后再进行机械加工，并保证加工后的堆焊层厚度不小于 2.0mm。如果是轻微的损坏，可以进行机械或人工修复。

10.8.4 热媒截止阀阀座密封面的修复

热媒截止阀的阀座是 90°或 60°锥形密封面结构，即阀瓣锥形密封面与 90°或 60°锥形阀座配合。阀座密封面损伤的主要形式有拉伤、划痕、阀杆因关闭力过大而压坏、错位压偏、裂纹、擦伤等。热媒截止阀阀座的锥形密封面很窄，一般情况下其宽度只有 1～1.5mm 或稍微宽一点，无论是哪种损伤形式，都会造成阀座密封性下降或失去密封性，而不能满足使用要求。最简单、可靠的修复方法如下：

（1）缺损部位补焊修复　如果密封面的损伤比较轻，可以在阀座密封面缺损部位堆焊与原材料相同的硬质合金，按设计要求加工出合适宽度和锥度的环形锥面。如果密封面损伤比较严重，可以采用 10.7.6 节的堆焊方法进行堆焊，然后加工出具有合适形状、尺寸和表面粗糙度的锥形密封面。

（2）研磨　先用碳钢材料做一个与阀瓣锥度相同的研磨头，用研磨头与阀座配对研磨，根据阀座的材料选取合适的磨料和研磨方法，研磨到密封面一圈都有一定宽度接触以后，用阀瓣配对研磨，直到阀座和阀瓣密封面大部分区域成为接合面。

（3）表面处理　对于密封面轻微损伤的情况，可以采用研磨或抛光的方法，选用合适的抛光粉或抛光剂抛光，直到达到令人满意的密封性能。

10.9　常规检修的主要内容

下面介绍浆料三通换向旋塞阀、浆料球阀、阀瓣式熔体阀、柱塞式熔体阀和热媒截止阀常规检修的主要内容。

10.9.1 浆料三通换向旋塞阀常规检修的主要内容

聚酯生产装置的类型和生产能力不同，所使用的浆料三通换向旋塞阀的结构和公称尺寸也不同，这里仅介绍应用比较多的浆料三通换向旋塞阀常规检修的主要内容：

（1）联系确认　与生产装置相关工艺人员联系，以文字形式确认管道内介质已排除到符合施工要求的程度，并确认可以施工，不能口头确认。

（2）用专用记号笔做出标记　根据所做标记可以确定在检修完成回装过程中每台阀门的唯一位置，多台相同的阀门不能装错位置，每台阀门的进出口方位、驱动手轮方位都要有唯一性。

（3）做好阀门检修施工方案　包括明确阀门参数和结构、拆卸和解体步骤、检查与修复内容和步骤、组装步骤、检验与试验步骤等，准备必要的工具、备件和润滑剂。

（4）拆下阀门　从生产装置中拆下浆料三通换向旋塞阀，搬运到适合检修的场所。

（5）清除阀门外表面污物　清除污物后，仔细观察阀门各个零部件在可以看到的表面是否有异样并详细逐条记录。

（6）解体阀门　弄清楚阀门的详细结构，最好能够找到原设计图；选用合适的工具解体、逐个零部件地清除污物，并用合适的清洗剂清洗干净。

（7）找出可能存在的问题　逐件检查零部件的完好状况，必要的时候可以借助表面检测方法确定是否有裂纹等缺陷，特别是承受压力的零部件。

（8）处理修复旋塞（阀瓣）密封面　根据旋塞不同的缺陷，选用不同的工具、采用不同的方法进行修复。

（9）修复或更换旋塞上部的 V 形密封垫　这个 V 形密封垫承担着阀体与阀盖之间的密封，即中法兰密封和旋塞杆与阀盖之间的密封，每次常规检修都要维护保养密封唇口或更换新零件。在装配新的 V 形密封垫以前，一定要仔细检查密封唇口的完好情况。

（10）修复或更换衬套　衬套承担着阀体与旋塞之间的密封任务，所以也称作旋塞密封件，必要时应更换衬套。更换衬套的详细内容见 7.3.4 节。

（11）其他修复　修整损坏的其他零部件、加润滑脂、更换螺栓和螺母等。

（12）装配阀门　装配并调整阀门整定位置。

（13）调整阀门开关位置标示指针　阀门的标示指针位置分别在左通道开启或右通道开启时对应阀盖上的标线，或是左通道与右通道同时开启对应的标线。

（14）检验阀门　首先进行阀门的动作试验，然后进行阀座密封性能试验和壳体密封试验。

（15）回装阀门　将阀门运回到聚酯生产装置使用现场，并安装到装置中。

（16）检查并热把紧　聚酯生产装置整体水压试验时，检查阀门是否有泄漏；当生产装置整体逐渐升温时，随时检查阀门是否泄漏；当生产装置整体达到预定温度以后、在投料生产初始阶段，也都要随时检查阀门是否有泄漏或其他异常现象并及时消除。

10.9.2　浆料球阀常规检修的主要内容

聚酯装置使用的浆料球阀包括有截断功能的直通球阀、有换向功能的三通球阀，三通球阀与三通旋塞阀的功能类似。不同类型的聚酯装置所使用的浆料球阀结构和公称尺寸可能不同，这里仅介绍应用比较多的浆料直通球阀常规检修的主要内容：

（1）基本要求　与 10.9.1 中的第（1）~（7）项类似。

（2）修复球体密封面　球体密封面是指球体的外表面，容易产生拉伤或划伤等现象，根据损伤程度选用适当的方法修复，如补焊、热喷镀、电刷镀、抛光等。

（3）检查并修复聚四氟乙烯阀座密封圈　由于阀座密封圈覆盖在球体整个外表面，所以检查阀座密封圈是否变形时可以与球体套在一起，检查两者之间的接触面是否有异常，必要时要更换新的。

（4）修整或更换其他件　如 O 形密封圈、螺栓、螺钉、填料密封件、承力垫片等。

（5）装配阀门　调整阀门整定位置，手柄的方位不能错，必须是阀门开启状态时手柄与阀体轴线方向一致，阀门关闭状态时手柄与阀体轴线方向垂直。

（6）检验与现场服务　与 10.9.1 中的第 （14）～（16）项相同。

10.9.3　阀瓣式熔体阀常规检修的主要内容

聚酯装置使用的阀瓣式熔体阀有安装在预缩聚反应器进、出料口的，也有安装在终缩聚反应器进、出料口的，不同类型的聚酯装置所使用的阀瓣式熔体阀结构和公称尺寸不尽相同，阀门的生产厂家不同，生产年代不同，阀门的结构也不同，有些阀门的结构区别还很大。这里只介绍应用比较多的阀瓣式熔体阀常规检修的主要内容：

（1）基本要求　与 10.9.1 中的第 （1）～（3）项相同。

（2）从生产装置中拆下阀瓣式熔体阀　可以连同阀体一起将阀门整体拆卸下来搬运到合适的检修场所。这样做对检修阀门有好处，阀门解体以后可以对阀体进行必要的修复，如修复阀座密封面等。而且在检修场所可以进行阀门的动作试验、密封性能试验和壳体耐压试验。但是，阀体端部与管道之间的焊连接需要切割，现场操作对管道的完整性有一定影响。也可以从阀门的中法兰处分开，将阀盖及阀盖上附属的所有零部件抽出来搬运到检修场所，该方法称为抽芯解体检修。这样做对检修阀门不利，在阀门检修过程中不方便对阀体进行必要的修复，而且在检修场所不能进行动作试验、阀座密封性能试验和壳体耐压试验。但是，阀体端部与管道之间的焊连接不需要切割，对生产装置的管道及整体稳定性有好处。实际操作过程中，大多数情况下采用抽芯解体方式，抽芯解体时，最好在阀门温度保持在接近工作温度的情况下进行。否则，当阀门温度下降到常温以后，残留在阀体与阀盖导向段之间的熔体介质会把阀盖黏结在阀体内，拆解过程非常困难，甚至可能会损坏阀件。

（3）解体　弄清楚阀门的详细结构，选用合适的工具解体阀门。

（4）清除结焦及污物　清除阀件表面的松散污物以后，要采用合适的方法清除附着在阀杆、阀瓣等零部件表面的结焦，结焦附着得非常牢固，清除过程中不能损伤阀杆密封面，可以在车床上用砂布磨掉结焦物，阀杆填料密封面要进行抛光处理。

无论阀体在使用现场与管道连接在一起还是在检修场所，阀体表面的污物和结焦都要清除干净，要采用合适的方法清除附着在阀体内腔的结焦，清除过程中不能损伤阀座密封面，可以采用手持式气动工具磨掉内腔表面的结焦物。异物清除干净后，仔细观察各个零部件在可以看到的表面及阀座表面是否有异样并详细逐条记录，如有缺陷，应采用适当方法修复。

（5）找出问题　逐件检查零部件的完好状况，找出可能存在的问题。必要时可以借助表面检测的方法确定是否有裂纹等缺陷，特别是承受压力的零部件。

（6）修复阀杆　阀杆拉痕损伤修补处理，修复阀杆其他部分的损伤，抛光阀杆填料密封面，如果阀杆弯曲变形严重，则必须更换阀杆。

（7）更换填料　确认填料函内壁表面光滑、无残留结焦物，更换填料密封件，采用组合材料填料密封圈。

（8）更换纯铝阀瓣密封圈　铝的硬度比较低，容易损伤，每次常规检修都要更换。

（9）检查修复传动件　包括阀杆螺母、齿轮箱、护罩、导向杆、阀杆行程定位机构、阀杆防转机构、手轮等零部件。

（10）修复更换小件　包括螺栓、螺母、弹性垫、轴封、碟形弹簧、推力轴承、O形橡胶密封圈、定位杆、对开环、密封圈压板等。

（11）组装阀门　详细检查并确定各零部件修复合格后，按既定顺序装配阀门，并调整阀门的整定位置。

（12）修复调整指针　调整阀门开关位置标示指针分别在"开"或"关"位置时对应阀瓣的开启或关闭位置。

（13）检验阀门　首先进行阀门动作试验，然后进行阀座密封性能试验和壳体耐压试验。

（14）焊接焊唇密封环　焊接阀体与阀盖之间的焊唇密封环，即中法兰焊唇密封环。

（15）现场服务　与10.9.1中的第（15）和第（16）项内容相同。

阀瓣式熔体阀常规检修需要更换的主要零部件有纯铝阀瓣密封圈、组合材料填料密封圈，如果需要更换一些小件。在解体检修阀门主体部分的同时，也要解体检修齿轮箱驱动部分。

阀瓣式熔体阀采用纯铝阀瓣密封圈，很容易损伤，在阀门修好后安装到聚酯生产装置中以前，一定要清理掉系统内（包括管道、容器、过滤器等）在检修过程中产生的硬质异物，最常见的有焊渣、结焦块等。如果系统内有硬质异物，在生产装置试压阶段可能会压坏阀瓣的铝制密封圈而失去密封性能，就要重新割下来第二次拉回检修场所进行检修，又要重新换一个新的阀瓣密封圈。这样不仅费工费力，重要的是浪费时间，需要推迟开始生产的日期，会造成很大的经济损失和社会影响。

10.9.4　柱塞式熔体阀常规检修的主要内容

柱塞式熔体阀有单阀杆熔体三通换向阀，双阀杆熔体三通换向阀，柱塞式熔体多通阀，柱塞式熔体取样阀、排尽阀、冲洗阀等。不同类型的聚酯生产装置所使用的柱塞式熔体阀的结构和公称尺寸不同，生产厂家不同，生产年代不同，阀门的结构也不同，有些阀门的结构区别还很大。这里仅介绍应用比较多的柱塞式熔体阀常规检修的主要内容：

（1）基本要求　与10.9.1的第（1）~（3）项内容相同。

（2）从生产装置中拆下柱塞式熔体阀　一般情况下，不拆解阀体与管道焊接部分，而是将柱塞及柱塞和支架上附属的所有零部件抽出来搬运到检修场所，即抽芯解体检修。由于柱塞式熔体阀没有阀盖，柱塞端面与阀座接触内密封，同时柱塞侧面与填料接触外密封，所以这样做对检修阀门来说最方便。抽芯解体最好在阀门温度接近工作温度的情况下进行，否则，当阀门的温度下降到常温以后，残留在阀体与柱塞之间的熔体介质会把柱塞黏结在阀体内，拆解过程将变得非常困难，甚至可能会损坏阀件。

（3）解体　与10.9.3的第（3）项内容相同。

（4）清除结焦　清除阀件外表面的松散污物以后，要采用合适的方法清除附着在柱塞等零部件外表面上的结焦，结焦附着得非常牢固，清除过程中不能损伤柱塞密封面，可以在车床上用砂布磨掉结焦物，柱塞填料密封面要抛光处理。异物清除干净后，要仔细观察各个零部件在可以看到的表面上是否有异样并详细逐条记录，如有缺陷应采用适当方法修复。

（5）找出问题　与10.9.3的第（5）项内容相同。

（6）修复阀座密封面　阀体的内径很小，阀座密封面到中腔入口平面的距离很长，所以要用辅助工具修复阀座密封面。在现场用准备好的工装研磨阀座，清除干净阀座密封面上的结焦，并使密封面光滑，以保证密封性能。

（7）柱塞损伤修补　对于损伤比较轻的拉沟、缺肉，可以采用适当方法修复；如有轻微弯曲，可以用专用工具校直；缺肉或弯曲很严重的要更换。

（8）更换填料密封件　检查并确认填料函内壁表面光滑无残留结焦物以后，采用对位聚苯材料 V 形填料密封圈。

（9）检查与修复阀杆　检查阀杆、阀杆螺母，柱塞与阀杆连接机构，阀杆定位或防转机构，如果阀杆弯曲变形严重，则必须更换。

（10）其他检查与修复　包括修复或更换柱塞螺栓、螺母、平垫片、轴封、推力轴承、导向杆、密封圈压盖、齿轮箱、手轮、护罩以及加高温润滑脂等。

（11）现场组装　将检修完的阀门零部件运回聚酯生产装置使用现场，并在装置中与阀体装配在一起。

（12）调整阀门整定位置　调整阀门开关位置标示指针分别在"开"或"关"位置时对应柱塞的开启或关闭位置。

（13）检查并热把紧　进行聚酯生产装置整体水压试验时，检查阀门是否有泄漏。当生产装置整体逐渐升温时，随时检查阀门是否泄漏并热把紧螺栓。当生产装置整体达到预定温度以后和在投料生产初始阶段，都要随时检查阀门是否泄漏以及是否有其他异常现象，如有应消除。

柱塞式熔体阀有纯铝材料阀瓣密封圈和柱塞本体堆焊耐磨合金两种结构。对于柱塞本体堆焊耐磨合金的结构，在常规检修过程中要进行必要的修复或处理。常规检修时需要更换的主要零部件有纯铝阀瓣密封圈、V 形填料密封圈和一些小件。解体检修阀门时，也要解体检修齿轮驱动部分。

10.9.5　热媒截止阀常规检修的主要内容

聚酯生产装置中使用的热媒截止阀，不是主回路介质阀门，而是伴热系统中的阀门，工作介质是氢化三联苯。其公称尺寸在 DN25 到 DN300 之间，不同公称尺寸的热媒截止阀结构类似。这里仅介绍应用比较多的热媒截止阀常规检修的主要内容：

（1）基本要求　与10.9.1中的第（1）~（3）项相同。

（2）拆下阀门　将热媒截止阀从聚酯装置中整体切割下来并搬运到合适的检修场所。

（3）清理解体阀门并找出问题　与10.9.1中的第（5）~（7）项相同。

（4）修复阀体端部　将阀体从装置中切割下来以后，车削加工阀体端部，对缺肉部位进行补焊，然后再加工阀体端部的焊接坡口。

（5）修复阀座密封面　按设计要求或按与阀瓣密封面形状和尺寸相匹配加工阀座密封面，使其形状、尺寸精度和表面粗糙度达到要求。为了避免出现裂纹，缺损部分应先堆焊超低碳不锈钢焊材，再焊硬质合金，然后用专用工具研磨阀座密封面并抛光。

（6）修复阀瓣密封面　机械加工阀瓣密封面，使其形状、尺寸精度和表面粗糙度达到要求，缺损部分先补焊超低碳不锈钢焊材，再焊硬质合金，然后抛光阀瓣密封面。

（7）修复阀杆　检查阀杆是否弯曲，阀杆填料密封部位是否有划痕、拉伤等缺陷，并采用适当方法修复，抛光填料密封部位。

（8）检查波纹管　认真检查波纹管的密封性能，如果有泄漏，必须立即更换新的波纹管。

（9）更换填料密封件　检查并确认填料函内壁表面光滑、无残留异物，采用编织填料绳与石墨环组合填料密封结构。

（10）检查并修复其他零部件　检查并修复中法兰垫片、阀杆螺母、螺栓、螺母、平垫片等。

（11）装配阀门　检查并修复完各零部件以后，装配阀门并调整阀门整定位置。

（12）阀门开关位置标示指针　调整阀门指针分别在"开"或"关"位置时对应阀瓣的开启或关闭位置，避免阀瓣行程过大而增加波纹管承受的外力。

（13）检验阀门　进行阀门的动作试验、阀座密封性能试验和壳体耐压试验。

（14）现场安装　将阀门运回聚酯生产装置使用现场，并安装到装置中。

（15）检查并热把紧　与10.9.4中的第（13）项相同。

热媒截止阀常规检修时需要更换的主要零部件是中法兰垫片和填料密封件，有时需要更换一些小件，如螺栓、螺母、垫圈等。

10.10　其他零部件的修复

对于不同结构、不同用途的阀门，其包含的零部件结构不同，修复内容也有差异。除上述零部件的修复以外，在日常维护保养与检修过程中，有时需要随时对一些小件进行修复。

10.10.1　铭牌的修复

铭牌是阀门的身份标志，在长期工况运行过程中经常不被重视，所以很可能会出现一些损毁现象，在进行维护保养时遇到这种情况应及时修复。

（1）铭牌被油漆覆盖　此时可以用毛刷蘸丙酮或香蕉水擦拭几下，即可显示出铭牌上的字样。如果铭牌折皱，可以用木板压平，不能用铁锤猛力敲击。

（2）用铆钉固定的铭牌脱落　可以用钢丝钳取出旧铆钉，或用钻头钻除旧铆钉，将新铆钉粘上少量胶并铆固即可。如果铭牌固定孔磨大，可以用小垫片和铆钉固定。

（3）铭牌铆钉孔损坏　可以用黏结剂将铭牌粘贴固定。

10.10.2　运行标志的修复

运行标志是阀门工作状态的标志，其中介质流动方向标志是非常重要的。一旦介质流动方向标志出现错误，将会造成严重的后果。浆料三通旋塞阀的介质流动方向标志一般是在阀杆上或驱动装置输出轴上固定指针，指针随阀杆一起旋转，在驱动装置外壳上有对应的位置标示，表示当前介质的流动方向。一旦发现指针损坏或标示不清，应及时修复或补涂。

10.10.3　静电导出连接线的修复

静电导出连接线是连接管道、阀门并接地的导线。如果连接柱或连接线部分被碰撞损坏，要及时修复。连接柱是焊接在本体上的连接环，损坏后可以补焊或重新焊接，连接线损坏可以更换新的。

10.10.4　螺纹孔的修复

对于螺纹孔损伤的情况，首先要明确损伤的程度、类型和范围，然后根据具体情况选用合适的修复方法。

（1）加深螺纹孔有效深度　首先选用直径和螺距与原螺纹孔相同的丝锥清理螺纹，如果螺纹的上部损坏，且损坏的深度尺寸不大，螺纹孔底部的螺纹是好的，或螺纹孔基体的尺寸足够大，可以将螺纹孔的深度加深后再加工出螺纹，选用加长的螺柱就可以了。

（2）采用钢丝螺纹套　首先用钻头将已经滑扣的部分钻掉，然后用螺纹套专用丝锥攻螺纹，攻好螺纹后，把螺纹孔内的金属屑和杂物彻底清理干净。再用螺纹套专用扳手把螺纹套安装到攻好螺纹的螺纹孔内，螺纹套安装结束后，将螺纹套的安装柄除掉。

采用钢丝螺纹套修复螺纹孔的方法无须改变原来螺纹孔的规格型号，并且修复后螺纹所能承受的负荷高于原有螺纹所能承受的负荷。另外，由于钢丝螺纹套是不锈钢材料的，修复后的螺纹具有耐磨损、耐热、防锈蚀、防松动、抗振、抗疲劳等特点。因此，采用钢丝螺纹套是修复损坏螺纹孔的首选方法。

（3）加大螺纹孔直径的方法　如果螺纹孔的基体尺寸足够大，当原有螺纹孔损坏后，可用钻头将原有螺纹孔直径扩大，然后再加工出螺纹，新制作的螺纹孔直径将比原来的直径大一个规格，选用大一个规格的螺栓就可以达到拧紧的目的。

10.11　熔体四通阀检修实例

随聚酯生产装置主要设备一同引进的熔体四通分路阀有一个介质进口通道和三个介质出口通道，其性能参数是：设计压力 32.0MPa，工作压力 13.0～17.0MPa，设计温度 330℃，工作温度 300℃，工作介质为聚酯熔体。该阀门投入工况运行以后的最初 6 年未出现任何异常现象，阀门性能稳定、可靠、制造质量很好。从第 7 年开始，该阀门阀座密封面出现泄漏，并且在比较短的时间内泄漏量越来越大以至于不能正常运行，必须立即解体检修。未见阀门有其他异常现象，根据具体情况立即开展检修工作，具体内容如下：

（1）做好阀门检修施工方案　包括查找阀门的技术资料，明确阀门的参数和结构，准备必要的拆卸工具和修复工具、备品备件、高温润滑剂，确定拆卸和解体步骤、检查与修复的主要内容与步骤、解体与组装步骤、检验与试验内容等。

（2）确认施工条件　与生产装置相关工艺人员联系，以文字形式确认管道内的介质已经排除到符合施工要求的程度，并确认可以施工。

（3）做出必要的标记　用专用记号笔做出标记，以便在检修完成后的回装过程中，根据所做标记来确定阀门每个介质进出口通道、驱动手轮、电动机接线盒的方位，哪些零部件对应哪个阀座都有唯一性，不能装错位置。

(4) 从生产装置中拆下柱塞式熔体阀 由于阀座损坏，因此要将阀门整体切割下来，阀体与管道焊接连接部位要切割断开，将阀门整体搬运到专业检修场所，即整体拆解检修。在生产装置从工况运行温度逐渐降低的过程中，对需要拆卸的螺栓在不同温度下分两次稍微拧松一些，以每次松弛 1/4~1/2 圈为宜，不宜过多，避免冷却到常温时拆卸困难。在切割阀体与管道焊接连接部位之前，要使柱塞的位置处于半开半关状态，柱塞不能处于关闭状态，避免局部受热而损坏阀件。由于熔体阀的介质温度比较高，阀门有整体伴温夹套，阀体各部位除介质进出口管道之外，还要切割伴温介质进出口管道，很多管口长短不一，从众多设备中间移出的过程中应特别注意起吊点要合适，避免在起吊瞬间阀门翻转、晃动而造成二次损坏。

(5) 解体阀门 弄清楚熔体阀的详细结构，最好找到熔体阀的原设计图，确定各零部件的解体顺序。用合适的方式清除熔体阀外表面的污物，并用适用的清洗剂清洗干净。然后选用合适的工具按顺序解体，并将零部件按出口通道分别摆放，以方便清点零部件，防止遗失和错装。

(6) 检查柱塞存在的问题 清除附着在柱塞等零部件表面的结焦，清除过程中不能损伤柱塞密封面，在车床上用砂布磨掉结焦物，柱塞填料密封部分要抛光处理。异物清除干净后，仔细观察各个柱塞可以看到的表面是否有异样，柱塞原件存在的问题如下：

1) 三根柱塞的填料密封面都有严重拉伤，有些部位缺损比较深，必须首先焊补起来再进行加工、外圆磨平和抛光。

2) 直径尺寸小的一根柱塞有弯曲，可能是由于操作不当或其他原因造成的。

3) 柱塞外表面镀铬层大面积脱落，镀铬层硬度比较高、耐磨损，因此柱塞密封面使用寿命比较长。

4) 柱塞与阀座之间的密封面损坏、缺肉，这是长期在高压条件下运行或介质中有异物滞留在阀座上或操作不当而造成的压损现象。

(7) 检查阀体存在的问题 采用合适的方法清除附着在阀体内腔上的结焦物，清除过程中不能损伤阀座密封面，采用手持式气动工具磨掉内腔表面的结焦物。异物清除干净后，仔细观察阀座密封面是否有异样，阀体是承受压力的零部件，应借助表面检测方法确定是否有裂纹等缺陷。阀体原件存在的问题如下：

1) 三个阀座密封面都有严重损伤，有些部位缺损比较严重。首先检查是仅有表面损伤，还是伴有内在缺陷，阀体三个内腔直径分别是 60.5mm、60.5mm 和 50.5mm，与柱塞的名义尺寸相差很少，阀座平面到阀体中法兰的距离分别是 375mm、375mm 和 330mm，阀体三个内腔直径太小、阀座平面到阀体中法兰的距离太大，检查和修复都很难操作。

2) 阀体从管道中切割下来以后，介质进出口通道端部的形状和尺寸很不规则，安装到聚酯生产装置中时不能与管道焊接在一起，需要修复。

3) 阀体从管道中切割下来的过程中伴热夹套也切开了，有些伴热夹套进出管要取下来一部分，等检修完成以后再将伴热管焊接好。

(8) 阀体修复的基本要求

1) 阀座密封面到中法兰的距离要保持基本不变，以保证柱塞行程和阀座开启高度要求。

2) 阀座锥形密封面的角度不能改变，密封面宽度应基本不变，以保证密封性能。

3) 阀座孔直径不能改变，这是因为柱塞头部形状与阀座孔配合是特定的流量特性，若阀座孔直径改变，流量特性也就改变了。

（9）修复阀体缺陷　阀体的内腔直径很小，阀座密封面到中腔柱塞入口平面的距离很大，阀座密封面的修复，包括堆焊填坑、车床加工、堆焊合金、修复整形、配对研磨等过程中观察不清楚内部情况，有时需要借助专用工具。阀体经过一次修复后，每修复一次都要装配好阀门的所有零部件进行一次整机水压试验。

1）阀体是焊接件，产生内在缺陷的可能性比较小，经过着色检验未发现阀座部位有裂纹，只能先焊补起来进行机械加工。由于阀体三个内腔直径太小、阀座密封面到中腔柱塞入口平面的距离又太大，需要用加长臂补焊修复阀座密封面。先用 316L 焊材堆焊缺肉较多的部位，超低碳材料焊层出现缺陷的概率比较低，然后堆焊耐磨合金，并粗车加工和精细加工、配对研磨阀座密封面。整个过程操作都很困难，不如在肉眼能看清楚的表面上操作方便，所以对于加工、测量、配对研磨的效果，最实用的方法就是用水压试验的结果进行检验。

2）阀体介质通道端部焊接端口修复。按照国家相关标准要求的形状和尺寸，阀体介质通道端部要加工出焊接坡口，缺肉的部位应补焊，以便与聚酯生产装置中的管道对焊连接。

3）伴热管焊接端口修复。按照国家相关标准要求的形状和尺寸，加工出伴热夹套焊接端口的形状和尺寸，并将损坏的伴热介质端口接管焊接好。

（10）修复柱塞缺陷

1）两根柱塞填料密封面严重拉伤的修复。对于拉伤缺损比较深的部位，首先用氩弧焊补焊起来，再进行车削加工和外圆磨平。

2）柱塞与阀座之间密封面的损坏部位补焊硬质合金，并机械加工出 90°锥形密封面。

3）弯曲的一根直径比较小的柱塞重新下料加工，经过材料固溶、车削加工、磨削加工、堆焊硬质合金，加工出 90°锥形密封面。

4）三根柱塞填料密封面镀硬铬，以提高耐摩擦磨损性能；磨削外圆，加工到要求的尺寸精度、几何公差、表面粗糙度、镀层厚度和硬度等。实测三个柱塞的直径分别达到59.5mm、59.6mm 和 49.5mm，然后进行外圆抛光处理。

（11）修复阀体其他部位　检查并确认阀体其他部位是否已经修复完好，如填料函内壁表面光滑、无残留结焦物，阀体内表面结焦物在清理后符合要求等。

（12）检查并确认柱塞其他部位是否已经修复完好　如柱塞与阀杆连接机构、柱塞与防转板连接机构等。

（13）检查并确认其他零部件是否已经修复完好　包括阀杆螺母、齿轮箱、手轮、护罩、阀杆定位或防转机构、阀杆、阀杆螺母、柱塞开关位置标示指针等。其中一根阀杆弯曲变形严重，重新下料加工并更换了阀杆。

（14）检查并确认标准件是否已经准备好　包括螺栓、螺母、平垫片、轴封、推力轴承、导向杆、高温润滑脂等。

（15）零部件修复完成后发现的问题　柱塞装配到阀体内腔中以后，装入填料密封圈，填料压盖放不进去。原因是阀座孔与填料函的同轴度误差大，不符合要求。产生这一问题的深层次原因是，柱塞头部与阀座孔之间的间隙、柱塞外径与填料函之间的间隙、柱塞外径与填料压套之间的间隙以及填料函与填料压套之间的间隙太小。这四个间隙中的任何一个稍大一些都可以避免出现这一问题，因此将填料压套内径加工得大一些，稍微增大填料压套与柱塞之间的间隙，就可以顺利装配了。

（16）装配阀门　所有零部件经过检查、修复、检验符合技术要求以后，再经过整理外形、清洁清洗就可以进行装配了。装配工作开始之前要确认哪些零部件对应哪个阀座，回装过程中根据所做标记确定阀门的每个驱动手轮和电动机接线盒的方位。详细核对备件的材料、规格、质量等，如所采用的对位聚苯材料 V 形填料密封圈是否与要求的一致。

装配完成之后要调试阀门的整定位置。调整阀门每个柱塞的开关位置标示指针分别在"开"或"关"位置时对应柱塞的开启或关闭位置，检测柱塞行程是否满足阀门使用要求。

（17）装配调试好以后进行整机检验与问题处理

1）用水进行压力试验。按照相关标准要求的试验压力和保压持续时间，阀座密封试验压力是 35.0MPa，阀体耐压试验压力是 48.0MPa，保压持续时间为 120s。试验结果：阀体耐压试验合格；三个阀座密封试验，其中 ϕ49.5mm 的柱塞阀座泄漏严重，不合格，其余两个阀座无泄漏，合格。

2）由于有一个阀座泄漏，所以要把装配好的所有零部件拆卸下来，车掉泄漏阀座的堆焊层，再次堆焊 316L 和硬质合金，并机械加工出与柱塞头部匹配的密封面结构形状和尺寸、表面粗糙度、堆焊硬质合金层厚度等。再次装配好阀门的所有零部件进行水压试验，检验第二次阀座修复的效果，结果是无泄漏，合格。

3）检查阀门其他部位无渗漏、无变形、无其他异常。

4）清洁阀门中的试验积水及其他异物，并将各个管口用塑料盖封闭好。

5）简易包装，保证在运输途中阀门不会受到损伤和污染。

（18）运回现场并安装　将阀门整体运回聚酯生产装置使用现场以后，检查阀门在运输途中是否有损伤和污染，确认无误后将阀门安装到聚酯生产装置中。

（19）检查并热把紧　进行聚酯生产装置整体水压试验时，随压力升高检查阀门是否有泄漏。当生产装置整体逐渐升温时，随时检查阀门是否泄漏并热把紧螺栓。当生产装置整体达到预定温度以后和在投料生产初始阶段，也要随时检查阀门是否有泄漏或其他异常现象并消除。对于用于预聚、缩聚工段的阀门，在升温到 265~300℃ 期间，一般要求进行两次热把紧。

参 考 文 献

[1] 高秉申. 等, 旋转给料器 [M]. 北京：机械工业出版社, 2016.

[2] 张瑞平, 等. 聚酯生产设备 [M]. 南京：东南大学出版社, 1991.

[3] 张瑞平, 仪征化纤工业联合公司. 聚酯保全 [Z]. 1992.

[4] 成大先. 机械设计手册 [M]. 北京：化学工业出版社, 2010.

[5] 杨源泉. 阀门设计手册 [M]. 北京：机械工业出版社, 1992.

[6] 中国机械工业联合会. 钢制阀门 一般要求：GB/T 12224—2015 [S]. 北京：中国标准出版社, 2015.

[7] 中国机械工业联合会. 多通柱塞阀：JB/T 12954—2016 [S]. 北京：机械工业出版社, 2016.

[8] 中国机械工业联合会. 波纹管密封钢制截止阀：JB/T 11150—2011 [S]. 北京：机械工业出版社, 2011.

[9] 全国螺纹标准化技术委员会. 普通螺纹的直径与螺距系列：GB/T 193—2003 [S]. 北京：中国标准出版社, 2003.

[10] 全国螺纹标准化技术委员会. 普通螺纹的基本尺寸：GB/T 196—2003 [S]. 北京：中国标准出版社, 2003.

[11] 全国螺纹标准化技术委员会. 普通螺纹的公差：GB/T 197—2003 [S]. 北京：中国标准出版社, 2003.

[12] 国家机械工业局. 55°密封管螺纹 第 1 部分：圆柱内螺纹与圆锥外螺纹：GB/T 7306.1—2000 [S]. 北京：中国标准出版社, 2000.

[13] 国家机械工业局. 55°密封管螺纹 第 2 部分：圆锥内螺纹与圆锥外螺纹：GB/T 7306.2—2000 [S]. 北京：中国标准出版社, 2000.

[14] 全国螺纹标准化技术委员会. 60°密封管螺纹：GB/T 12716—2011 [S]. 北京：中国标准出版社, 2011.

[15] 全国螺纹标准化技术委员会. 梯形螺纹 第 1 部分：牙型：GB/T 5796.1—2005 [S]. 北京：中国标准出版社, 2005.

[16] 全国螺纹标准化技术委员会. 梯形螺纹 第 2 部分：直径与螺距系列：GB/T 5796.2—2005 [S]. 北京：中国标准出版社, 2005.

[17] 全国螺纹标准化技术委员会. 梯形螺纹 第 3 部分：基本尺寸：GB/T 5796.3—2005 [S]. 北京：中国标准出版社, 2005.

[18] 全国螺纹标准化技术委员会. 梯形螺纹 第 4 部分：公差：GB/T 5796.4—2005 [S]. 北京：中国标准出版社, 2005.

[19] 中国机械工业联合会. 管道元件 公称尺寸的定义和选用：GB/T 1047—2019 [S]. 北京：中国标准出版社, 2019.

[20] 中国机械工业联合会. 管道元件 公称压力的定义和选用：GB/T 1048—2019 [S]. 北京：中国标准出版社, 2019.

[21] 全国产品几何技术规范标准化技术委员会. 形状和位置公差 未注公差值：GB/T 1184—1996 [S]. 北京：中国标准出版社, 1996.

[22] 中国机械工业联合会. 阀门的检验和试验：GB/T 26480—2011 [S]. 北京：中国标准出版社, 2011.

[23] 中国机械工业联合会. 工业阀门 压力试验：GB/T 13927—2008 [S]. 北京：中国标准出版社, 2008.

[24] 中国机械工业联合会. 通用阀门 碳素钢铸件技术条件：GB/T 12229—2005 [S]. 北京：中国标准出版社, 2005.

[25] 中国机械工业联合会. 工业阀门 标志：GB/T 12220—2015 [S]. 北京：中国标准出版社, 2015.

[26] 中国机械工业联合会. 智能型阀门电动装置：GB/T 28270—2012 [S]. 北京：中国标准出版社, 2012.

[27] 中国机械工业联合会. 多回转阀门驱动装置的连接：GB/T 12222—2005 [S]. 北京：中国标准出版社, 2005.

[28] 中国机械工业联合会. 部分回转阀门驱动装置的连接：GB/T 12223—2005 [S]. 北京：中国标准出版社, 2005.

[29] 中国机械工业联合会. 钢制管法兰 第 1 部分：PN 系列：GB/T 9124.1—2019 [S]. 北京：中国标准出版社, 2019.

[30] 中国机械工业联合会. 钢制管法兰 第 2 部分：Class 系列：GB/T 9124.2—2019 [S]. 北京：中国标准出版社, 2019.

[31] 中国机械工业联合会. 真空阀门：JB/T 6446—2004 [S]. 北京：机械工业出版社, 2004.

[32] 中国钢铁工业协会. 不锈钢和耐热钢　牌号及化学成分：GB/T 20878—2007 [S]. 北京：中国标准出版社，2007.

[33] 全国锅炉压力容器标准化技术委员会. 压力容器　第2部分：材料：GB 150.2—2011 [S]. 北京：中国标准出版社，2011.

[34] 中国钢铁工业协会. 锅炉和压力容器用钢板：GB/T 713—2014 [S]. 北京：中国标准出版社，2014.

[35] 中国钢铁工业协会. 不锈钢棒：GB/T 1220—2007 [S]. 北京：中国标准出版社，2007.

[36] 中国钢铁工业协会. 高压锅炉用无缝钢管：GB 5310—2017 [S]. 北京：中国标准出版社，2017.

[37] 中国钢铁工业协会. 不锈钢热轧钢板和钢带：GB/T 4237—2015 [S]. 北京：中国标准出版社，2015.

[38] 中国钢铁工业协会. 不锈钢冷轧钢板和钢带：GB/T 3280—2015 [S]. 北京：中国标准出版社，2015.

[39] 全国铸造标准化技术委员会. 承压铸钢件：GB/T 16253—2019 [S]. 北京：中国标准出版社，2019.

[40] 中国钢铁工业协会. 承压设备用不锈钢和耐热钢钢板和钢带：GB/T 24511—2017 [S]. 北京：中国标准出版社，2017.

[41] 中国机械工业联合会. 工业用阀门材料　选用导择：JB/T 5300—2008 [S]. 北京：机械工业出版社，2008.

[42] 中国机械工业联合会. 阀门铸钢件　外观质量要求：JB/T 7927—2014 [S]. 北京：机械工业出版社，2014.

[43] 全国锅炉压力容器标准化技术委员会. 承压设备用不锈钢和耐热钢锻件：NB/T 47010—2017 [S]. 北京：中国电力出版社，2017.

[44] 全国锅炉压力容器标准化技术委员会. 压力容器焊接规程：NB/T 47015—2011 [S]. 北京：原子能出版社，2011.

[45] 中国机械工业联合会. 液压气动用O形橡胶密封圈　第1部分：尺寸系列及公差：GB/T 3452.1—2005 [S]. 北京：中国标准出版社，2005.

[46] 中国机械工业联合会. 液压气动用O形橡胶密封圈　第2部分：外观质量检验规范：GB/T 3452.2—2007 [S]. 北京：中国标准出版社，2007.

[47] 中国机械工业联合会. 液压气动用O形橡胶密封圈　第3部分：沟槽尺寸：GB/T 3452.3—2005 [S]. 北京：中国标准出版社，2005.

[48] 中国机械工业联合会. 缠绕式垫片　管法兰用垫片尺寸：GB/T 4622.2—2008 [S]. 北京：中国标准出版社，2008.

[49] 中国机械工业联合会. 缠绕式垫片　技术条件：GB/T 4622.3—2007 [S]. 北京：中国标准出版社，2008.

[50] 中国机械工业联合会. 管法兰用非金属平垫片　尺寸：GB/T 9126—2008 [S]. 北京：中国标准出版社，2008.

[51] 中国机械工业联合会. 管法兰用非金属平垫片　技术条件：GB/T 9129—2003 [S]. 北京：中国标准出版社，2003.

[52] 中国机械工业联合会. 管法兰用金属包覆垫片：GB/T15601—2013 [S] 北京：中国标准出版社，2013.

[53] 中国机械工业联合会. 阀门零部件　填料和填料垫：JB/T 1712—2008 [S]. 北京：机械工业出版社，2008.

[54] 中国机械工业联合会. 管路法兰用金属齿形垫片：JB/T88—2014 [S]. 北京：机械工业出版社，2014.

[55] 中国机械工业联合会. 阀门零部件　高压透镜垫：JB/T2776—2010 [S]. 北京：机械工业出版社，2010.

[56] 中国机械工业联合会. 石墨填料环　技术条件：JB/T 6617—2016 [S]. 北京：机械工业出版社，2016.

[57] 中国机械工业联合会. 聚四氟乙烯编织盘根：JB/T 6626—2011 [S]. 北京：机械工业出版社，2011.

[58] 中国机械工业联合会. 碳（化）纤维浸渍聚四氟乙烯　编织填料：JB/T 6627—2008 [S]. 北京：机械工业出版社，2008.

[59] 中国机械工业联合会. 芳纶纤维、酚醛纤维编织填料 技术条件：JB/T 7759—2008 [S]. 北京：机械工业出版社，2008.

[60] 中国建筑材料工业协会. 石棉密封填料：JC/T 1019—2006 [S]. 北京：中国建材工业出版社，2006.

[61] 中国机械工业联合会. 柔性石墨编织填料：JB/T 7370—2014 [S]. 北京：机械工业出版社，2014.

[62] 中国机械工业联合会. 碳化纤维/聚四氟乙烯编织填料：JB/T 8560—2013 [S]. 北京：机械工业出版社，2013.

[63] 中国石油化工集团公司. 石油化工钢制管法兰用非金属平垫片：SH/T 3401—2013 [S]. 北京：中国石化出版社，2013.

[64] 中国石油化工集团公司. 石油化工钢制管法兰用聚四氟乙烯包覆垫片：SH/T 3402—2013 [S]. 北京：中国石化

出版社，2013.

［65］　中国石油化工集团公司. 石油化工钢制管法兰用金属环垫：SH/T 3403—2013 ［S］. 北京：中国石化出版社，2013.

［66］　中国石油化工集团公司. 石油化工钢制管法兰：SH/T 3406—2013 ［S］. 北京：中国石化出版社，2013.

［67］　中国石油化工集团公司. 石油化工钢制管法兰用缠绕式垫片：SH/T 3407—2013 ［S］. 北京：中国石化出版社，2013.

［68］　化工部设备设计技术中心站. 钢制管法兰用焊唇密封环：HG 20530—1992 ［S］. 北京：化学工业出版社，1992.

［69］　中国机械工业联合会. 柔性石墨板　技术条件：JB/T 7758.2—2005 ［S］. 北京：机械工业出版社，2005.

［70］　中国机械工业联合会. 紧固件机械性能　螺栓、螺钉和螺柱：GB/T 3098.1—2010 ［S］. 北京：中国标准出版社，2010.

［71］　中国机械工业联合会. 紧固件机械性能　螺母：GB/T 3098.2—2015 ［S］. 北京：中国标准出版社，2015.

［72］　中国机械工业联合会. 紧固件机械性能　不锈钢螺栓、螺钉和螺柱：GB/T 3098.6—2014 ［S］. 北京：中国标准出版社，2014.

［73］　中国机械工业联合会. 紧固件机械性能　不锈钢螺母：GB/T 3098.15—2014 ［S］. 北京：中国标准出版社，2014.

［74］　中国电器工业协会. 爆炸性环境　第1部分：设备　通用要求：GB 3836.1—2010 ［S］. 北京：中国标准出版社，2010.